机械制图与 AutoCAD

史富强　主编
徐亚娥　主审

重庆大学出版社

内 容 简 介

本教材是根据全国高等工程专科制图教学工作会议制定的《机械制图》课程教学基本要求，考虑高职高专教育的特点，结合编者多年从事《机械制图》课程教学、教改经验编写而成的。本教材编写的特点是：基础理论以应用为目的，以必需、够用为度，突出看图能力的培养；以看图为主，强化徒手画图训练；无论是正文还是插图，都按新标准进行编写、绘制，充分体现教材的先进性，突出职业教育特色；在计算机绘图部分，编写了目前最流行和最实用的 AutoCAD2007 的内容，既可使学生掌握计算机绘图的基本技能，又能提高学生的职业能力。

本书共分为 10 章，主要内容包括：制图的基本知识、正投影法和三面视图、组合体、机件的表达方法、零件图、标准件、常用件以及装配图和 AutoCAD 基础。书中绘图规范、图例多、直观性强，便于学生理解、查阅。全书采用了 2003 年新颁布的《机械制图》国家标准，并参照了其他相关行业颁布的新标准。本书还有配套的习题集，适合作为高职高专机械类各专业通用教材，也可供其他专业及成人教育机械类专业使用或参考。

图书在版编目(CIP)数据

机械制图与 AutoCAD/史富强主编.—重庆：重庆大学出版社，2008.7(2022.10 重印)
(高职高专机械专业系列教材)
ISBN 978-7-5624-4421-3

Ⅰ.机…　Ⅱ.史…　Ⅲ.机械制图：计算机制图—应用软件，AutoCAD—高等学校：技术学校—教材　Ⅳ.TH126

中国版本图书馆 CIP 数据核字(2008)第 036429 号

机械制图与 AutoCAD
史富强　主编
责任编辑：周　立　钟加勇　　版式设计：周　立
责任校对：文　鹏　　　　　　责任印制：张　策
*
重庆大学出版社出版发行
出版人：饶帮华
社址：重庆市沙坪坝区大学城西路 21 号
邮编：401331
电话：(023) 88617190　88617185(中小学)
传真：(023) 88617186　88617166
网址：http://www.cqup.com.cn
邮箱：fxk@ cqup.com.cn (营销中心)
全国新华书店经销
POD：重庆新生代彩印技术有限公司
*
开本：787mm×1092mm　1/16　印张：15.25　字数：381 千
2008 年 7 月第 1 版　　2022 年 10 月第 3 次印刷
ISBN 978-7-5624-4421-3　定价：42.00 元

前言

本教材是根据教育部制定的《高职高专机械制图课程教学的基本要求》编写的，并编写有配套的习题集。在编写过程中，作者凭借多年教学经验，在精选内容的基础上对课程体系进行了大胆的改革与重组。

本书的主要特点是：

1. 淡化基础理论教学。删减了部分理论性过强（如画法几何部分）的内容，使基础理论以“必需、够用”为度。

2. 突出画图、读图能力的培养。在绘图技能方面，仪器、徒手两种方法同步进行，并贯穿在每个章节中，互相渗透，紧密结合；在读图方面，增加大量图例和习题，强化从空间到平面的转化和理解。

3. 采用最新的制图国家标准。凡定稿前收集到的新国家标准，均在书中予以贯彻。

4. 适用性强。本书适用于高等职业技术学院、专科学校以及成人高等院校机械类各专业的制图教学，也可供其他相近专业和工程技术人员使用或参考。

5. 计算机绘图部分介绍了目前最新的 AutoCAD2007，并着重强化了尺寸标注的内容。

参加本书编写的有：西安铁路职业技术学院史富强（编写绪论、第 1 章、第 5 章、第 6 章、第 7 章、第 8 章、第 9 章、附录和第 2 章、第 3 章、第 4 章、第 10 章的部分内容）、西安技师学院王艳（编写第 2 章、第 4 章、第 10 章）、西安技师学院单丽娟和西安工程技术学院郭铜民（合编第 3 章）。史富强担任主编并统稿。

西安铁路职业技术学院徐亚娥、郭平、林辉三位老师在本书的编写过程中提出了许多宝贵意见，在此表示感谢。徐亚娥担任本书的主审，林辉担任副主审。

限于作者水平有限，加上编写时间仓促，书中难免存在错误和不足之处，欢迎读者朋友们提出宝贵意见。

编　者

2008 年 2 月

前言

目录

绪 论

0.1 图样及其在生产中的作用

根据投影原理、制图标准或有关规定,表示工程对象并有必要技术说明的图,称为图样。

图样与文字、语言一样,是人类表达和交流思想的重要工具。在现代生产中,无论是机械设备的设计、制造、安装,还是房屋的建造,都要根据图样进行。图样被誉为工程界的共同语言,所有工程技术人员都必须学习和掌握这种语言。

《机械制图》是研究机械图样的绘制(画图)和识读(看图)规律与方法的一门学科,也是理工科高职高专院校一门必修的技术基础课。它是培养学生的空间思维能力和绘图技能的必要基础,又是学习后续课程和完成课程设计、毕业设计不可缺少的基础。

本课程的主要内容包括机械图样的图示原理、绘图方法、读图方法、机械制图相关标准的应用和计算机绘图的基本知识与技能。

0.2 本课程的主要任务

本课程的主要任务是培养学生具有一定的画图和看图能力:

1. 掌握正投影的基本原理及其应用,培养学生的空间想象和思维能力。
2. 培养学生具有绘制和识读机械图样的基本能力。
3. 学习制图国家标准及其他有关规定,初步具有查阅标准和技术资料的能力。
4. 使学生能够正确、熟练地使用常用的绘图工具,具有一定的徒手画图能力。
5. 掌握计算机绘图的基本知识和技能。
6. 培养认真负责的工作态度和一丝不苟的工作作风。

0.3 学习本课程的注意事项

本课程是一门既有理论又注重实践的课程,学习时应注意以下几点:

1. 在听课和复习过程中,要重点掌握正投影法的基本理论和基本方法,学习时不能死记硬背。通过循序渐进的练习,不断地提高空间思维能力和表达能力。

2. 本课程的特点是实践性较强。只有通过大量的实践,完成一系列的练习和作业才能掌握主要内容,才能不断提高画图与看图的能力。因此,及时完成规定的练习和作业,是学好本课程的重要环节。每次作业前,必须详细阅读作业指导书,做到动手前心中有数,以便提高完成作业的速度和质量。

3. 在学习过程中,应正确掌握绘图仪器和工具的使用方法,不断提高绘图技能。

4. 要重视学习和严格遵守制图国家标准,牢固掌握常用的标准并能熟练地运用。学会查阅标准的方法,培养应用标准的意识。

第 1 章 制图的基本知识和技能

本章将重点介绍技术制图和机械制图国家标准中的一般规定、常见几何图形和平面图形的作图方法和基本技能，为今后的学习打下必要的基础。

1.1 国家标准《技术制图》与《机械制图》的有关规定

技术图样是产品设计、制造、安装、检测等过程中的重要技术资料，是科学技术交流的重要工具。为了便于生产、管理和交流，必须对图样的画法、尺寸注法等方面作出统一的规定。《技术制图》和《机械制图》国家标准是工程界重要的技术基础标准，是绘制和阅读机械图样的准则和依据。需要注意的是《机械制图》标准适于机械图样，《技术图样》标准则普遍适用于工程界各种专业技术图样。

国家标准，简称"国标"，代号为"GB"。例如 GB/T 14689—1993，其中 GB 为"国家"、"标准"两词的汉语拼音第一个字母，14689 为该标准的编号，1993 表示该标准是 1993 年颁布的，T 表示该标准为推荐性国家标准（推荐性标准是必须执行的标准）。

本节简要介绍国家标准对图纸的幅面和格式、比例、字体、图线和尺寸注法的有关规定。

1.1.1 图纸幅面及格式（GB/T 14689—1993）

1）图纸幅面

图纸幅面指的是图纸宽度与长度组成的图面。

绘制机械图样时应优先采用国家标准所规定的如表 1-1 所示的代号为 A0，A1，A2，A3，A4 的 5 种基本幅面，绘图时图纸可以横放或竖放。

由表 1-1 可知 A0 的幅面为最大，宽（B）∶长（L）= 841∶1 189 = 1∶$\sqrt{2}$，面积约为 1 m^2；A1 幅面为 A0 的一半（以长边对折裁开）；其余都是后一号是前一号幅面的一半。绘制机械图样时应优先选择基本幅面，必要时，允许加长幅面，但加长量必须符合 GB/T 14689—1993 中的规定，如图 1-1 所示，粗实线为基本幅面，细实线为第二选择加长幅面，虚线为第三加长选择。

表 1-1　图纸幅面

幅面代号	A0	A1	A2	A3	A4
$B \times L$	841 × 1 189	594 × 841	420 × 594	297 × 420	210 × 297
a	25				
c	10			5	
e	20		10		

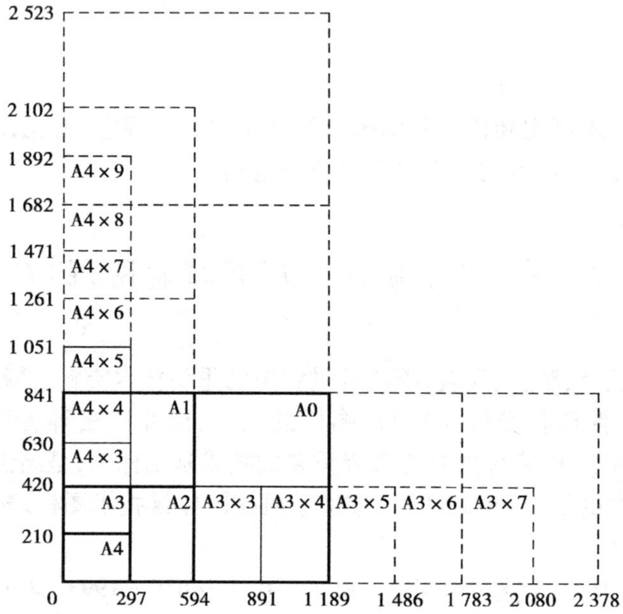

图 1-1　基本幅面的尺寸关系

2）图框格式

在图纸上必须用粗实线画出图框，其格式分为不留装订边和留装订边两种，但应注意，同一种产品的图样只能采用一种格式。优先采用不留装订边的格式，其图框格式如图 1-2 所示；留有装订边的图纸，其图框格式如图 1-3 所示；基本幅面的图框及留边宽度 a，e，c 等尺寸，按表 1-1 的规定。

3）标题栏及方位

在机械图样上必须画出标题栏，标题栏的位置应位于图纸的右下角，标题栏中文字的方向为看图的方向，如图 1-2、图 1-3 所示。标题栏的内容、尺寸和格式，应严格执行国家标准 GB/T 10609.1—1989 中的规定。在制图作业中，为了简化作图，建议采用图 1-4 所示的简化标题栏。

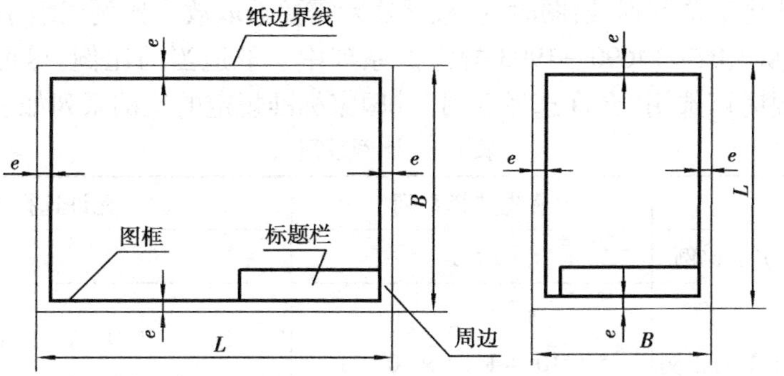

图 1-2　不留装订边的图框格式

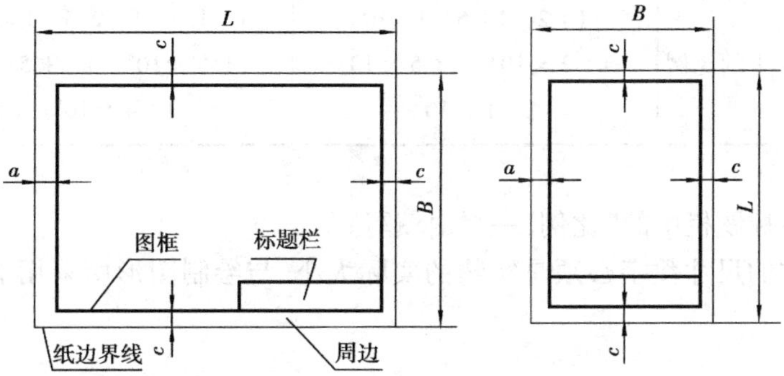

图 1-3　留有装订边的图框格式

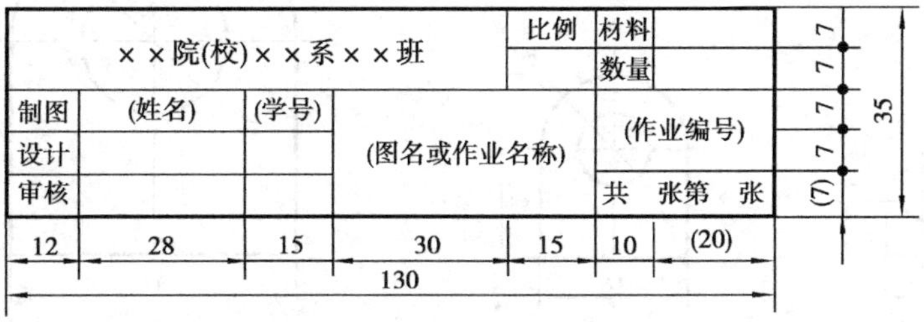

图 1-4　简化标题栏的格式

4）对中符号

为了使图样复制和缩微摄影时定位方便，在图纸各边的中心应分别画出对中符号。对中符号用粗实线绘制，线宽不小于 0.5 mm。长度从纸边界开始至伸入图框内约 5 mm。当对中符号处在标题栏范围内时，则伸入标题栏部分省略不画，如图 1-5 所示。对中符号位置误差应不大于 0.5 mm。

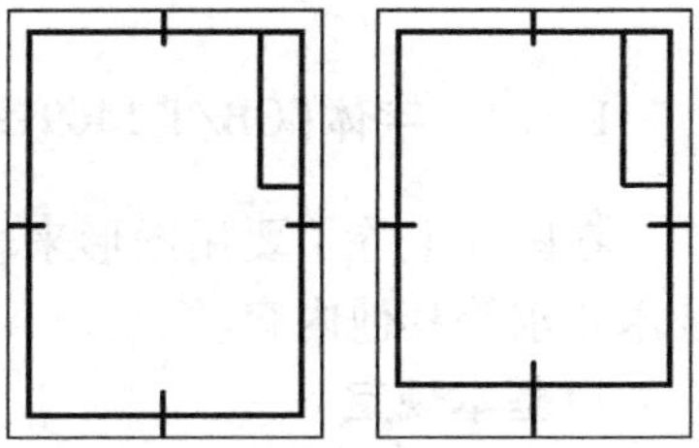

图 1-5　对中符号

1.1.2　比例（GB/T 14690—1993）

图中图形与其实物相应要素线性尺寸之比，称为图形的比例。

为了从图样上直接反映出实物的大小，绘图时应尽量采用原值比例，即 1∶1 的比例。因各种实物的大小与结构千差万别，绘图时，应根据实际需要选取放大比例或缩小比例。需要按比例绘制图样时，应从 GB/T 14690—1993 规定的系列中选取适当的比例，尽可能在“优先选择系列”中选择；必要时可选用“允许选择系列”。国家标准规定的比例系列如表 1-2 所示。

表 1-2 比例系列

种类	定义	优先选择系列	允许选择系列
原值比例	比值为 1 的比例	1∶1	—
放大比例	比值大于 1 的比例	5∶1　2∶1 5×10^n∶1　2×10^n∶1 1×10^n∶1	4∶1　2.5∶1 4×10^n∶1　2.5×10^n∶1
缩小比例	比值小于 1 的比例	1∶2　1∶5　1∶10 1∶2×10^n　1∶5×10^n 1∶1×10^n	1∶1.5　1∶2.5　1∶3　1∶4　1∶6 1∶1.5×10^n　1∶2.5×10^n　1∶3×10^n 1∶4×10^n　1∶6×10^n

比例一般应在标题栏中的“比例”一栏内填写。

图样中所标注的尺寸数字必须是实物的实际大小，与绘制图形所采用的比例无关，如图 1-6 所示。

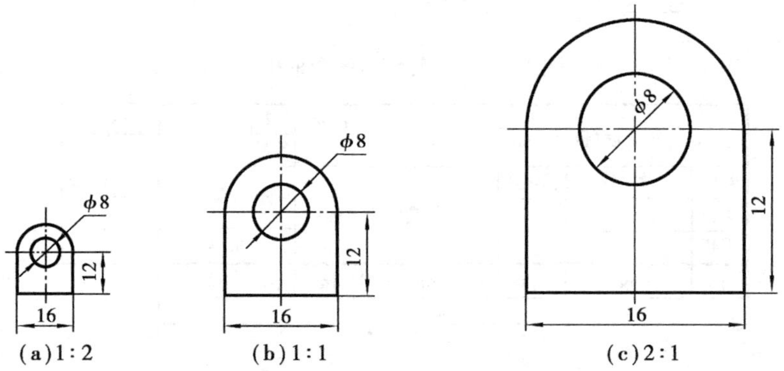

图 1-6 图形比例与尺寸数字

1.1.3 字体(GB/T 14691—1993)

在图样上除了要用图形来表达零件的结构形状外，还必须用数字及文字说明它的大小和技术要求等其他内容。

1)基本规定

(1)在图样和技术文件中书写的汉字、数字、字母都必须做到：字体端正、笔画清楚、排列整齐、间隔均匀。

(2)字体的高度 h 的公称尺寸系列为：1.8，2.5，3.5，5，7，10，14，20 mm。需要采用书写更大的字，其字体高度应按$\sqrt{2}$的比率递增，字体高度代表字体的号数。

(3)汉字应写成长仿宋体字，并应采用国家正式公布的简化字。汉字的高度 h 应不小于 3.5 mm，其宽度一般为 $h/\sqrt{2}$。

书写长仿宋体汉字的要领是：横平竖直、注意起落、结构匀称、填满方格。

(4)字母和数字分 A 型和 B 型。A 型字体的笔画宽度 d 为字高 h 的 1/14，B 型字体的笔画宽度 d 为字高 h 的 1/10。在同一张图样中，只允许选用一种型式的字体。

(5)字母和数字可写成斜体和正体。斜体字字头向右倾斜，与水平基准线成 75°。

2)字体示例

汉字、数字和字母的示例，如表 1-3。

表 1-3　汉字、字母、数字书写示例

字体		示例
长仿宋体汉字	10 号	学好制图课，培养和发展空间想象能力
	7 号	长仿宋体字书写要领：横平竖直 注意起落 结构均匀 填满方格
	5 号	徒手绘图、尺规绘图和计算机绘图都是工程技术人员必须具备的绘图技能
	3.5 号	图样是设计、制造和技术交流的重要技术文件，是工程技术人员表达设计意图和交流技术思想的语言和工具
拉丁字母	大写斜体	*ABCDEFGHIJKLMNOPQRSTUVWXYZ*
	小写斜体	*abcdefghijklmnopqrstuvwxyz*
阿拉伯数字	斜体	*0123456789*
	正体	0123456789
罗马数字	斜体	*I II III IV V VI VII VIII IX X*
	正体	I II III IV V VI VII VIII IX X
字体的应用示例		$\phi 20^{+0.010}_{-0.023}$　$7^{\circ}{}^{+1^{\circ}}_{-2^{\circ}}$　$\frac{3}{5}$　$10Js5(\pm 0.003)$　M24-6h　10^3 $\phi 25\frac{H6}{m5}$　$\frac{II}{2:1}$　$\sqrt{6.3}$　$R8$　5%　∇3.50 l/mm　m/kg　460r/min　220 V　380 kPa　S^{-1}　D_1　T_d

1.1.4 图线(GB/T 17450—1998)

图线是指起点和终点间以任意方式连接的一种几何图形,形状可以是直线(或曲线)、连续线和不连续线。

图线是组成图形的基本要素,由点、短间隔、画、长画、间隔等线素构成。

1)线型及图线尺寸

所有线型的图线宽度 d,应按图样的类型和尺寸大小在下列公比为 $1:\sqrt{2}(\approx 1:1.4)$ 的数系中选择:0.18, 0.25,0.35,0.5,0.7,1,1.4,2 mm。在同一种图样中,同类图线的宽度应一致。

2)图线的应用

机械图样中粗、细线的比例关系为 2∶1。常用的线型、图线宽度及应用见表 1-4,应用示例见图 1-7 所示。

表 1-4 图 线

No	线型		名称	图线宽度	在图上的一般应用
01	实线	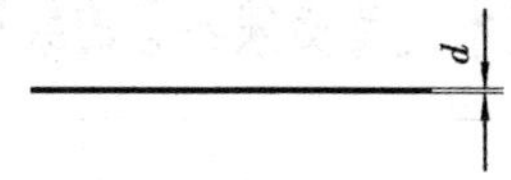	粗实线	d	①可见轮廓线 ②可见过渡线
			细实线	约 $d/2$	①尺寸线及尺寸界线 ②剖面线、重合断面的轮廓线 ③螺纹的牙底线及齿轮的齿根线 ④引出线、分界线及范围线
			波浪线	约 $d/2$	①断裂处的边界线 ②视图和剖视的分界线
		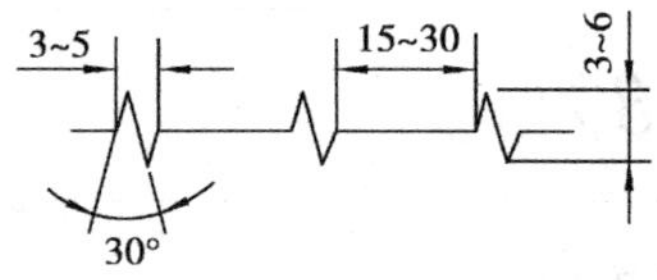	双折线	约 $d/2$	①断裂处的边界线 ②局部剖视图中视图与剖视的分界线
02	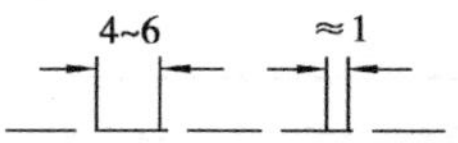		虚线	约 $d/2$	①不可见轮廓线 ②不可见过渡线
04	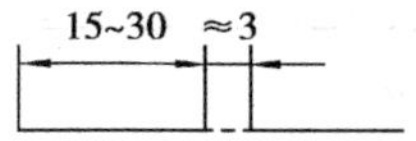		细点画线	约 $d/2$	①轴线 ②对称线和中心线 ③齿轮的节圆和节线
			粗点画线	d	有特殊要求的表面表示线
05	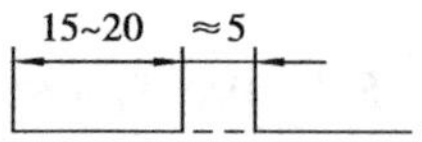		双点画线	约 $d/2$	①相邻辅助零件的轮廓线 ②极限位置的轮廓线 ③假想投影轮廓线 ④中断线

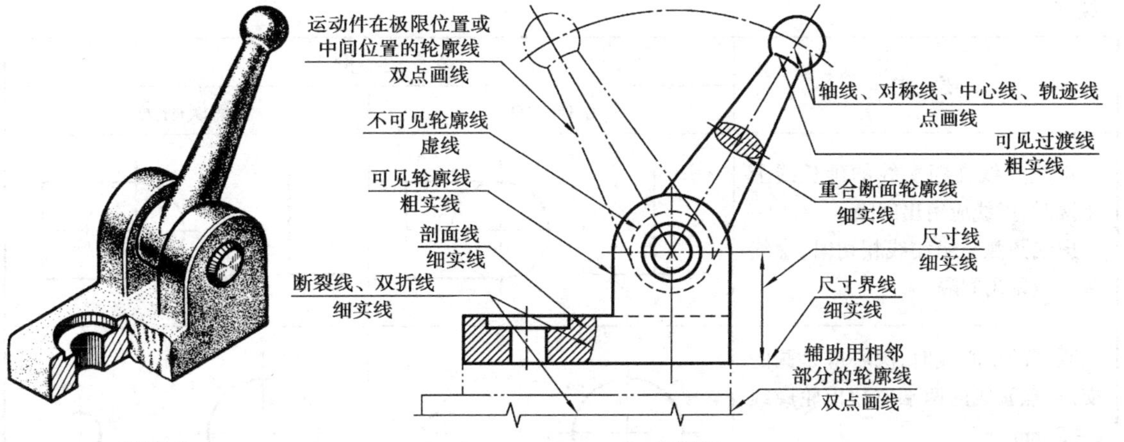

(a)轴测图　　(b)投影图

图 1-7　图线的应用举例

3)尺规绘图时图线的画法

(1)图线与图线平行、相交时的画法　图线与图线平行、相交时的画法见表 1-5。

(2)基本线型重合时绘制的优先顺序　当有两种或更多种的图线重合时,通常应按图线所表达对象的重要程度,优先选择绘制顺序:可见轮廓线→不可见轮廓线→尺寸线→各种用途的细实线→轴线和对称线(中心线)→假想线。

表 1-5　图线的画法

要　求	图　例	
	正确画法	错误画法
为保证图样的清晰度,两条平行线之间的最小间隙不得小于0.7 mm	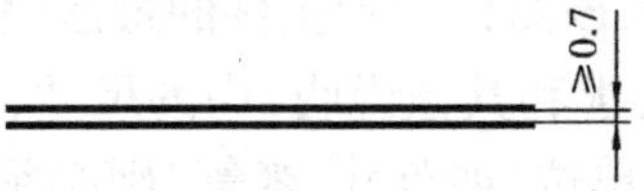	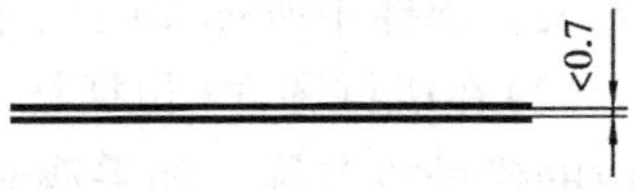
点画线、双点画线的首末两端应是画,而不应是点	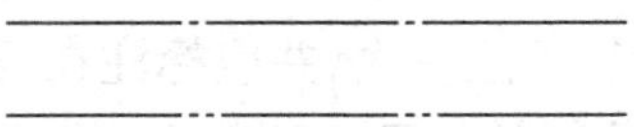	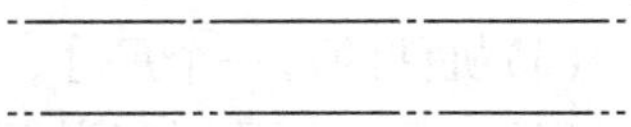
各种线型相交时,都应以画相交,而不应该是点或间隔	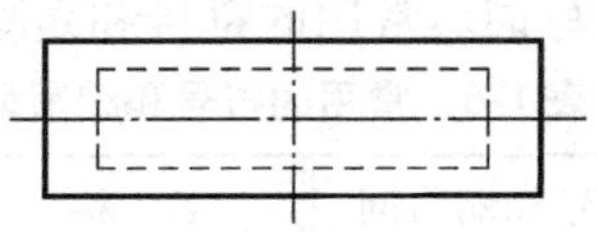	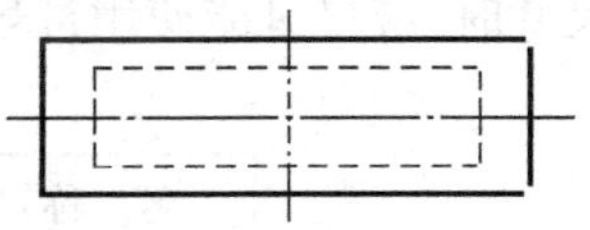
各种线型应恰当地相交于画处: ——画起始于相交处; ——画形成完全的相交; ——画形成部分的相交	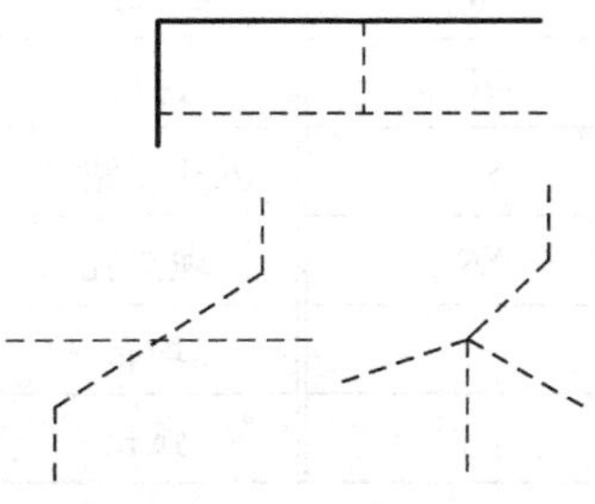	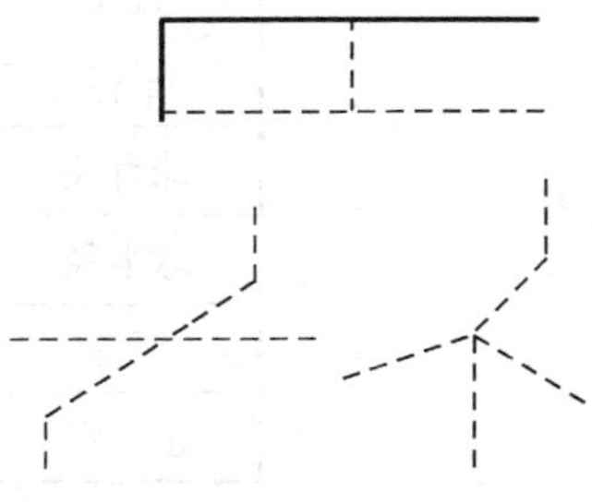

续表

要　求	图　例	
	正确画法	错误画法
虚线直线在粗实线的延长线上相接时，虚线应留出间隔 虚线圆弧与粗实线相切时，虚线圆弧应留出间隔	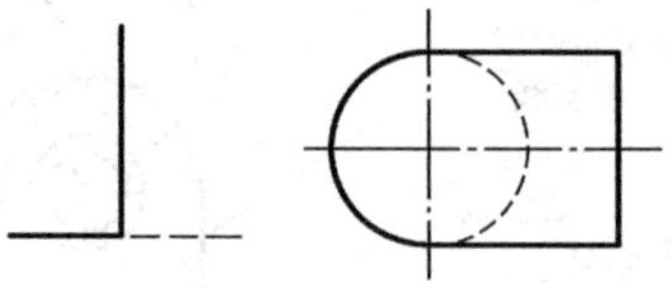	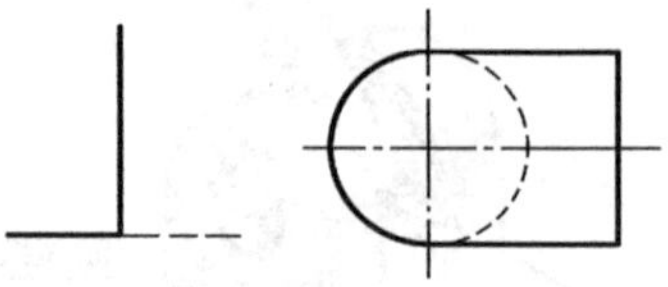
画圆的中心线时，圆心应是画的交点，点画线的两端应超出轮廓线 2 ~ 5 mm 当圆的图形较小时，允许用细实线代替点画线	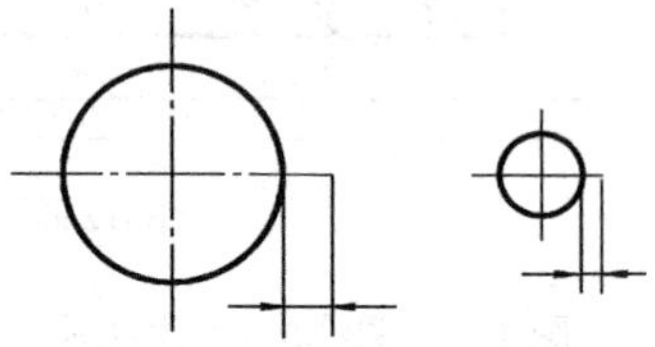	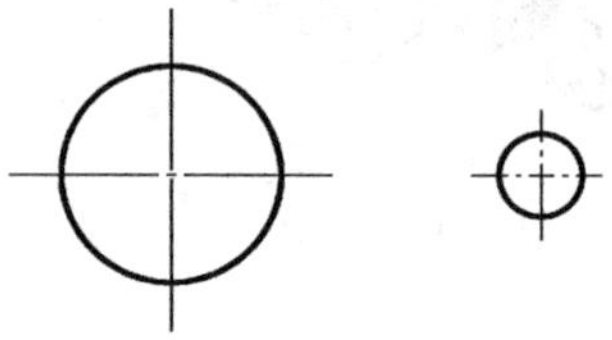

1.1.5　尺寸注法（GB 4458.4—1984 和 GB/T 16675.2—1996）

在机械图样中，图形只能表达机件的结构形状，若要表达它的大小，则必须在图形上标注尺寸。尺寸是加工制造机件的主要依据，也是图样中指令性最强的部分。如果尺寸注法错误、不完整或不合理，将给生产带来困难，甚至生产出废品而造成经济损失。

1）标注尺寸的基本规则

（1）机件的真实大小应以图样上所标注的尺寸数值为依据，与图形的大小及绘图的准确度无关。图样中所标注的尺寸，为该图样所示机件的最后完工尺寸，否则应另加说明。

（2）在机械图样（包括技术要求和其他说明）中的尺寸，规定以毫米为单位，不需标注计量单位的代号或名称。如采取其他单位，如英寸、米等，则必须标注明相应的计量单位的代号或名称。

（3）机件的每一个尺寸，一般只标注一次，并应标注在反映该结构最清晰的图形上。

（4）在保证不致引起误解和不会产生理解多意的前提下，可简化标注，力求制图简便。标注尺寸时，应尽可能使用符号和缩写词。常用的符号和缩写词见表 1-6。

表 1-6　常用的符号和缩写词

名　称	符号和缩写词	名　称	符号和缩写词
直径	ϕ	45°倒角	C
半径	R	深度	↧
球直径	$S\phi$	沉孔或锪平	⌴
球半径	SR	埋头孔	⌵
厚度	t	均布	EQS
正方形	□	弧长	⌒

2) 尺寸的组成

一个完整的尺寸一般由尺寸数字、尺寸线、尺寸界线及表示尺寸终端的箭头或斜线四部分组成,通常称为尺寸的四个基本要素。如图 1-8 所示。

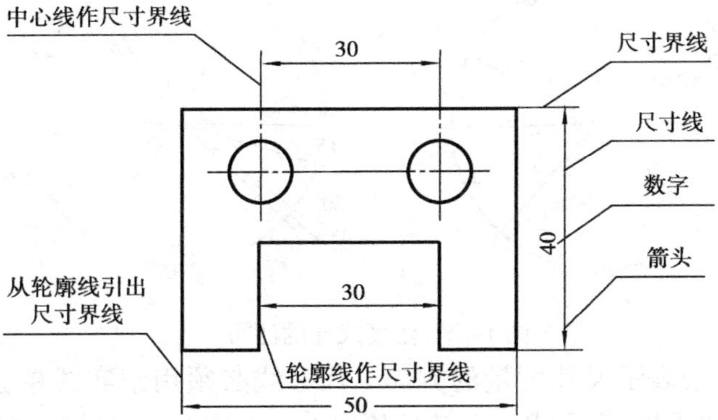

图 1-8　尺寸的标注示例

(1) 尺寸数字　尺寸数字用以表示所标注机件尺寸的实际大小。线性尺寸的尺寸数字,一般注在尺寸线的上方,也允许填写在尺寸线中断处,同一张图样上写法应一致,如图 1-9(a)、(b)所示。

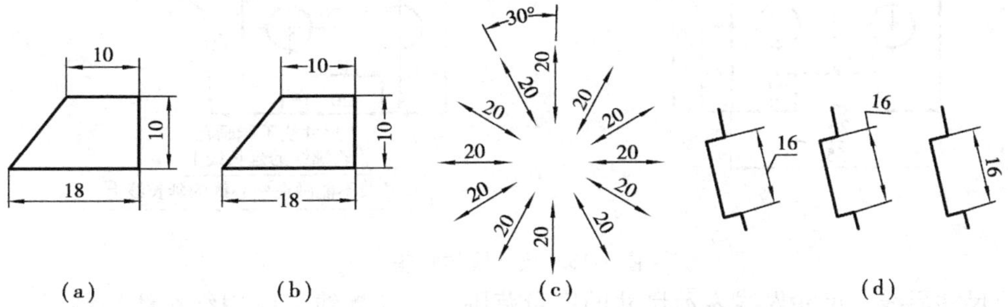

图 1-9　线性尺寸注写

线性尺寸的数字方向,一般应按图 1-9(c)所示的方向注写,即水平方向字头朝上,竖直方向字头朝左,倾斜方向字头保持朝上的趋势,并尽量避免在图示 30°范围内标注尺寸。当无法避免时,可按图 1-9(d)的形式标注。

对非水平方向的尺寸,其数字可水平注写在尺寸线的中断处,如图 1-10 所示。尺寸数字不可被任何图线所通过,当不可避免时,图线必须断开,如图 1-11 所示。

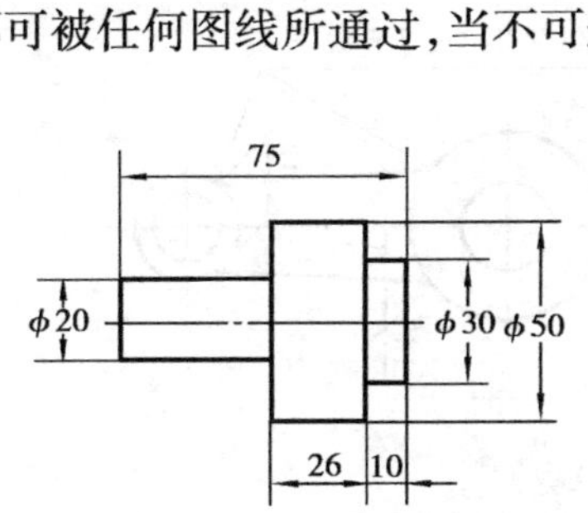

图 1-10　非水平方向尺寸的注写

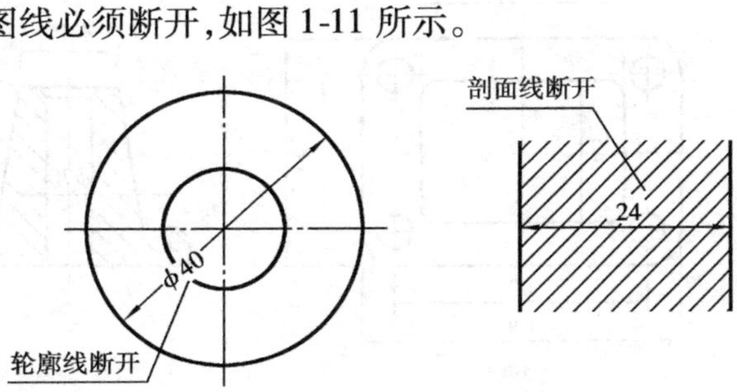

图 1-11 尺寸数字不可被任何图线所通过

标注角度的数字尺寸，一律水平填写，角度的尺寸界线必须沿径向引出。角度的数字应在尺寸线中断处，必要时允许写在外面或引出标注，如图 1-12 所示。

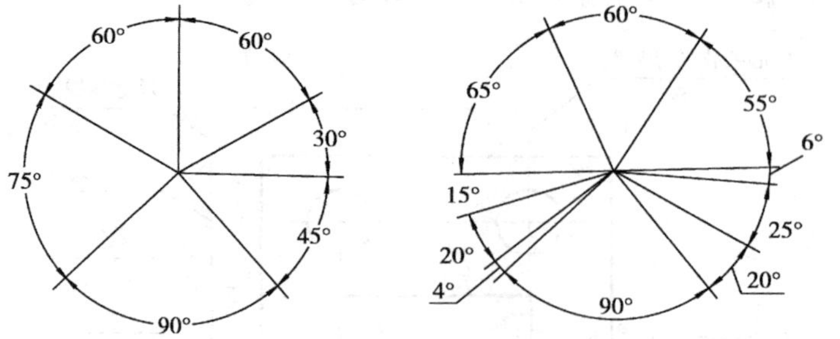

图 1-12　角度尺寸的注写

(2)尺寸线　尺寸线表示尺寸度量的方向。尺寸线必须用细实线单独画出，不能用其他图线代替，也不得与其他图线重合或画在其延长线上。标注线性尺寸时，尺寸线必须与所标注的线段平行，两端箭头应指向尺寸界线，如图 1-13 所示。

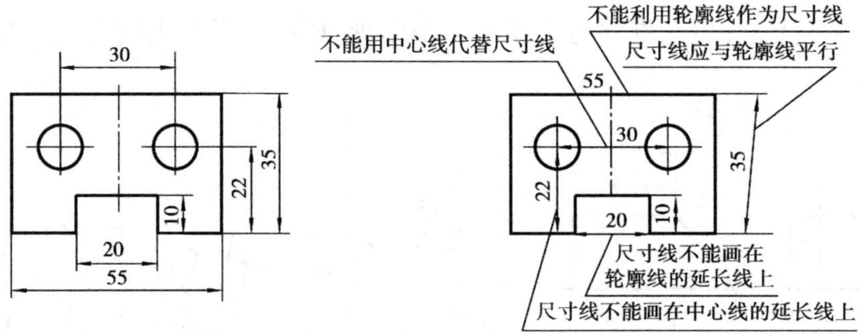

图 1-13　尺寸线的画法

(3)尺寸界线　尺寸界线表示尺寸的度量范围。尺寸界线一般用细实线绘制，并自图形轮廓线、轴线或中心线引出，也可以利用轮廓线或中心线作尺寸界线，如图 1-8、图 1-14(a)所示。

尺寸界线一般应与尺寸线垂直，必要时允许倾斜。在光滑过渡处标注尺寸时，必须用细实线将轮廓线延长，从它们的交点处引出尺寸界线，如图 1-14(b)所示。

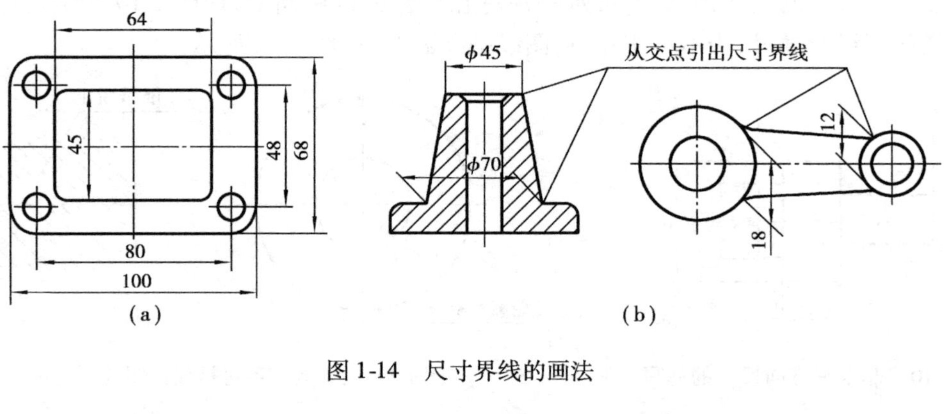

图 1-14　尺寸界线的画法

(4)尺寸终端　尺规绘图时,图样中的尺寸线终端可以有箭头、斜线两种形式。箭头的形式如图 1-15(a)所示,适用于各种类型的图样;斜线用细实线绘制,其方向和画法如图 1-15(c)所示。在同一张图样上,尺寸线终端只能采用一种形式,不可交替使用。

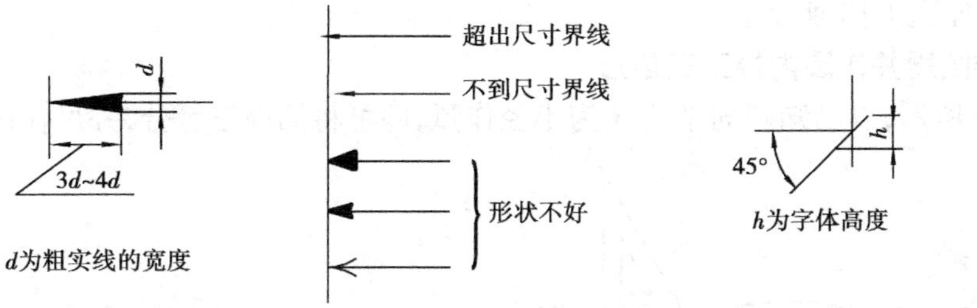

(a)箭头的正确画法　(b)箭头的错误画法　(c)斜线的形式和画法

图 1-15　尺寸终端的画法

3)常用尺寸的标注

(1)直径与半径尺寸的标注法　标注直径尺寸时,应在尺寸数字前加注直径符号“ϕ”;标注半径尺寸时,加注半径符号“R”,且尺寸线必须通过圆心,如图 1-16 所示。

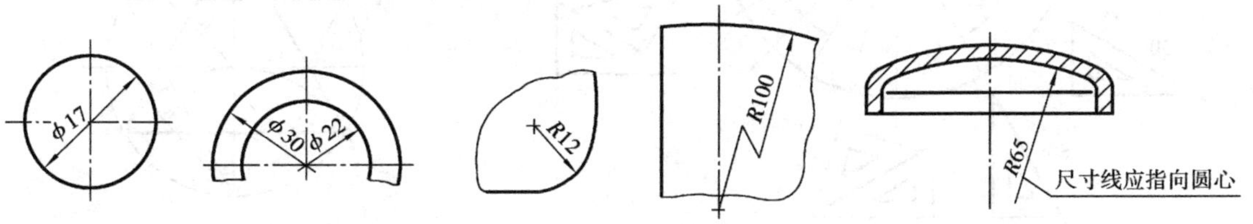

图 1-16　直径与半径尺寸的标注

(2)小尺寸的标注法　标注一连串的小尺寸时,可用小圆点或斜线代替箭头,但最外两端箭头仍应画出。

当直径或半径尺寸较小时,箭头和数字都可以布置在外面,如图 1-17 所示。

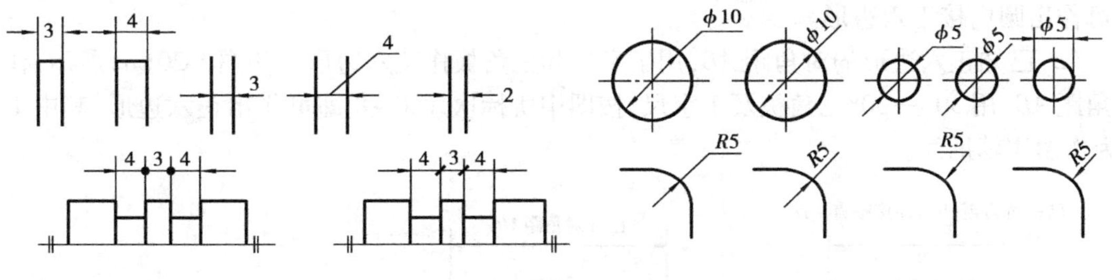

图 1-17　小尺寸的标注

1.2　常见几何图形的画法

零件的轮廓形状基本上都是由直线、圆弧及其他平面曲线所组成的几何图形。掌握常见几何图形的作图方法,是正确绘制机械图样的重要基础之一。本节是在中学几何课程有关作图知识的基础上,介绍机械制图中常用的一些几何作图的方法和几何图形的画法。

1.2.1 等分圆周和作正多边形

1)用丁字尺和三角板等分圆周为 4,6,8,12,24 等分

作图方法如图 1-18 所示。

2)三等分圆周并作圆内接正三边形

如图 1-19 所示,以已知圆的半径 *R* 为半径作弧,即可将圆周三等分,并可作出正三边形。

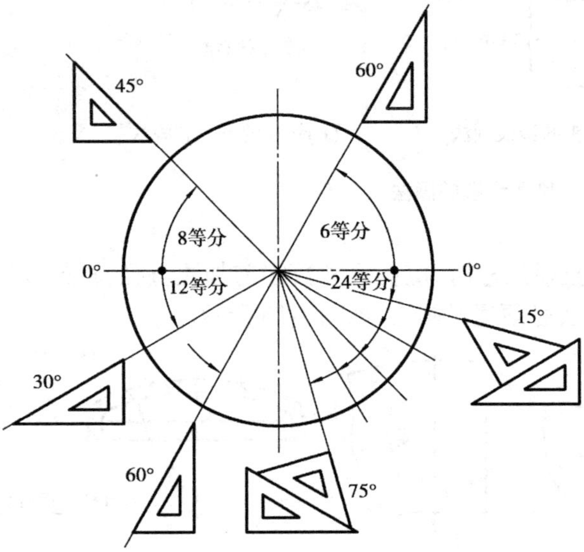

图 1-18 用丁字尺和三角板等分圆周

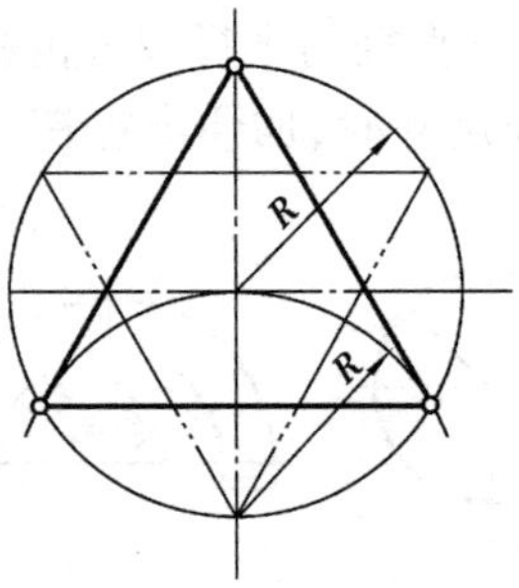

图 1-19 正三边形的作图

3)正六边形作法

(1)将圆周六等分并作圆内接正六边形。如图 1-20(a)所示,圆的内接正六边形的对角距 *AB* 等于外接圆直径 *D*。以 *A*,*B*(或 *C*,*D*)为中心,以 $R=D/2$ 为半径作弧即可将圆周六等分,并可作出圆内接正六边形。

(2)已知正六边形的对角距 *AB*,用丁字尺和三角板作正六边形。如图 1-20(b)所示,作出对角距 *AB*,用 30°—60°三角板及丁字尺,按图中所标次序 1 ~ 8 即可作出正六边形,其中 1 和 2 为作图用辅助线。

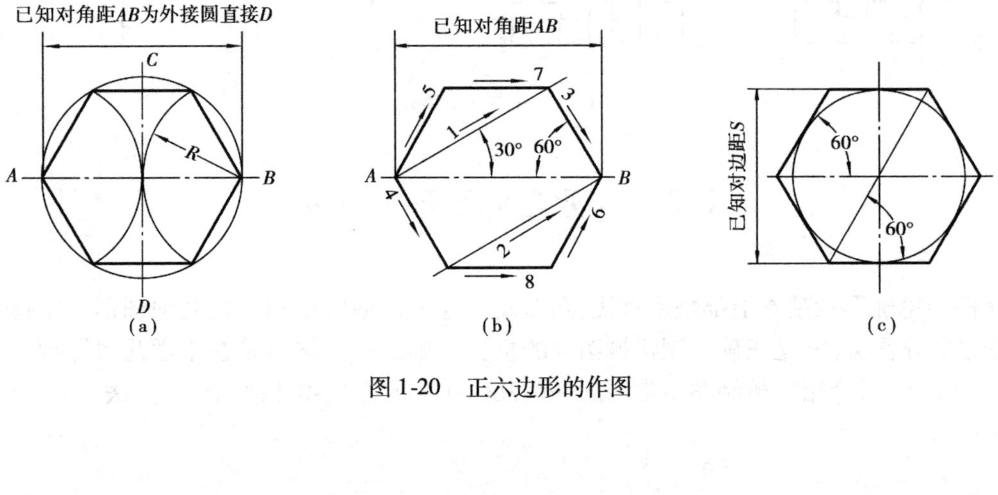

图 1-20 正六边形的作图

(3)作圆外切正六边形。如图 1-20(c)所示,圆外切正六边形的对边距 S 等于圆的直径 D。用 30°—60°三角板及丁字尺作圆的切线,即可作出圆外切正六边形。

1.2.2　斜度和锥度的绘制方法及规定标注方法

1)斜度(GB/T 4069—1983)

(1)斜度的概念　斜度是指一直线(或平面)对另一直线(或平面)的倾斜程度。

斜度的代号为"S",大小可以用两直线(或平面)间夹角的度数来表示,但通常以垂直于底线并相隔一定距离的两高度差与两高度间距离之比表示,写成 1∶n 的形式。

如图 1-21 所示的斜度　$S=\tan\beta=\dfrac{BC-AD}{AB}=\dfrac{5}{50}=1:10$

(2)斜度的标注　如图 1-21 所示,斜度应标注在指向具有斜度的轮廓线的引出线上。标注斜度时,在比数之前,要用斜度符号表示,斜度符号的式样可按图 1-22 所示绘制,符号的底线应与基准面(线)平行,符号的尖端方向应与斜面的倾斜方向一致。

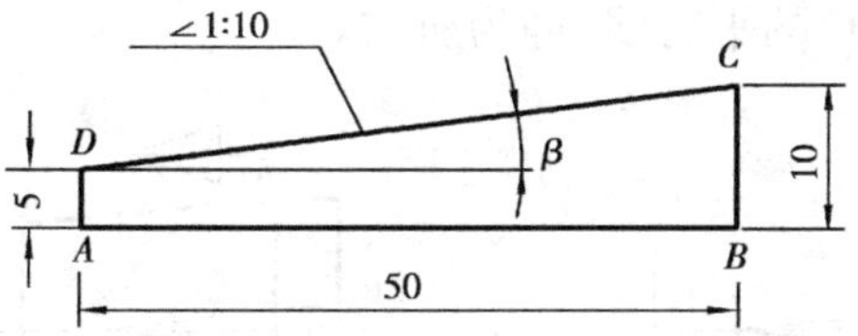

图 1-21　斜度

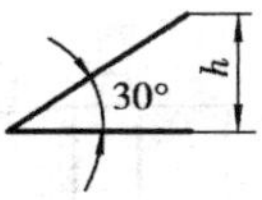

图 1-22　斜度符号

(3)斜度的画法　作如图 1-23(a)所示的斜度。

①作 $OB\perp OA$,在 OA 上取 10 单位长度,在 OB 上取 1 单位长度,连接 10 和 1,作出 1∶10 的参考斜度线;如图 1-23(b)所示;

②按尺寸定出 C 点,过 C 点作参考斜度线的平行线,即为所求,如图 1-23(c)所示。

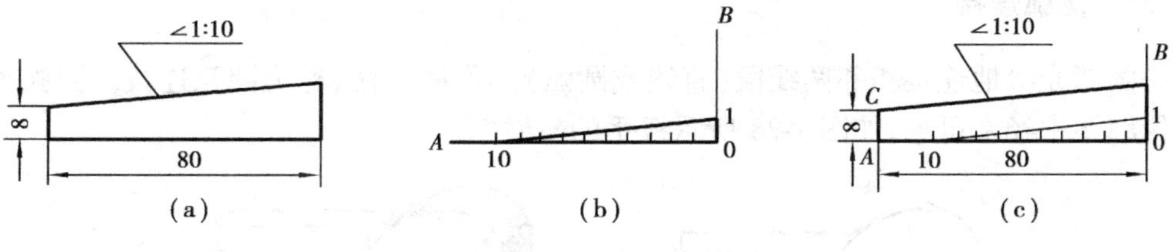

图 1-23　斜度的画法

2)锥度(GB/T 15754—1995)

(1)锥度的概念　锥度是指两个垂直圆锥轴线的圆锥直径差与该两截面间的轴向距离之比。

与斜度的表示方法一样,锥度也通常写成 1∶n 的形式。如图 1-24 所示,α 为圆锥角,D 为最大端圆锥直径,d 为最小端圆锥直径,L 为圆锥长度,锥度的代号为"C"。

$$C=(D-d)/L=2\tan(\alpha/2)$$

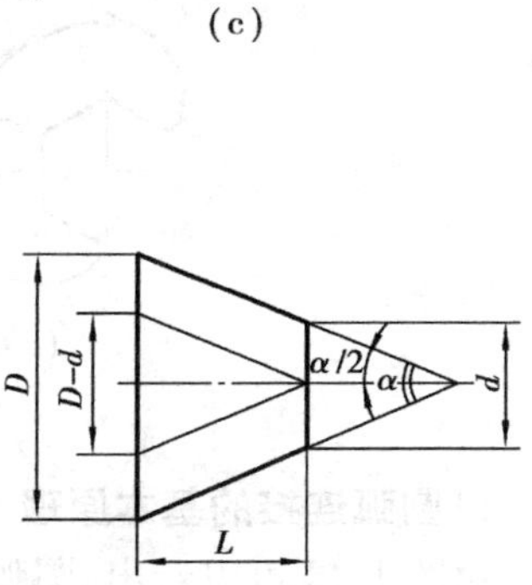

图 1-24　锥度的定义

(2)锥度的标注　锥度的标注方法如图 1-25 所示,应按国标 GB/T 15754—1995 规定,锥度用引出线从锥面的轮廓线上引出标注,锥度符号的尖端指向锥度小头方向;锥度符号的画法如图 1-26 所示。

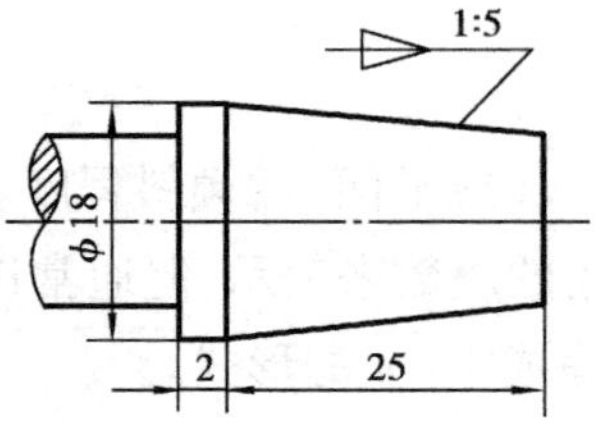

图 1-25　锥度的标注

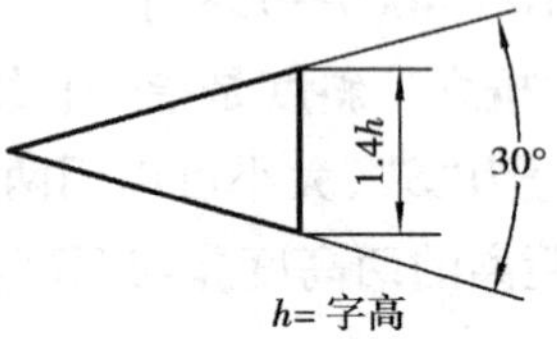

图 1-26　锥度符号的画法

(3)锥度画法

作如图 1-27(a)所示的锥度。

①如图 1-27(b)所示,从 O 点向小端方向取 5 单位长度,得点 C,在 O 点上下各取半个单位长度,连两条 BC 即为 1 : 5 的参考锥度线;

②如图 1-27(c)所示,过 A 点分别作两条 BC 的平行线,即为所求。

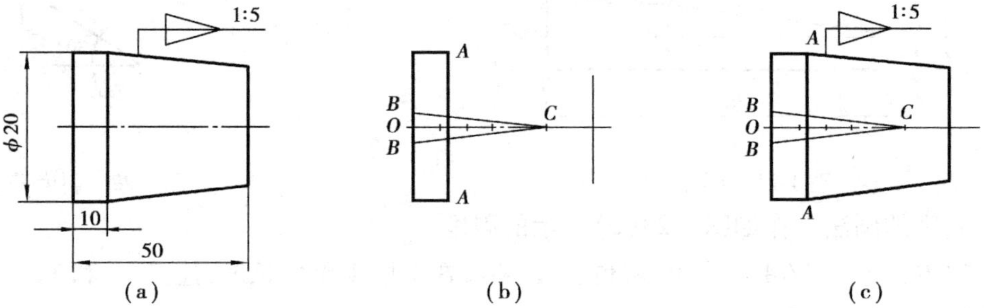

图 1-27　锥度的画法

1.2.3　圆弧连接

用一圆弧光滑地连接相邻两线段(直线或圆弧)的作图方法,称为圆弧连接。圆弧连接在机件的轮廓图中经常可见,如图 1-28 所示扳手的轮廓图。

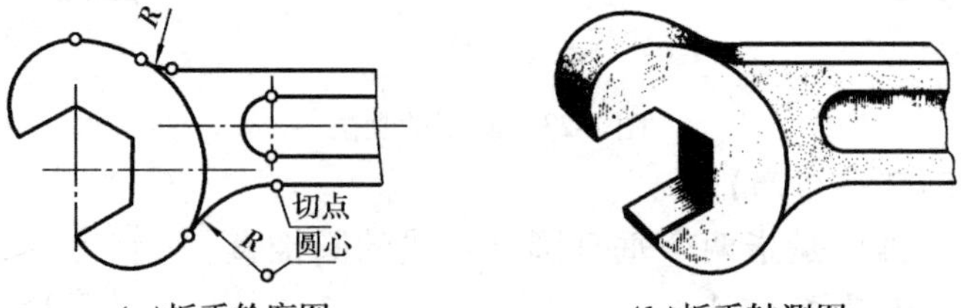

(a)扳手轮廓图　(b)扳手轴测图

图 1-28　圆弧连接示例

1)圆弧连接的基本原理

由图 1-28 可以看出,圆弧连接实质就是圆弧与直线、圆弧和圆弧相切。因此,作图时必须先求出连接圆弧圆心,然后引垂线或连心线定出连接点(切点),最后画出连接圆弧。

(1)圆弧与直线连接(相切)(图 1-29(a))

①连接弧圆心的轨迹为一平行于已知直线的直线,两直线间的垂直距离为连接圆弧的半径 R;

②由圆心向已知直线作垂线,其垂足即为切点。

(2)圆弧与圆弧连接(外切)(图 1-29(b))

①连接弧圆心的轨迹为一与已知圆弧同心的圆,该圆的半径为两圆弧半径之和(R_1+R);

②两圆心的连线与已知圆弧的交点即为切点。

(3)圆弧与圆弧连接(内切)(图 1-29(c))

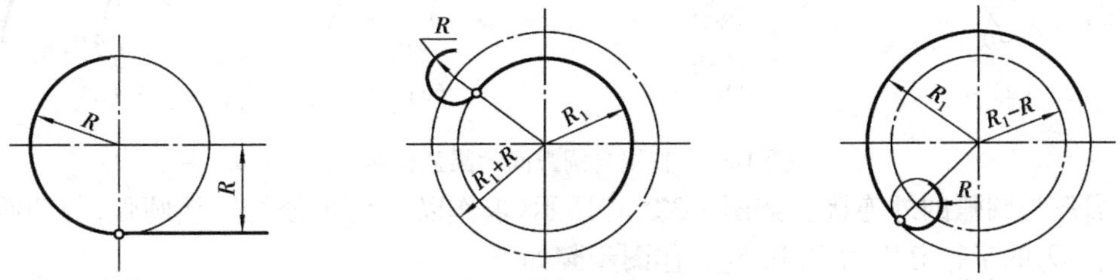

图 1-29　圆弧连接的基本原理

①连接弧圆心的轨迹为一与已知圆弧同心的圆,该圆的半径为两圆弧半径之差(R_1-R);

②两圆心连线的延长线与已知圆弧的交点即为切点。

2)两直线间的圆弧连接

(1)用圆弧连接钝角或锐角　如图 1-30(a),(b)所示,

①作与已知角两边分别相距为 R 的平行线,交点 O 即为连接弧圆心;

②从 O 点分别向已知两边作垂线,垂足 M,N 即为切点;

③以 O 为圆心,R 为半径在两切点 M 和 N 之间画连接圆弧,即为所求。

(2)用圆弧连接直角　如图 1-30(c)所示,

①以直角顶点为圆心,R 为半径作圆弧交直角两边于 M 和 N,M,N 为切点;

②以 M,N 为圆心,R 为半径画弧,相交得连接弧圆心 O;

③以 O 为圆心,R 为半径在 M,N 间画连接圆弧,即为所求。

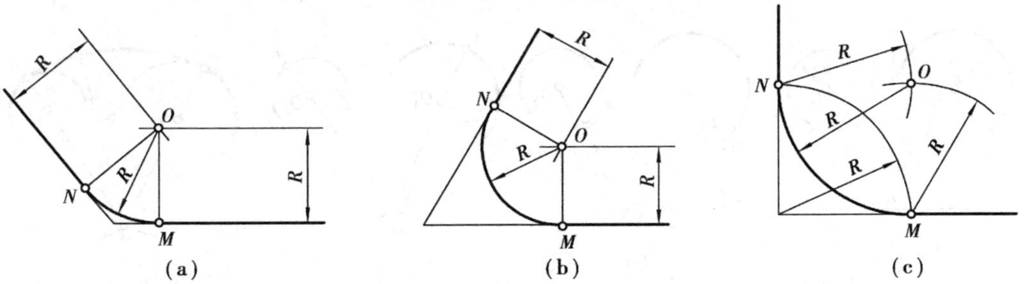

图 1-30　两直线间的圆弧连接

3)直线与圆弧、两圆弧之间的圆弧连接

(1)直线与圆弧间的圆弧连接　如图 1-31(a)所示,已知连接弧半径 R,画圆弧与直线 Ⅰ 和 O 圆外切。作图步骤如下:

①作直线Ⅱ平行于直线Ⅰ(其间距离为 R);再作已知圆弧的同心圆(半径为 R_1+R)与直线Ⅱ相交于 O;

②作 OA 垂直于直线Ⅰ;连 OO_1交已知圆弧于 B,A,B 即为切点;

③以 O 为圆心,R 为半径画圆弧,连接直线Ⅰ和圆弧 O_1于 A,B,即完成作图。

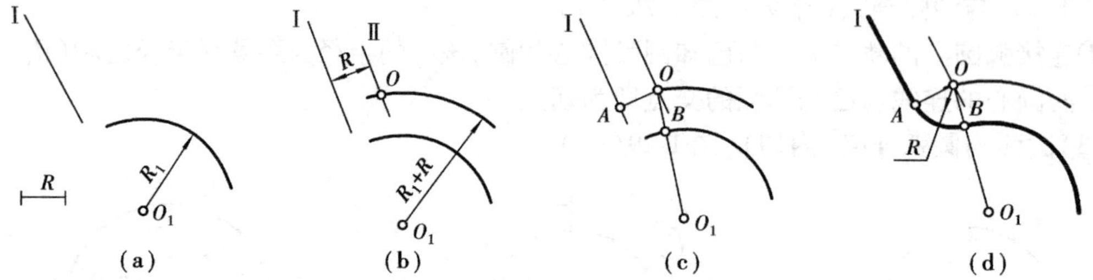

图 1-31 直线与圆弧间的圆弧连接

(2)圆弧与圆弧的外连接 如图 1-32(a)所示,求作以 R 为半径的连接圆弧,与两圆 O_1和 O_2外切,O_1,O_2的半径分别为 R_1和 R_2。作图步骤如下:

①分别以(R_1+R)及(R_2+R)为半径,O_1和 O_2为圆心,画弧交于 O,图 1-32(b);

②连 OO_1交已知弧于 A,连 OO_2交已知弧于 B,A,B,即为切点,图 1-32(c);

③以 O 为圆心,R 为半径画圆弧,连接已知圆弧于 A,B 即完成作图,图 1-32(d)。

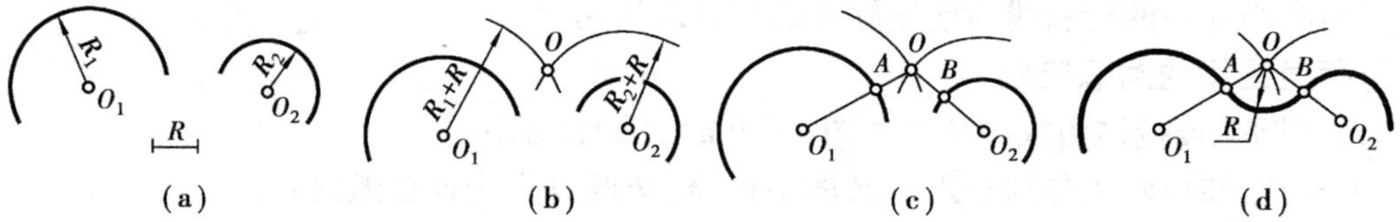

图 1-32 两圆弧间的圆弧连接—外连接

(3)圆弧与圆弧的内连接 如图 1-33(a)所示,求作以 R 为半径的连接圆弧,与两已知圆 O_1和 O_2内切,O_1,O_2的半径分别为 R_1,R_2。

①分别以($R-R_1$)及($R-R_2$)为半径,O_1和 O_2为圆心,作圆弧相交于 O,图 1-33(b);

②连 OO_1,OO_2,分别与已知弧相交于 A,B,A,B 即为切点,图 1-33(c);

③以 O 为圆心,R 为半径画圆弧,连接两已知圆弧于 A,B,即完成作图,图 1-33(d)。

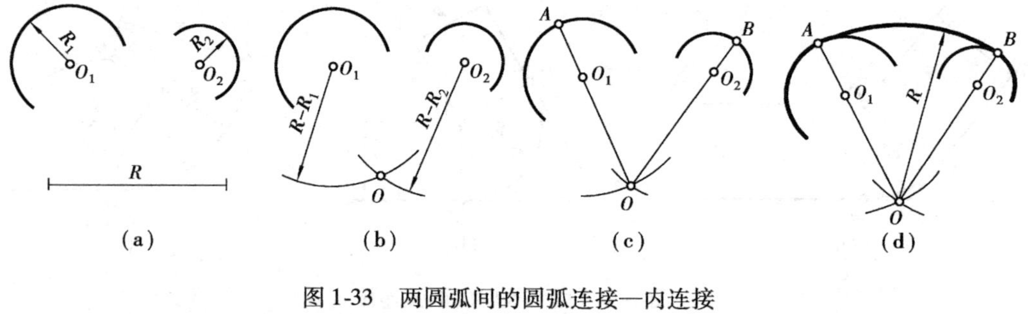

图 1-33 两圆弧间的圆弧连接—内连接

(4)圆弧与圆弧的混合连接 如图 1-34(a)所示,求作以 R 为半径的连接圆弧分别与圆心为 O_1,半径为 R_1的圆外切,与圆心为 O_2,半径为 R_2圆内切。

①分别以(R_1+R)及(R_2-R)为半径,O_1和 O_2为圆心,画弧交于 O,如图 1-34(b);

②连 OO_1 交已知弧于 A，连 OO_2 并延长交已知弧于 B，A，B 即为切点，如图 1-34(c)；

③以 O 为圆心，R 为半径画圆弧，连接两已知弧于 A，B，即完成作图，如图 1-34(d)。

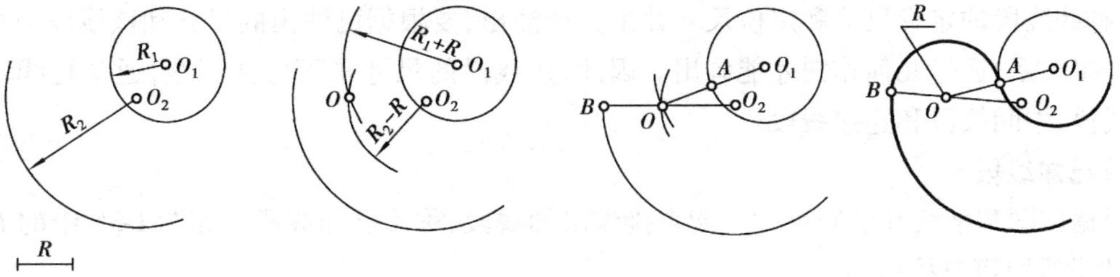

图 1-34　两圆弧间的圆弧连接—混合连接

1.3　平面图形的绘制方法

平面图形由许多线段连接而成，这些线段之间的相对位置和连接关系，靠给定的尺寸来确定。画平面图形时，只有通过分析尺寸和线段之间的关系，才能掌握正确的作图方法和步骤。

1.3.1　平面图形的尺寸分析

平面图形中尺寸，按其作用可分为定形尺寸和定位尺寸两大类。

1）定形尺寸

确定平面图形几何元素形状大小的尺寸，称为定形尺寸。如线段长度、圆的直径、圆弧的半径以及角度的大小等。如图 1-35 中的 $\phi5$，$\phi20$，$R10$ 等都是定形尺寸。

2）定位尺寸

确定几何元素位置的尺寸，称为定位尺寸。定位尺寸一般在平面图形中用以确定圆心、线段等的位置，例如图 1-35 中 8 确定了 $\phi5$ 的圆心位置；75 确定了 $R10$ 的圆心位置；45 确定了 $R50$ 圆心的一个坐标值。

3）尺寸基准

标注定位尺寸时的起点位置，称为尺寸基准。平面图形有长和宽两个方向，每个方向至少应有一个尺寸基准。定位尺寸通常以图形的对称线、中心线、较长的底线或边线作为尺寸基准，如图 1-35 中的 A 和 B。

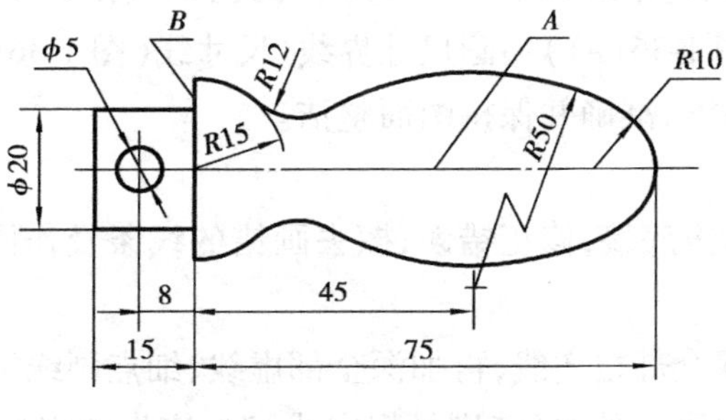

图 1-35　手柄的平面图形

1.3.2 平面图形的线段性质分析

在平面图形中,有些线段具有完整的定形和定位尺寸,绘图时,可根据标注的尺寸直接绘出;而有些线段的定形尺寸和定位尺寸并未完全注出,要根据已注出的尺寸和该线段与相邻线段的连接关系,通过几何作图才能画出。因此,按线段的尺寸是否标注齐全,通常将线段分为已知线段、中间线段和连接线段。

1)已知线段

根据作图基准线和已知尺寸就能直接作出的线段,称为已知线段。如图 1-35 中的 *R*10 和 *R*15,此类线段可直接画出。

2)中间线段

尺寸不全,但只要一端的相邻线段先作出后,就可由已知的尺寸和几何条件作出的线段,称为中间线段。如图 1-35 中 *R*50 圆弧,圆心的左右位置由定位尺寸 45 确定,但缺少确定圆心上下位置的定位尺寸,画图时,必须根据它和 *R*10 圆弧相切这一条件才能将它画出。每个封闭图形可以有一个或多个中间线段,也可以没有,由图形中线段的连接情况而定。

3)连接线段

尺寸不全,需要依赖相邻线段的连接关系,待两端相邻线段先作出后,才能作本线段者称为连接线段。如图 1-35 中的 *R*12 连接圆弧,只注半径尺寸而无圆心定位尺寸,作图时只能根据它和相邻的 *R*50 和 *R*15 两圆弧的相切条件,才能将其画出。

在画平面图形时,先要进行线段性质分析,以便决定画图步骤和选用连接方法。一般应先画已知线段,再画中间线段,最后画连接线段。

在标注尺寸时,也要由线段性质正确标出所需尺寸。例如连接圆弧圆心的两个定位尺寸和中间圆弧的一个定位尺寸是根据相切的几何条件由作图确定的,就不需要标注。平面图形中凡是由作图确定的尺寸不需要在图中注出,以免引起矛盾而影响图形正确的画法。

1.3.3 平面图形的作图方法和步骤

1)准备工作

分析平面图形的尺寸及线段,拟定作图步骤→确定比例→选择图幅→固定图纸→画出图框和标题栏,如图 1-36(a)所示。

2)绘制底稿

合理、匀称地布图,画出基准线(图 1-36(b))→画已知线段(1-36(c))→画中间线段(图 1-36(d))→画连接线段(图 1-36(e))→画尺寸界线、尺寸线(图 1-36(f))。

绘制底稿时,图线要清淡、准确并保持图面整洁。

3)加深加粗

加深描粗前,要全面检查底稿,修正错误,擦去画错的线条及作图辅助线。加深描粗的步骤如下:

(1)先粗后细　先加深全部粗实线,再加深全部虚线、细点画线及细实线等。

(2)先曲后直　在加深同一种线(特别是粗实线)时,应先画圆弧或圆,后画直线。

(3)先水平,后垂斜　先用丁字尺自上而下画出水平线,再用三角板自左向右画出垂直线，最后画出倾斜直线。

(4)画箭头、标注尺寸、填写标题栏　此步骤可将图纸从图板上取下来进行。

加深描粗时，应尽量使用同类图线粗细、浓淡一致，连接光滑，字体工整，图面整洁。

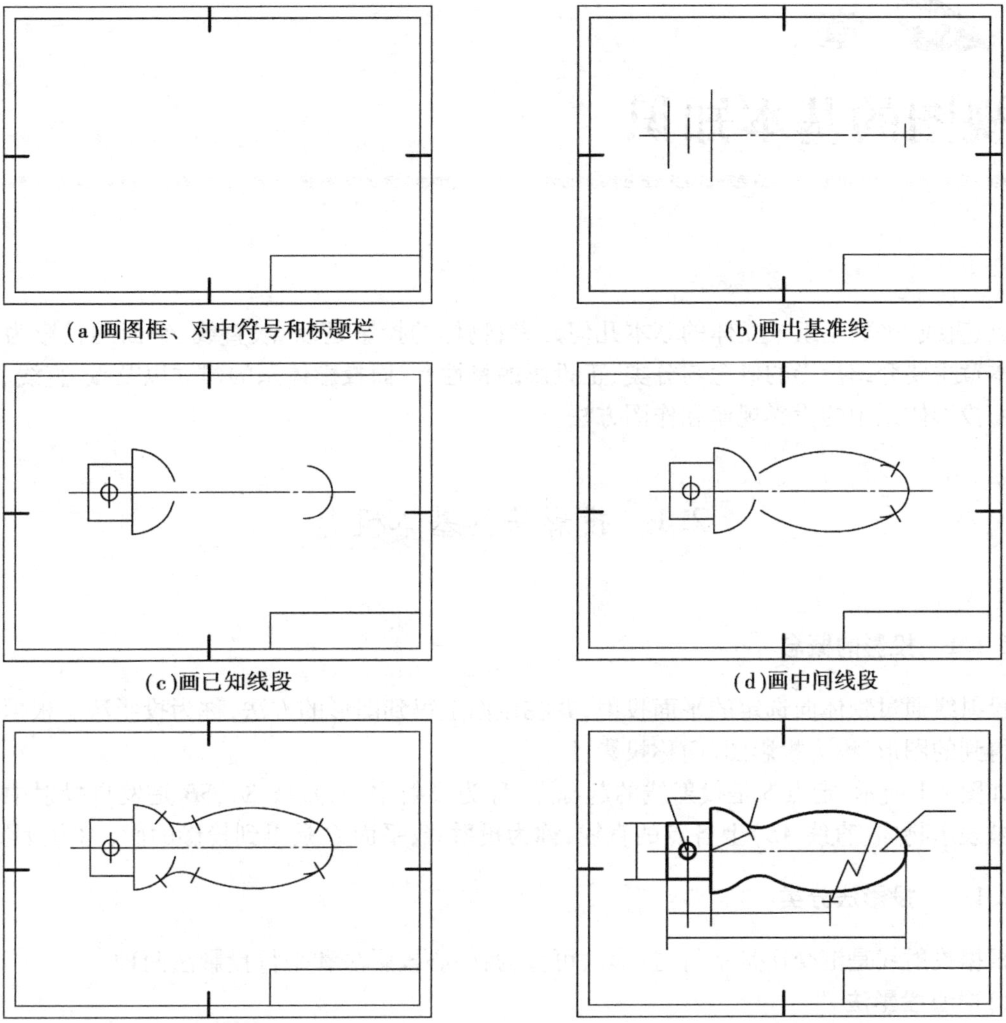

(a)画图框、对中符号和标题栏　(b)画出基准线

(c)画已知线段　(d)画中间线段

(e)完成草稿　(f)加粗完成

图 1-36　画底稿的步骤

第 2 章 三视图的基本知识

点、直线、平面是组成立体的基本几何元素；物体的投影是以点、直线、平面的投影为基础的。本章主要介绍投影的概念与分类、正投影的特性、三面投影体系的建立以及点、直线、平面在三面投影体系中的投影规律和作图方法。

2.1 投影法的基本概念

2.1.1 投影的概念

投射线通过物体向选定的平面投射，并在该面上得到图形的方法，称为投影法。根据投影法所得到的图形，称为投影图，简称投影。

如图 2-1 所示，定点 S 是投射线的起源点，称为投射中心；直线 SA、SB 是发自投射中心且通过被表示物体（直线 AB）上各点的直线，称为投射线；平面 P 是得到投影的面，称为投影面。

2.1.2 投影法分类

根据投射线是汇交还是平行，投影法可分为：中心投影法和平行投影法两种。

1）中心投影法

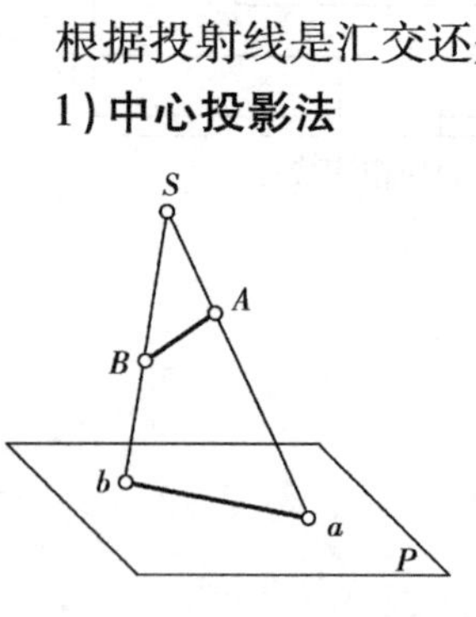

图 2-1 投影的概念

如图 2-2 所示，由投射中心产生放射状的投射线使物体产生投影的方法，叫做中心投影法。

2）平行投影法

如图 2-3 所示，投射线相互平行使物体产生投影的方法，叫做平行投影法。平行投影法可分为正投影法和斜投影法。

正投影法是投射线与投影面垂直时的投影法。正投影法具有作图简单、度量方便的特点，被工程制图广泛应用，也是本课程学习的主要内容，今后除特别指明外，所述及的均指正投影法或正投影，其缺点是直观性较差，投影图的识读较难，如图 2-4 所示，是用正投影法所绘的三视图。

投射线与投影面倾斜的平行投影法称为斜投影法，如图 2-5 所示，为用斜投影法绘制的轴测图。斜投影直观性较好，但度量性较差。

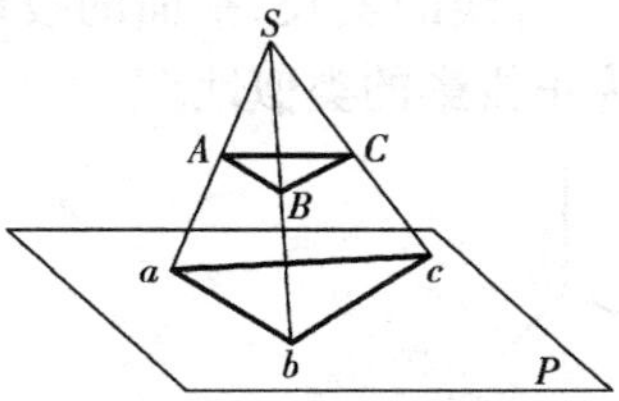

图2-2　中心投影法

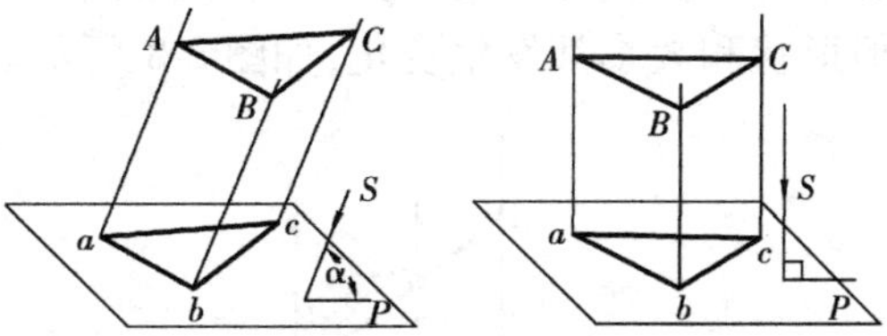

图2-3　平行投影法

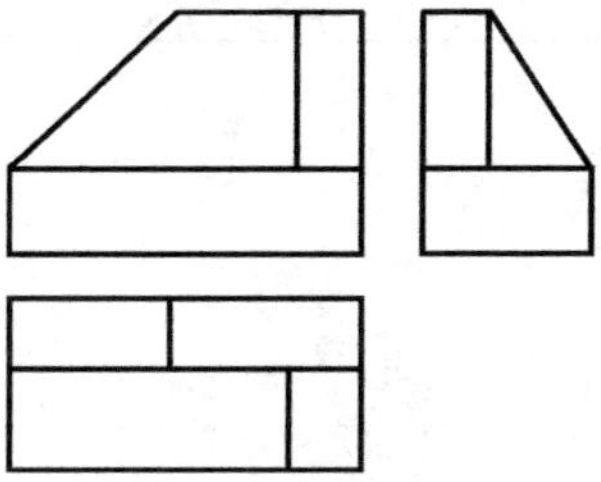

图2-4　正投影法绘制的三视图

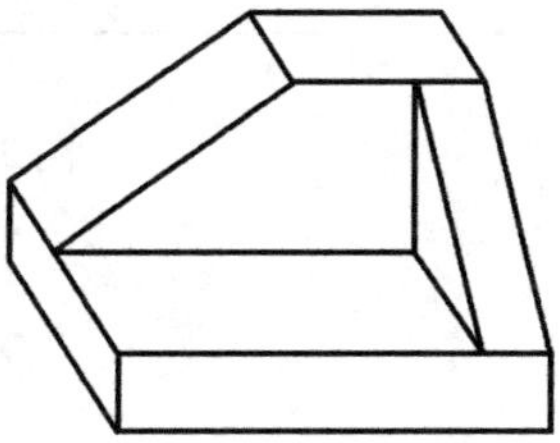

图2-5　斜投影法绘制的轴测图

2.1.3　正投影的特性

1）显实性

直线或平面与投影面平行时，其投影反映直线或平面的实长或实形，如图2-6所示。这种性质称为正投影的显实性。

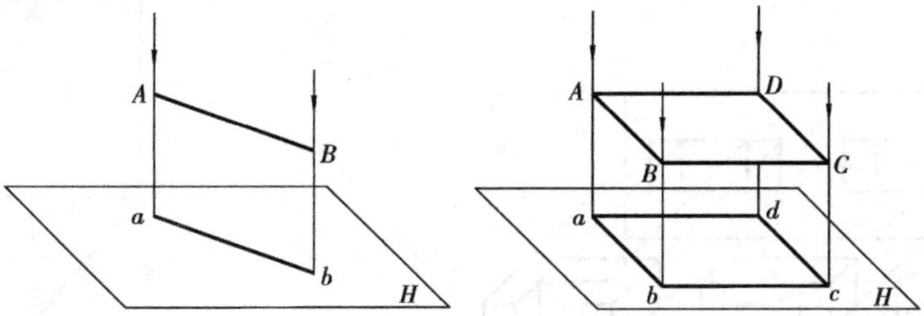

图2-6　投影的显实性

2）积聚性

直线或平面与投影面垂直时，其投影积聚成点或直线，如图2-7所示。这种性质称为正投影的积聚性。

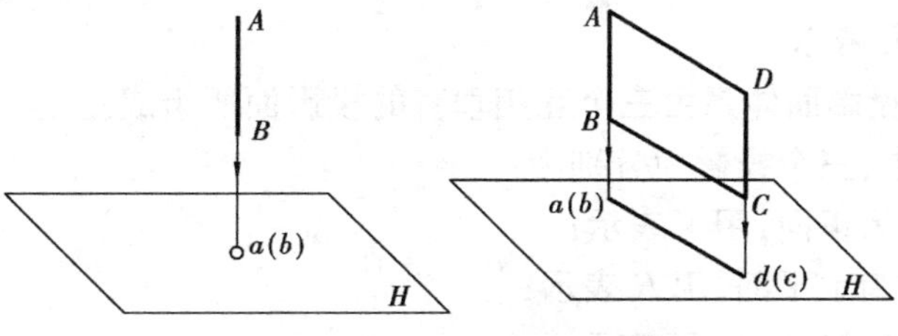

图2-7　正投影的积聚性

3)类似性

直线或平面与投影面倾斜时,直线的投影仍为直线,但短于原直线的实长;平面的投影仍为平面,但形状和大小都发生变化,如图 2-8 所示。这种性质称为正投影的类似性。

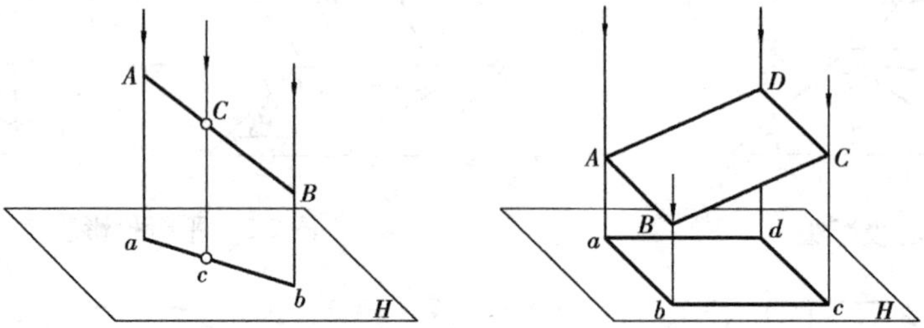

图 2-8　正投影的类似性

2.2　三视图

将物体向投影面投影所得到的图形称为视图。在正投影中,一般一个视图不能完整地表达物体的形状和大小,也不能区分不同的物体,如图 2-9 所示,三个不同的物体在同一投影面上的视图完全相同。因此,要反映物体的完整形状和大小,必须有几个从不同投影方向得到的视图。至于究竟要设几个投影面,画几个投影或视图,要根据物体的复杂程度而定。初学者常以三面投影(三视图)作为基本训练方法。

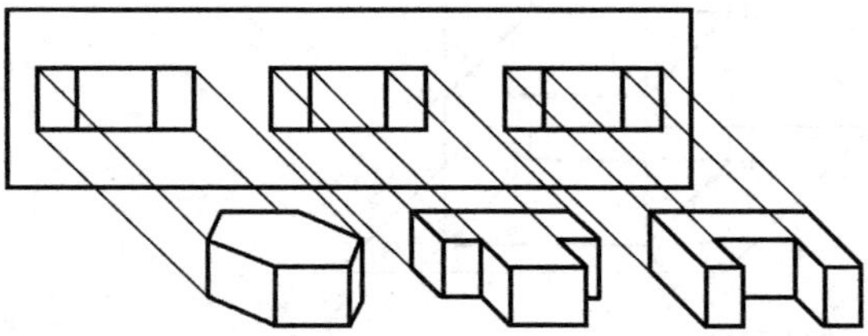

图 2-9　不同的物体在同一投影面上的视图相同

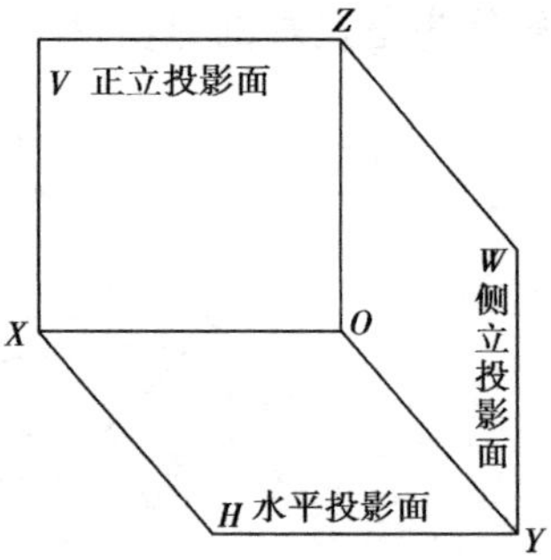

图 2-10　三投影面体系

2.2.1　三视图的形成

1)投影面的设置及名称

如图 2-10 所示三投影面体系由三个互相垂直的投影面所组成。

在三投影面体系中,三个投影面分别为:

正立投影面,简称为正面,用 V 表示;

水平投影面,简称为水平面,用 H 表示;

侧立投影面,简称为侧面,用 W 表示。

三个投影面的相互交线,称为投影轴。它们分别是:

OX 轴,V 面和 H 面的交线,它代表长度方向;

OY 轴,H 面和 W 面的交线,它代表宽度方向;

OZ 轴,V 面和 W 面的交线,它代表高度方向;

三个投影轴垂直相交的交点 O,称为原点。

2)三视图的形成

如图 2-11(a)所示,把支架在如图 2-10 所示的三投影面体系进行投影时,可得到支架的三个视图。由前向后投影,在正面上所得视图称为主视图;由上向下投影,在水平面上所得视图称为俯视图;由左向右投影,在侧面上所得视图称为左视图。

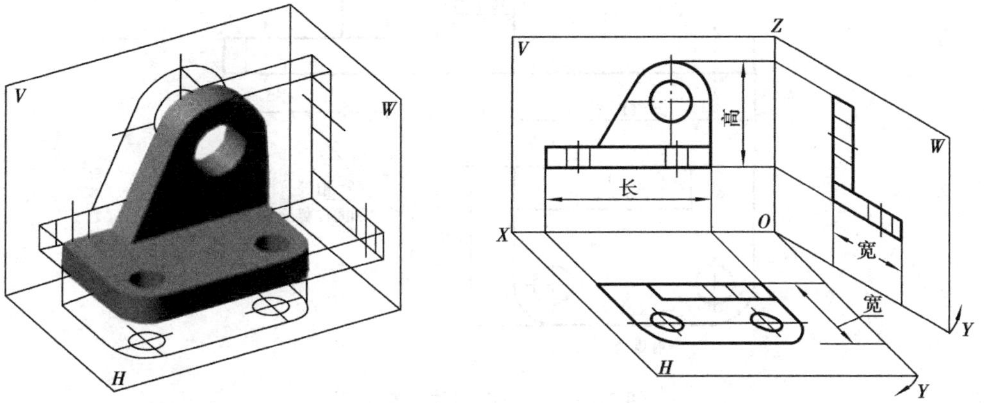

(a)三视图的形成　　　　(b)投影面的展开

图 2-11　三视图的形成及其投影特性

3)三视图的展开

为了在图纸上(一个平面)上画出三视图,三个投影面必须如图 2-11(b)那样,使正面不动,水平面和侧面分别绕 X,Z 轴旋转 90°,从而把三个投影面展开在同一平面上,如图 2-12(a)所示。在图样上通常只画出零件的视图,而投影面的边框和投影轴都省略不画,如图 2-12(b)所示支架的三视图。在同一张图纸内按图 2-12(b)那样配置视图时,一律不注明视图的名称。

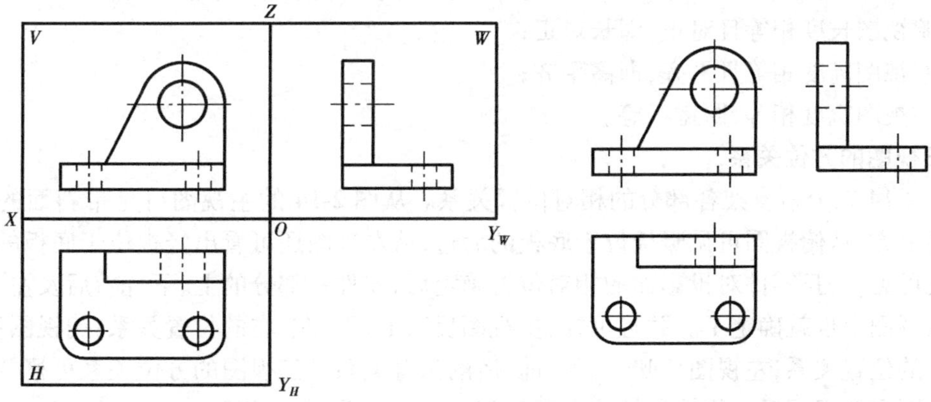

(a)　　　　(b)

图 2-12　展开后的三视图

2.2.2 三视图的关系

1)三视图与物体的关系

由图 2-13 可见,主视图反映了支架的长度和高度,俯视图反映了长度和宽度,左视图反映了宽度和高度,且每两个视图之间有一定的对应关系。

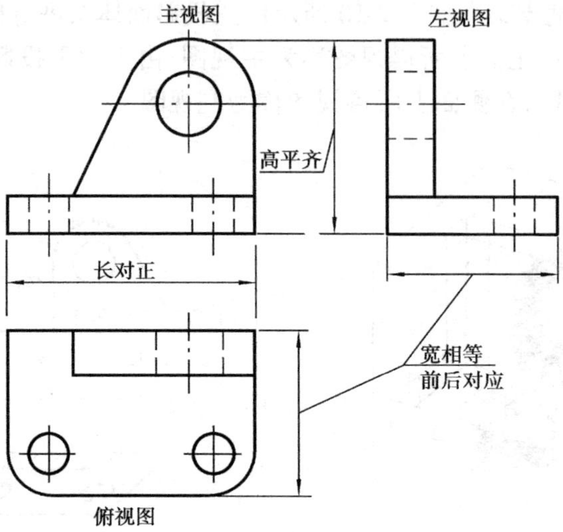

图 2-13 三个视图的投影关系

2)三视图的位置关系

以主视图为主;

俯视图在主视图的正下方;

左视图在主视图的正右方。

画三视图时必须以主视图为主按上述投影关系配置视图,叫按投影关系配置视图。这个位置关系是不能更动的,并且视图之间要相互对齐、对正、不能错开,更不能倒置。

3)三视图的尺寸关系

由三视图与物体之间的关系可知,每对相邻视图同一方向的尺寸相等,即:

主、俯视图长度相等且对正,即**长对正**;

主、左视图高度相等且平齐,即**高平齐**;

俯、左视图宽度相等,即**宽相等**。

4)三视图的方位关系

用图 2-14 来分析支架各部分的相对位置关系。从图 2-14 的主视图可见带斜面的竖板位于底板的上方;从俯视图可见竖板位于底板的后边;从左视图还可看出竖板位于底板的上方后边。由此可见,一旦零件对投影面的相对位置确定后,零件各部分的上、下、前、后及左、右位置关系在三视图上也就确定了。并且可知:主视图反映上、下、左、右的位置关系;俯视图反映左、右、前、后的位置关系;左视图反映上、下、前、后的位置关系。三视图的方位关系可概括为:

主视图和俯视图反映物体各结构左右之间的位置关系;

主视图和左视图反映物体各结构上下之间的位置关系;

俯视图和左视图靠近主视图的一面是物体的后面,远离主视图的一面是物体的前面。

方位关系可由尺寸关系推论得到，比如由长度方向可以分出左右位置，由高度方向可以分出上下或高低位置，由宽度方向能分出前后位置。其中，俯视图和左视图所反映的前后关系容易搞错，一定要注意。

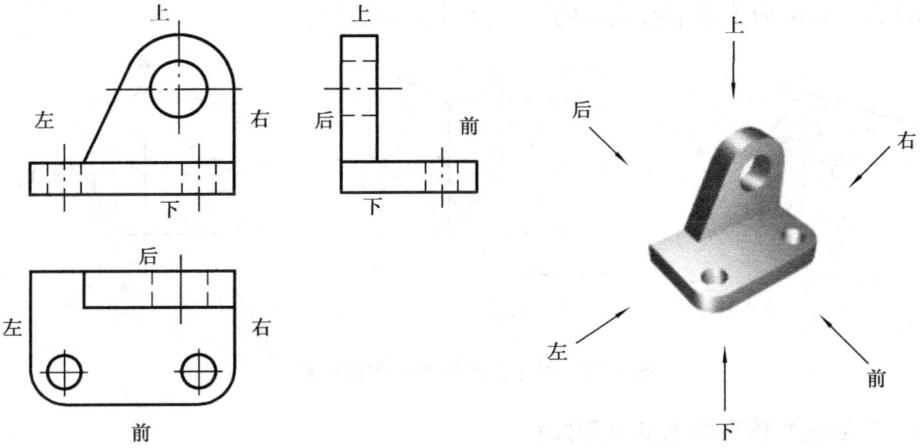

图 2-14　三个视图的位置关系

2.3　点的投影

点是构成立体最基本的几何要素。点的投影仍然是点，并且是唯一的。如图 2-15 中的点 A，在 P 面上的投影为一点 a'。但根据点的一个投影却不能确定点的空间位置，如图 2-15 中的投影 b' 不能唯一确定空间一点 B 与其对应，这需要几个在不同投影面上的投影来共同确定，故须采用多面投影体系确定 B 点的空间位置。

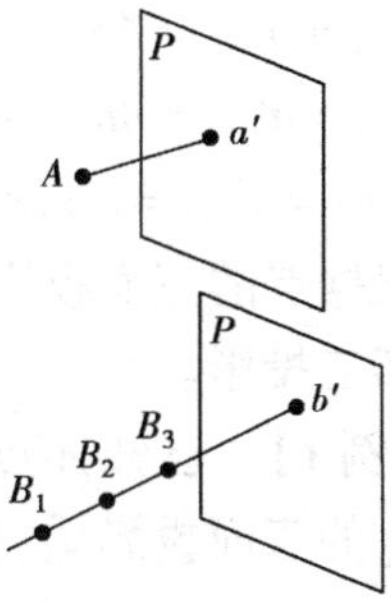

图 2-15　点与投影的关系

一般规定，空间点用大写字母 A,B,C,D……表示；空间点在正面上的投影用相应小写字母加一撇表示 a',b',c',d'……表示；空间点在水平面上的投影用相应小写字母 a,b,c,d……表示；空间点在侧面上的投影用字母加两撇 a'',b'',c'',d''……表示。

2.3.1　点的直角坐标和三面投影的关系

若把三投影面体系看作空间直角坐标体系，则 H,V,W 面即为坐标面，X,Y,Z 轴即为坐标轴，O 点即为坐标原点。由图 2-16 可知，A 点的 3 个直角坐标 x_A,y_A,z_A 即为 A 点到 3 个坐标面的距离，它们与 A 点的投影 a,a',a'' 的关系如下：

$Aa'' = aa_Y = a'a_z = Oa_x = x_A$

$Aa' = aa_x = a''a_z = Oa_Y = y_A$

$Aa = a'a_x = a''a_Y = Oa_z = z_A$

由此可见，点的投影与坐标关系：

a 由 Oa_x 和 Oa_Y，即 A 点的 x_A,y_A 两坐标确定；

a'由 Oa_x和 Oa_z,即 A 点的 x_A,z_A两坐标确定;

a''由 Oa_Y和 Oa_z,即 A 点的 y_A,z_A两坐标确定。

由此可知,点的一个投影不能确定该点空间的唯一位置,至少需要两个投影才行。空间点 $A(x_A,y_A,z_A)$在三投影面体系中有唯一的一组投影(a,a',a'')。

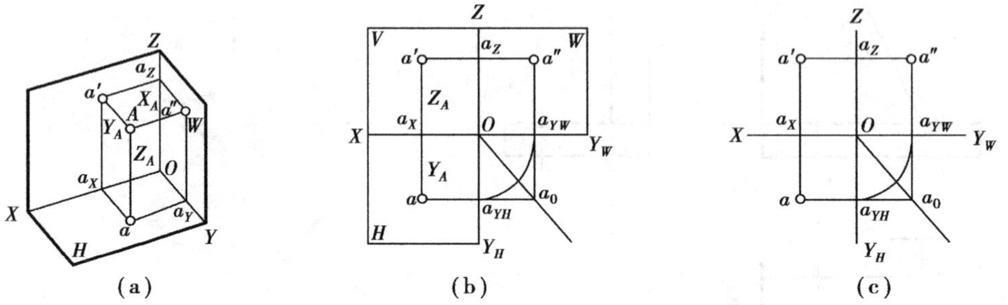

图 2-16　点在三投影体系中的投影

2.3.2　三面投影体系中点的投影规律

如图 2-16 所示,通过点的三面投影图的形成过程,可总结出点的投影规律:

(1)点的相邻两面投影连线,必定垂直于相应的投影轴,即:

$a'a \perp OX, a'a'' \perp OZ, aaY_H \perp OY_H, a''aY_W \perp OY_W$

(2)点的投影到投影轴的距离,等于空间点到相应的投影面的距离,且两两相等,即:

$aa_Y = a'a_z = Aa''$,Aa''为 A 点到 W 面的距离;

$aa_x = a''a_z = Aa'$,Aa'是 A 点到 V 面的距离;

$a'a_x = a''a_Y = Aa$,Aa 为 A 点到 H 面的距离。

根据点的三面投影规律,可由点的 3 个坐标值画出其三面投影图,也可根据点的两面投影求作第三投影。

【例 1】　已知 A 点的坐标(20,15,10);B 点的坐标(30,10,0);C 点的坐标(15,0,0),作出各点的三面投影图(图2-17)。

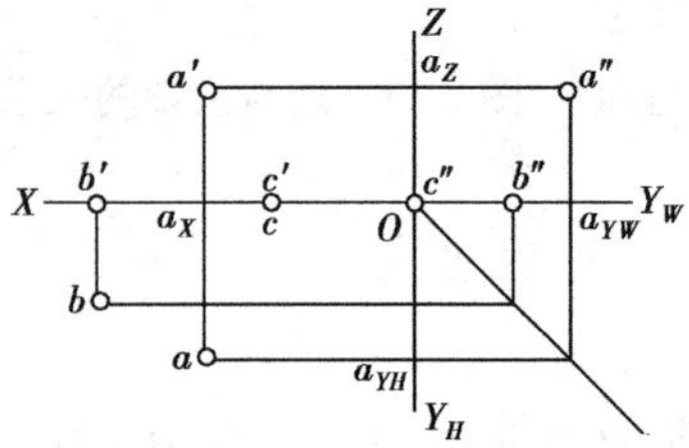

图 2-17　根据点的坐标作投影图

分析:A 点在空间,B 点在 H 面上,C 点在 X 轴上。

作图:A 点的投影:从 O 点到 X,Y,Z 轴上分别量取 $x_A=20$,$y_A=15$,$Z_A=10$,然后各引所在轴的垂线,根据点的直角坐标和三面投影的关系知,aa_X与 aa_{YH}相交决定 a;$a'a_X$与 $a'a_Z$相交决定 a';$a''a_{YW}$与 $a''a_Z$相交决定 a''。

B 点的投影:从 O 点在 X,Y 轴上分别量取 $x_B=30$,$y_B=10$,然后由 b_X,b_{YH}作所在轴的垂线,相交得 b 点。由于 $z_B=0$,所以 b'在 X 轴上,b''在 Y_W 轴上。

C 点的投影:从 O 点在 X 轴上量取 $x_c=15$,由于 $y_c=0$,$z_c=0$,所以 c,c'重合在 X 轴上,c''与原点 O 重合。

2.3.3　两点的相对位置

空间点的位置可由点相对于 W,V,H 面的距离,即绝对坐标值来确定,也可由点相对于另一个点的位置即相对坐标来确定。两点的相对位置分左右、前后、上下，相对坐标是两点的同轴坐标差。通常 X 坐标值大的点位于左，小的位于右；Y 坐标值大的位于前，小的位于后；Z 坐标值大的位于上，小的位于下。如图 2-18 所示，已知空间两点 $A(x_A,y_A,z_A)$ 和 $B(x_B,y_B,z_B)$，分析 B 相对于 A 的位置，在 X 方向的相对坐标为 (x_B-x_A)，Y 方向的相对坐标为 (y_B-y_A)，Z 方向的相对坐标为 (z_B-z_A)。由于 $x_A>x_B$，故 A 点在左，B 点在右；由于 $y_A>y_B$，故 A 点在前，B 点在后；由于 $z_B>z_A$，故 B 点在上，A 点在下。

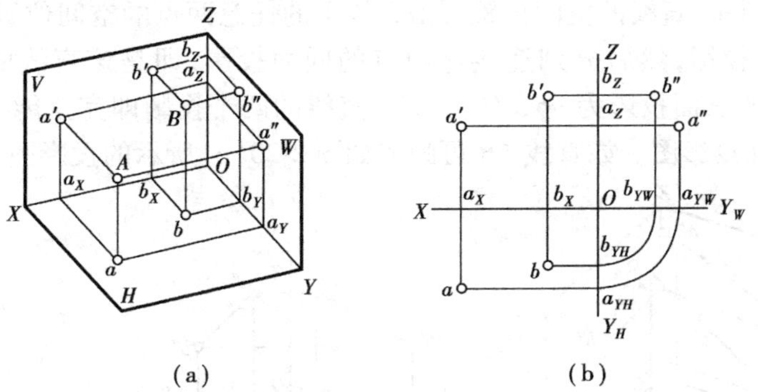

图 2-18　两点的相对位置的确定

2.3.4　重影点的投影

当两个点的某两个同轴坐标值分别相等时，这两个点必处于同一条投射线上。沿这条投射线得到的这两个点的同面投影必重影于一点，则这两个点称为该投影面的重影点。如图 2-19(a)所示的 C,D 两点，它们的正面投影 c' 和 (d') 重影为一点，由于 $y_C>y_D$，所以从前方垂直 V 面向后看时 C 是可见的，D 是不可见的。通常规定，把不可见的点的投影打上括弧，如 $c'(d')$。又如 C,E 两点，它们的水平投影 (c)，e 重影为一点，由于 $z_E>z_C$，从上方垂直 H 面向下看时 E 是可见的，C 是不可见的。再如 C,F 两点，它们的侧面投影 c''，(f'') 重影为一点，由于 $x_c>x_F$，从左方垂直 W 面向右看时，C 是可见的，F 是不可见的，投影图如图 2-19(b)所示。由此可见，对正投影面、水平投影面、侧投影面的重影点，它们的可见性，应分别是前遮后、上遮下、左遮右。利用重影点的投影特点可判别空间几何要素的可见性。

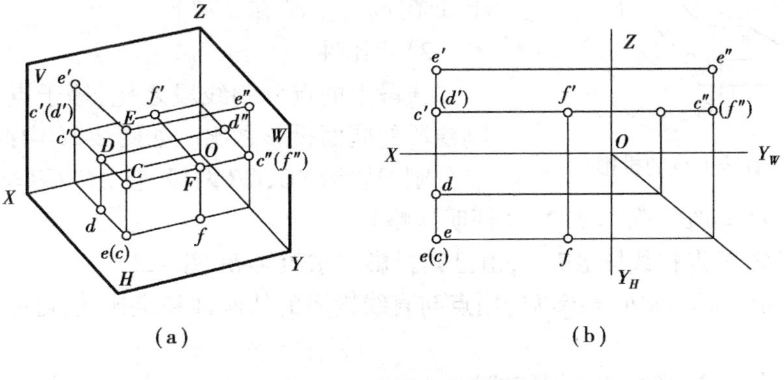

图 2-19　重影点的投影

2.4 直线的投影

2.4.1 直线的投影图

如图 2-20(a)所示,直线的空间位置可由直线上的任意两点的空间位置来确定,画出直线上任意两点的三面投影,然后分别连接这两点的同面投影,即是该直线的三面投影。如图 2-20(b),直线 AB 的三面投影为 ab、$a'b'$、$a''b''$。直线的两个投影即完全能确定直线的空间位置,通常多使用两面投影图。如直线 AB 可画成如图 2-20(c)所示的投影图。

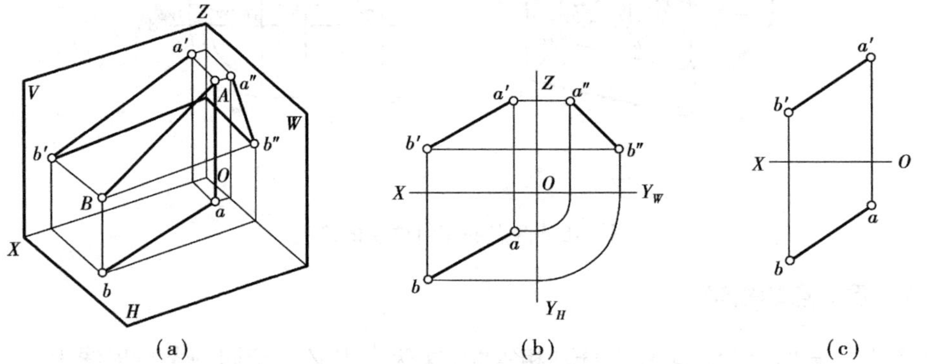

图 2-20 直线的投影图

2.4.2 直线上点的投影

根据正投影基本特性可知,当点位于直线上时,两者的投影具有从属性和定比性。

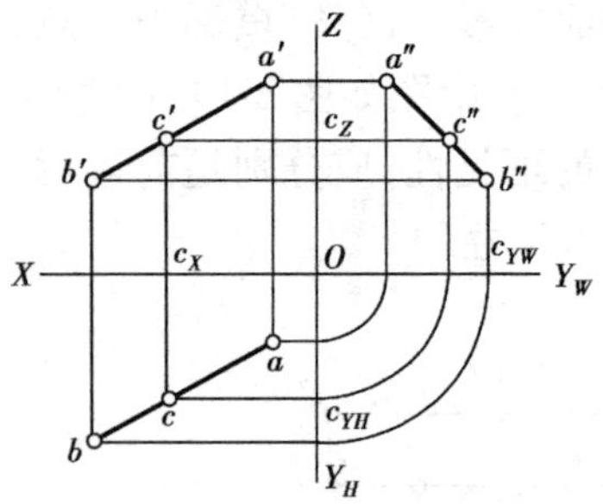

图 2-21 直线上点的投影

1)从属性

直线上的点,其投影必在该直线的同面投影上;反之,如点的各面投影均在直线的同面投影上,则该点必在直线上。如图 2-21,C 点在直线 AB 上,则 c' 在 $a'b'$ 上,c 在 ab 上,c'' 在 $a''b''$ 上 。

2)定比性

线段上的点分割线段之比,等于点的各面投影分割线段的同面投影之比。如图 2-21 中线段 AB 上的 C 点分割线段为 AC,CB 两段,且 $AC:CB=3:2$,则 $AC:CB=ac:cb=a'c':c'b'=a''c'':c''b''=3:2$。(证明从略)

【例 2】 已知 K 点在线段 AB 上,由已知投影 k' 求投影 k(图2-22)。

分析:由图可知 $a'k':k'b'=ak:kb$,用点与直线投影的从属性和定比性,可完成作图。

作图:

(1)过 a 任作一辅助线 aB_o(用细线)。

(2)在辅助线上取 $aK_o=a'k'$,$K_oB_o=k'b'$。

(3)连 B_ob,并过 K_o 作平行于 B_ob 直线 K_ok,此直线与 ab 的交点 k 即为所求。

应用点分割线段成定比的投影特点，也可以检查点是否在特殊位置的直线上，如图 2-23 所示，K 点经作图检查表明它不在线段 AB 上。

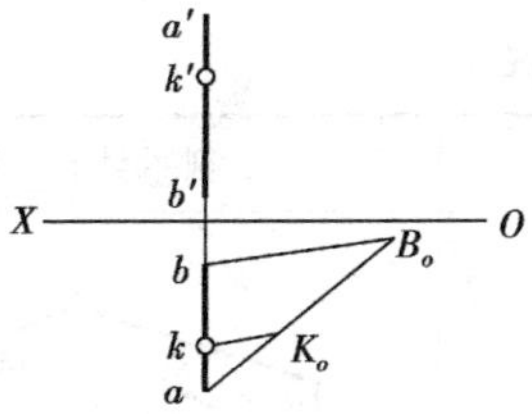

图 2-22　由直线上点的一个投影求作另一个投影

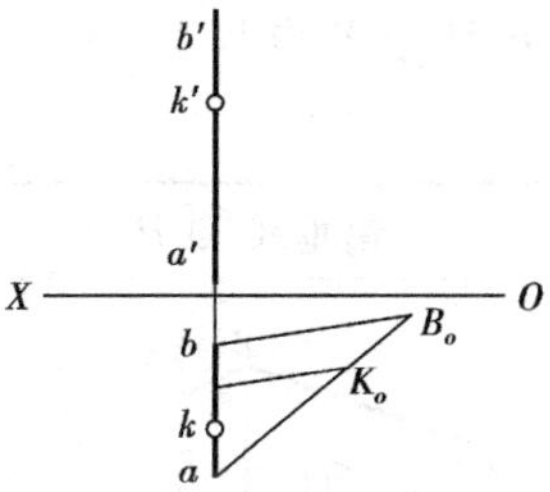

图 2-23　判断 K 点是否在直线 AB 上

2.4.3　空间各种位置直线的投影

在三投影的体系中，空间直线相对于投影面的位置有 3 种：平行、垂直和倾斜。分别称为投影面的平行线，投影面的垂直线和一般位置直线（或称倾斜线）。

1）投影面的平行线

平行于一个投影面且与其余两个投影面倾斜的直线称为投影面的平行线。表 2-1 列出了 3 种投影面平行线的三面投影图及其投影特性。

表 2-1　投影面平行线的投影特性

名称	水平线（$//H$）	正平线（$//V$）	侧平线（$//W$）
立体图	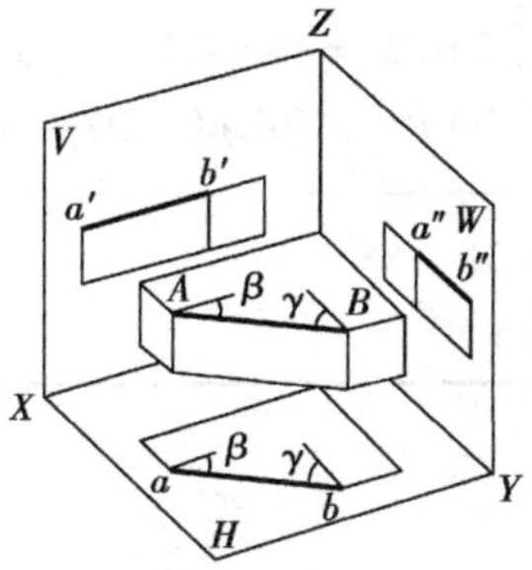	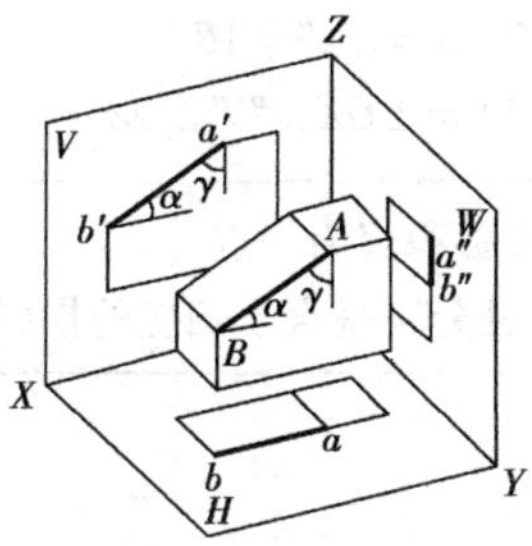	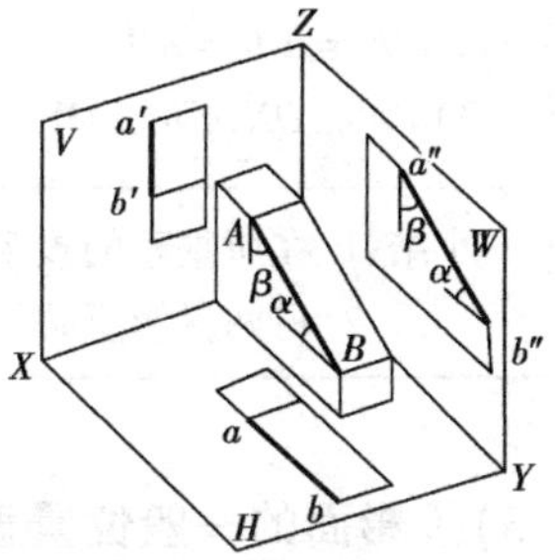
投影图	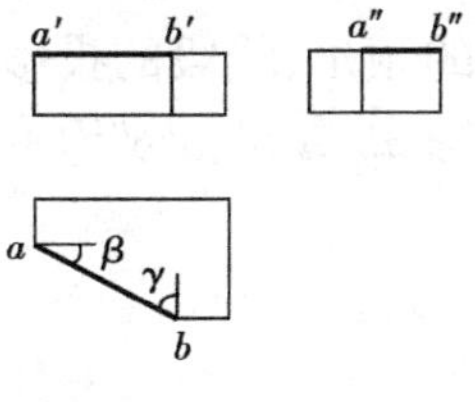	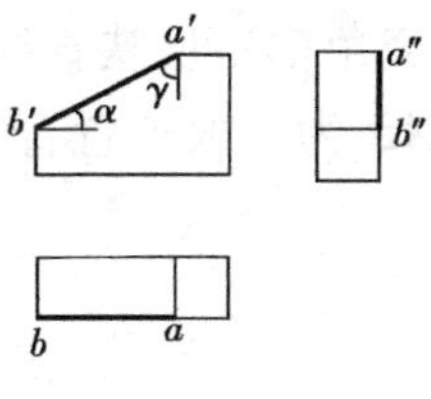	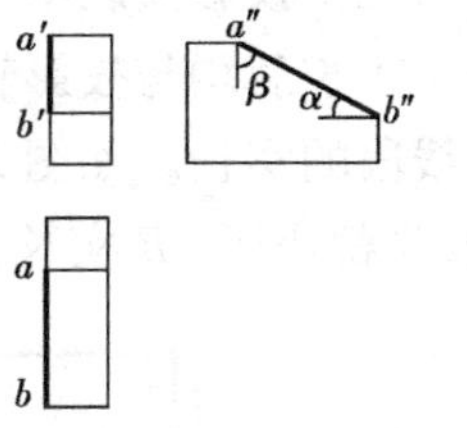
投影特性	1）$ab=AB$ 2）$a'b'//OX, a''b''//OY_W$ 3）ab 与 OX, OY_H 的夹角 β, γ 分别等于 AB 对 V, W 面倾角	1）$a'b'=AB$ 2）$ab//OX, a''b''//OZ$ 3）$a'b'$ 与 OX, OZ 的夹角 α, γ 分别等于 AB 对 H, W 面倾角	1）$a''b''=AB$ 2）$ab//OY_H, a'b'//OZ$ 3）$a''b''$ 与 OY_W, OZ 的夹角 α, β 分别等于 AB 对 H, V 面倾角
	小结：1. 在所平行的投影面上的投影反映实长，它与投影轴的夹角等于直线对另外两个投影面的倾角 2. 另外两个投影平行于相应的投影轴，且小于实长		

2）投影面的垂直线

垂直于一个投影面的直线称为投影面的垂直线。表 2-2 列出了 3 种投影面垂直线的三面投影图及其投影特性。

表 2-2　投影面垂直线的投影特性

名称	铅垂线（⊥H）	正垂线（⊥V）	侧垂线（⊥W）
立体图	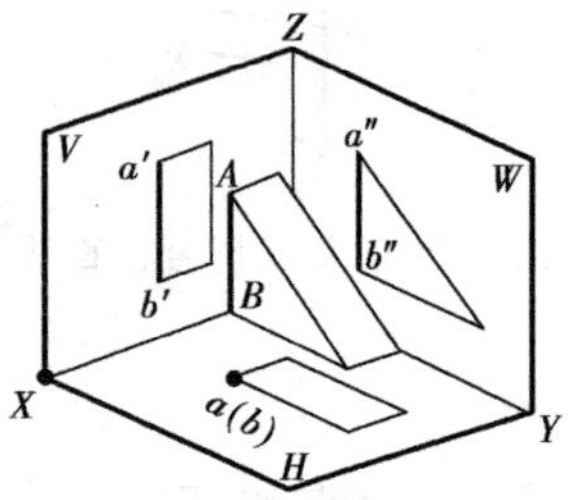	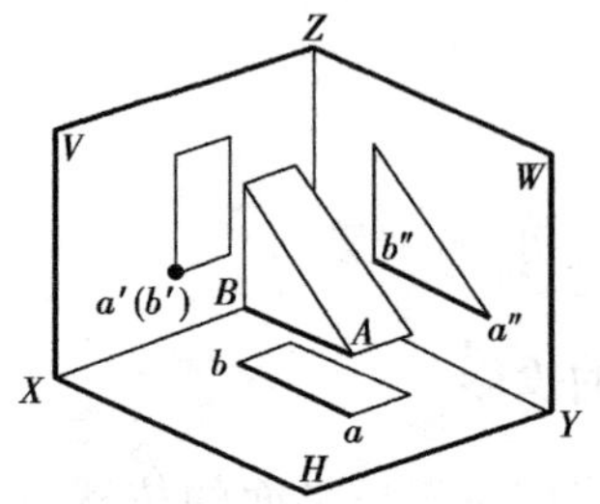	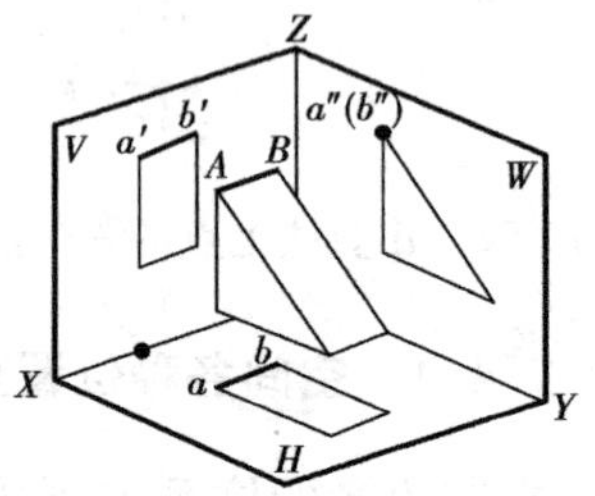
投影图	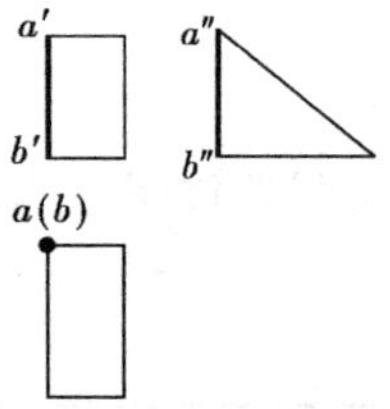	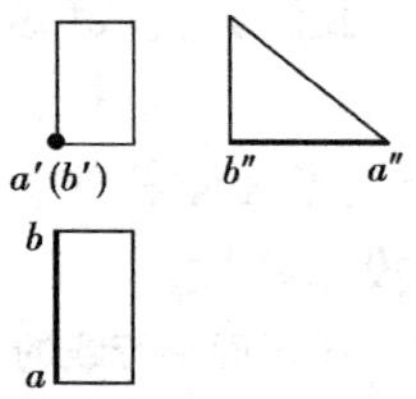	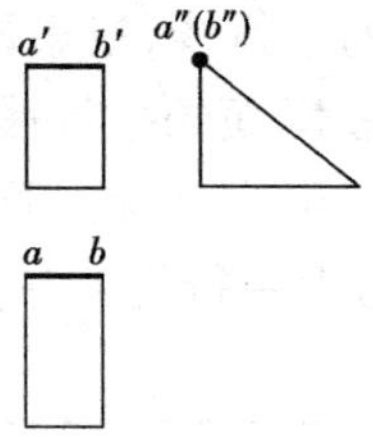
投影特性	1）水平投影积聚为一点 $a(b)$ 2）$a'b' = a''b'' = AB$ 3）$a'b' \perp OX, a''b'' \perp OY_W$	1）正面投影积聚为一点 $a'(b')$ 2）$ab = a''b'' = AB$ 3）$ab \perp OX, a''b'' \perp OZ$	1）侧面投影积聚为一点 $a''(b'')$ 2）$a'b' = ab = AB$ 3）$a'b' \perp OZ, ab \perp OY_H$
	小结：1. 在所垂直的投影面上的投影积聚为一点 2. 另两投影反映线段实长，且分别垂直于相应的投影轴		

3）投影面的一般位置直线

与三个投影面既不平行也不垂直的直线称为投影面的一般位置直线。它在三个投影面上的投影延长后均与投影轴相交，但其交角都不反映直线对投影面的倾角，线段的投影长度也都小于线段的实长。如图 2-24 中线段 AB 为一般位置直线，它的投影 ab、$a'b'$、$a''b''$均不平行各投影轴，且都小于 AB 实长。

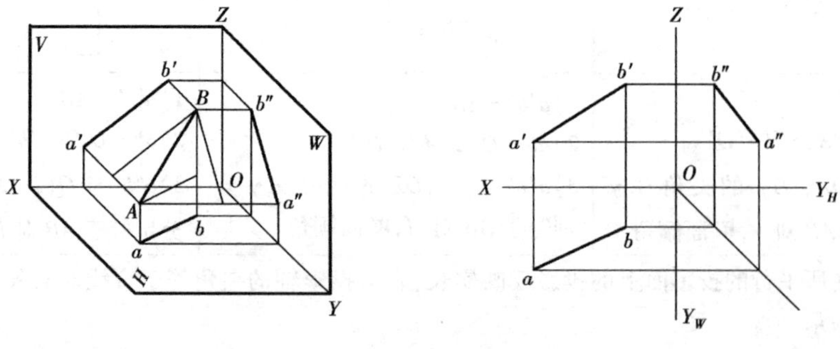

图 2-24　一般位置直线的投影

2.4.4　两直线相对位置

空间两直线的相对位置有 3 种情况：平行、相交、交叉。

1）平行两直线

若空间两直线相互平行，则它们的各同面投影必然相互平行。反之，若两直线的各同面投影都相互平行，则此两直线在空间也必定相互平行。

如图 2-25，直线 AB 平行直线 CD，通过 AB，CD 两直线向 H 面作投射线，可构成两平行平面 $ABba$ 和 $CDdc$，它们与 H 面的交线 ab 和 cd 也相互平行，即 $ab /\!/ cd$。同理，可以证明投影 $a'b' /\!/ c'd'$、$a''b'' /\!/ c''d''$。由于空间两平行线相对于同一投影面的倾角相同，故两直线的长度之比也等于此两直线各同面投影长度之比，即 $AB: CD = ab: cd = a'b': c'd' = a''b'': c''d''$。

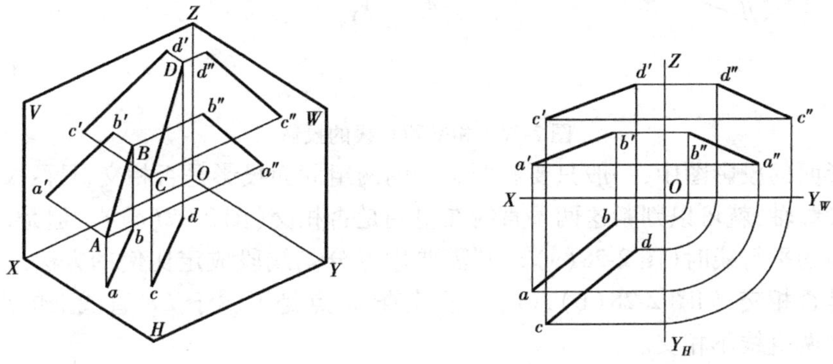

（a）　　（b）

图 2-25　平行两直线的投影

在两面投影中，一般情况下只要两直线的每组同面投影都平行，就可反映两直线在空间互相平行。但如图 2-26 所示的两条侧面平行线，画出正面投影和水平投影并不能反映它们彼此平行与否，还须画出其侧面投影。（或用平行定理判定）

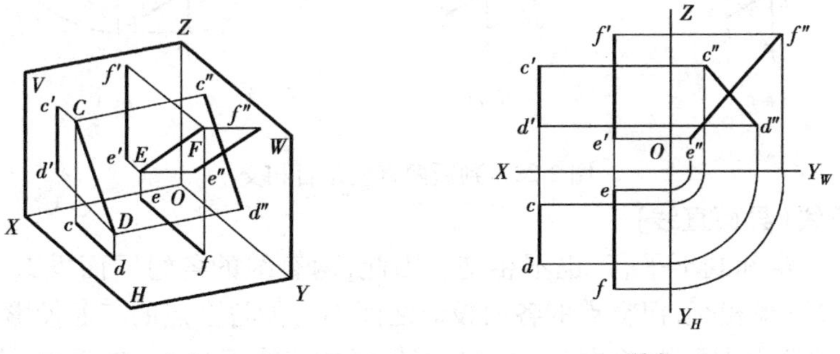

（a）　　（b）

图 2-26　判断两侧平线是否平行

2）相交两直线

若空间两直线相交，则它们的各个同面投影也一定相交，且交点符合点的投影规律。反之，若两直线的各个同面投影都相交且交点的投影符合点的投影规律，则此两直线在空间必定相交。如图 2-27（b），当 AB，CD 两直线相交时，则交点 K 便是 AB，CD 两直线上的共有点，根据直线与点从属性的投影特性可知，k'必在 $a'b'$和 $c'd'$上，即 k'必是 $a'b'$和 $c'd'$的交点，同样 k 和 k''也必定分别是 ab、cd 和 $a''b''$、$c''d''$的交点。

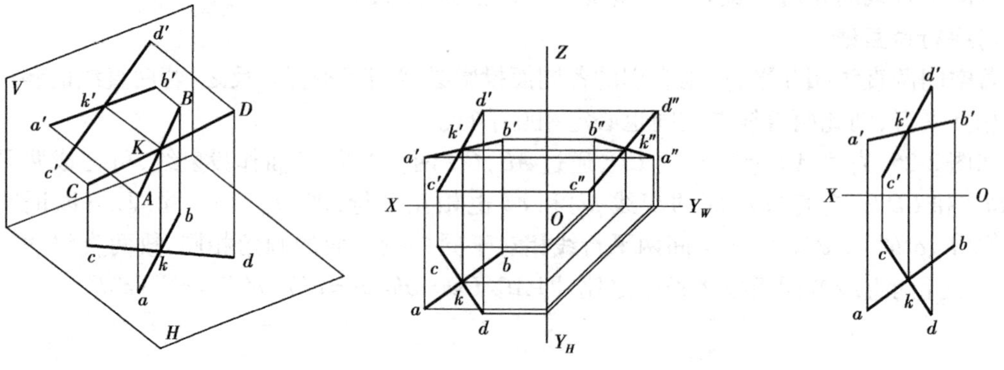

(a) (b) (c)

图 2-27　相交两直线的投影

在两投影面的投影图中，一般只要看两直线的两组同面投影是否相交，且两投影交点的连线是否垂直投影轴，就可以判断这两条直线在空间是否相交(图 2-27(c))。但是，当两直线中有一条投影面的平行线时(图 2-28(a))，则需要用点分割线段成定比例的方法或用三面投影的方法检查是否相交，如图 2-28(b)，(c)。经检查，K 点是不属于 EF 直线上的点，而只位于 GH 直线上，故两直线不相交。

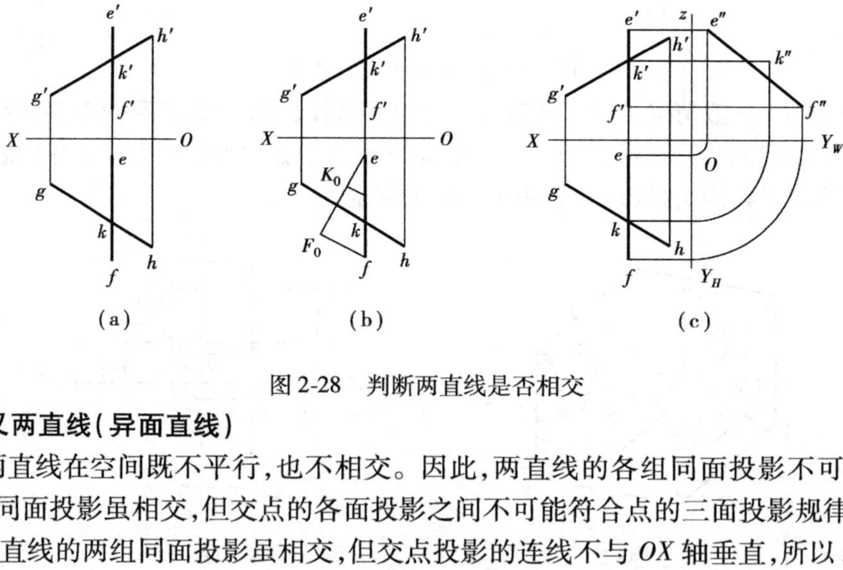

(a) (b) (c)

图 2-28　判断两直线是否相交

3)交叉两直线(异面直线)

交叉两直线在空间既不平行，也不相交。因此，两直线的各组同面投影不可能同时都平行，或各组同面投影虽相交，但交点的各面投影之间不可能符合点的三面投影规律。如图 2-29(b)所示两直线的两组同面投影虽相交，但交点投影的连线不与 OX 轴垂直，所以 AB 和 CD 两直线在空间是交叉直线。此时，交叉两直线同面投影的交点是两直线上各自的一个点在该投影面上的重影，如图 2-29(a)中，$a'b'$与 $c'd'$的交点 1′(2′)是 AB 直线上的Ⅰ点与 CD 直线上的Ⅱ点在 V 面上的重影。从图 2-29(b)中的 H 面投影中可看出，$y_{\mathrm{I}} > y_{\mathrm{II}}$，所以Ⅰ在Ⅱ的前方；对 V 面来说，AB 线遮挡 CD 线。同理可知，H 面中的 3(4)点也是两直线上重影点的投影，从 V 面投影中可判别出Ⅲ点在Ⅳ点的上方；对 H 面来说，CD 线遮挡 AB 线。

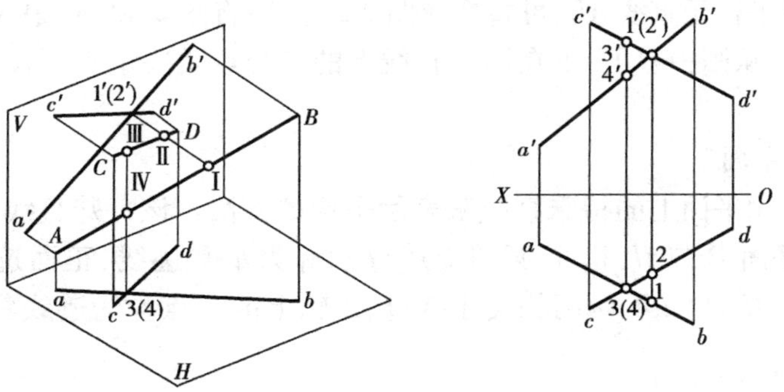

(a)　　　　　　　　　　(b)

图 2-29　交叉两直线的投影

利用交叉两直线上两重影点判别两直线的相对位置的方法，是以后研究几何要素相交问题，判别投影可见与不可见的基本方法。

2.5　平面的投影

2.5.1　平面的表示法

1）几何元素表示平面

由初等几何可知，下列几何元素组都可以确定平面在空间的位置：

（1）不在同一直线上的三个点（图 2-30（a））。

（2）一直线和直线外的一个点（图 2-30（b））。

（3）相交两直线（图 2-30（c））。

（4）平行两直线（图 2-30（d））。

（5）任意平面图形，如三角形、平行四边形、圆形等（图 2-30（e））。

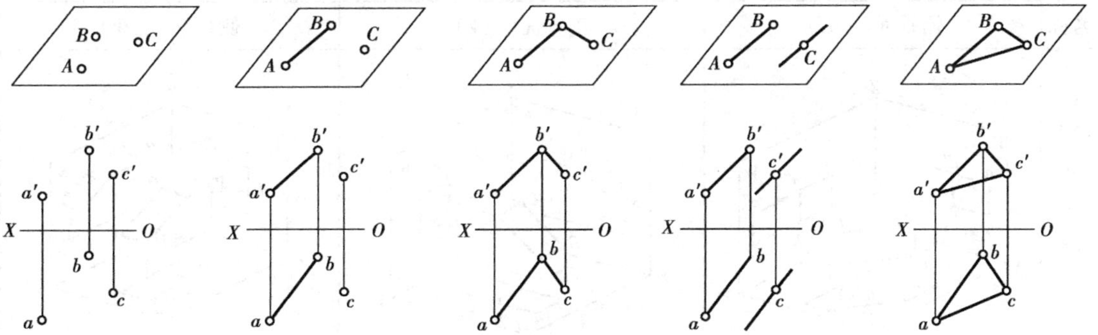

(a)　　(b)　　(c)　　(d)　　(e)

图 2-30　用几何元素确定平面

图 2-30 是用各组几何元素所表示的同一平面的投影图，显然，各组几何元素是可以互相转换的，如连接 *AB* 即可由图 2-30（a）转换成图 2-30（b）；作 *CB* 与 *AB* 相交，可转换成图 2-30

(c);过 C 点做直线平行于直线 AB,可转换成图 2-30(d);将图 2-30(a)中 A,B,C 三点连接,可转换成图 2-30(e)。从图中看出,不在同一直线上的三个点是决定平面位置的最基本几何元素组。

2)用迹线表示平面*

图 2-31 所示为用平面上的特殊直线来表示平面的方法。该特殊直线是平面与投影面的交线,称为迹线。平面 P 与 H,V,W 面的交线分别称为水平迹线、正面迹线和侧面迹线,用 PH,PV,PW 表示。PH,PV,PW 两两相交于 X,Y,Z 轴上的一点称为迹线集合点,分别用 PX,PY,PZ 表示。

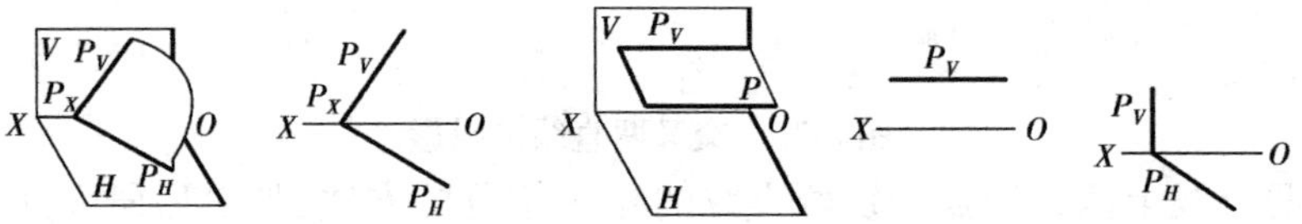

图 2-31　用迹线表示平面

由于迹线在投影面上,因此迹线在这投影面上的投影必定与其本身重合,并用迹线符号标记,即在投影图上直接用 PV 标记正面迹线的正面投影;用 PH 标记水平迹线的水平投影;用 PW 标记侧面迹线的侧面投影。迹线的另两个投影与相应的投影轴重合,一般不再标记。这种用迹线表示的平面称为迹线平面。

2.5.2　各种位置平面的投影特性

平面在三投影面体系中相对于投影面的位置可分为 3 种:投影面垂直面、投影面平行面和倾斜面。其中前二种平面称为特殊位置平面,后一种平面又称为一般位置平面。

1)投影面垂直面

垂直于一个投影面而与其余两个投影面都呈倾斜的平面称为投影面垂直面。

垂直于 H 面的称为铅垂面;垂直于 V 面的称为正垂面;垂直于 W 面的称为侧垂面。

表 2-3 分别列出了铅垂面、正垂面和侧垂面的直观图、投影图及其投影特性。

表 2-3　投影面垂直面的投影特性

名称	铅垂面($\perp H$)	正垂面($\perp V$)	侧垂面($\perp W$)
立体图	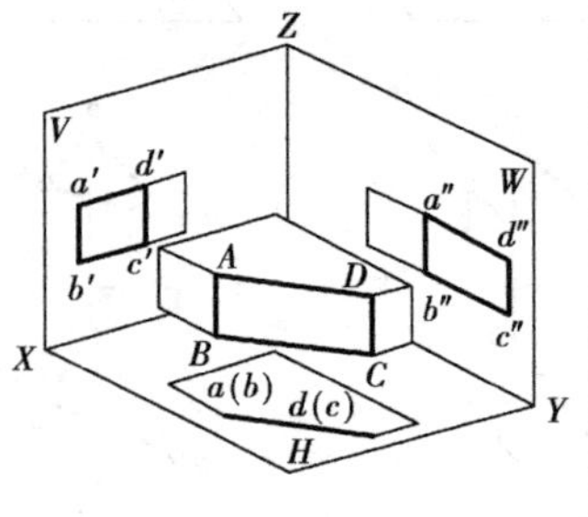	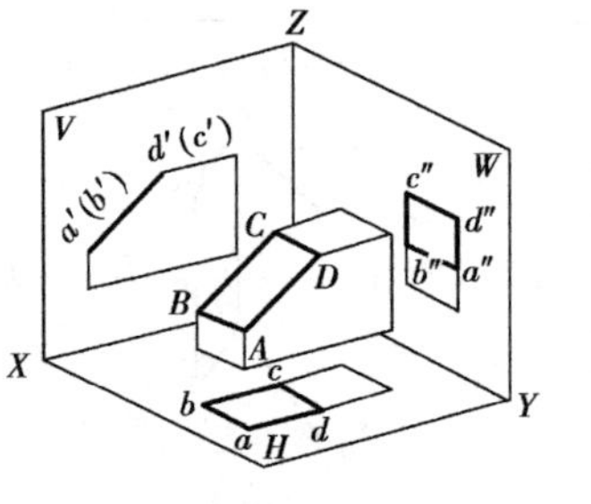	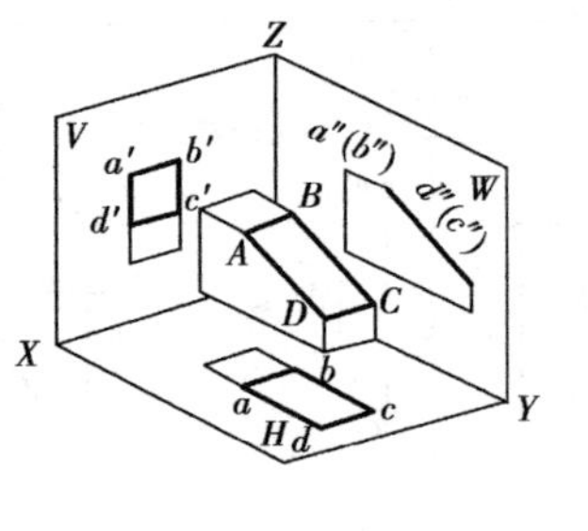

---

* 内容为选学内容。

续表

名称	铅垂面（⊥H）	正垂面（⊥V）	侧垂面（⊥W）
投影图	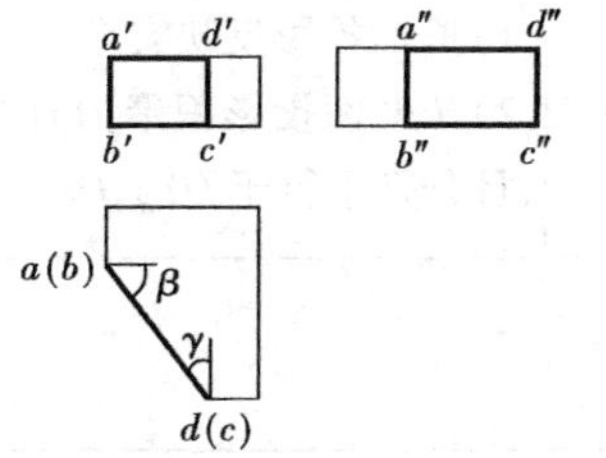	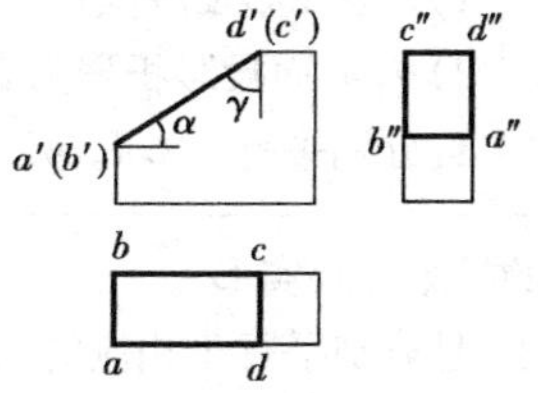	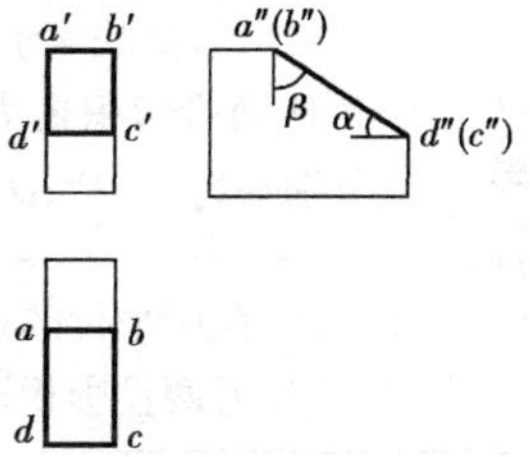
投影特性	1）H 面投影积聚为一直线段，它与 OX，OY_H 轴的夹角为对 V，W 面的倾角 β，γ 2）V，W 面投影为类似形	1）V 面投影积聚为一直线段，它与 OX，OZ 轴的夹角为对 H，W 面的倾角 α，γ 2）H，W 面投影为类似形	1）W 面投影积聚为一直线段，它与 OZ，OY_W 轴的夹角为对 V，H 面的倾角 β，α 2）V，H 面投影为类似形
	小结：1. 在所垂直的投影面上投影积聚为一倾斜的直线段，它与投影轴的夹角分别反映该平面对另两投影面的倾角 2. 另外两个投影面上的投影为类似形		

2）投影面平行面

平行于一个投影面的空间平面称为投影面平行面。

平行于 H 面的称为水平面；平行于 V 面的称为正平面；平行于 W 面的称为侧平面。

表 2-4 中分别列出正平面、水平面、侧平面的直观图、投影图及其投影特性。

表 2-4　投影面平行面的投影特性

名称	水平面（$/\!/H$）	正平面（$/\!/V$）	侧平面（$/\!/W$）
立体图	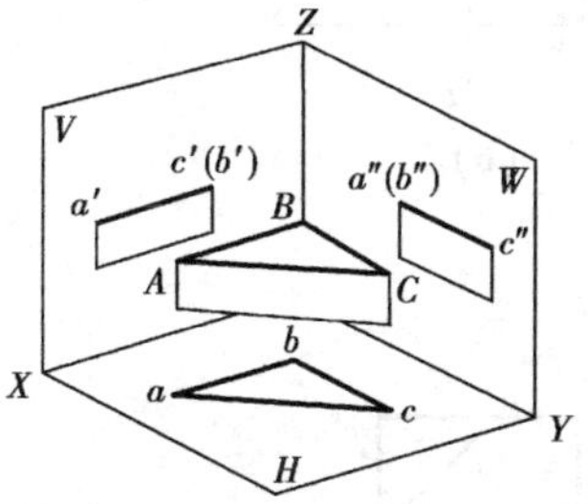	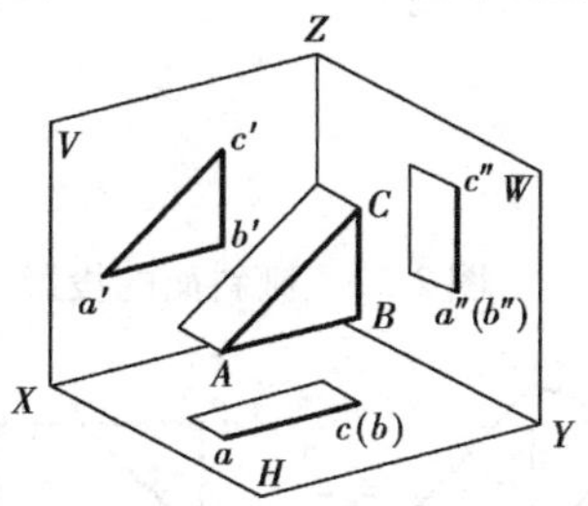	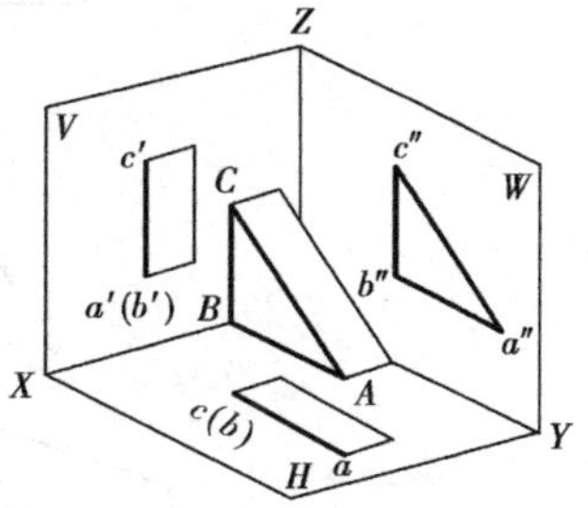
投影图	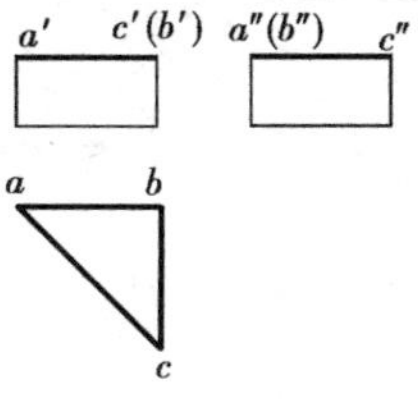	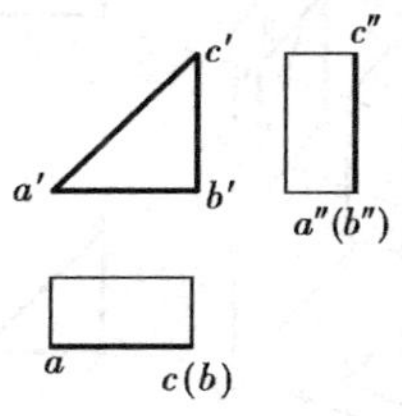	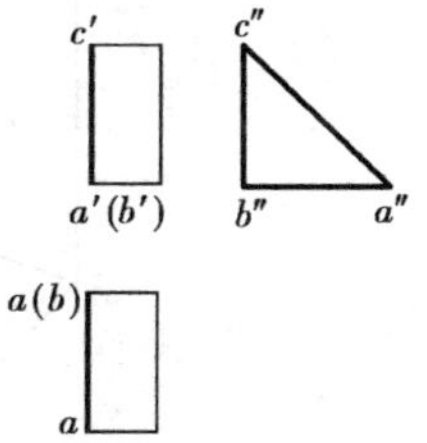

续表

名称	水平面(//H)	正平面(//V)	侧平面(//W)
投影特性	1)H 面投影反映实形 2)V,W 面投影积聚为直线段,且分别平行于 OX,OY_W 轴	1)V 面投影反映实形 2)H,W 面投影积聚为直线段,且分别平行于 OX,OZ 轴	1)W 面投影反映实形 2)H,V 面投影积聚为直线段,且分别平行于 OY_H,OZ 轴
	小结:1. 在所平行的投影面上的投影反映实形 2. 另两投影积聚为直线段,且分别平行于相应的投影轴		

3)投影面的倾斜面(一般位置平面)

与三个投影面都倾斜的平面称为投影面的倾斜面或一般位置平面,简称倾斜面。

如图 2-32(a)所示,因倾斜面与三个投影面都既不平行也不垂直,所以在三个投影面上的投影既不反映实形也没有积聚性,也不能直接反映出该平面对投影面的倾角。图 2-32(b)中 $\triangle ABC$ 的 3 个投影 $\triangle abc$,$\triangle a'b'c'$,$\triangle a''b''c''$ 都是 $\triangle ABC$ 的类似形,都不反映 $\triangle ABC$ 的实形。

图 2-33 是立体上投影面的倾斜面(一般位置平面)的三投影图,绘制了立体三视图中 $\triangle ABC$ 平面的三投影 $\triangle abc$,$\triangle a'b'c'$,$\triangle a''b''c''$,表明了倾斜面的投影特点。

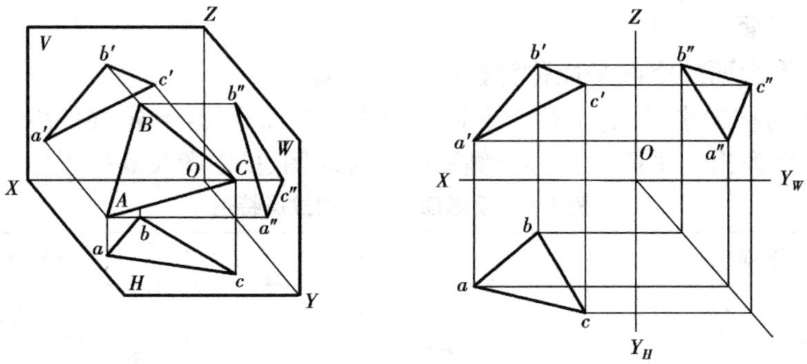

(a) (b)

图 2-32 倾斜面的投影

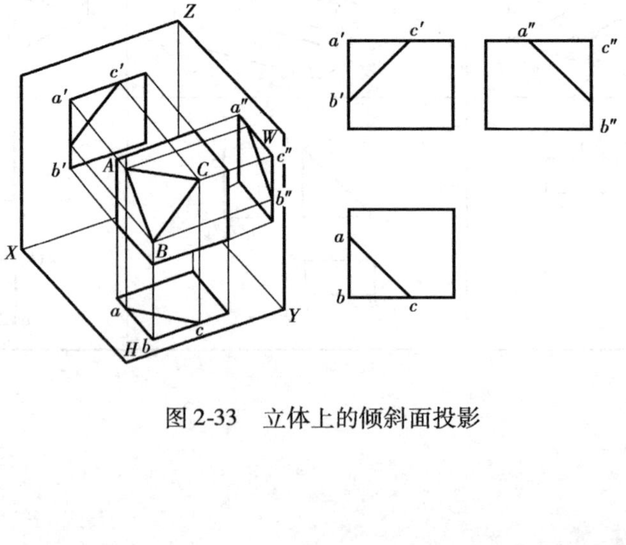

图 2-33 立体上的倾斜面投影

2.5.3　平面上直线和点的投影

1)直线在平面上的几何条件

(1)一直线若通过平面上的2个点,则此直线一定在该平面上。如图2-34所示相交两直线*AB*,*BC*确定一平面*P*,由于*K*,*L*两点分别在*AB*,*BC*上,所以*KL*连线一定在*P*平面上。

(2)一直线若通过平面上一个点且平行于平面上的另一条直线,则此直线一定在该平面上。如图2-35所示相交两直线*AB*,*BC*确定一平面*Q*。*G*是*AB*上的一个点,如过*G*作线$GH/\!/BC$,则*GH*一定在*Q*平面上。

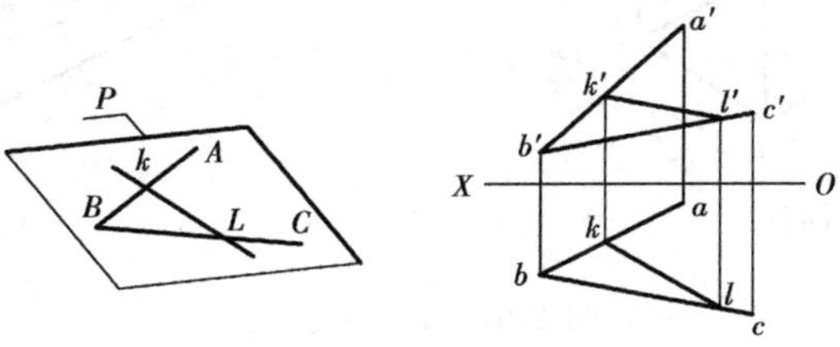

图2-34　平面上取直线(一)

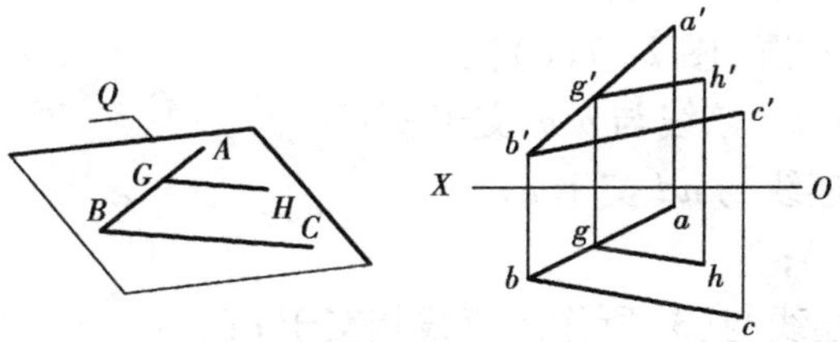

图2-35　平面上取直线(二)

2)点在平面上的几何条件

点在平面内的任一直线上,则此点一定在该平面上。

如图2-35所示,由于*H*点在平面内的直线*GH*上,因此*H*点在平面*Q*上。

【例3】　已知一平面*ABCD*,(1)判别*K*点是否在平面上;(2)已知平面上一点*E*的正面投影e',作出其水平投影*e*(图2-36(a))。

分析:判别一点是否在平面上以及在平面上取点,必须先在平面上取直线。

作图:

(1)连接c',k'并延长与$a'b'$交于f',由$c'f'$求出其水平投影*cf*,则*CF*是平面*ABCD*上的一条直线,如*K*点在*CF*上,则*k*,k'应分别在*cf*,$c'f'$上。从作图中得知*k*不在*cf*上,所以*K*点不在平面上(图2-36(b))。

(2)连接a',e'与$c'd'$交于g',由$a'g'$求出水平投影*ag*,则*AG*是平面上的一条直线,如*E*点在平面上,则*E*应在*AG*上,所以*e*应在*ag*上,于是过e'作投影连线与*ag*延长线的交点*e*即为所求*E*点的水平投影。

【例4】　已知四边形平面*ABCD*的正面投影及*A*,*B*,*D*三顶点的水平投影(图2-37(a)),试补全水平投影。

分析:因四边形已知3个顶点的两面投影,故该平面空间位置已定,*C*点在该平面上,由c'可在该平面上取*C*。本例的作图方法有两种,下面分别说明。

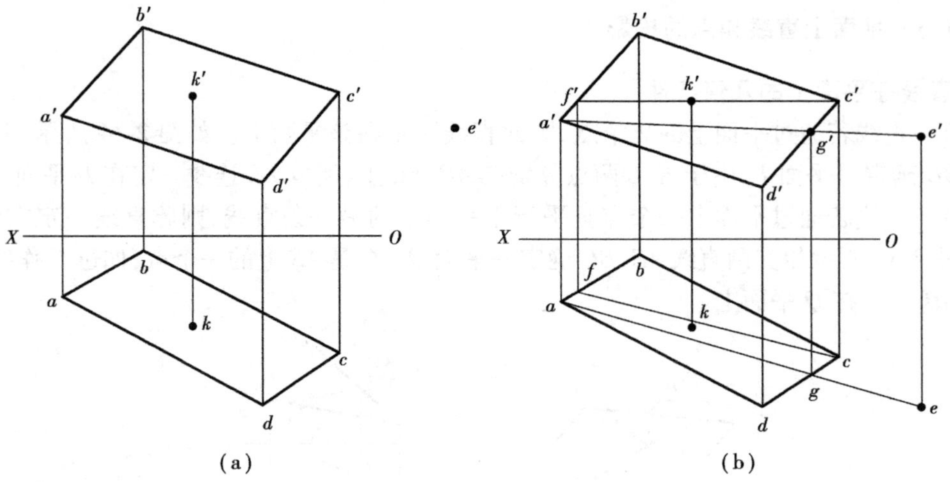

图 2-36　平面上的点

作图：

作图方法与上例相同(图 2-37(b))。

本例也可按下列步骤作图(图 2-37(c))：

(1)过 c'作线平行于 $a'b'$，该线与 $a'd'$交于 g'；

(2)由 g'向下引投影连线与 ad 交于 g；

(3)过 g 作直线平行 ab；

(4)由 c'向下引投影连线与(3)所作的直线相交于 c；

(5)连 bc，cd 即为所求。

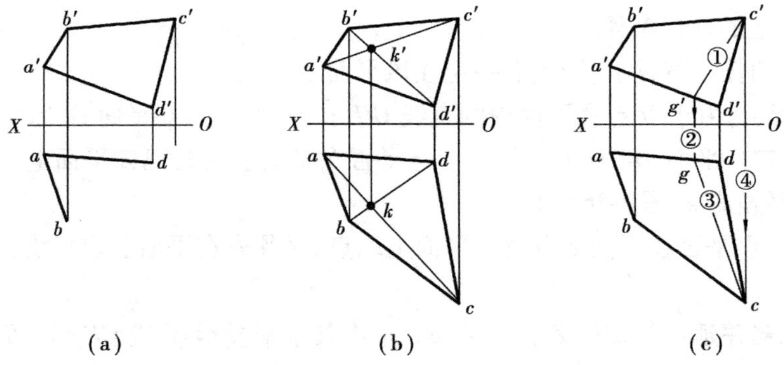

图 2-37　补全平面四边形的水平投影

第3章 基本立体及其表面交线的投影

基本立体可分为平面立体和曲面立体。表面均为平面的立体称为平面立体，如棱柱、棱锥等；表面由曲面或平面和曲面组成的立体称为曲面立体，如圆柱、圆锥、球、圆环等。

本章主要介绍基本立体投影图的作图方法，基本立体表面点（线）投影的作图方法，基本立体表面交线的作图方法和基本立体尺寸的标注。

3.1 基本立体

3.1.1 平面立体的投影

平面立体的表面都是多边形平面，因此绘制平面立体的投影，可归纳为绘制其各多边形平面的投影，也就是绘制这些多边形的边和各个顶点的投影。

1）棱柱的投影

棱柱可以看成由多边形平面沿某一与其垂直的直线移动（拉伸）而成。棱柱的顶面和底面是两个形状相同而且互相平行的多边形平面，这两个确定棱柱形状特征的面称为棱柱的特征面，其他面均为矩形，垂直于特征面。如图 3-1 所示。

绘制如图 3-1(a)所示正五棱柱的三面投影。

分析：正五棱柱的顶面和底面为水平面，一个侧面为正平面，其余 4 个侧面均为铅垂面，五条棱线均为铅垂线。

作图：

(1)作顶面和底面的投影。顶面和底面均为水平面，其正面和侧面投影分别积聚为一直线段，水平投影反映正五边形的实形，且顶面和底面的水平投影重合。

(2)作侧面的投影。5 个侧面中有 4 个为铅垂面，水平投影积聚成直线，正面投影和侧面投影是类似形，一个为正平面，正面投影反映实形，水平投影和侧面投影积聚成直线。

(3)判别可见性。将立体的表面向投影面投影时，可见的棱线画粗实线，不可见的棱线画虚线，粗实线与虚线重合时，只画粗实线。

作图的结果如图 3-1(b)所示。

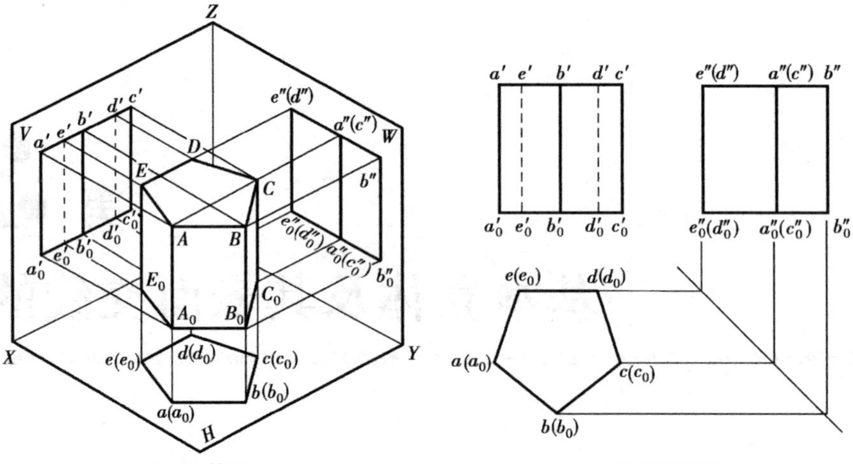

(a)立体图　　(b)投影图

图 3-1　正五棱柱的投影

由上可知，棱柱投影的共同特点是：在与特征面平行的投影面上的投影为多边形且反映特征面的实形（特征投影），另两面投影均为一个或多个、可见与不可见矩形的组合。

作棱柱的投影时，最好先画特征投影，再画其他投影。

2）棱锥的投影

棱锥的底面为多边形，各侧面均为过锥顶的三角形。如图 3-2 所示的三棱锥，底面为三角形，三个侧面均为等腰三角形。

绘制如图 3-2(a)所示三棱锥的三面投影图。

分析：三棱锥底面为水平面，前边的两个侧面为一般位置平面，后边的侧面为侧垂面。

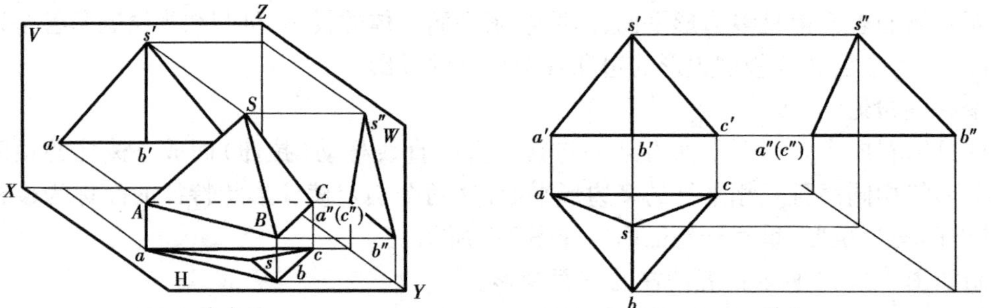

(a)　　(b)

图 3-2　三棱锥的投影

作图：

(1)作底面的投影。三棱锥底面为水平面，水平投影反映实形，正面投影和侧面投影均积聚成直线段。

(2)根据顶点 S 的位置，作 s,s',s''，将 s,s',s''与底面各顶点 A,B,C 的同面投影相连，即得各侧面的投影。

(3)判别可见性并检查得到最终结果。

作图的结果如图 3-2(b)所示。

由上可知棱锥投影的共同特点是：在与底面平行的投影面上的投影为多边形且反映底面

的实形，它由数个具有公共交点的三角形组合而成；另两个投影为一个或多个、可见与不可见具有公共顶点的三角形的组合。

作棱锥的投影图时，一般应先画底面各投影（先画底面反映实形的投影，再画底面积聚性投影），再画出锥顶点各投影，然后连接各棱线并区分可见性。

3.1.2　平面体表面的点（线）

在平面立体表面上作点（线）的投影时，可按以下步骤进行：

（1）判断点属于哪个平面；

（2）判断该平面对投影面的相对位置；

①如果该平面是特殊位置平面，则可利用积聚性作图，即在该平面具有积聚性的投影上先作出点的投影，然后利用投影规律作出点的其他两面的投影。如图 3-3 所示的五棱柱表面 M，N，P 三点的投影作图（线的投影可在点投影的基础上通过判断可见性，用实（虚）直线段连接，如图 3-3 中的线段 PN）。

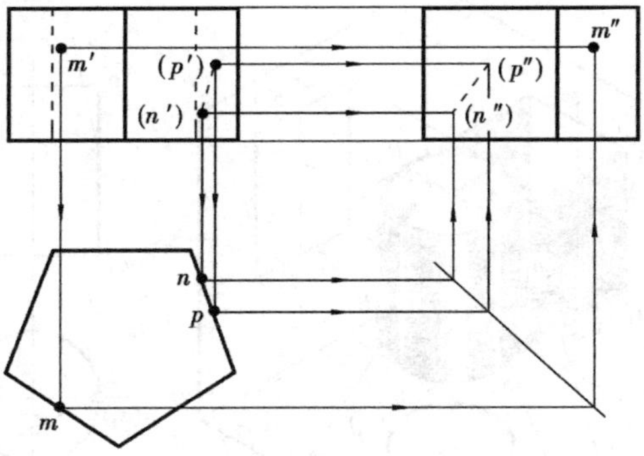

图 3-3　五棱柱表面点（线）的作图

②如果该平面是一般位置平面，则要利用辅助线作图，即先在已知点投影的投影面内通过点的已知投影作辅助线（锥顶到锥底边的线或平行锥底边的线），然后作辅助线的其他投影并求出点的投影。如图 3-4 所示的三棱锥表面点 M 投影。

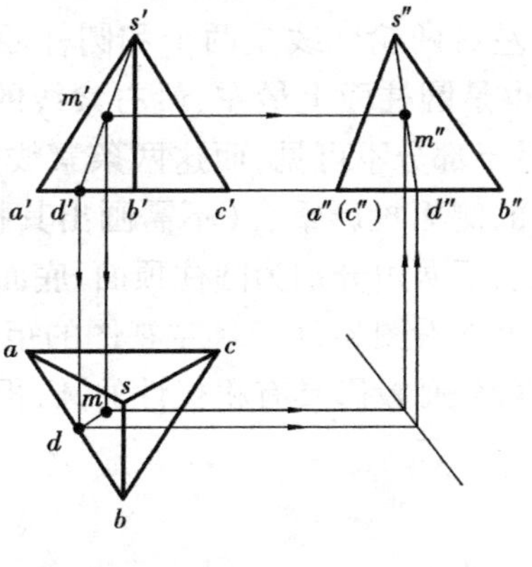

图 3-4　三棱锥表面点的作图

（3）判别可见性。如果点所在平面的投影可见，则点的投影可见；反之，点的投影不可见，不可见的投影必须加括号。如图 3-3、图 3-4 所示。

3.1.3 回转体的投影

曲面立体中最常见的是回转体，它是由母线（直线或曲线）绕轴线旋转而成的光滑曲面或由光滑曲面和平面所围成的立体，母线在回转面上的任意位置称为素线。常见的回转体有圆柱、圆锥、圆球、圆环等。

1）圆柱的投影

（1）圆柱面的形成

如图 3-5（a）所示，圆柱面可看作一条直线 AB 围绕与它平行的轴线 OO_1 回转而成。

（2）圆柱的三面投影

分析如图 3-5（b）所示的圆柱的三面投影图。由于圆柱轴线是铅垂线，圆柱面上所有素线都是铅垂线，因此，圆柱面的水平投影积聚为一个圆，圆柱顶面、底面的投影（反映实形）也与该圆相重合。

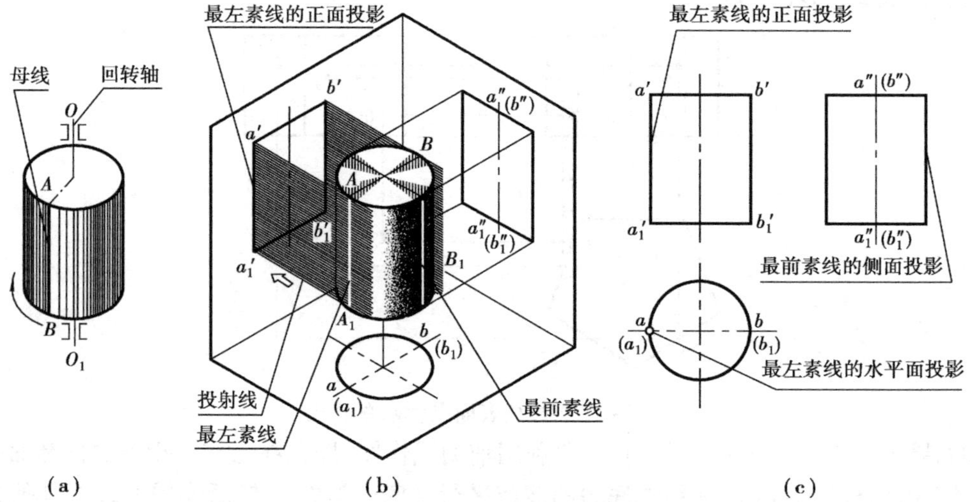

图 3-5 圆柱的形成、投影及分析

正面投影是一个矩形线框，左右两轮廓线是两个和圆柱面相切的投射面与 V 面的交线，如图 3-5（b）所示。这两条交线也是圆柱面上最左、最右素线的投影，它们把圆柱面分为前后两部分，其投影前半部分可见，后半部分不可见，而这两条素线是可见与不可见的分界线。最左、最右素线的侧面投影和轴线的侧面投影重合（不需画出其投影），水平投影在横向中心线和圆周的交点处。矩形线框的上、下两边分别为圆柱顶面、底面的积聚性投影。

对左视图的矩形线框，读者可参看图 3-5（c）和主视图的矩形线框做类似的分析。

画圆柱的三面投影图时，一般先画投影具有积聚性的圆，再根据投影规律和圆柱的高度完成其他两投影。

2）圆锥面的投影

（1）圆锥面的形成

圆锥面可看成由一条直母线 SA 围绕和它相交的轴线回转而成，如图 3-6（a）所示。

（2）圆锥的三面投影

如图 3-6（c）所示为圆锥的三面投影图。水平投影为圆形，反映圆锥底面的实形，同时也

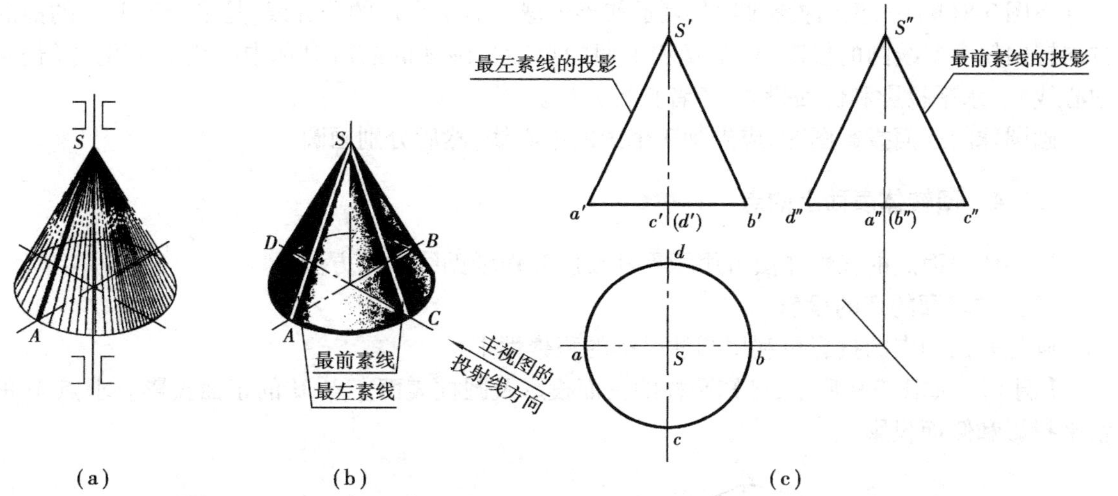

图 3-6　圆锥的形成、投影及分析

表示圆锥面的投影。圆锥的正面投影和侧面投影为等腰三角形线框,其下边为圆锥底面的积聚性投影。正面投影中三角形的左、右两边,分别表示圆锥面最左、最右素线的投影,它们是圆锥面正面投影可见与不可见部分的分界线;侧面投影中三角形的两边,分别表示圆锥面最前、最后素线的投影,它们是圆锥面侧面投影可见与不可见部分的分界线。上述四条线的其他两面投影,请读者自行分析。

画圆锥的三视图时,先画出圆锥底面的各个投影,再画出锥顶点的投影,然后分别画出特殊位置素线的投影,即完成圆锥的三面投影。

3) 圆球面的投影

(1) 圆球面的形成　圆球面可看成一条圆母线绕其直径回转而成,如图 3-7 所示。

(2) 圆球的投影　圆球在 3 个投影面上的投影都是与圆球直径相等的圆,它分别表示 3 个不同方向的球面的转向轮廓线的投影,如图 3-8(a) 所示。

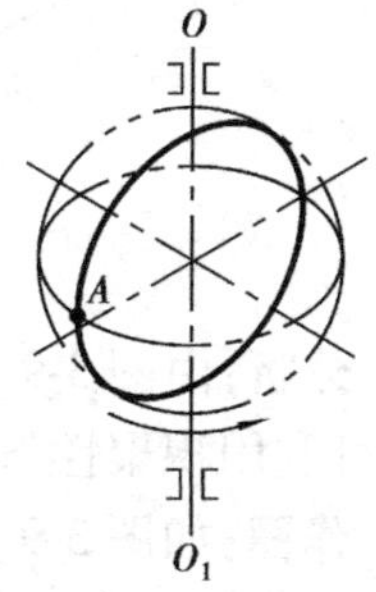

图 3-7　球面的形成

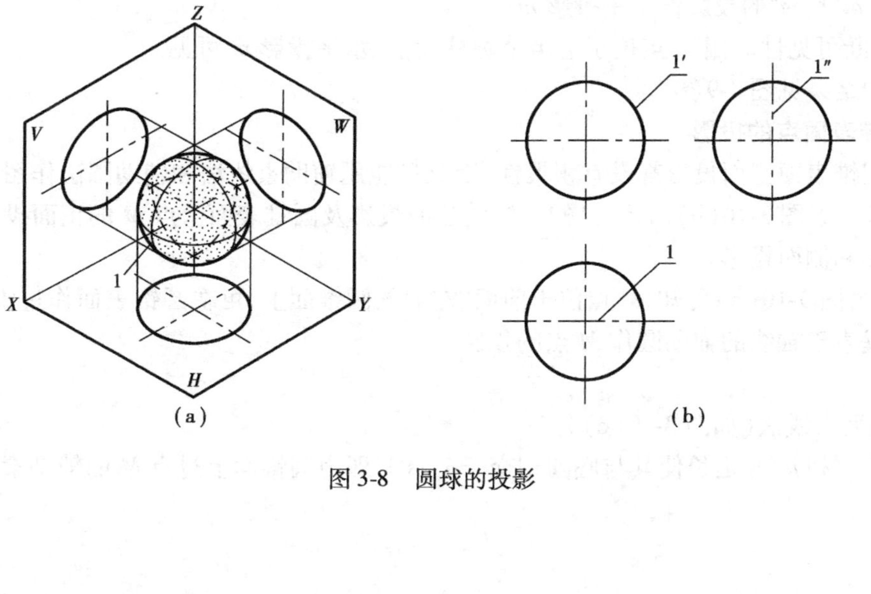

图 3-8　圆球的投影

在图 3-8(b)中,正面投影圆 1′,表示前半个球与后半个球的分界线,是平行于 V 面的前后方向转向轮廓素线圆的投影,它在 H 和 V 面的投影与圆球的前后对称中心线 1,1″重合(仍画中心线)。水平投影和侧面投影,读者自行分析。

画圆球的三面投影图时,应先画 3 个圆的中心线,然后分别画圆。

3.1.4 回转体表面上的点

回转体表面点的投影作图可用积聚性投影和作辅助线两种方法。

1)圆柱表面的点的投影

圆柱表面的点的投影可利用圆柱投影的积聚性求得。

【例 1】 如图 3-9 所示,已知圆柱的三面投影及圆柱表面上点 M 的正面投影。求点 M 的水平投影和侧面投影。

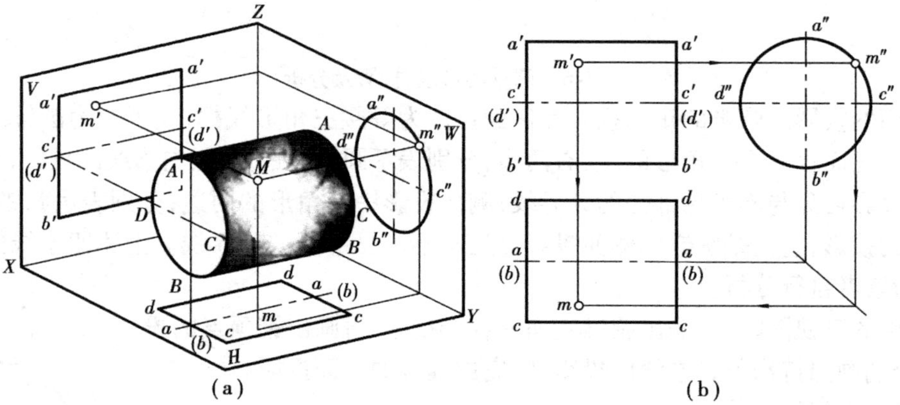

图 3-9 圆柱体表面取点

分析:由图 3-9 正面投影 m'可知点 M 位于前半个圆柱面上。圆柱面的侧面投影具有积聚性,可利用积聚性作图。

作图:如图 3-9 所示。

(1)由 M 点正面投影 m'利用侧面投影的积聚性直接作出侧面投影 m'';

(2)由 m'和 m''的投影作水平投影 m;

(3)判断可见性。因 m 点位于上半个圆柱面上,水平投影 m 可见。

作图的结果见图 3-9(b)。

2)圆锥表面点的投影

由于圆锥表面三面投影都没有积聚性,因此只能用辅助素线法和辅助圆法作图。

【例 2】 如图 3-10(b)所示,已知圆锥的三面投影及圆锥表面上点 M 的正面投影,作点 M 的水平投影和侧面投影。

分析:由图 3-10(b)可知,M 点位于前面、左面的圆锥面上,可在圆锥表面作过锥顶的辅助素线或作垂直于轴线的辅助圆作 M 点的投影。

作图:

(1)辅助素线法(如图 3-10(c))

①连接 s'和 m'并延长使其与底圆相交于 1′,$s'1'$即为圆锥面上过点 M 的辅助素线 $S1$ 的正

面投影；

②作辅助素线 $S1$ 的水平投影，作出 M 点的水平投影 m 和侧面投影 m''；

③判别 M 点各投影的可见性，并得最终结果。

(2) 辅助圆法（如图 3-10(d)）

①过 m' 点作平行于底面的线，这条线就是过点 M 的辅助圆的正面投影；

②作出辅助圆的水平投影和侧面投影，从而作出 m 和 m''；

③判别 M 点各投影的可见性，并得最终结果。

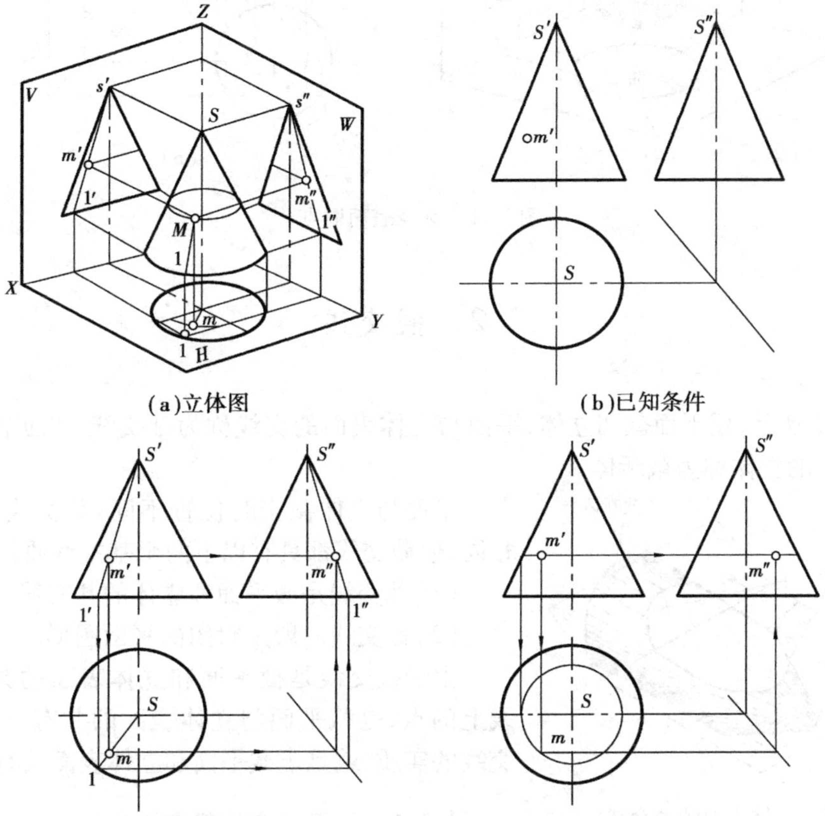

(a) 立体图　(b) 已知条件　(c) 辅助素线法　(d) 辅助圆法

图 3-10　圆锥表面点的作图方法

3) 圆球表面点的投影

【例 3】　如图 3-11(b) 所示，已知圆球的三面投影及圆球表面上的点 M 的水平投影，作点 M 的正面投影和侧面投影。

分析：球面的投影没有积聚性，要在其表面作点的投影，可过该点在球面上作出平行于投影面的辅助圆。如图 3-11(b) 所示，作平行于正面的圆。

作图：

(1) 过 M 点的水平投影 m 作平行于投影轴的直线 12，12 即为平行于正面的辅助圆的水平投影；

(2) 在正面投影上作以 12 为直径的圆，因 M 点在圆周上，则可作出 m'；由 m，m' 作出 m''；

(3) 判断可见性。由 M 点的位置知，m'，m'' 均可见。

本例也可过 M 点作平行于水平面或侧面的圆作辅助线求解,请读者自行分析。

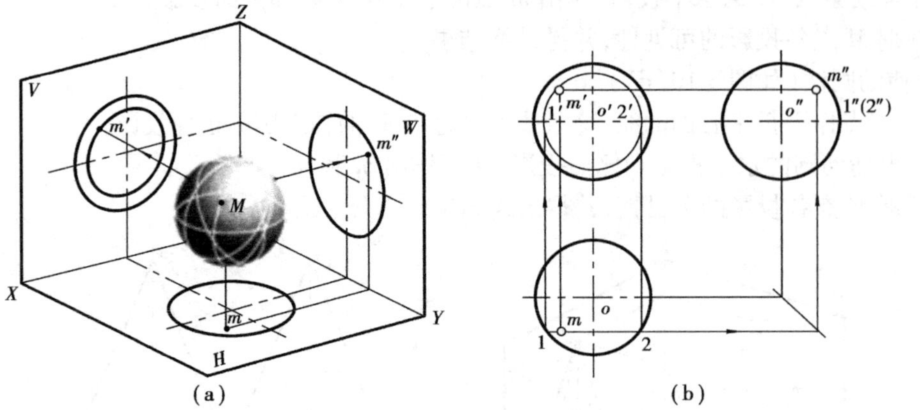

图 3-11　圆球表面取点

3.2 截交线

如图 3-12 所示,用平面截切立体,平面与立体表面的交线称为截交线,平面称为截平面,被平面截切后的立体称为截断体。

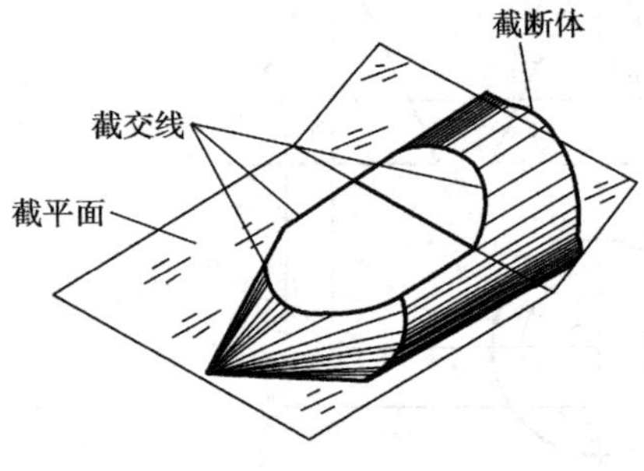

图 3-12　立体表面的截交线

平面与立体截交时位置不同,截交线的形状也不相同,但截交线都具有以下两个基本性质:

(1)截交线是截平面和立体的共有线;

(2)截交线一般是封闭的平面图形。

由于截交线是截平面和立体表面的共有线,截交线上的点,是截平面与立体表面的共有点,因此,求截交线的实质,就是求截平面和立体表面共有点的集合。

3.2.1 平面立体的截交线

求平面立体截交线就是求平面与平面立体各表面的交线,或平面与平面立体各棱线的交点。

【例 4】 已知四棱柱上切口的正面投影,如图 3-13(a)所示,求作其余两个投影。

分析:从正面投影可知,切口是由正垂面 P 截切四棱柱所形成的。平面 P 与棱柱体表面的交线形成一个多边形,多边形上的点 E,F,G 是棱线 A,B,D 与平面 P 的交点;多边形的边 HI 是平面 P 与棱柱上底面的交线,又因截平面的正面投影和四棱柱各侧面的水平投影均具有积聚性,故多边形各顶点的正面投影积聚在 P_V 上,水平投影积聚在四边形各边上,根据投影规律即可求出其侧面投影。

作图:

(1)根据截交平面的积聚性投影直接作出 f',e',g',i',h',由 f',e',g',i',h' 向下作垂线与相应棱面的水平投影相交得水平投影 f,e,g,i,h,并连接 hi;

(2)根据点的投影规律分别作出f'',e'',g'',i'',h'';

(3)判别可见性,按水平投影的顺序将各点的侧面投影相连,即得截交线的侧面投影;

(4)擦去多余的线,补画虚线,完成整个立体的侧面投影,如图 3-13(b)所示。

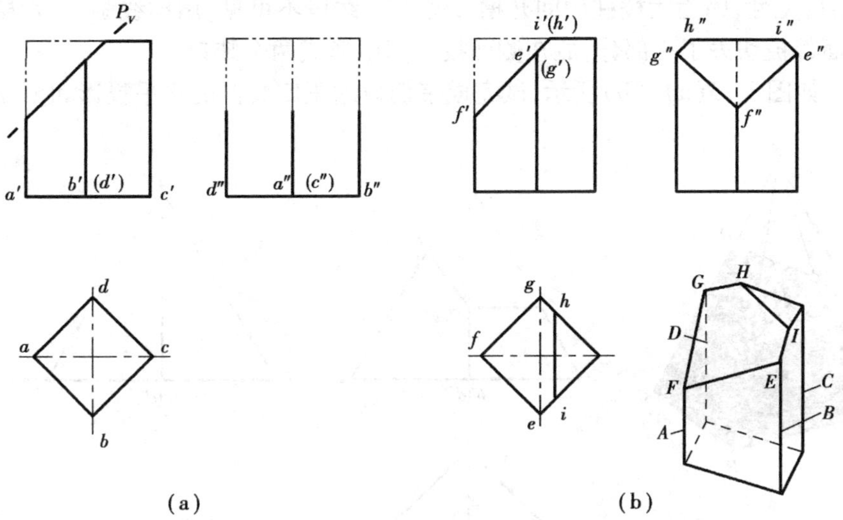

图 3-13　切口四棱柱的投影

【例 5】　已知图 3-14(a)所示立体的正面投影和水平投影,完成其侧面投影。

分析:图示立体为正中间开槽的正六棱柱,槽是由两个侧平面 P 和水平面 Q 组合截切而成。槽底六边形 Q 是水平面,水平投影反映实形,其余两投影积聚为线段;槽的两侧面均为侧平面,正面、水平投影积聚为竖线段,侧面投影反映实形。

作图:

(1)用细实线作出未开槽六棱柱的侧面投影,如图 3-14(a);

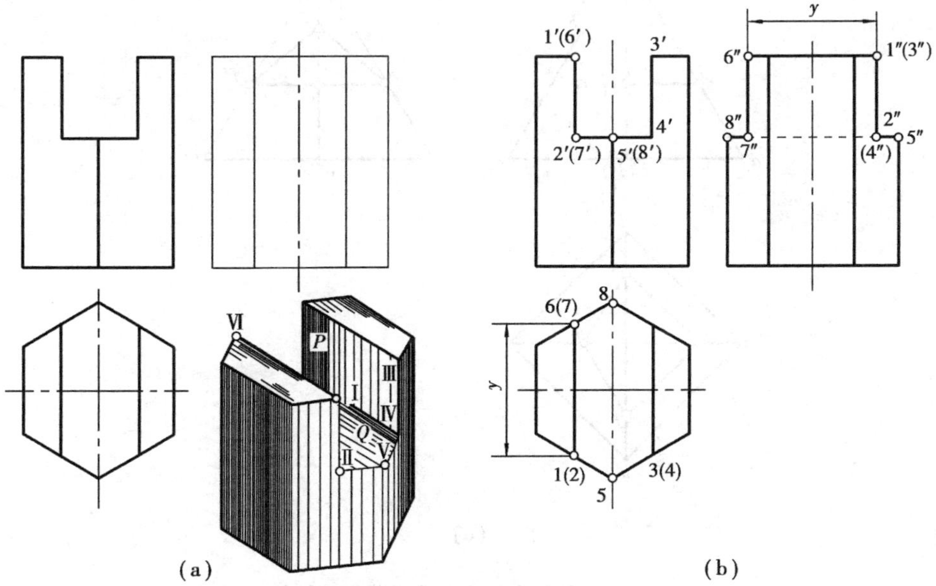

图 3-14　正中间开槽的正六棱柱

（2）作出水平面 Q（槽底六边形）的侧面投影（积聚为直线段）及侧平面 P（槽两侧）的侧面投影（矩形）。

（3）用直线连接相邻的侧面投影，取掉六棱柱被切的部分，完成开槽六棱柱的侧面投影。

（4）判断可见性，因为六棱柱中间开槽，故 7″2″ 线段不可见，用虚线画出；六棱柱前、后两条棱线和棱面都被切去了一部分，故在侧面投影图中形成两个缺口。

【例 6】 如图 3-15（a），（b）所示，试完成带切口的正四棱锥的水平投影和侧面投影。

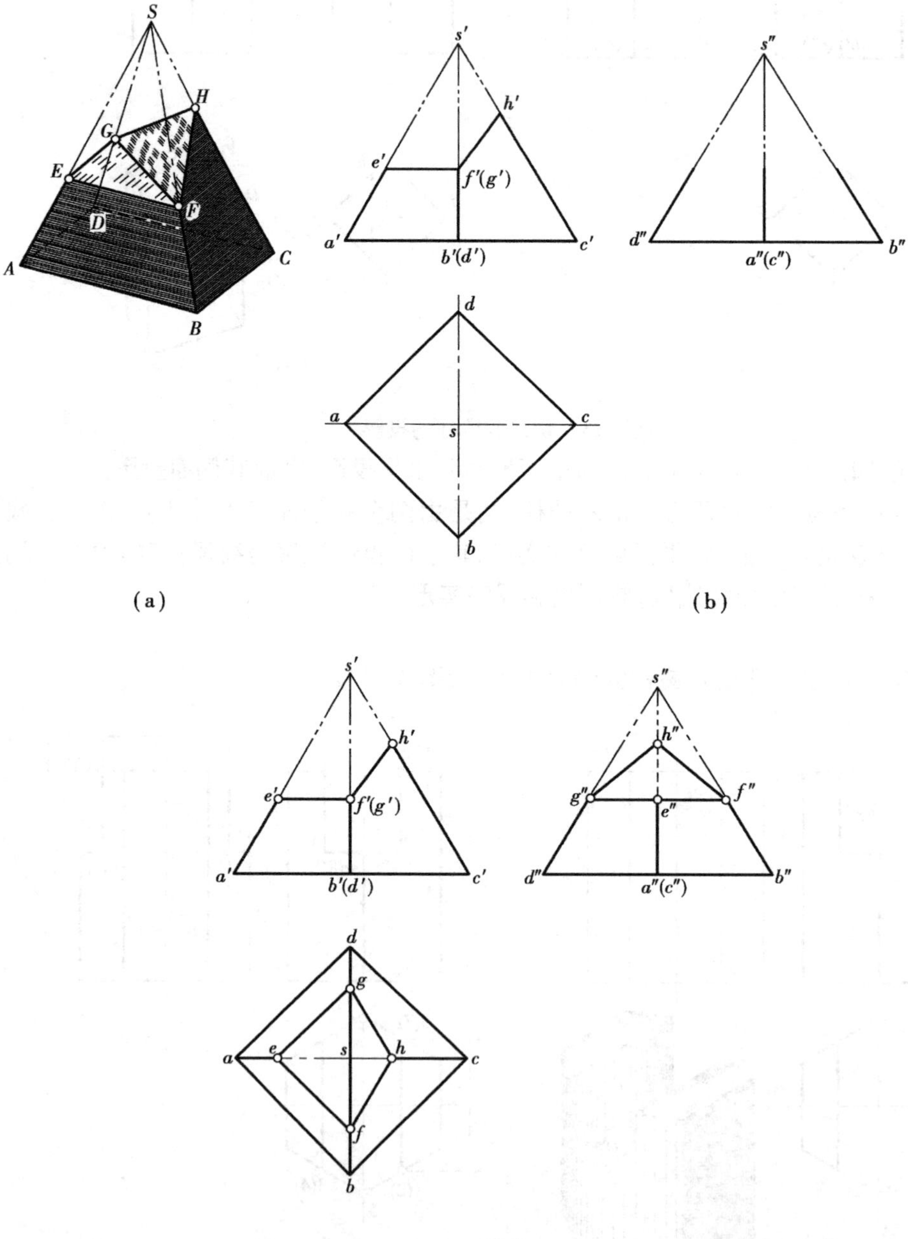

图 3-15　用正垂面及水平面截切四棱柱

分析：从正面投影可以看出，切口是被两平面截切四棱锥后形成的，其中平面 EFG 是水平面，平面 FGH 是正垂面，因此这两个平面的正面投影均有积聚性。切口的轮廓线 EF，FH，HG、GE 分别是棱锥侧面 SAB，SBC，SCD，SAD 上的线，FG 为切口上两个截面的交线，切口的顶点 E，F，H，G 分别是棱线 SA，SB，SC，SD 上的点，根据上述分析，并利用投影关系，即可作出切口的其他投影。

作图：

(1)在正面投影上直接作出 e'，f'，g'，h' 各点；

(2)根据点在直线上的投影特性及点投影规律作出 E，F，H，G 各点的水平投影和侧面投影。对 E，H 两点，可先作出水平投影 e，h，然后再作侧面投影 e''，h''；对 F，G 两点，应先作出侧面投影 f''，g''，再作出水平投影 f，g；

(3)用直线连接相应各点的同面投影，并判断可见性，即得切口的投影。

最终结果如图 3-15(c)所示。

3.2.2　回转体截交线

回转体截交线一般是封闭的平面曲线，特殊情况下也可能是直线与平面曲线组成的截交线或者完全由直线段组成的截交线，其几何形状取决于截平面与回转体轴线的相对位置，求回转体的截交线，就是求截平面与回转体表面的共有点，然后用光滑曲线依次连接。

1)圆柱的截交线

根据截平面相对于圆柱轴线的位置不同，截交线有 3 种形状，见表 3-1。

表 3-1　圆柱的截交线

截平面的位置	与轴线平行	与轴线垂直	与轴线倾斜
截交线形状	直　线	圆	椭　圆
轴测图	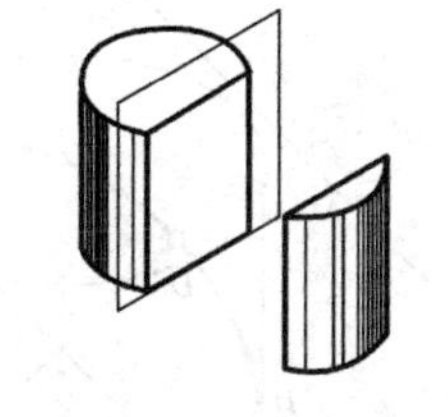	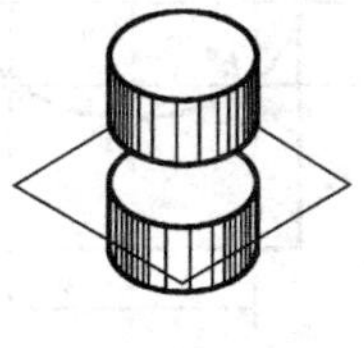	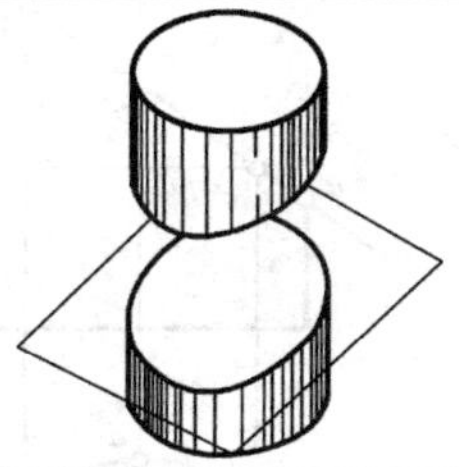
投影图	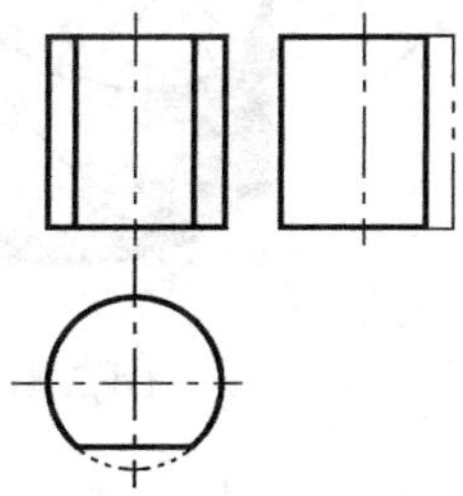	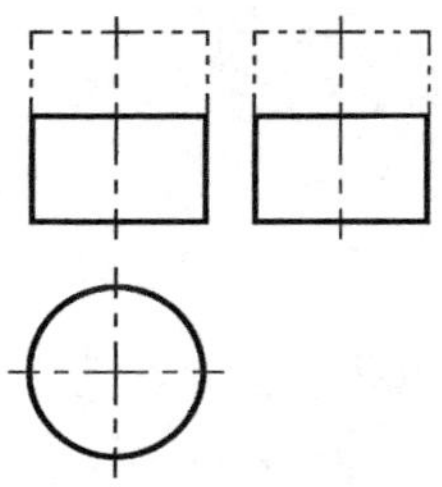	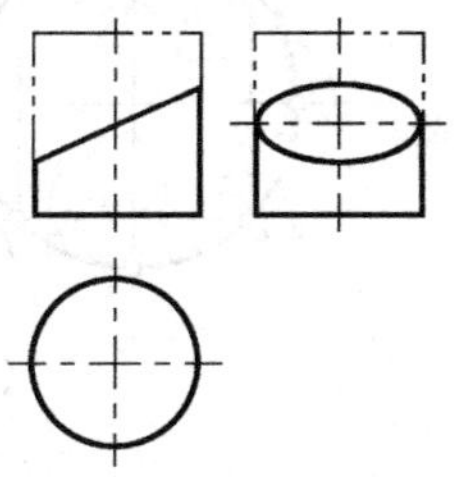

【例 7】　求正垂面 P 截切圆柱的截交线(图 3-16(a))。

分析：因截平面与圆柱轴线倾斜，截交线为椭圆，又因截平面的正面投影和圆柱面的水平投影均有积聚性，因此截交线的正面投影积聚在 P_V 平面上，水平投影积聚在圆周上，因此，只需求截交线的侧面投影即可完成作图，而截交线的侧面投影又可利用圆柱投影的积聚性进行作图。

作图：

(1)作出完整圆柱的侧面投影，如图 3-16(b)。

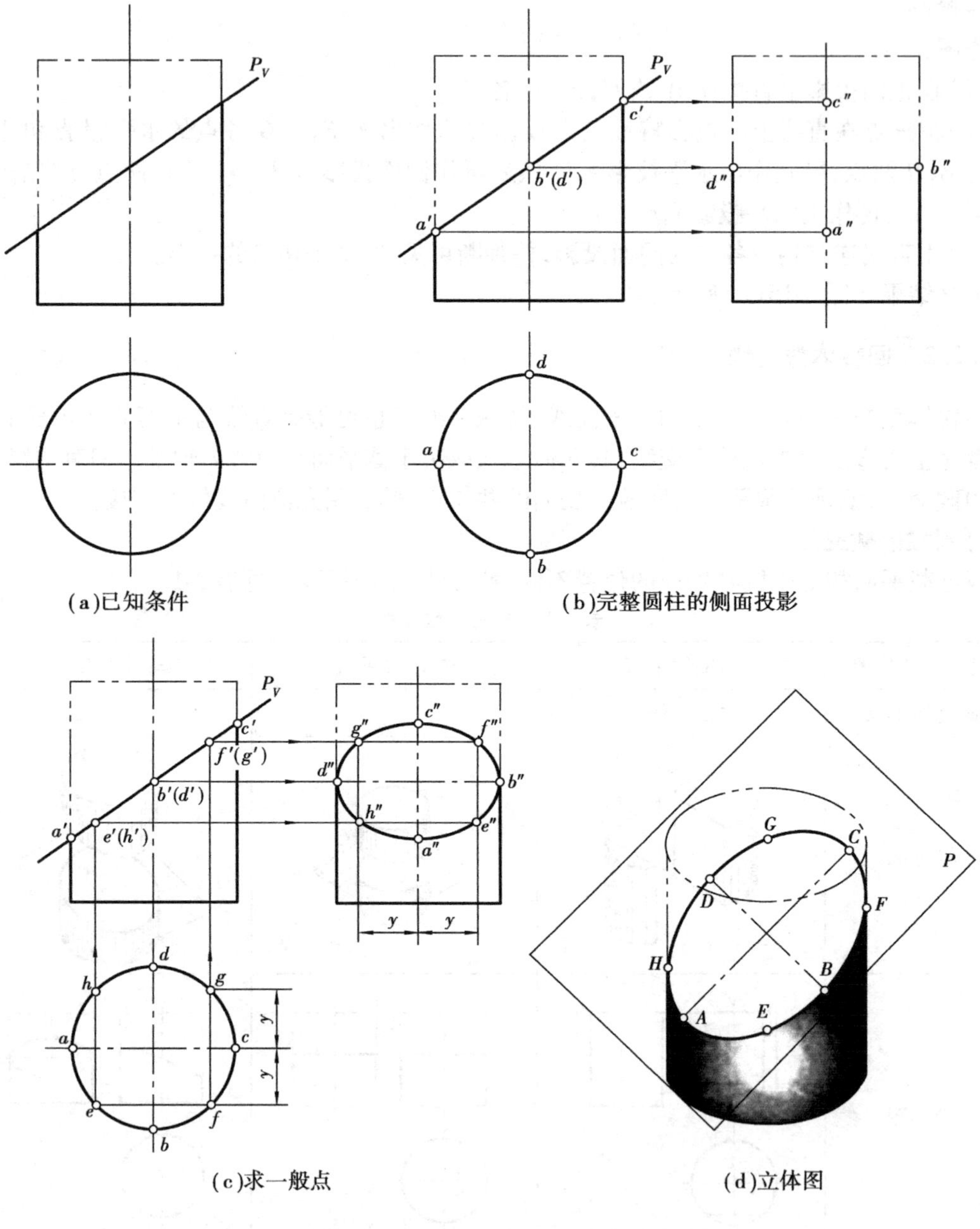

(a)已知条件　(b)完整圆柱的侧面投影　(c)求一般点　(d)立体图

图 3-16　求正垂面截切圆柱体的截交线

(2)求特殊位置点的投影。特殊位置的点是指截交线上能决定其大致范围和形状的点，包括曲面投影转向轮廓线和对称轴上的点，以及最高、最低、最前、最后、最左、最右点等。如图 3-16(b)所示，正面投影可定出最低点 A 和最高点 C，由水平投影可定出最前点 B 和最后点 D，这四点也正是椭圆长、短轴的端点。利用点的投影规律即可作出 A、C、B、D 四点的三面投影，如图 3-16(b)所示。

(3)求一般位置点的投影。为了准确地作出椭圆,还必须适当地作出一些一般位置的点。如图 3-16(c)所示,在水平投影上取相互对称 e,f,g,h 四点,利用积聚性作出 e',f',g',h' 和 e'',f'',g'',h''。同样还可作出其他若干点。

(4)依次光滑连接各点,并判别可见性,即得截交线的侧面投影。

【例 8】 如图 3-17(a)所示,已知圆柱被截切后的正面投影,求作水平投影和侧面投影。

分析:由图 3-17(a)可知,该立体由正垂面 P,水平面 Q,侧平面 R 截切而成;各截平面的正面投影和圆柱面的水平投影均具有积聚性,因此各截交线的正面投影分别积聚在 P_V、Q_V 及 R_V 上,水平投影积聚在圆周上;侧平面 R 与圆柱面的交线为两平行直线,侧面投影反映实形;水平面 Q 与圆柱面的交线为圆,侧面投影积聚成线段;正垂面 P 与圆柱面的交线为椭圆的一部分,侧面投影反映椭圆的类似形。

作图:

(1)作圆柱完整的侧面投影,如图 3-17(b)所示。

(2)作侧平面 R 与圆柱面的截交线。侧平面 R 的水平投影积聚成直线并与圆周交点于 $a(b)$,$c(d)$ 四点,根据投影规律可作出侧面投影矩形 $a''b''c''d''$,如图 3-11(b)所示。

(3)作水平面 Q 与圆柱面的截交线。水平面 Q 的侧面投影积聚成线段 $e''f''$,水平投影 e,f 点积聚在圆周上,如图 3-17(b)所示。

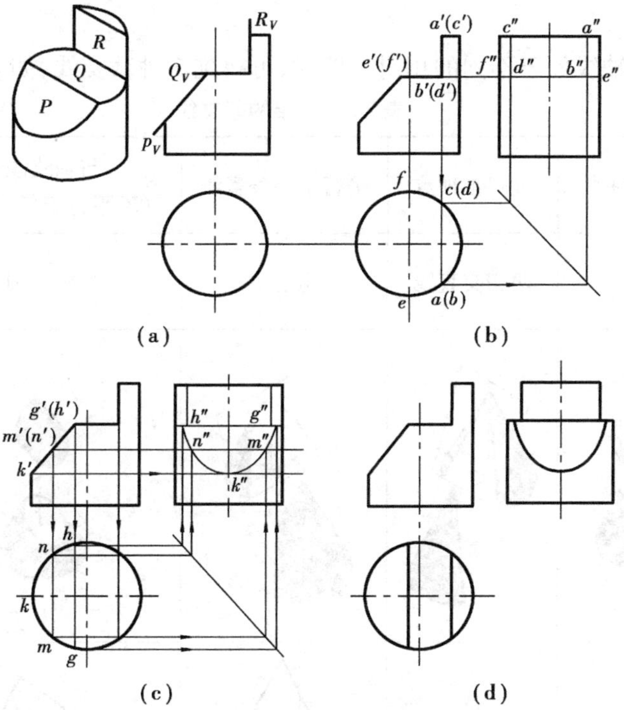

图 3-17　圆柱被 3 个平面截切

(4)作正垂面 P 与圆柱面的截交线。如图 3-17(c)所示,先作最高点 G,H 和最低点 K;再作一般点 M,N 的各面投影,最后将各点的同面投影光滑连接。

(5)作 P,Q 面交线的水平投影。

(6)擦去被截切的多余轮廓线,判断可见性并校对后描深,结果如图 3-17(d)所示。

图 3-18 是圆筒截交线的画法,请读者自行分析作图步骤,并注意圆柱体轮廓线及截交线的变化。

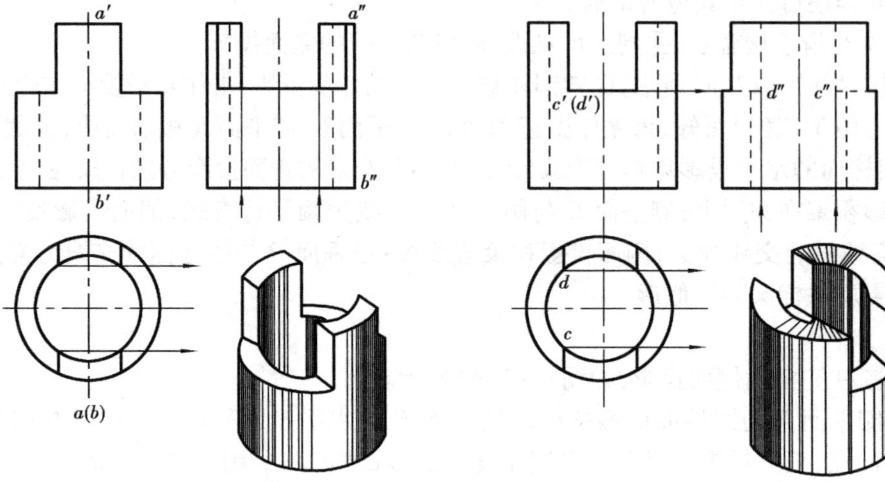

(a)　　(b)

图 3-18　圆筒截交线

2)圆锥截交线

截平面与圆锥轴线处于不同的相对位置时,可得到 5 种截交线,如表 3-2 所示。

表 3-2　圆锥的截交线

截平面的位置	与轴线垂直	过圆锥顶点	平行于一条素线	与轴线倾斜(不平行于任一素线)	与轴线平行
截交线的形状	圆	两相交直线	抛物线	椭　圆	双曲线
轴测图	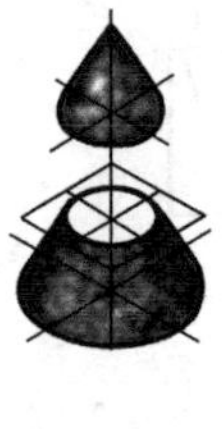	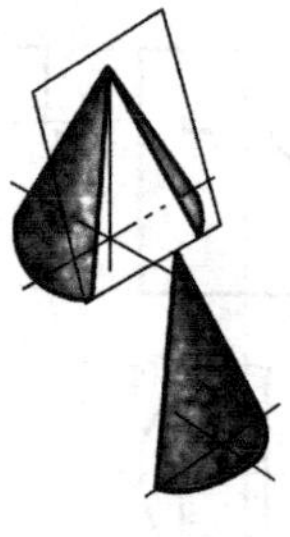	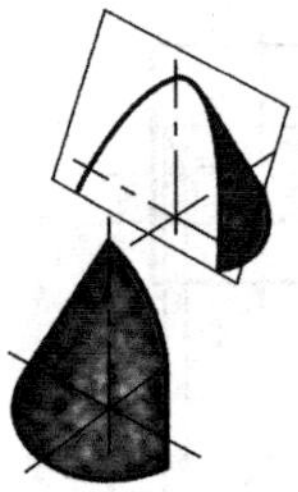	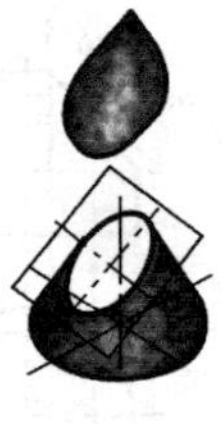	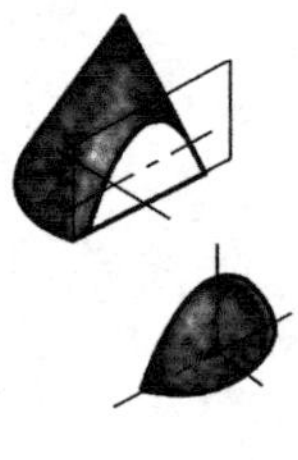
投影图	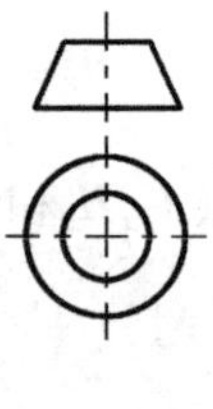	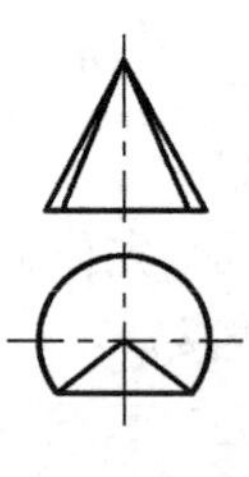	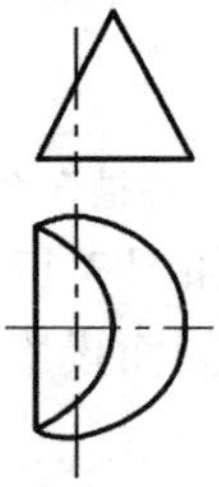	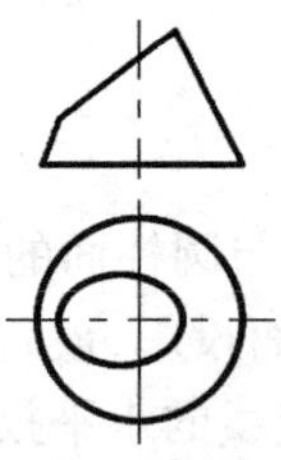	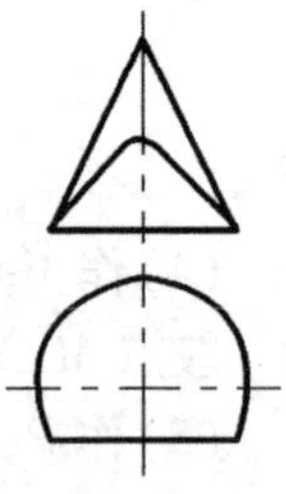

【例 9】　求侧平面截切圆锥的截交线(图 3-19)。

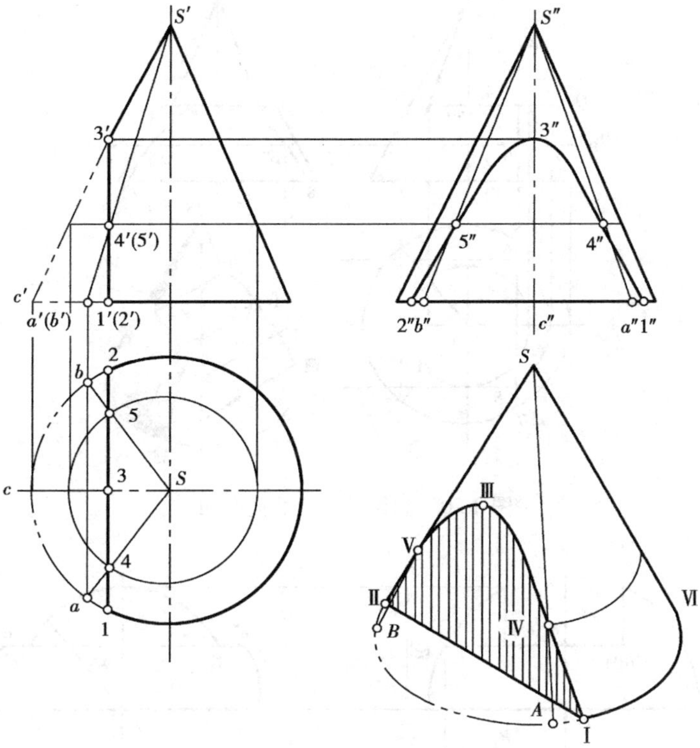

图 3-19　圆锥的截交线

分析:截平面为侧平面,与圆锥轴线平行,截交线为双曲线的一支。截交线的正面投影和水平投影都积聚为直线段,侧面投影反映双曲线的实形,可根据圆锥表面取点的方法求出。

作图:

(1)求特殊位置的点。对双曲线上的最高点Ⅲ,可在圆锥最左的素线 *SC* 上可直接作出 3′、3″;对于最低最前(最后)点Ⅰ(Ⅱ),可先作出水平投影 1、2,再作正面投影 1′、2′和侧面投影 1″、2″。

(2)求一般位置的点。在最高点和最低点之间适当位置取两点Ⅳ,Ⅴ,先确定其正面投影 4′(5′),再利用辅助圆或辅助素线(*SA*,*SB*)求出其水平投影 4,5,最后求出其侧面投影 4″,5″。也可用同样的方法再求出一定数量的一般点。

(3)判别可见性,并光滑连接所求出的各点的侧面投影,即得截交线的侧面投影。

图 3-20 为一般圆锥被三个平面截切后的三面投影图和立体图,请读者自行分析其作图方法。

3)圆球截交线

圆球被任何位置的平面截切,其截交线都是圆。由于截平面相对投影面的位置不同,截交线的投影可能是圆、椭圆或直线。

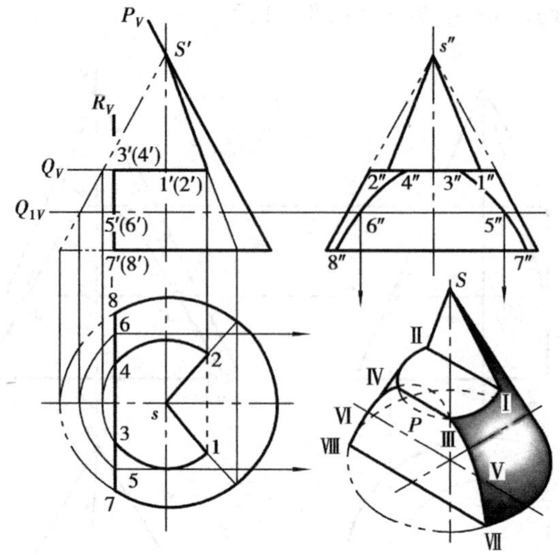

图 3-20　圆锥被三个截面截切

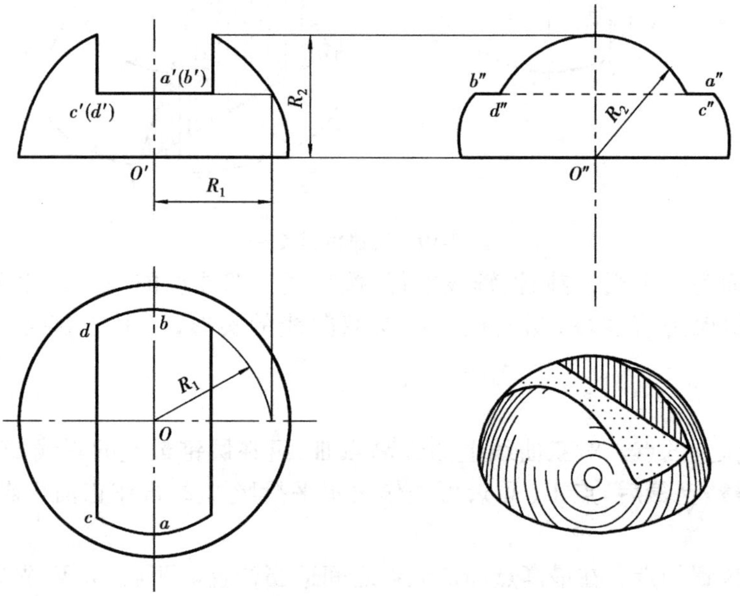

图 3-21　半圆球开槽

【例 10】　如图 3-21 所示，已知半圆球被切后的正面投影，求其水平投影和侧面投影。

分析：由图 3-21 可知，半圆球被两个侧平面和一个水平面切去一槽，被水平面截切的截交线，水平投影反映圆弧的实形，正面投影和侧面投影均积聚成一直线段；被侧平面截切的截交线，侧面投影反映圆弧的实形，水平投影和正面投影均积聚成直线段。

作图：

(1)用细实线作出完整半圆球的水平投影和侧面投影。

(2)作水平面与圆球面的截交线。在水平投影上以 O 为圆心，以 R_1 为半径，画圆弧并与侧平面的水平投影交于 a、b、c、d 得到截交线的水平投影，在侧面投影上作线段 a'' b''得到截交线的侧面投影。

(3)作侧平面与球的截交线。以 O''为圆心，R_2 为半径，在侧面投影上画圆弧，与线段 $a''b''$ 相交于 $c''d''$得到侧面投影，水平投影第(2)已完成。

(4)判别可见性。侧面的交线 $c''d''$被球面挡住，画虚线。

(5)擦去被截切的多余轮廓线，校对后描深加粗后得到最终结果。

图3-22为球被一正垂面截切的三面投影图和立体图。截交线正面投影积聚成直线段，水平投影和侧面投影为椭圆。可用辅助圆法求出椭圆上若干点(先求特殊点，再求一般点)，然后光滑连接。请读者自行分析作图法。

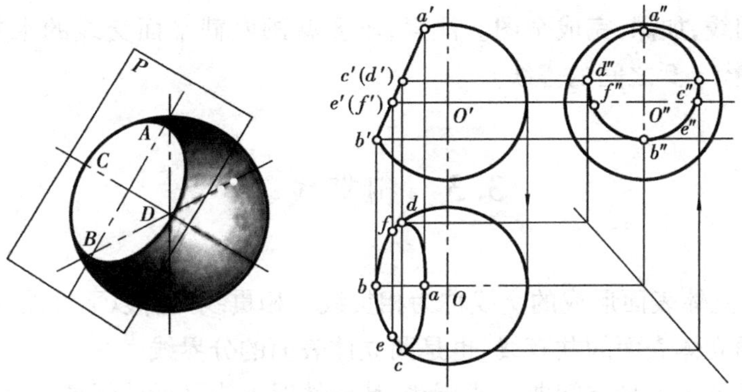

图3-22　正垂面与圆球截交

4)同轴复合回转体的截交线

求同轴复合回转体的截交线，必须分析该形体是由那些回转体组合而成，截平面与被截切的各个回转体的相对位置，截交线的形状及其投影特征，然后逐个画出各回转体的截交线，再依次将各边接起来。

【例11】　求作图3-23所示顶尖的水平投影。

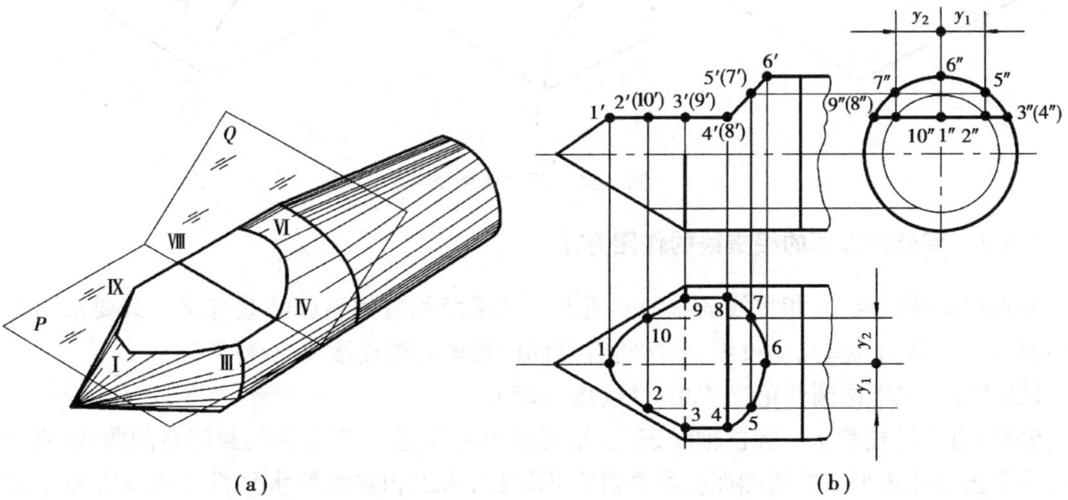

图3-23　求同轴复合回转体(顶尖)的截交线

分析：该顶尖头部由同轴的圆锥和圆柱组合而成，被水平面 P 和正垂面 Q 截切而成的。水平面 P 与圆锥面的交线是双曲线，与圆柱面交线是两条直线，正垂面 Q 与圆柱面的交线是一段椭圆弧。它们的正面投影和侧面投影均有积聚性为已知，需求作其水平投影。

作图：

(1)作出该立体截切前的水平投影；

(2)求作左端双曲线的水平投影(用辅助圆法求一般点的水平投影 2、10)；

(3)求作中部两平行直线的水平投影；

(4)求作右端椭圆弧的水平投影(利用投影关系求一般点的水平投影 5、7)；

(5)擦去多余图线，加深，完成全图。注意，不要漏画两截平面交线的水平投影和圆锥与圆柱交线的水平投影(3、9 之间的虚线)。

3.3 相贯线

两立体相交，在立体表面形成的交线称为相贯线。相贯线具有以下性质：

(1)相贯线是两立体表面的共有线，也是两立体表面的分界线。

(2)相贯线一般情况下是空间曲线或折线，特殊情况下为平面曲线或直线。

两立体相交通常可分为两平面立体相交，平面体与曲面体相交以及两曲面体相交，如图 3-24 所示。本节主要讨论两回转体表面的相贯线。

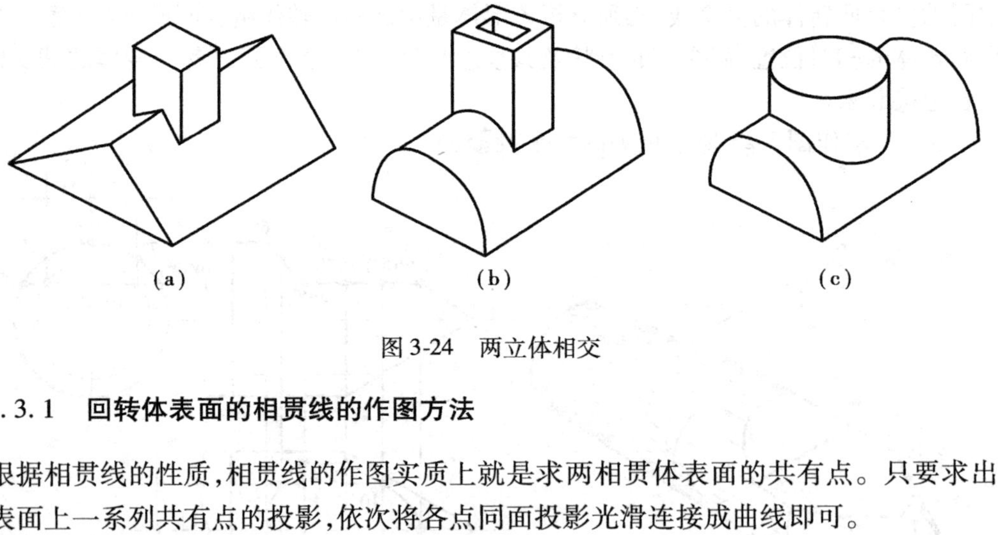

(a)　　(b)　　(c)

图 3-24　两立体相交

3.3.1 回转体表面的相贯线的作图方法

根据相贯线的性质，相贯线的作图实质上就是求两相贯体表面的共有点。只要求出两相贯体表面上一系列共有点的投影，依次将各点同面投影光滑连接成曲线即可。

【例 12】 试求两圆柱正交的相贯线(图 3-25)。

分析：直立圆柱和水平圆柱轴线正交，相贯线为前后、左右都对称的封闭空间曲线；直立圆柱的水平投影和水平圆柱的侧面投影都具有积聚性，所以相贯线的水平投影积聚在整个直立圆柱的圆周上，侧面投影积聚在两圆柱的一段公共圆弧上，相贯线的水平投影和侧面投影均已知，仅需求正面投影。

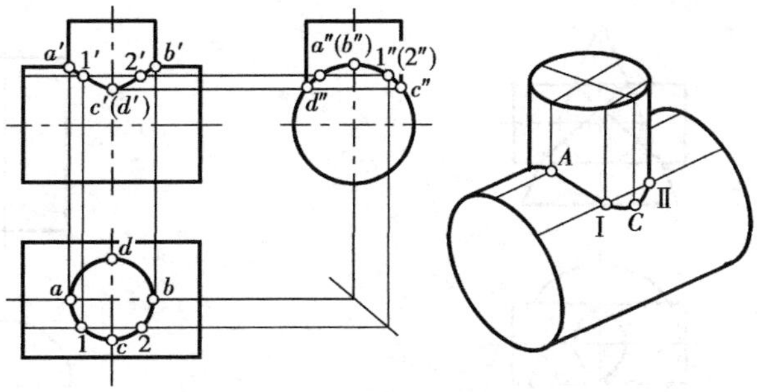

图 3-25　利用积聚性求相贯线

作图：

(1)求特殊点。先在相贯线的水平投影上定出最高最左、最右点 A、B 以及最低最前、最后点 C、D 的水平投影 a,b,c,d；然后在相贯线的侧面投影上作出点 a'',b'',c'',d''，最后在正面投影上作出 a',b',c',d'。

(2)求一般点。在侧面投影上取Ⅰ点的侧面投影 1″，根据投影关系在水平投影的圆周上作出 1，再由 1 求出 1′。同理可作出Ⅱ点的各面投影。

(3)判别可见性并连接成光滑曲线。两立体的投影均可见时相贯线才可见。本例中相贯线前后对称，其可见与不可见部分投影重合，故只需用光滑的粗实线连接各点的正面投影，即得相贯线的正面投影。

两圆柱正交的情况最为常见。通常有如图 3-26 所示的 3 种形式：①两实体圆柱正交。②实体圆柱与圆柱孔正交。③两圆柱孔正交。它们的相贯线作图方法与上例相同。

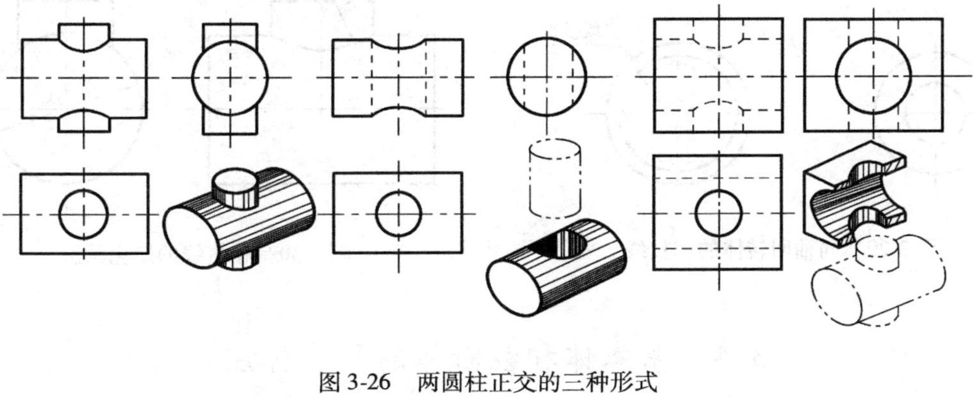

图 3-26　两圆柱正交的三种形式

3.3.2　相贯线的特殊情况

两曲面相交时，相贯线一般是封闭的空间曲线，但在特殊情况下，相贯线是平面曲线或直线。

(1)公切于一球的两个回转体相交，它们的交线均为平面曲线——椭圆，如图 3-27 所示，其正面投影为两条相交直线。

(2)轴线互相平行的两圆柱相交，其交线为两条平行的直线，如图 3-28 所示。

(3)同轴回转体相交，它们的相贯线为一垂直于回转体轴线的圆，如图 3-29 所示。

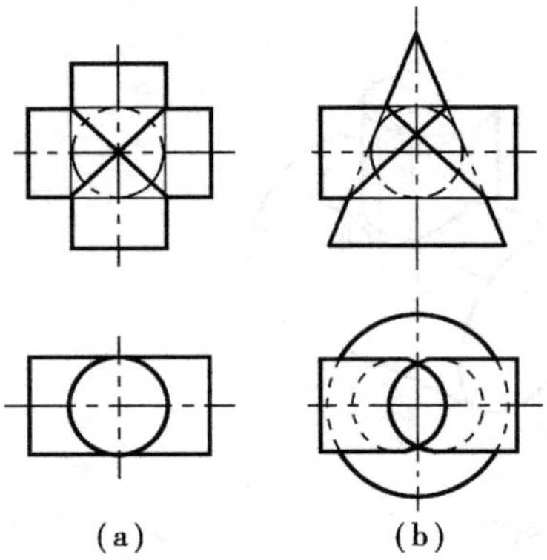

图 3-27　外切于同一球面的回转体相交

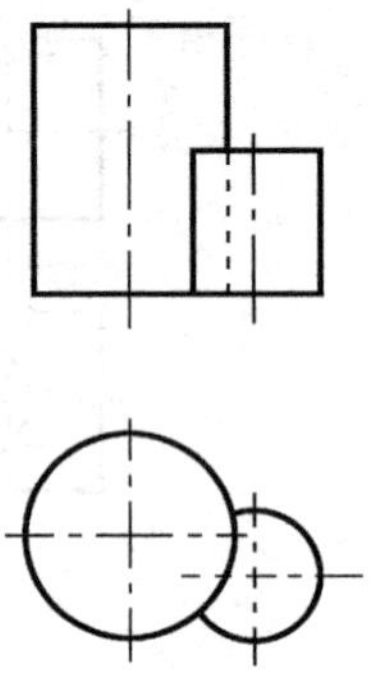

图 3-28　相贯线为直线

3.3.3　相贯线的简化画法

在实际画图中，若对相贯线的准确度要求不高时，两正交圆柱相贯线的投影可采用圆弧代替的近似画法，如图 3-30 所示。作图时，以大圆柱半径为圆弧半径，其圆心在小圆柱轴线上，相贯线弓向大圆柱的轴线。

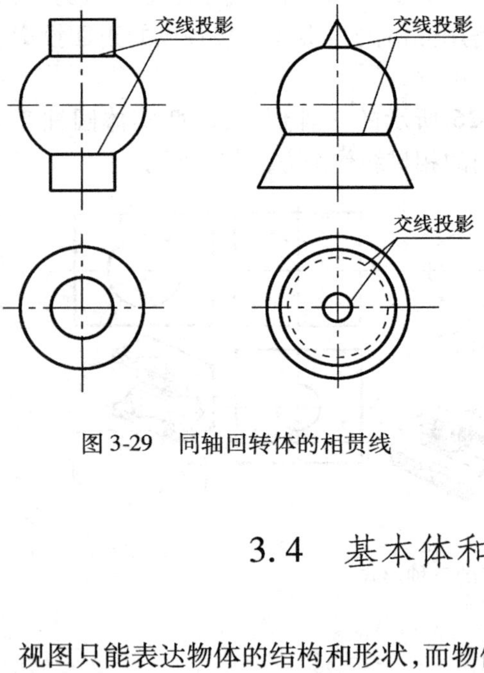

图 3-29　同轴回转体的相贯线

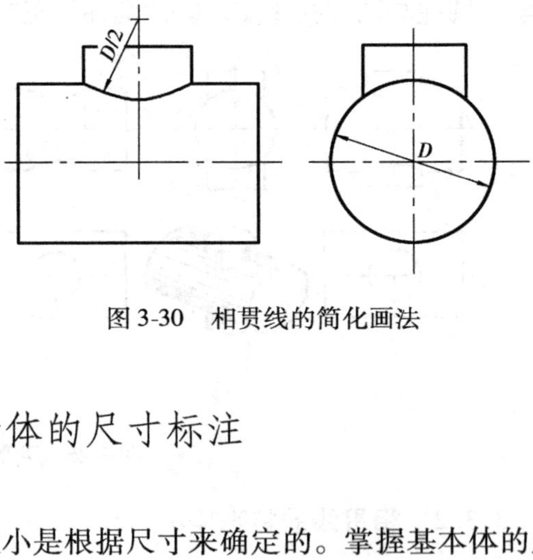

图 3-30　相贯线的简化画法

3.4　基本体和截断体的尺寸标注

视图只能表达物体的结构和形状，而物体的大小是根据尺寸来确定的。掌握基本体的尺寸注法，是学习各种物体尺寸标注的基础。

3.4.1　平面立体的尺寸标注

对棱柱、棱锥及棱台，除了标注确定其顶面和底面形状大小的尺寸外，还要标注高度尺寸。为了便于看图，对于确定顶面和底面形状大小的尺寸，最好标注在其反映实形的视图上，如图 3-31、图 3-32 所示。

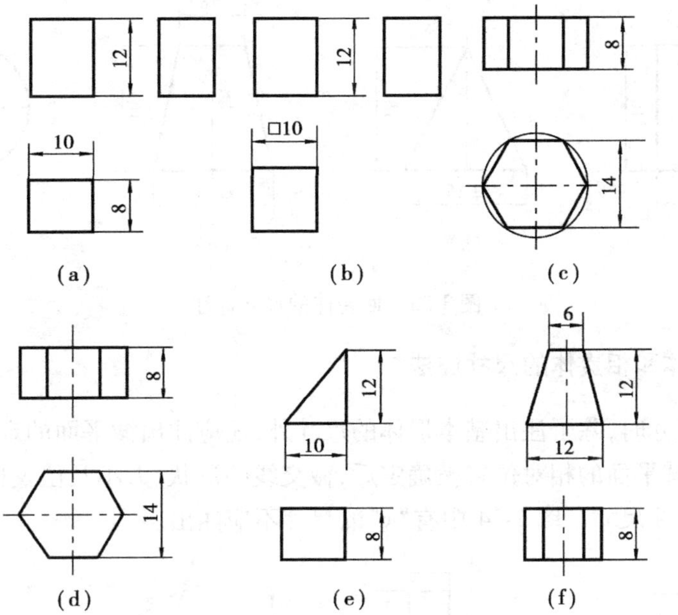

图 3-31　棱柱的尺寸标注

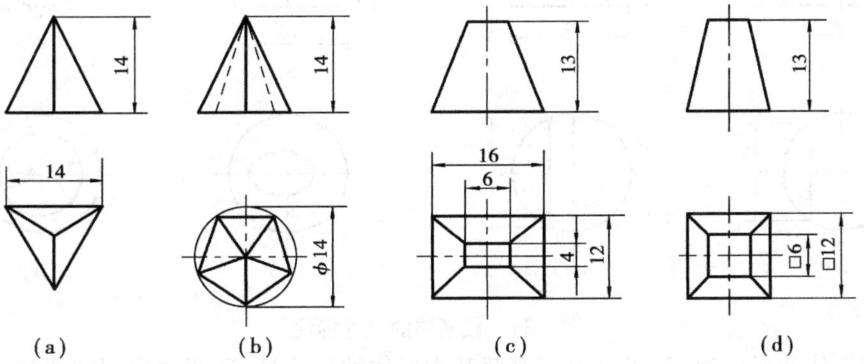

图 3-32　棱锥、棱台的尺寸标注

标注正方形尺寸时,应在正方形边长尺寸数字前,加注正方形符号“□”,如图 3-31(b)、图 3-32(d)所示。

3.4.2　回转体的尺寸标注

圆柱、圆锥和圆锥台,应标注底圆直径和高度尺寸,并在直径数字前加注直径符号“ϕ”。标注圆球尺寸时,在直径数字前加注球直径符号“$S\phi$”。

直径尺寸一般标注在非圆视图上。当尺寸集中标注在一个非圆视图上时,一个视图即可表达清楚它们的形状和大小。如图 3-33 所示,圆柱、圆锥、圆台、圆球均用一个视图即可。

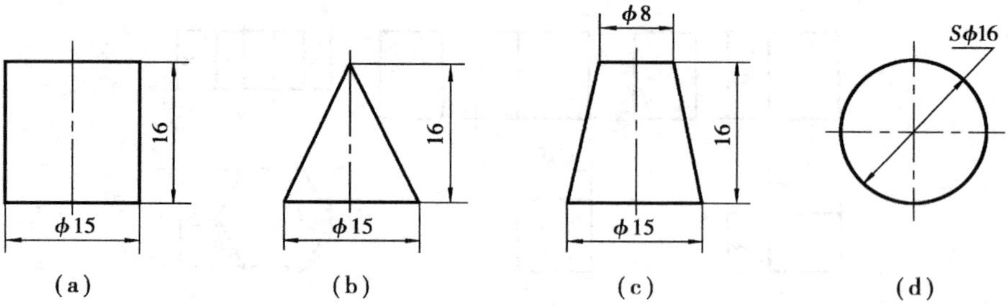

图 3-33　回转体的尺寸标注

3.4.3　截断体和相贯体的尺寸注法

标注截断体尺寸时,除了注出基本形体的尺寸外,还应注出截平面的定位尺寸。当基本形体的形状和大小、截平面的相对位置被确定后,截交线的形状、大小及位置也就自然确定了,因此截交线上不应标注尺寸。图 3-34 中有"x"的尺寸不应注出。

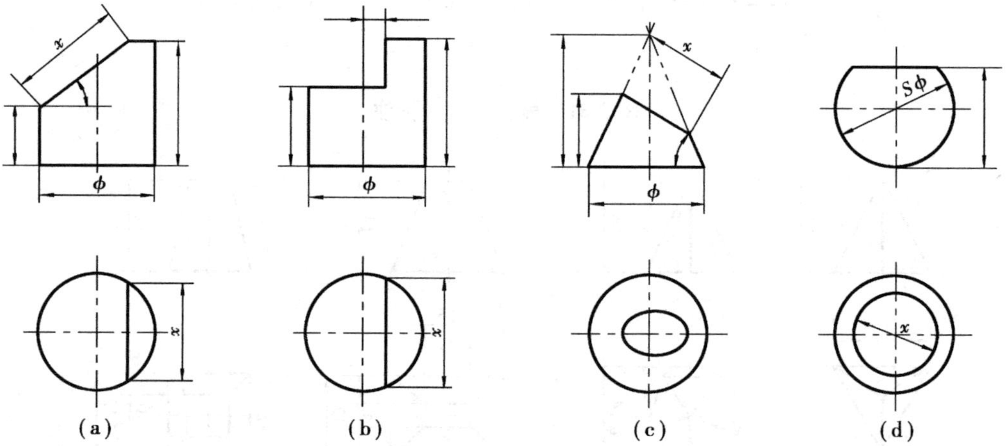

图 3-34　截断体的尺寸标注

标注相贯体的尺寸时,除了注出相交两基本形体的尺寸外,还要注出相交两基本形体的相对位置尺寸。当相交两基本形体的形状、大小和相对位置确定之后,相贯线的形状、大小和位置已自然确定,因此相贯线上不应标注尺寸。图 3-35 中有"x"的尺寸不应注出。

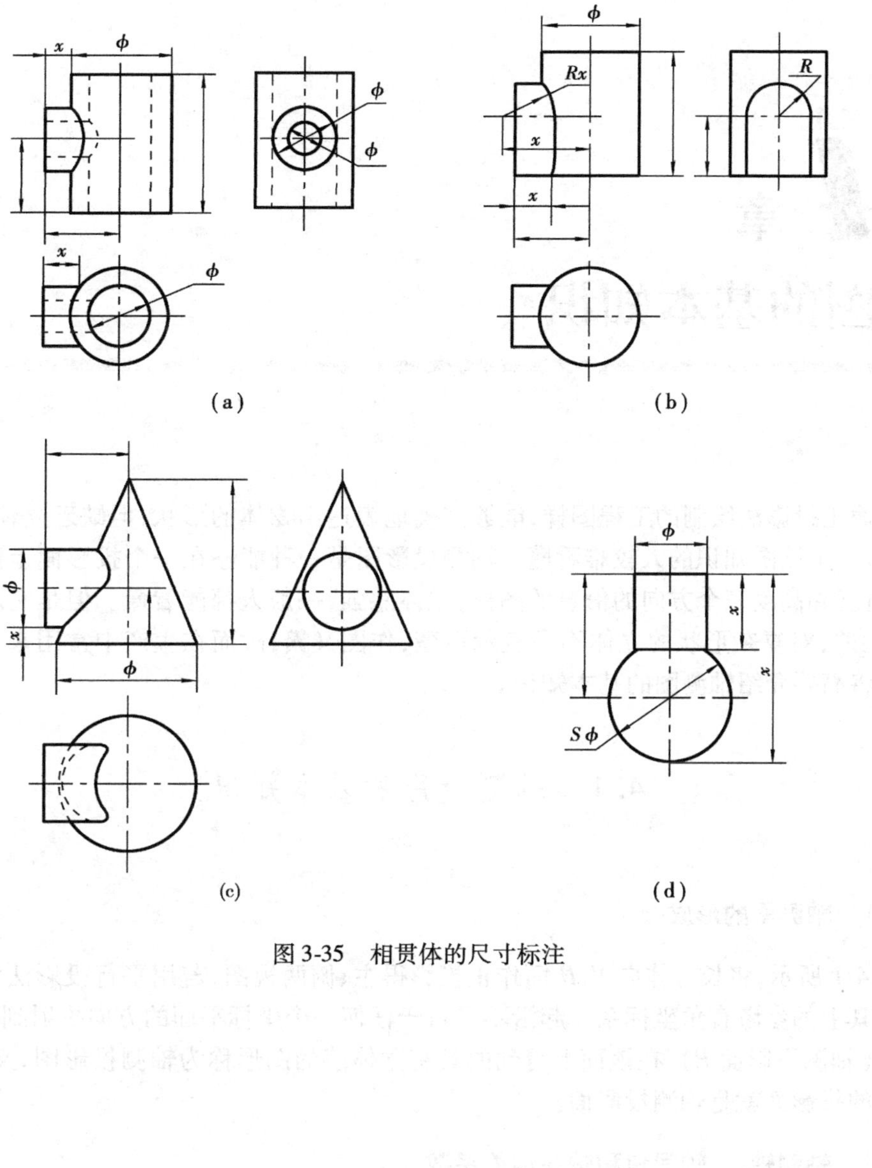

图 3-35　相贯体的尺寸标注

第 4 章 轴测图的基本知识

用多面正投影法绘制的工程图样,能够准确地表达出物体的形状,但缺乏立体感,直观性差,不具有一定读图知识的人较难看懂。轴测投影图是一种能够在一个投影面上同时表达物体长度、宽度和高度三个方向的信息的图样,立体感强,一般人都能看懂。但是它的投影有变形,度量性差,对复杂形状的立体不易表示清楚,作图又繁,故而在生产中常用来作为辅助图样。本章将简要介绍轴测图的基本知识。

4.1 轴测投影的基本知识

4.1.1 轴测图的形成

如图 4-1 所示,将长方体向 V,H 面作正投影得主、俯两视图,若用平行投影法将长方体连同固定在其上的参考直角坐标系一起沿不平行于任何一个坐标平面的方向投射到一个选定的投影面上(轴测投影面 P),在该面上得到的具有立体感的图形称为轴测投影图,又称轴测图。这个选定的投影面就是轴测投影面。

4.1.2 轴测轴、 轴间角和轴向伸缩系数

1)轴测轴和轴间角

如图 4-1 所示,物体参考直角坐标系的三根坐标轴 OX,OY 和 OZ 在轴测图上的投影 O_1X_1,O_1Y_1,O_1Z_1 称为轴测投影轴,简称轴测轴。每两根轴测轴之间的夹角 $\angle X_1O_1Y_1$,$\angle Y_1O_1Z_1$ 和 $\angle Z_1O_1X_1$ 称为轴间角。

2)轴向伸缩系数

轴测轴 O_1X_1,O_1Y_1 和 O_1Z_1 上的线段长度与空间直角坐标轴 OX,OY,OZ 上的对应线段长度之比,称为沿 X,Y,Z 轴的轴向伸缩系数,分别用 p_1,q_1,r_1 表示、即 $p_1 = O_1X_1/OX$,$q_1 = O_1Y_1/OY$,$r_1 = O_1Z_1/OZ$。

在画轴测图时,如果已知轴间角和轴向伸缩系数,只要沿物体上平行于各参考坐标轴方向度量线段的长度,并乘以相应轴测轴的轴向伸缩系数,再将这个长度画到对应的轴测轴方向上即可。

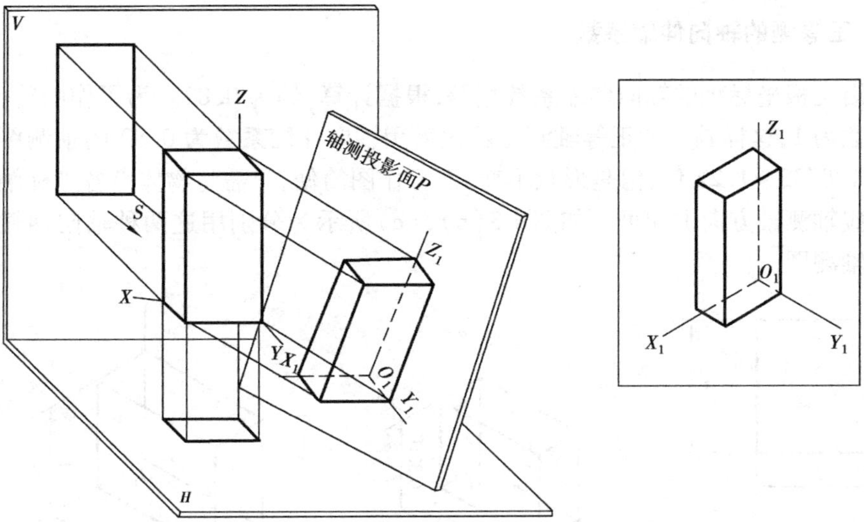

(a)　　　　　　　　　　　　　　　　(b)

图4-1　轴测图的形成

4.1.3　轴测图的投影特性

由于轴测图是用平行投影法得到的，因此必然具有平行投影的投影规律：

(1)物体上互相平行的线段，在轴测图上仍然互相平行。

(2)物体上两平行线段或同一直线上的两线段长度之比值，在轴测图上保持不变。

(3)物体上平行于轴测投影面的直线和平面，在轴测图上反映实际形状和大小。

(4)物体上平行于轴测轴的线段，在轴测轴上的长度等于沿该轴的轴向伸缩系数与该线段的长度之积。

由上可知，在轴测图中只有沿着轴测轴方向测量的长度才与原坐标轴方向的长度有成定比的对应关系，“轴测投影”由此得名。因此在画轴测图时，只需将与坐标轴平行的线段乘以相应的轴向伸缩系数，再沿相应的轴测轴方向上量画即可。工程上用得最多的轴测图是正等轴测图和斜二轴测图。

4.2　正等轴测投影图的画法

正等轴测图简称正等测。当空间直角坐标轴 O_1X_1，O_1Y_1 和 O_1Z_1 与轴测投影面倾斜的角度相同时，用正投影法得到的投影图称为正等轴测图。

4.2.1　正等测的轴间角

如图4-2所示由于三根坐标轴与轴测投影面倾斜的角度相同，因此，三个轴间角 $\angle X_1O_1Y_1$，$\angle Y_1O_1Z_1$ 和 $\angle Z_1O_1X_1$ 相等，都是120°，并规定 O_1Z_1 轴画成铅垂方向。

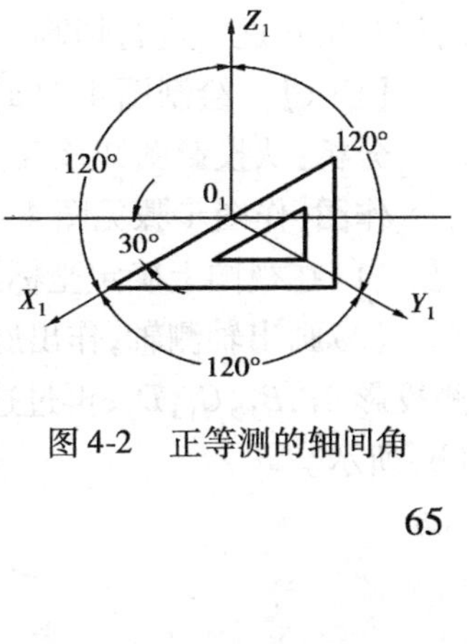

图4-2　正等测的轴间角

4.2.2 正等测的轴向伸缩系数

正等测沿三根坐标轴的轴向伸缩系数相等，根据计算，约为 0.82。为了作图简便起见，取轴向伸缩系数为 1，这样画出的正等轴测图就比采用轴向伸缩系数为 0.82 的轴测图在线形尺寸上放大了 1/0.82≈1.22 倍，但是形状不变，而且作图简便，只需将物体沿各坐标轴的长度直接度量到相应轴测轴方向上即可。如图 4-3(b)，(c)所示为分别用这两种轴向伸缩系数画出的长方体的轴测图。

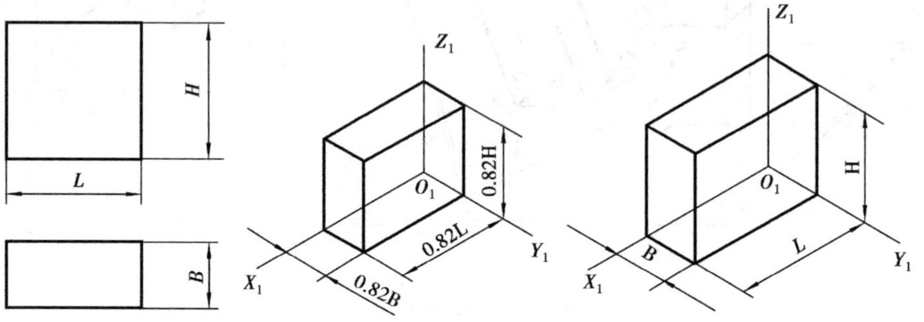

(a)正投影图　(b)正等测　(c)采用简化系数的正等测

图 4-3　长方体的正等轴测图

4.3 基本体的正等轴测图

4.3.1 平面立体正等轴测图的画法

绘制平面立体正等测的方法主要有坐标法和切割法两种。

1)坐标法

在立体上建立参考直角坐标系，定出各顶点的坐标，再在轴测投影面内找出各顶点位置，连接各顶点，即可完成该立体的轴测投影图。坐标法是绘制轴测图的基本方法，不但适用于平面立体，也适用于曲面立体；不但适用于正等测，也适用于其他轴测图的绘制。

2)切割法

适用于以切割方式构成的平面立体，先绘制出挖切前的完整形体的轴测图，再依据形体上的相对位置逐一进行切割。

【例 1】 绘制图 4-4(a)所示正四棱台的正等测图。

分析：从投影图知该四棱台前后、左右对称，考虑作图简便，宜用坐标法作图。

作图：作图步骤见图 4-4。

(1)在视图上确定坐标原点，选择底面中心为坐标原点，建立坐标系。

(2)画出轴测轴，作出底面的轴测投影。先根据底边中点 a,b,c,d 的坐标找出它们的轴测投影 A_1,B_1,C_1,D_1，再过这四点分别作相应轴测轴的平行线，得到底面的轴测投影，如图 4-4(b)所示。

(3)由尺寸 h 定出顶面中心,用第(2)步的方法便可作出顶面的轴测投影,如图4-4(c)所示。

(4)连接底面、顶面的对应顶点,擦去作图辅助线和不可见轮廓线(通常轴测图中不画不可见轮廓线),并加深完成图形结果,如图4-4(d)所示。

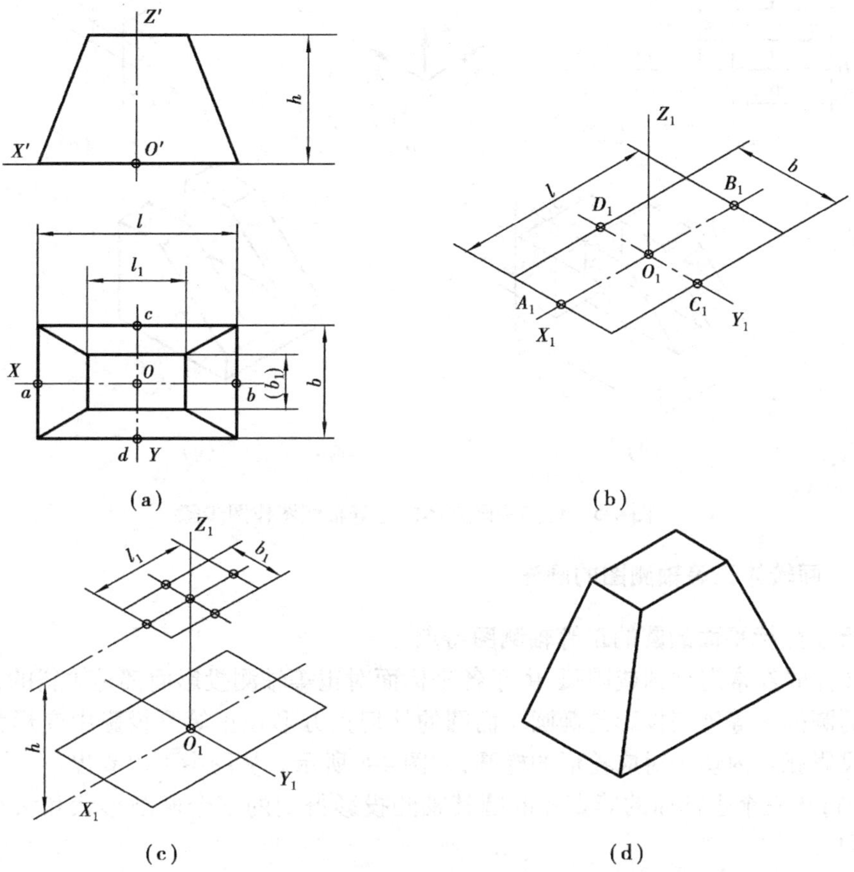

图4-4　坐标法作正四棱台的正等轴测图作图步骤

【例2】　求作图4-5(a)所示立体的正等测图。

分析:由投影图知该立体为长方体经切角、挖槽后形成的切割体,宜采用切割法作图。

作图:步骤见图4-5。

(1)如图4-5(a)所示,在视图上定坐标原点 O 于立体左、下、前角。

(2)如图4-5(b)所示,作出挖切前的基本立体,按立体的长、宽、高尺寸画出外形。

(3)如图4-5(c)所示,由投影图知切斜角所用尺寸:X 轴方向8,Z 轴方向4,在轴测图上找到对应点,并连线切去左上角。

(4)如图4-5(d)所示,由俯视图知所挖槽在立体前后对称线上,由槽宽尺寸6,槽深尺寸10所确定。在轴测图长方体的顶面找出槽宽尺寸6,再由顶面向下量出槽深10,至于槽与切去左上角而得的正垂面的交线,只需作与正垂面各边对应的平行线即可。

(5)如图4-5(e)所示,整理全图,擦去作图辅助线和不可见轮廓线,加深可见轮廓线。

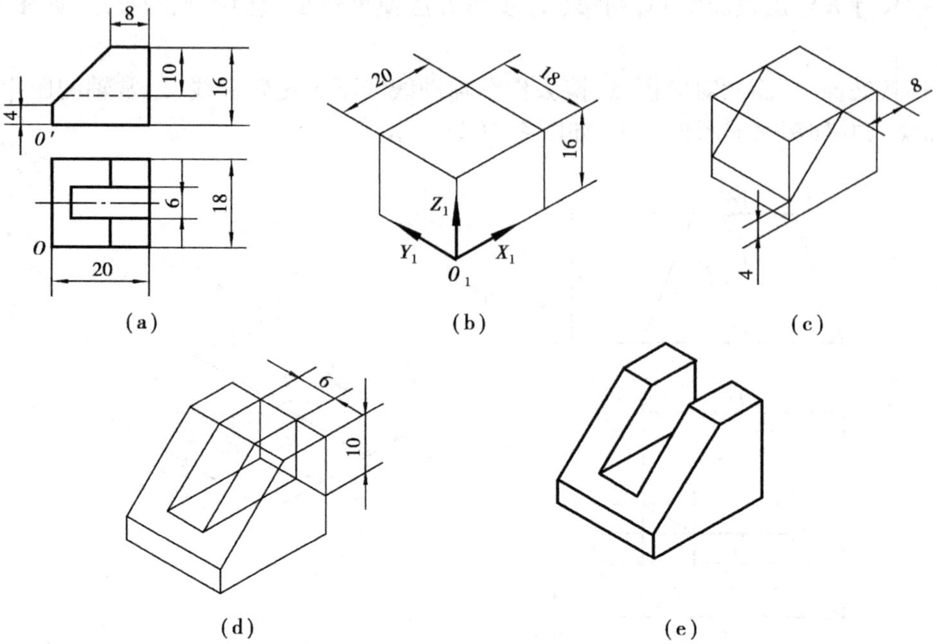

图 4-5　切割法画立体的正等轴测图作图步骤

4.3.2　回转体正等轴测图的画法

1) 平行于坐标平面的圆的正等轴测图特点

画回转体时经常遇到圆或圆弧，由于各坐标面对正等轴测投影面都是倾斜的，因此平行于坐标平面的圆的正等轴测投影是椭圆。而圆的外切正方形在正等测投影中变形为菱形，因而圆的轴测投影就是内切于对应菱形的椭圆，如图 4-6 所示。从图中可以看出：

(1) 平行于三个坐标面的等直径的圆其轴测投影得到的三个椭圆形状和大小是一样的，但方向不同。

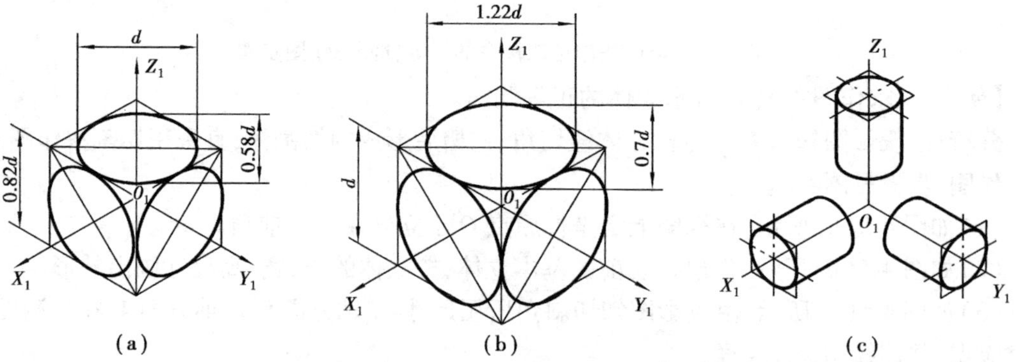

图 4-6　平行于坐标面的圆的正等测图

(2) 水平面内椭圆的长轴处于水平位置，正平面内的椭圆长轴为向右上倾斜 60°，侧平面上的椭圆长轴方向为向左上倾斜 60°，而三个椭圆的短轴分别与相应菱形的短对角线相重合，并且短轴方向就是与圆所在的平面垂直的坐标轴的方向，如图 4-6(a)，(b)所示。如果要作轴线与坐标轴平行的圆柱或圆锥,则其上下底面椭圆的短轴与轴线方向一致。如图 4-6(c)所示。

如果采用理论轴向伸缩系数 0.82,则椭圆的长轴为圆的直径 d,短轴为 $0.58d$,如图 4-6(a)所示。用简化轴向伸缩系数 1 作图,如图 4-6(b)所示,其长短轴的长度均放大 1.22 倍,长轴长为 $1.22d$,短轴为 $0.7d$。

2)圆的正等测画法

(1)弦线法(坐标法)　这种方法画出的椭圆较准确,但作图较麻烦。步骤如图 4-7 所示。

①如图 4-7(a)所示,在圆上作若干弦线。

②如图 4-7(b)所示,作出轴测轴,按各弦线分点坐标画出弦线的轴测投影。

③如图 4-7(c)所示,依次光滑连接各端点。

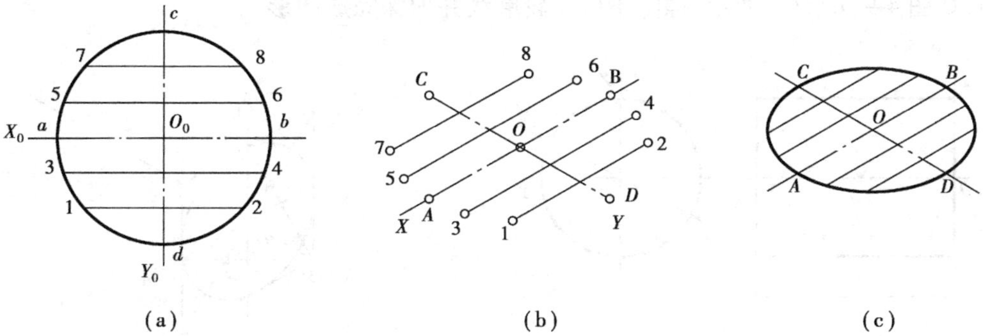

图 4-7　弦线法画圆弧

(2)菱形四心法　为了简化作图,轴测投影中的椭圆常采用近似画法,用四段圆弧连接近似画出。这四段圆弧的圆心是用椭圆的外切菱形求得的,因此也称这个方法为“菱形四心法”。

以水平面内的圆的正等测图为例说明这种画法。作图步骤如图 4-8 所示。

①如图 4-8(a)所示,作轴测轴 O_1X_1,O_1Y_1,O_1Z_1,在各轴上取圆的真实半径,得 A,B,C,D,E,G 六点。

②如图 4-8(b)所示,圆平行于 H 面,则 O_1Z_1 为椭圆短轴,即 E,G 为两大圆弧的圆心。将 E,G 分别与 C,D 和 A,B 相连,所得到的 1,2 点即为两小圆弧的圆心。

③如图 4-8(c)所示,分别以 E,G,1,2 为圆心,画对应段的圆弧,完成作图。

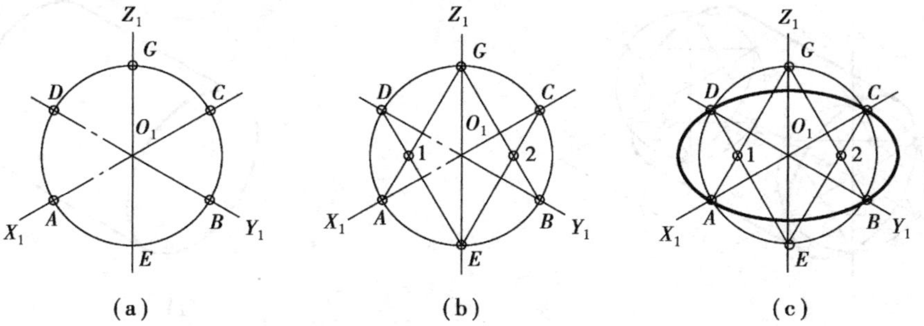

图 4-8　求四心的简便方法

3）圆柱体的正等轴测图画法

掌握了圆的正等测画法，圆柱体的正等测也就容易画了。只要分别作出其顶面和底面的椭圆，再作其公切线就可以了。图 4-9（a）~（e）为绘制轴线为侧垂线的圆柱体的正等测图的步骤。

（1）如图 4-9（a）所示，根据投影图定出坐标原点和坐标轴。

（2）如图 4-9（b）所示，绘制轴测轴，作出侧平面内的菱形，用圆的正等测四心简化画法绘出左侧圆的轴测图。

（3）如图 4-9（c）所示，沿 X 轴方向平移左面椭圆的四心，平移距离为圆柱体长度 h。

（4）如图 4-9（d）所示，用平移得的四心绘制右侧面椭圆，并作左侧面椭圆和右侧面椭圆的公切线。

（5）如图 4-9（e），（f）所示，擦除不可见轮廓线并加深完成图形。

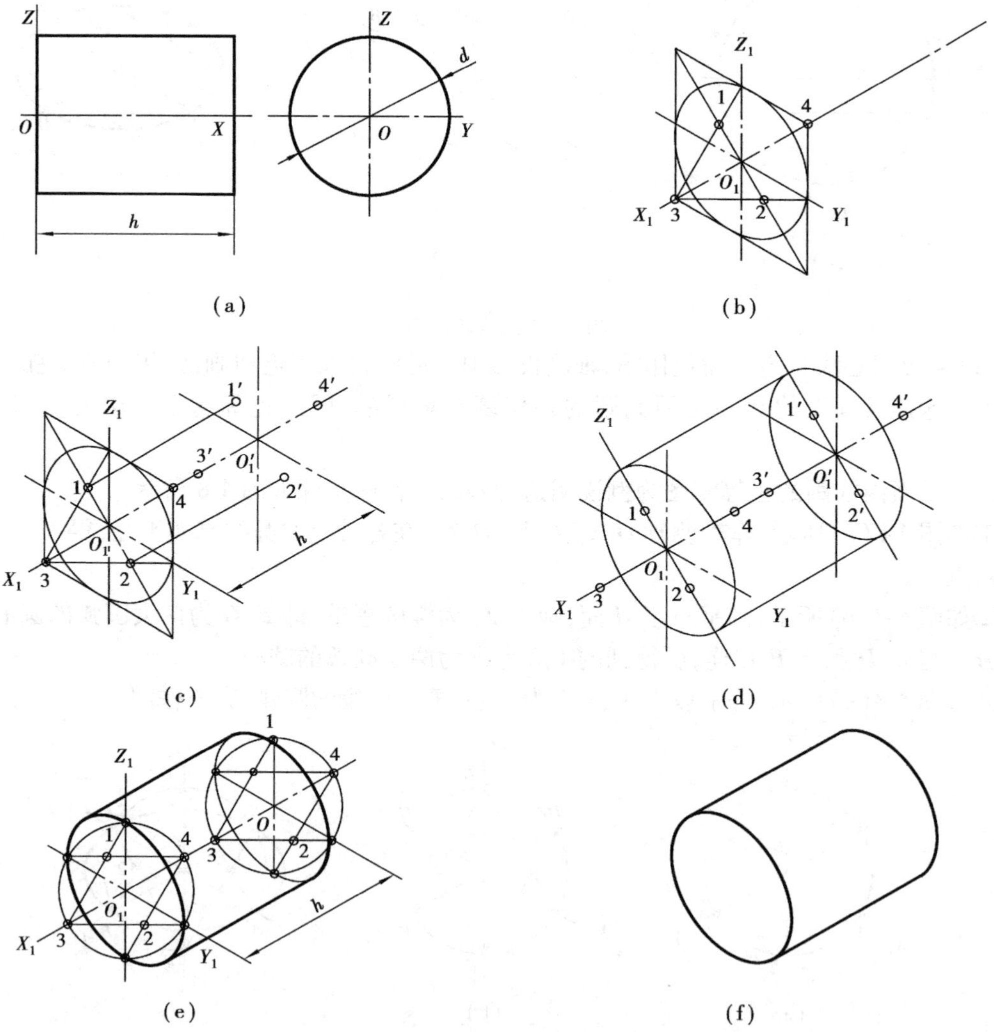

图 4-9　圆柱体的正等测图的作图步骤

4）**圆角的正等测画法**

机件的底板或底座四角经常呈圆形，圆角可以看成整圆的 1/4，从图 4-8 所示的近似画法中可以看出，1/4 圆弧的轴测图就是取菱形内椭圆弧的对应部分。菱形的钝角与椭圆的大圆弧相对应，锐角与椭圆的小圆弧相对应，菱形相邻两边中垂线的交点就是圆心，由此可以直接画出圆角的正等测图。但通常不画出整个椭圆而采用简化画法。其作图步骤如下：

（1）如图 4-10（b）所示，先画出平板不带圆角时的正等轴测图。

（2）如图 4-10（c）所示，根据圆角半径 R，在平板表面的边上找出切点 $ABCD$，过切点分别作相应边的垂线，交点 O_1、O，即为圆心，以 O_1A、OC 为半径在 A、B 及 C、D 之间画圆弧得到平板上表面圆角的正等轴测图。

（3）如图 4-10（d）所示，将圆心和切点下移平板的高度，得平板下表面圆角的圆心和切点，然后画圆弧，作平板右端上、下表面两个小圆弧的公切线。

（4）如图 4-10（e）所示，擦除不可见轮廓线并加深完图。

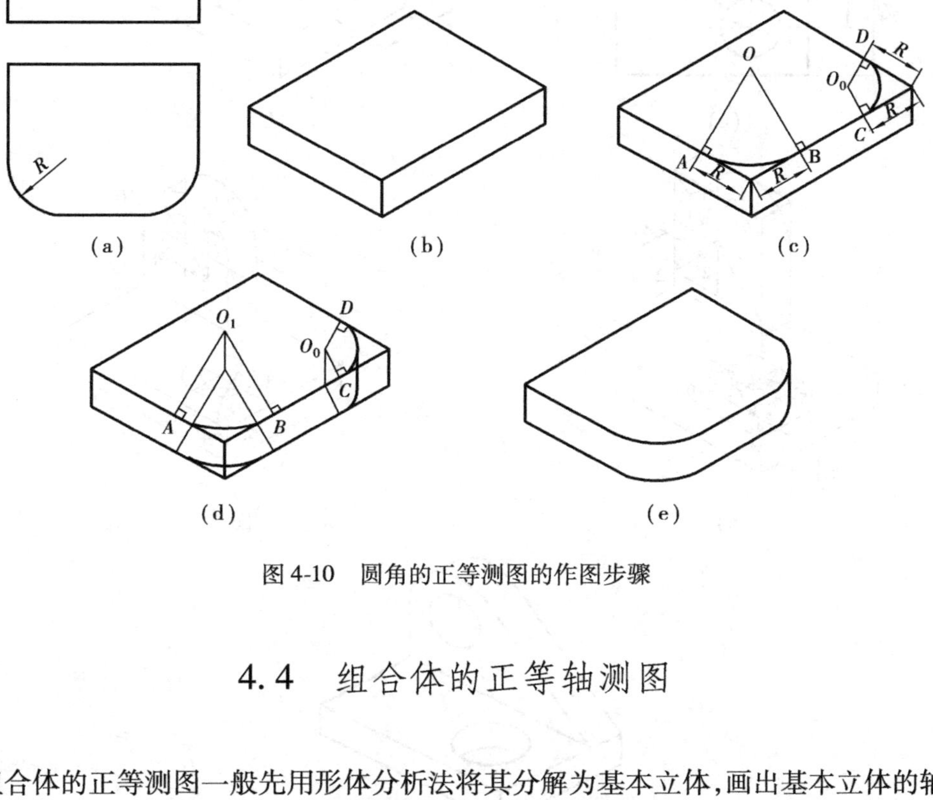

图 4-10　圆角的正等测图的作图步骤

4.4　组合体的正等轴测图

画组合体的正等测图一般先用形体分析法将其分解为基本立体，画出基本立体的轴测图，再逐一细化。如图 4-11 所示为由组合体视图绘制其正等测图的作图步骤。

（1）如图 4-11（a）所示，为组合体的视图。

（2）如图 4-11（b）所示，画基本立体，并确定底板圆孔 $\phi18$ 和立板圆孔 $\phi16$（与 $R15$ 圆弧同心）的圆心位置。

（3）如图 4-11（c）所示，作出 $R15$ 圆弧的对应菱形，定出两心 1、2，作出它在立板前面的轴测投影，将 1、2 两心向后平移立板厚 10，作出该弧在立板后面投影；作出底板上面 $\phi18$ 圆孔的对应菱形,求得四心,作出该孔的上底面轴测投影椭圆,将圆心 4 向下平移底板厚 10。

(4)如图 4-11(d)所示,作出立板上 $\phi18$ 圆孔的对应菱形,求得它在立板前面的轴测投影,将圆心 7 向后平移立板厚 10,作该孔在立板后面的投影(只作可见部分);作出底板圆孔 $\phi18$ 的下底面投影。

(5)画如图 4-11(e)所示,作立板上两条公切线,擦去不可见轮廓线,并加深结果。完成组合体的正等轴测图。

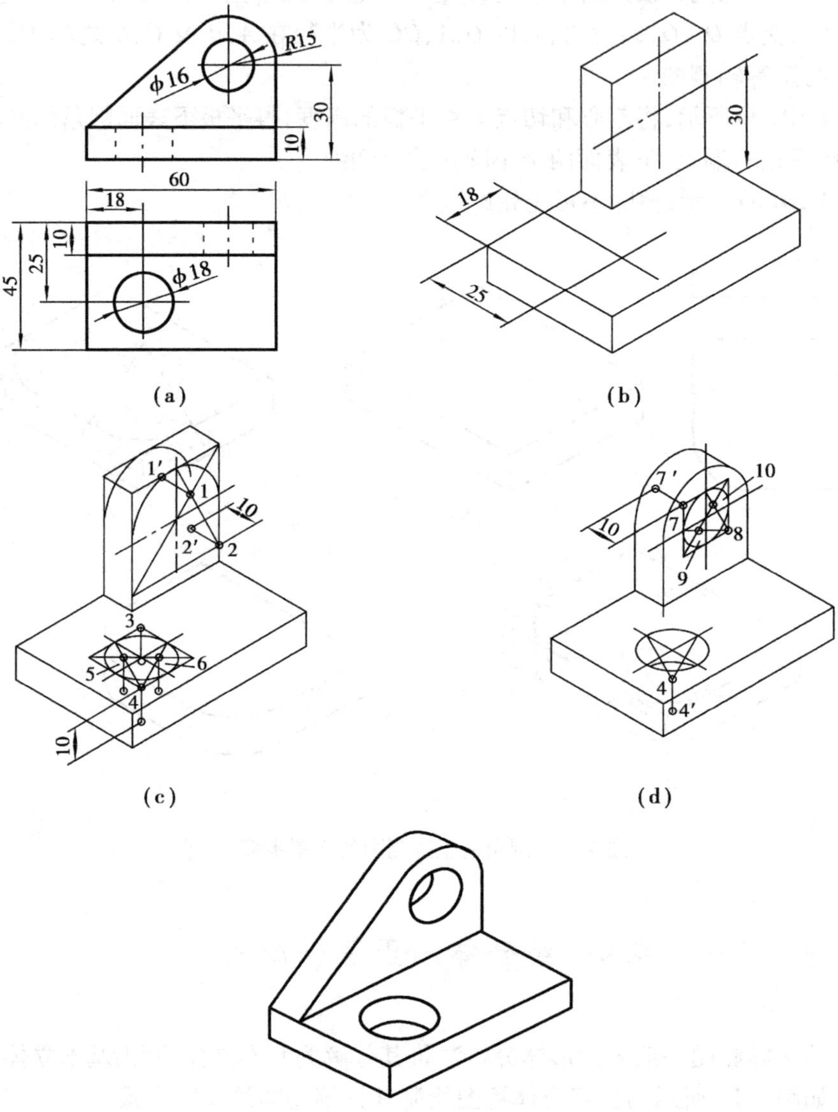

图 4-11　组合体的轴测画法

第5章 组合体

任何复杂的形体，都可看成是由若干基本形体（柱、锥、球等）按一定的连接方式组合而成的，通常称为组合体。本章主要介绍组合体的形体分析法、组合体的画法、尺寸标注、读图方法和组合体的形体构型训练等内容。

5.1 组合体的形体分析

5.1.1 形体分析法

任何复杂的物体，都可以看成是由一些基本体组合而成的。如图5-1(a)中的组合体，可看成是由两个尺寸不同的四棱柱和一个半圆柱叠加起来后，再切去一个较大圆柱体和两个小圆柱体而成的，如图5-1(b)，(c)所示。

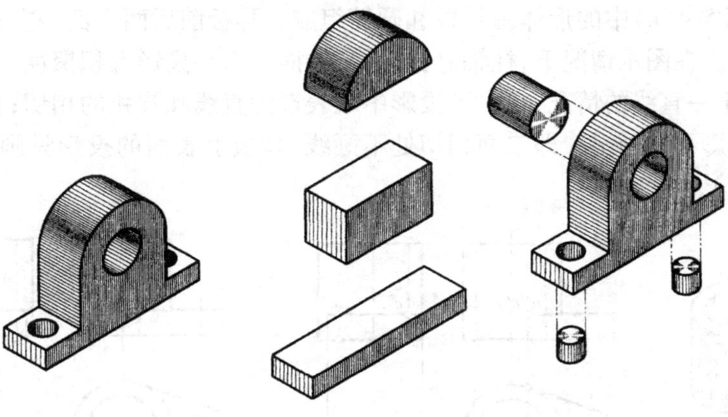

(a) (b) (c)

图5-1 轴承座的形体分析

既然如此，画组合体的三视图时，就可采用"先分后合"的方法。即先在想象中将组合体分解成若干个基本形体，然后按其相对位置逐个地画出各基本形体的投影，综合起来，即得到整个组合体的视图。这样,就可把一个复杂的问题分解成几个简单的问题加以解决。

这种为了便于画图和看图,通过分析,将物体分解成若干个基本形体,并搞清它们之间相对位置和组合形式的方法,称为形体分析法。

5.1.2 组合体的组合形式及相邻表面的连接关系

组合体的组合形式,可粗略地分为叠加型、切割型和综合型三种。分析组合体的组合形式,关键是搞清相邻两形体间的接合形式,以利于分析接合处两形体分界线的投影。

1)叠加型

叠加型是两形体组合的基本形式,按照形体表面接合的方式不同,又可分为堆积、相切和相贯等。

(1)堆积　两形体如以平面相接合,称为堆积。它们的分界线为直线或平面曲线。画这种组合形式的视图,实际上是将两个基本形体的投影,按其相对位置堆积。此时,应注意区分分界处的情况:

①当两形体的表面不平齐,连接处应有交线,如图 5-2 所示;

②当两形体的表面平齐时,连接处没有交线,如图 5-3 所示。

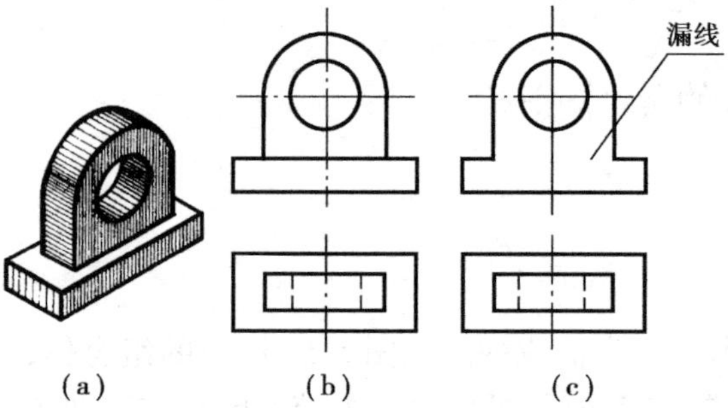

图 5-2　表面不平齐有交线

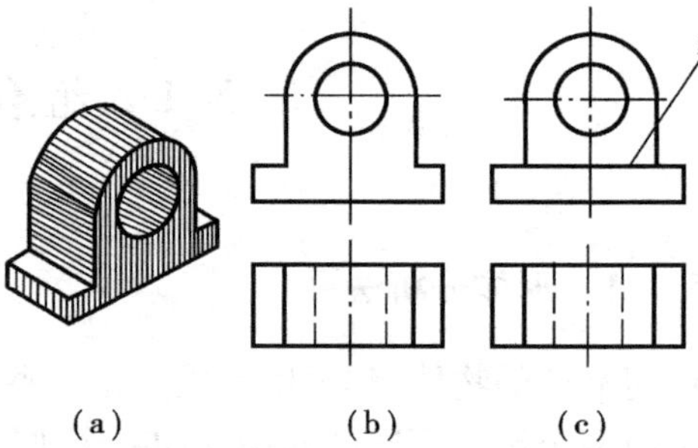

图 5-3　表面平齐无交线

(2)相切　图 5-4(a)中的形体由耳板和圆筒组成。耳板前后两平面与左右两大小圆柱面光滑连接,即相切。在图示情况下,柱轴是铅垂线,柱面的水平投影有积聚性。因此,耳板前后平面和柱面相切于一直线的情况,在水平投影中就表现为直线和圆弧的相切;在正面和侧面投影中,该直线的投影不应画出。即二面相切处不画线,耳板上表面的投影只画至切点处,如图 5-4(b)中的 a′(c′),a″和 c″。

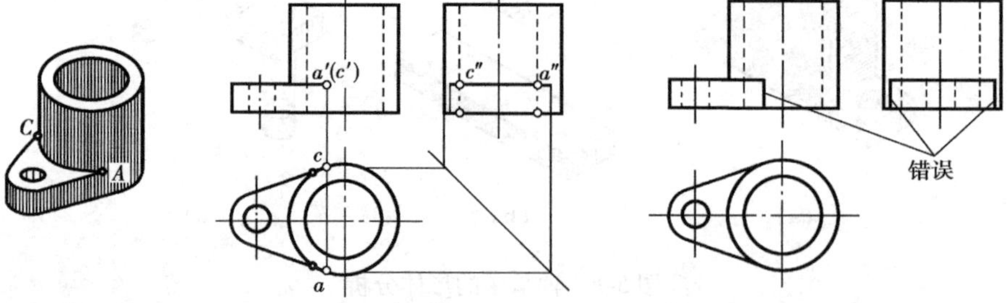

(a)轴测图　　(b)正确画法　　(c)错误画法

图 5-4　两体表面相切的画法

2)切割型

对不完整的形体,可以采用切割的概念对它进行分析为宜。如图 5-5 所示的物体,可以看成是长方体经切割而形成的。

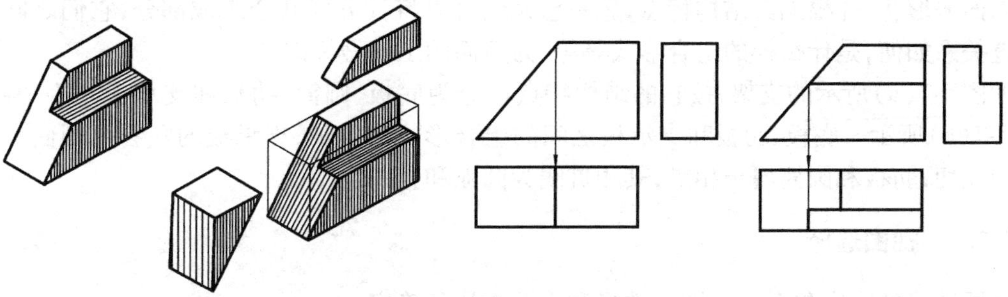

(a)　(b)　(c)　(d)

图 5-5　切割式组合体

3)综合型

如图 5-6 中的组合体,既有叠加又有切割,属综合型。画图时,一般可先画叠加各形体的投影,再画被切割各形体的投影。

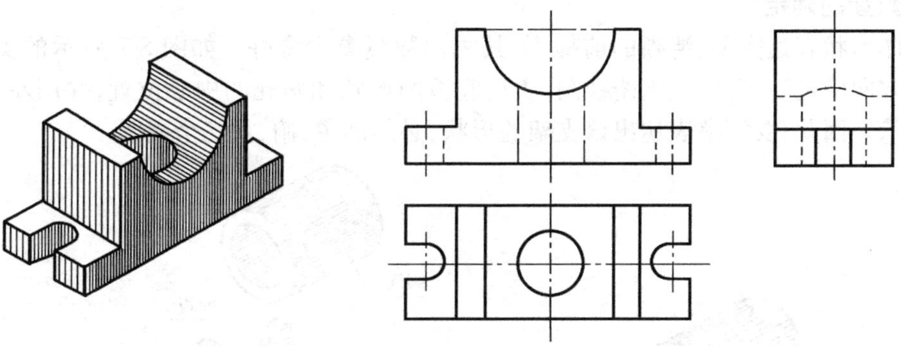

(a)　(b)

图 5-6　综合式组合体

综上所述,正确地掌握、熟练地运用形体分析法,对画图、看图和标注尺寸都非常有益。但在实际应用时,对那些简单清楚的或实难分辨的形体,也没有必要硬性分解,只要能正确地作出投影也就可以了。

5.2　组合体的三视图画法

形体分析法是将复杂形体简单化的一种思维方法。因此画组合体视图时,一般采用形体分析法。下面结合图例,说明利用形体分析法绘制组合体视图的方法和步骤。

5.2.1 形体分析

拿到组合体实物(或轴测图)后,首先应对它进行形体分析,要搞清楚它的前后、左右和上下等六面的形状,并根据其结构特点,想一想大致可以将其分成几个组成部分,它们之间的相对位置关系如何,是什么样的组合形式等等,为后面的工作做好准备。

如图 5-7(a)所示的支架,按它的结构特点可分为底板、圆筒、肋板和支承板等 4 个部分,如图 5-7(b)所示。底板、肋板和支承板之间的组合形式为叠加;支承板的左右两侧面和圆筒外表面相切;肋板和圆筒属于相贯,其相贯线为圆弧和直线。

5.2.2 视图选择

视图选择的内容包含主视图的选择和视图数量的确定。

1)主视图的选择

主视图是表达组合体的一组视图中最主要的视图。通常要求主视图能较多地反映物体的形体特征,即反映各组成部分的形状特点和相互位置关系。

图 5-7(a)中的支架,从箭头方向投射所得的视图,满足了上述的基本要求,可作为主视图。

2)视图数量的确定

在组合体形状表达完整、清晰的前提下,其视图数量愈少愈好。如图 5-7 所示的支架,主视图按箭头方向确定后,还要画出俯视图,表达底板的形状和两孔的中心位置,并用左视图表达肋板的形状。因此,要完整表达出该支架的形状,必须画主、俯、左三个视图。

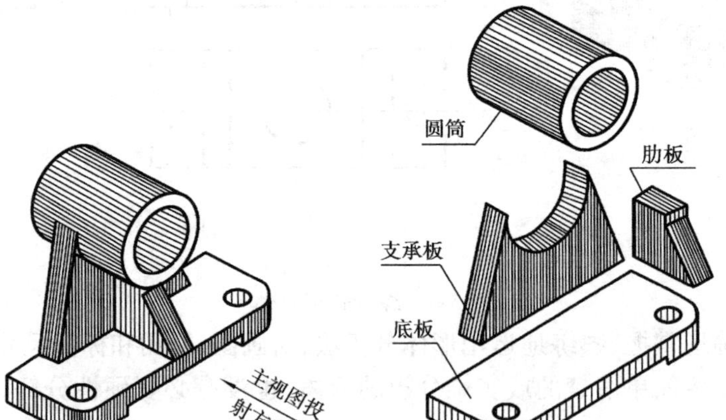

图 5-7 支架的形体分析

5.2.3 画图的方法与步骤

1)选择比例,确定图幅

视图确定以后,便要根据组合体的大小和复杂程度,选定作图比例和图幅。应注意,所选的幅面要比绘制视图所需的面积大一些,以便标注尺寸和画标题栏。

2）布置视图

布图时，应将视图匀称地布置在幅面上，视图间的空留处应保证能注全所需的尺寸。

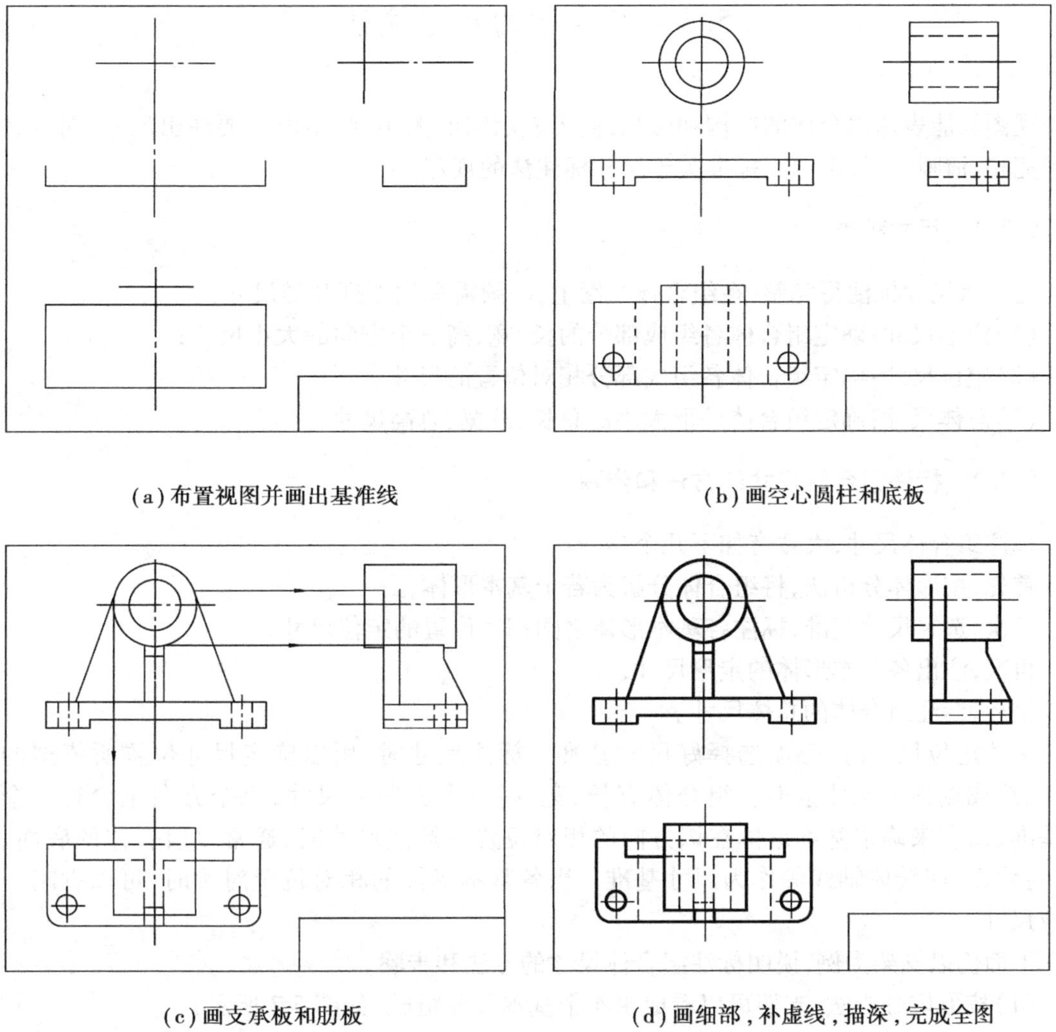

（a）布置视图并画出基准线　　（b）画空心圆柱和底板

（c）画支承板和肋板　　（d）画细部，补虚线，描深，完成全图

图 5-8　支架的画图步骤

3）绘制底稿

支架的画图步骤如图 5-8 所示。

为了迅速而正确地画出组合体的三视图，画底稿时，应注意以下两点：

（1）画图的先后顺序，一般应从形状特征明显的视图入手。先画主要部分，后画次要部分；先画看得见的部分，后画看不见的部分；先画圆或圆弧，后画直线。

（2）画图时，形体的每一组成部分，最好是按三等规律、三个视图配合着画。这样，不但可以提高绘图速度，还能避免多线、漏线。就是说，不要先把一个视图画完再画另一个视图。

4）检查描深

底稿完成后，应认真进行检查。在三视图中依次核对各组成部分的投影对应关系正确与否；分析清楚相邻两形体衔接处的画法有无错误，是否多线、漏线；再以实物或轴测图与三视图对照，确认无误后，描深图线，完成全图，如图 5-8(d)所示。

5.3 组合体的尺寸注法

视图只能表达组合体的结构和形状，而要表示它的大小，则不但需要注出尺寸，而且必须注得完整、清晰，并符合国家标准关于尺寸标注法的规定。

5.3.1 尺寸种类

为了将尺寸标注得完整，在组合体视图上，一般需标注下列几类尺寸：

(1)定形尺寸：确定组合体各组成部分的长、宽、高三个方向的大小尺寸；

(2)定位尺寸：确定组合体各组成部分相对位置的尺寸；

(3)总体尺寸：确定组合体外形大小的总长、总宽、总高尺寸。

5.3.2 标注组合体尺寸的方法和步骤

标注组合体尺寸，大致有如下几个步骤：

首先，按形体分析法，将组合体分解为若干基本形体；

其次，选定尺寸基准，标注各基本形体之间相对位置的定位尺寸；

再次，注出各基本形体的定形尺寸；

最后，标注组合体的总体尺寸。

标注定位尺寸时，必须选择好尺寸基准。标注尺寸时，用以确定尺寸位置所依据的一些面、线或点称为尺寸基准。组合体有长、宽、高三个方向的尺寸，每个方向至少有一个尺寸基准，以它来确定基本形体在该方向的相对位置。标注尺寸时，通常以组合体的底面、端面、对称面、回转体轴线等作为尺寸基准。当各基本形体的相对位置对称时，可以省略一些定位尺寸。

下面仍以支架为例，说明标注组合体尺寸的方法和步骤。

(1)按形体分析法，支架可以看成由 4 个基本部分组成(如图 5-7 所示)。

(2)选定尺寸基准，标注定位尺寸。

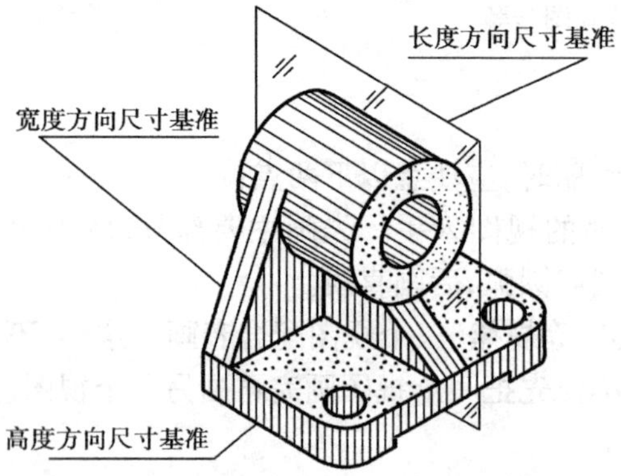

图 5-9　支架的尺寸基准

由支架的结构特点可知，底板的下底面是支架的安装面，下底面可作为高度方向的尺寸基准；支架是左右对称的，对称平面可作为长度方向的尺寸基准；底板和支承板的后端面可作为宽度方向的尺寸基准，如图 5-9 和图 5-10(a)所示。

尺寸基准选定后，按各部分的相对位置标注它们的定位尺寸。由于支架左右对称，长度方向的定位尺寸可以省略不注，如图 5-10(b)所示。

(3)标注出各部分的定形尺寸(图 5-10

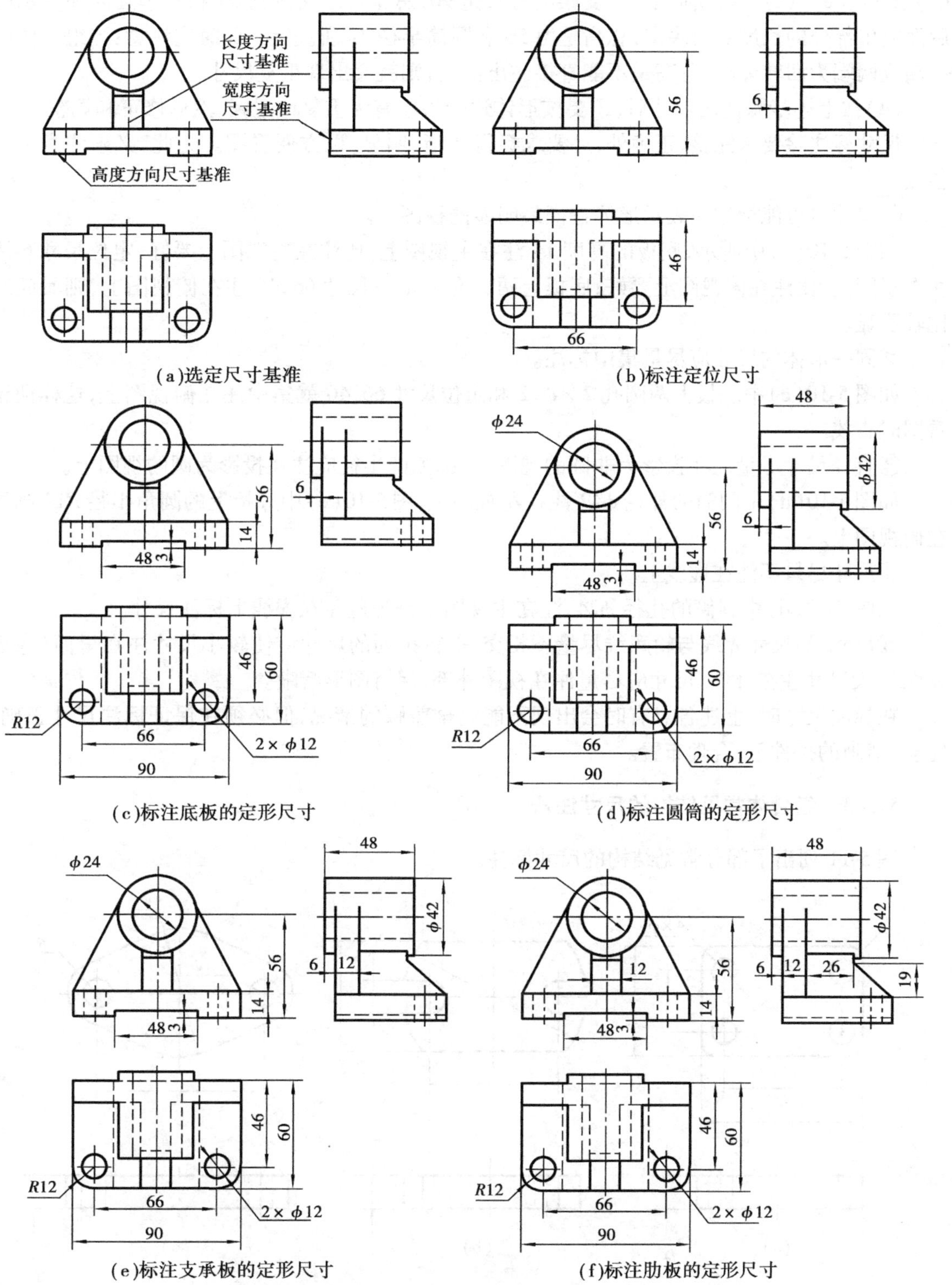

图 5-10　支架尺寸标注的步骤

(c)、(d)、(e)、(f))及总体尺寸。支架的总长是 90,总宽是由底板宽 60 和水平圆筒在支承板后面突出部分的长度 6 所决定,总高是由 56 和圆筒半径 21 所决定。此时应注意:当组合体的一端或两端为回转体时,总高是不能直接注出的,否则就会出现重复尺寸。

(4)按上述步骤注出尺寸后,还要按形体逐个检查有无重复或遗漏,然后修正和调整。

尺寸标注除要求完整、正确外,还要求标得清晰、明显,以方便看图。为此,必须注意下列各点:

①尺寸尽可能标注在表示形体特征最明显的视图上。

如图 5-10(c)中所示,底板的高度 14 注在主视图上,比注在左视图上要好;定位尺寸 6 注在左视图上,比注在俯视图上要好;底板上两圆孔的定位尺寸 66,46 注在俯视图上,则看起来比较明显。

②同一形体的尺寸应尽量集中标注。

如图 5-10(c)中底板上两圆孔 2×ϕ12 和定位尺寸 66,46 就集中注在俯视图上,这样便于看图时查找。

③直径尺寸尽量注在投影为非圆的视图上,圆弧的半径应注在投影为圆的视图上。

如图 5-10(d)中圆筒的外径 ϕ42 注在左视图上,图 5-10(c)中底板上的圆角半径 R12 则注在俯视图上。

④尺寸尽量不注在虚线上。

如图 5-10(d)中圆筒的孔径 ϕ24,注在主视图上是为避免在虚线上标注尺寸。

⑤尺寸线、尺寸界线与轮廓线尽量不相交,平行排列的尺寸应使较小尺寸注在里面(靠近视图),大尺寸注在外面;尺寸应尽量注在视图外部,保持图形清晰。

在标注尺寸时,上述各点有时会出现不能完全兼顾的情况,但必须在保证标注尺寸正确、完整、清晰的条件下,合理布置。

5.3.3 组合体常见结构的尺寸注法

图 5-11 列出了部分常见结构的尺寸标注。

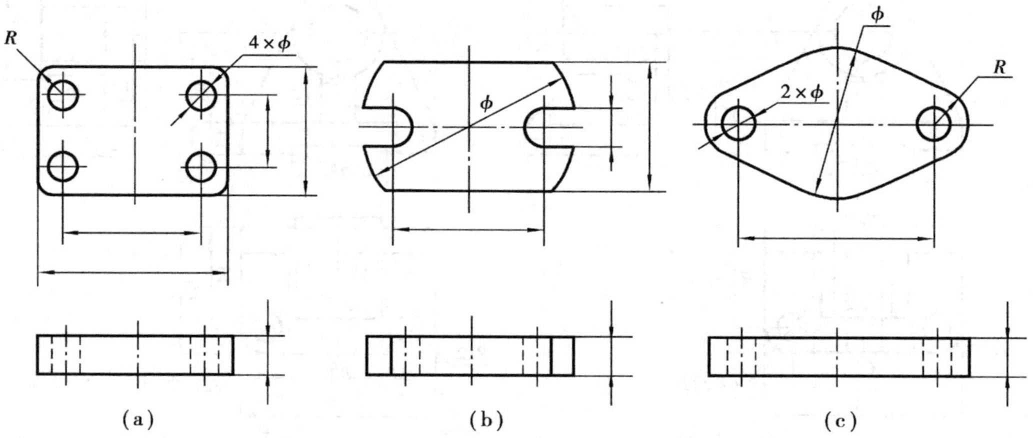

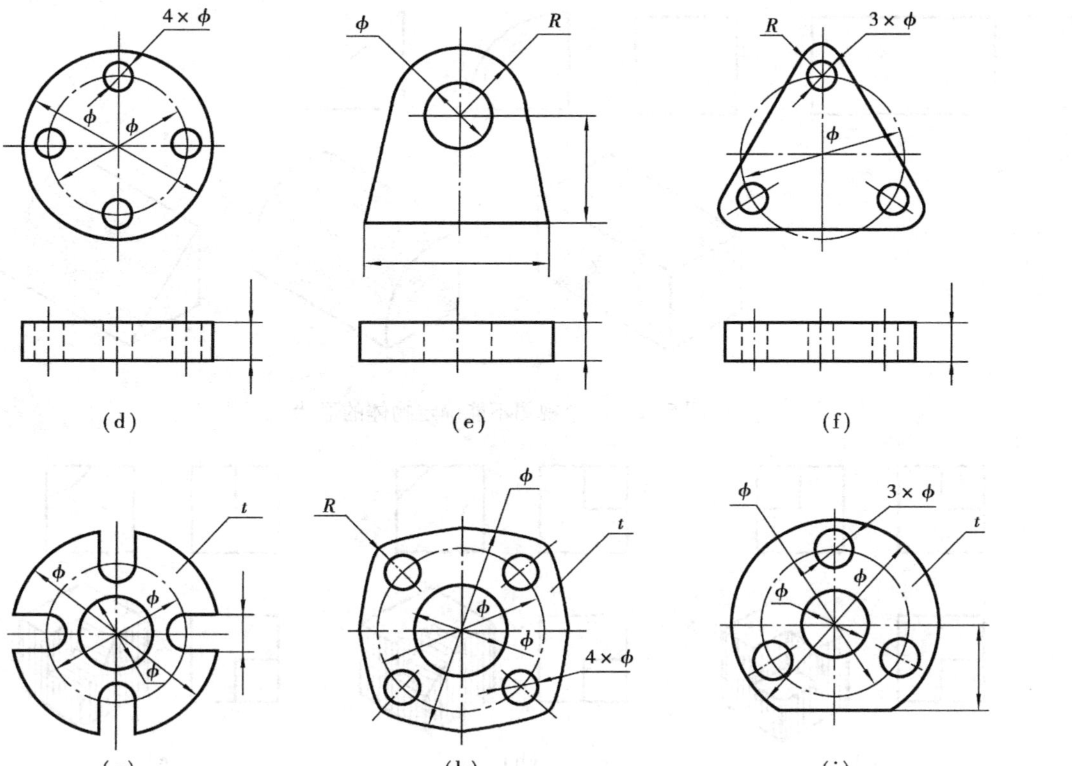

图5-11　部分常见结构的尺寸标注

5.4　组合体的读图方法

画图,是将物体画成视图来表达其形状;看图,是依据视图想象出物体的形状。显然,照物画图与依图想物相比,后者的难度要大些。为了能够正确而迅速地看懂视图,必须掌握看图的基本要领和基本方法,并通过反复实践,培养空间想象能力,提高看图水平。

5.4.1　读图时应注意的几个问题

1)必须将几个视图联系起来构思

一个视图不能确定物体的形状。如图5-12所示,相同的主视图,却可以表示出形状不同的许多物体,图中只列举了典型的几种,读者可以发挥想象再构思出其他的形体。

有时只看两个视图,也无法确定物体的形状。如图5-13所示,主、俯两个视图完全相同,却有多个形状不同的物体。当然,读者可以发挥想象再构思出其他的形体。

由此可见,看图时,必须把所给的视图联系起来看,才能想象出物体的确切形状。

2)必须搞清视图中图线和线框的含义

视图是由一个个封闭线框组成的,而线框又是由图线构成的。因此,弄清图线及线框的含义是十分必要的。

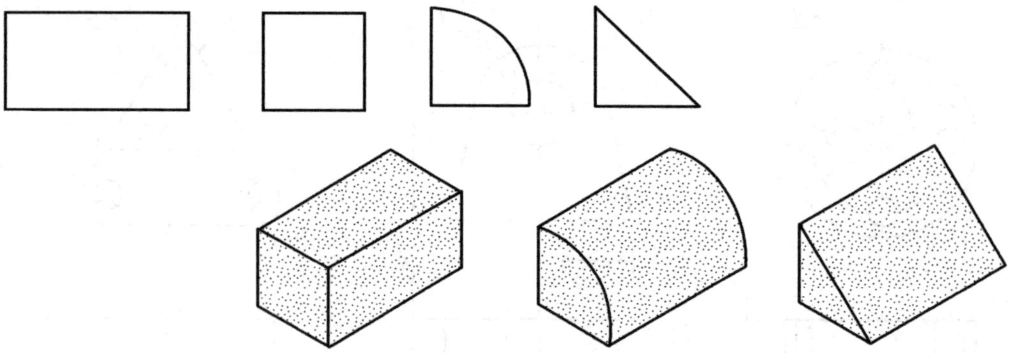

图 5-12　一个视图不能确定物体的形状

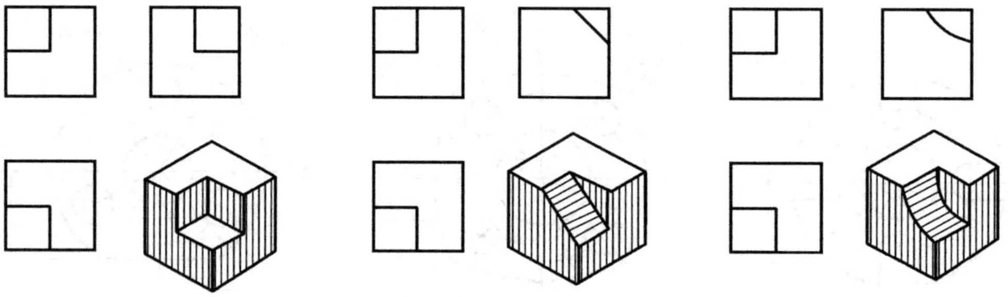

(a)　　(b)　　(c)

图 5-13　二个视图不能确定物体的形状

(1)视图中图线的含义

如图 5-14 所示,视图中的图线有三种含义:

①有积聚性的面的投影,如 a、b 等线;

②面与面的交线,如 c 为圆柱与三角肋板的交线;

③曲面的转向轮廓线,如 d、e 为圆柱及其中间孔的轮廓线。

(2)视图中线框的含义(图 5-14)

①一个封闭的线框,表示物体的一个面,可能是平面、曲面、组合面或孔洞。例如,视图中的线框 1、2、3、4 表示平面;线框 5 表示曲面;线框 6 表示平面与曲面相切的组合面;线框 7、8 表示孔洞。

②相邻的两个封闭线框,表示物体上位置不同的两个面。由于不同线框代表不同的面,它们表示的面有前、后、左、右、上、下的相对位置关系,可以通过这些线框在其他视图中的对应投影来加以判断。例如,从主视图中可以看出,平面 3 比平面 2 高;从俯视图中可以看出,组合面 6 在前,平面 1 在后。

③一个大封闭线框内所包含的各个小线框,表示在大平面体(或曲面体)上凸出或凹下各个小平面体(或曲面体)。例如,线框 2 包含线框 3 和线框 8,从主视图中可以看出,线框 3 表示在底板上凸出一个空心圆柱,线框 8 表示一个孔洞。

3)善于抓住特征视图

所谓特征,指组成组合体的各形体的形状特征和相对位置特征。

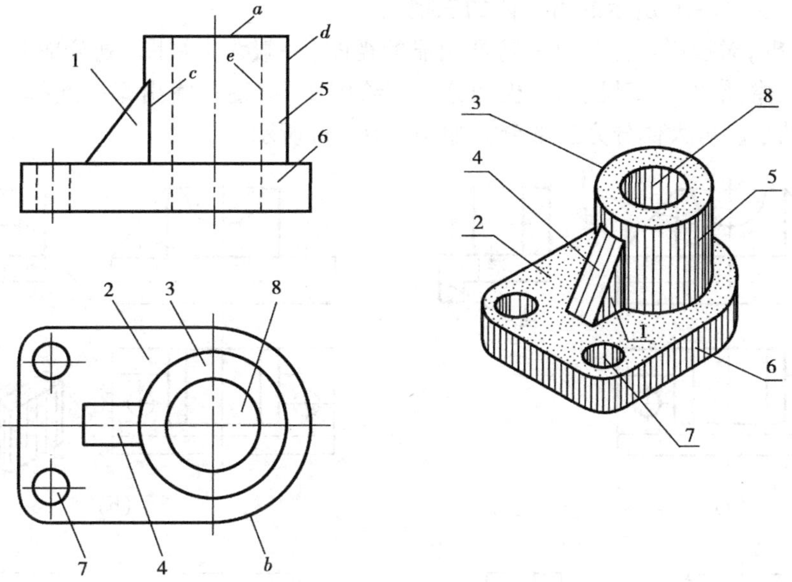

图 5-14　视图中图线与线框的分析

如图 5-15 所示，若只看俯、左视图，形体Ⅰ、Ⅱ、Ⅲ的形状无法确定，若从主视图出发，将俯、左视图之一与它配合起来看，各形体的形状能很快想象出来（见图 5-15(b)或(c)），所以说主视图是反映形体Ⅰ、Ⅱ、Ⅲ形状特征明显的视图。但如果只看主、俯视图，Ⅰ、Ⅱ、Ⅲ哪个凸出哪个凹进不能确定（见图 5-15(b)、(c)），如果将主、左视图配合起来看，形体Ⅰ凸出，形体Ⅲ凹进，十分明显，因此，左视图是反映该物体各组成部分相对位置特征明显的视图。

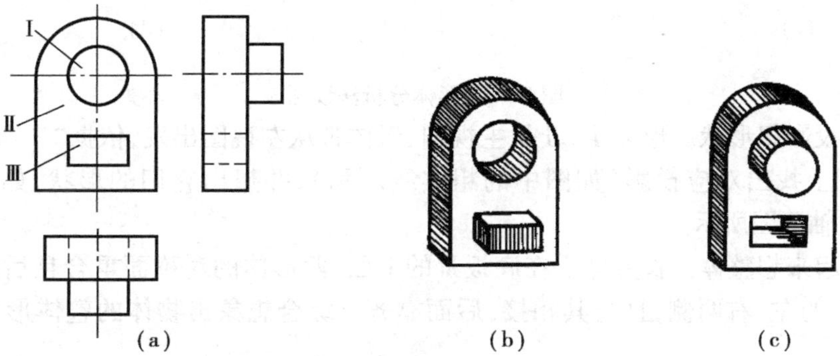

图 5-15　形状特征和位置特征

可见，反映特征的视图是读图中的关键视图，但不一定集中在一个视图上。读图时，要善于抓住反映物体形状特征和位置特征明显的视图。

5.4.2　看图的方法和步骤

1）形体分析法

形体分析法是看图最主要的方法。从反映组合体形状和位置特征明显的视图着手，将视图分解为几个部分，找出各部分的有关投影，逐一构思出它们的形状，而后综合起来，想象物体的整体形状。

【例 1】 读图 5-16 所示的组合体的三视图。

(1)分线框,对投影。先将反映特征明显的视图(一般为主视图)划分成几个封闭线框,然后运用投影规律,借助丁字尺、三角板和分规等绘图工具,逐一找出每一线框所对应的其他投影,据此,该轴承座可大体分为三部分。如图 5-16(*a*)所示。

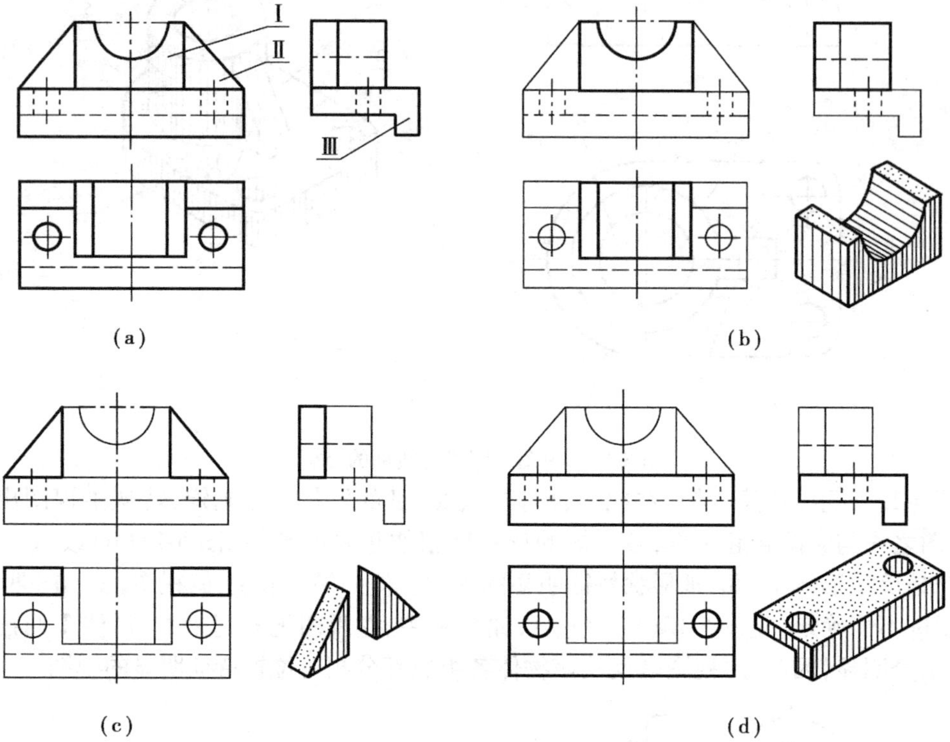

图 5-16 形体分析法读图

(2)分析投影想形状。形体Ⅰ,Ⅱ从主视图、形体Ⅲ从左视图出发,依据“三等”规律,分别在其他两视图上找出对应投影(如图中的粗实线所示),并想出它们的形状,如图 5-16(b),(c),(d)中的轴测图所示。

(3)综合起来想整体。长方体Ⅰ在底板Ⅲ的上面,两形体的对称面重合且后面靠齐;肋板Ⅱ在长方体Ⅰ的左、右两侧,且与其相接,后面靠齐。综合想象出物体的整体形状,如图 5-17 所示。

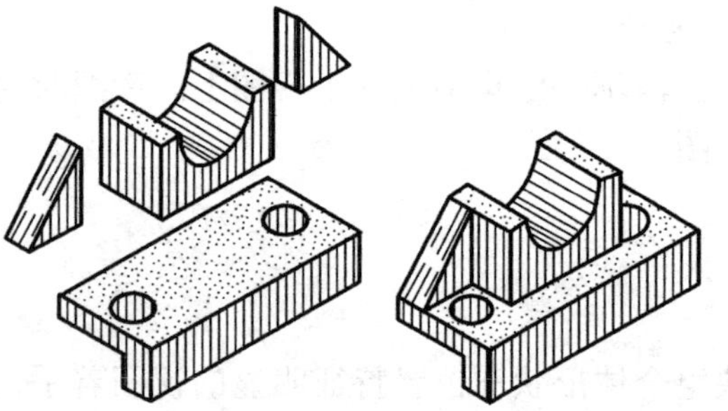

图 5-17 轴承座的轴测图

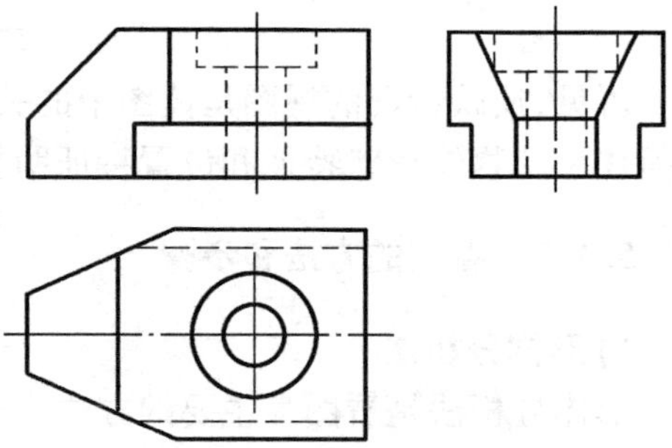

图 5-18 压块的三视图

2）**线面分析法**

用线面分析法看图，就是运用投影规律，通过识别线、面等几何要素的空间位置、形状，进而想象出物体的形状。在看切割体的视图时，主要靠线面分析法。

【例2】 看压块的三视图（图5-18）。

（1）初步了解，进行形体分析。

由于压块三个视图的轮廓基本上都是矩形（只切掉了几个角），所以它的原始形体是长方体。

（2）仔细分析，进行线面分析。

从压块的外表面来看，主视图左上方的缺角是用正垂面切出的；俯视图左端的前、后缺角是用两个铅垂面切出的；左视图下方前、后的缺块，则是用正平面和水平面切出的。可见，压块的外形是一个长方体被几个特殊位置平面切割后形成的。

在搞清被切面的空间位置后，再根据平面的投影特性，分清各切面的几何形状。

①当被切面为“投影面垂直面”时，从该平面投影积聚成的直线出发，在其他两视图上找出对应的线框——对边数相等的类似形。

如图5-19（a）所示，从主视图中的斜线 p'（正垂面的积聚性投影）出发，在俯视图中找出与它对应的梯形线框 p，则左视图中的对应投影 p''，一个梯形线框（图中的粗实线）；如图5-19（b）所示，从俯视图中的斜线 q（铅垂面的投影）出发，在主、左视图上找出与它对应的投影是一对七边形 q'，q''。

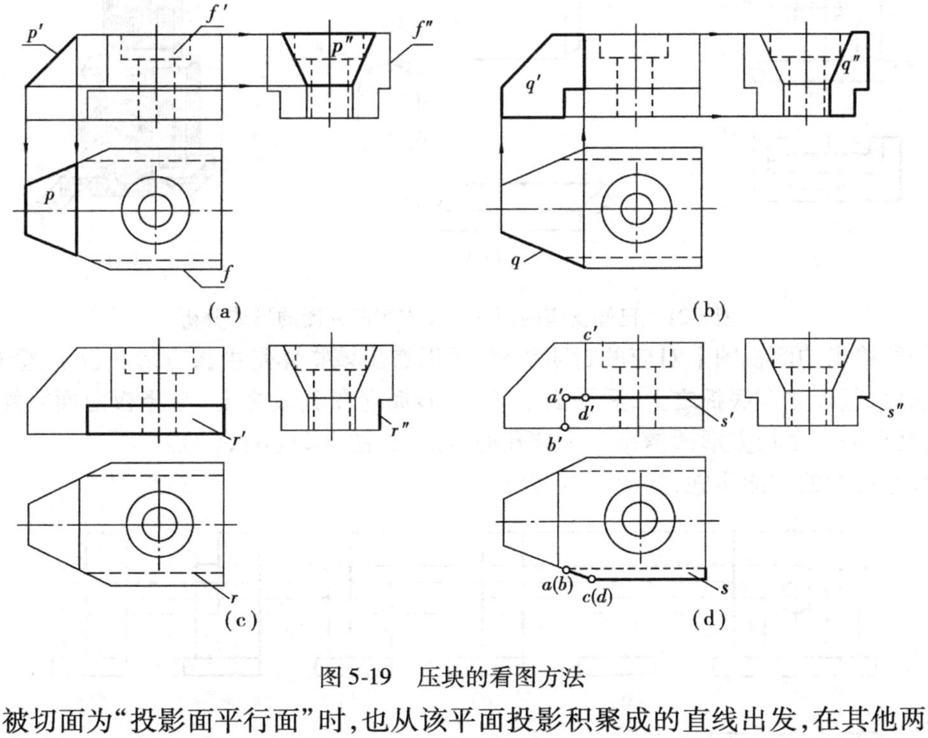

图5-19 压块的看图方法

②当被切面为“投影面平行面”时，也从该平面投影积聚成的直线出发，在其他两视图上找出对应的投影——一直线和一平面图形。

如图5-19（c）所示，从左视图 r'' 直线入手，再找出 R 面的正面投影 r'（矩形线框）和水平投影 r（一直线）；如图5-19（d）所示，从左视图的直线 s'' 出发，找出 S 面的水平投影 s（四边形）和正面投影 s'（一直线）。由此可知 R 面是正平面，S 面是水平面。

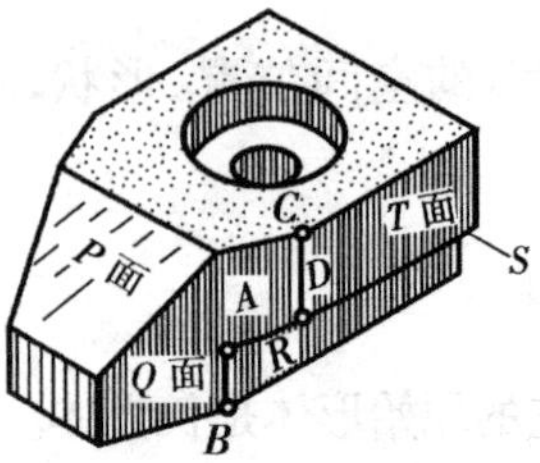

图 5-20 压块的轴测图

另外,经过分析判断可知在图 5-19(d)中,$a'b'$不是平面的投影,而是 R 面和 Q 面的交线;同理,$c'd'$是 T 面和 Q 面的交线。

(3)综合想象。

通过上述既从形体上,又从线面投影上分析了压块的三视图后,明确了各线框表示的平面的空间位置,就可以综合想象出压块的整体形状(见图 5-20)。

可以看出,在读图过程中,一般先用形体分析法作粗略分析,然后对图中的难点,再利用线面分析法作进一步地分析。通常是以形体分析法为主,线面分析法为辅,两种方法并用。

5.4.3 补画第三视图

由已知的两个视图补画所缺的第三视图,是培养和检验读图能力的一种重要方法。一般在读懂已知视图、想象出物体形状的基础上进行。由于想象的物体形状已完全被已知视图所确定,所以这种想象确定物体形状的过程是再造形象思维与构思。

【例 3】 由图 5-21(a)所示两视图,补画左视图。

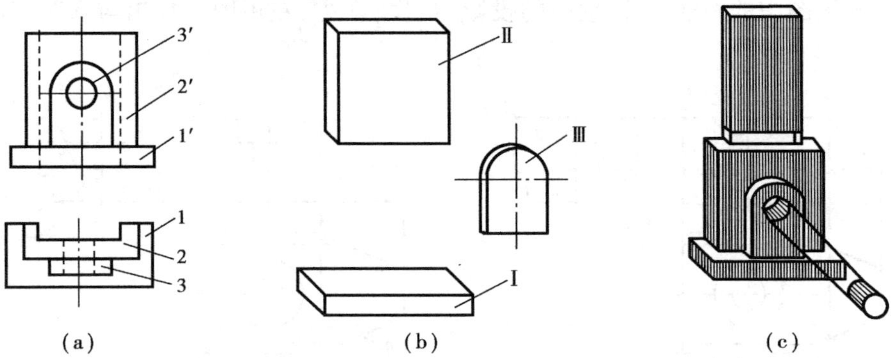

图 5-21 已知支座的两视图及支座两视图的形体分析

根据所给出的两视图上对应的封闭线框,可以看出该物体是由长方形底板Ⅰ,竖板Ⅱ和拱板Ⅲ叠加后,竖板立在底板之上,后平面平齐,拱形板立在底板之上,与竖板前面接触,整体左右对称,又切去一个长方形凹槽钻一个圆孔而成的,见图 5-21(b),(c)。

补画左视图的作图步骤,如图 5-22 所示。

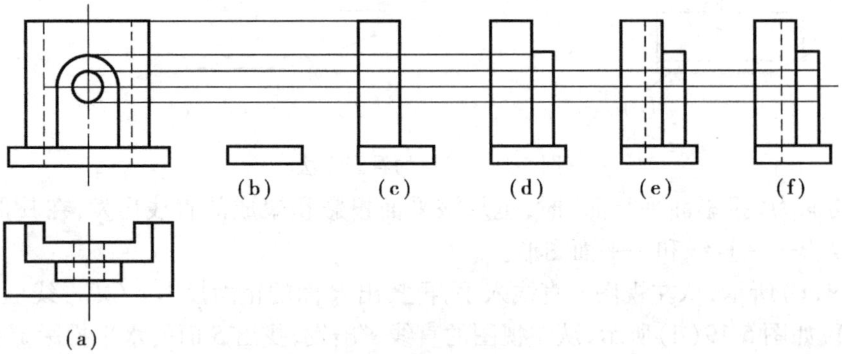

图 5-22 由已知两视图补画第三视图的步骤

【例 4】　由图 5-23(a)所示机座的两视图,补画第三视图。

看懂机座的主视图和俯视图,想象出它的形状。从主视图着手,按主视图上的封闭实线线框,可将机座大致分成三部分:底板、圆柱体、左端圆柱面相交的厚肋板。

再进一步分析细节,主视图的虚线和俯视图的虚线表示什么?通过逐个对投影的分析可以知道,主视图右边的虚线表示直径不同的阶梯圆柱孔,左边的虚线表示一个长方形槽和上下挖通的缺口。

在形体分析的基础上,根据三部分在俯视图上的对应投影,综合想象出机座的整体形状,如图 5-23(b)所示。

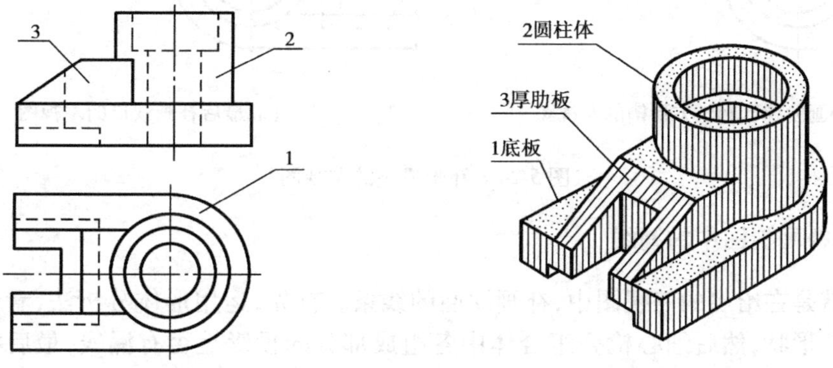

(a)已知两视图　　(b)机座的结构形状

图 5-23　机座

逐步画出第三视图。具体作图步骤,如图 5-24(a)、(b)、(c)、(d)所示。

通过以上两个例子可知,看懂已知的两视图,想出零件的形状,是补画第三视图的必备条件。所以看图和画图是密切相关的。在整个看图过程中,一般是以形体分析法为主,边分析,边作图,边想象。这样,就能较快地看懂组合体的视图,想象出其整体形状,正确补画出第三视图。

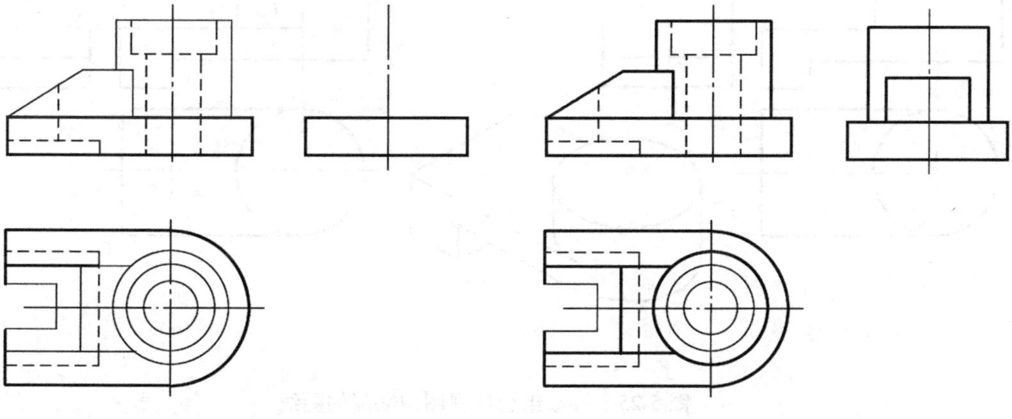

(a)补画底板1的左视图　　(b)补画圆柱2和厚肋板3的左视图

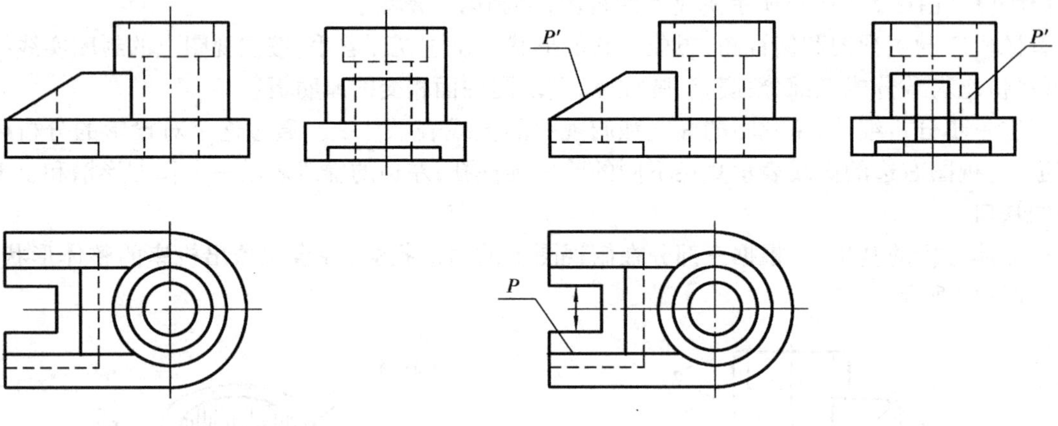

(c)补画阶梯孔和长方形槽的左视图　　　(d)最后补画缺口的左视图

图 5-24　补画机座的左视图

5.4.4　补画视图中的漏线

补漏线就是在给出的三视图中,补画缺漏的线条。首先,运用形体分析法,看懂三视图所表达的组合体形状,然后细心检查组合体中各组成部分的投影是否有漏线,最后将缺漏的线补出。

【例 5】 补画图 5-25(a)所示组合体中缺漏的图线。

通过投影分析可知,三视图所表达的组合体由柱体和座板组成,组合形式为叠加,两组成部分分界处的表面是相切的,如图 5-25(b)所示。对照各组成部分在三视图中的投影,发现在主视图中相切处(座板最前面)缺少一条实线,左视图中缺少座板顶面的投影(一条虚线)。将它们逐一补上,如图 5-25(c)所示。

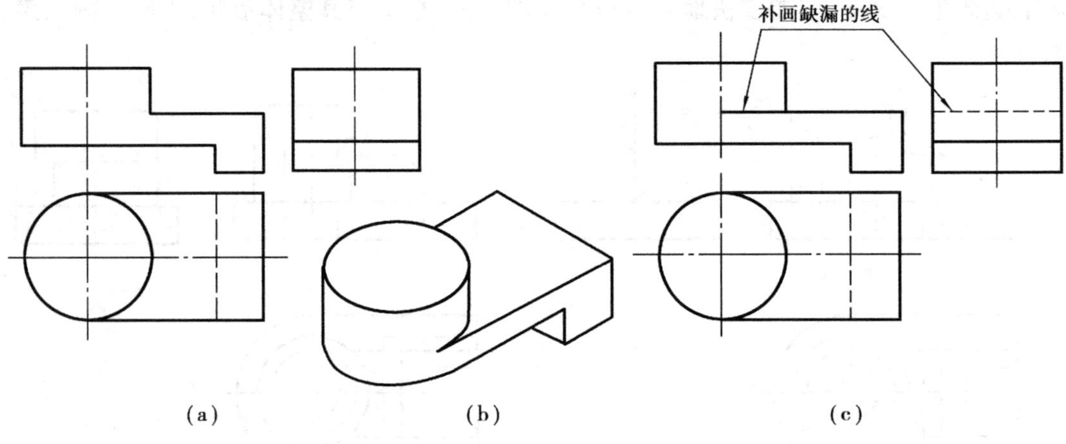

(a)　　　(b)　　　(c)

图 5-25　补画组合体视图中缺漏的图线

5.5　组合体的形体构型设计

根据已知条件构思组合体的形状、大小并能表达成图的过程称为组合体的形体构型设计。构型设计能把空间想象、物体的构思与表达三者结合起来，不仅能促进画图、读图能力的提高，还能发展空间想象能力、培养创新思维能力。

5.5.1　构型设计的基本方法

1）已知一个视图的构型设计

由于物体一个视图不能确定物体的形状，因此根据所给的一个视图，可以构思许多不同形状的物体。这种思维与构思，在一定条件下是带有创造性的思维与构思。

（1）通过表面的凹与凸、正与斜、平与曲的联想构思

已知主视图如图5-26所示，假定它原形是一块长方形板，板的前面有三个不同的表面，每个面都可以构思成凹与凸、正与斜、平与曲。图5-27仅是构思出中间表面的部分面形，就有许多种不同形状的组合体。用同样的方法，可以对左右两面进行联想构思，还可以对组合体的后面进行凹与凸、正与斜、平与曲的联想构思。

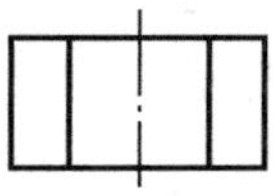

图5-26　物体的主视图

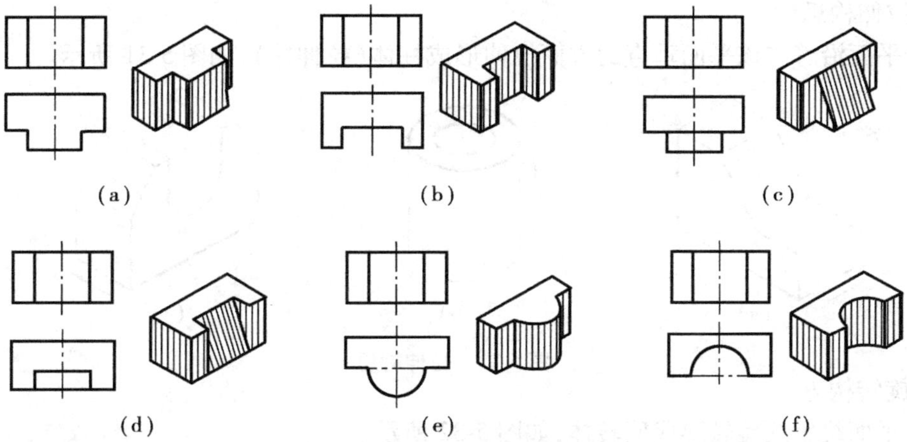

图5-27　中间表面部分面形的构思

（2）通过基本体之间不同组合方式的联想构思

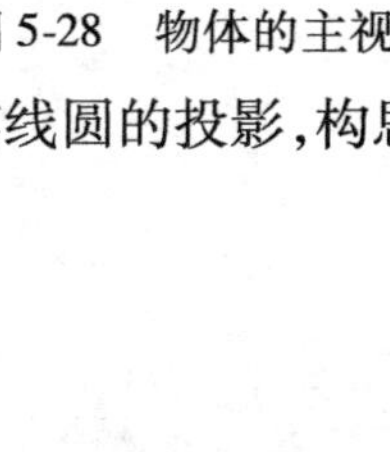

图5-28　物体的主视图

已知主视图如图5-28所示，它既可以构思为两个基本体的简单叠加与切挖（如图5-29所示），还可以构思为多个基本体的叠加与切挖（如图5-30所示），等等。

（3）通过虚线投影重影的联想构思

如图5-26，如果设想在矩形中间的两粗实线各重有一条或多条虚线或粗实线的投影，图5-28粗实线的圆重有一个或多个虚线圆或粗实线圆的投影，构思的物体形状又将如何？读者可发挥创新思维能力，大胆地构思出新颖、

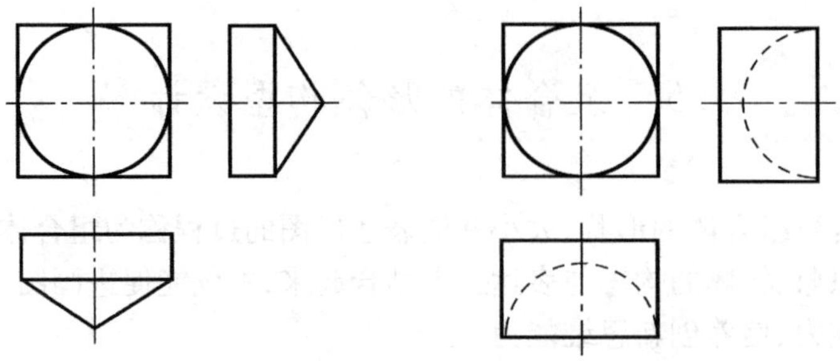

(a) (b)

图 5-29 组合体构型

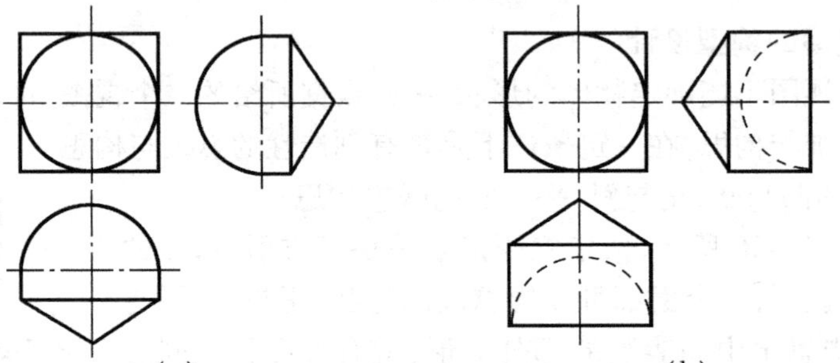

(a) (b)

图 5-30 组合体的构型

独特、造型美观的组合体来。

(4)拉伸构思

一个平面沿着与该平面垂直的方面拉伸形成柱体(拉伸体),如图 5-31 所示。

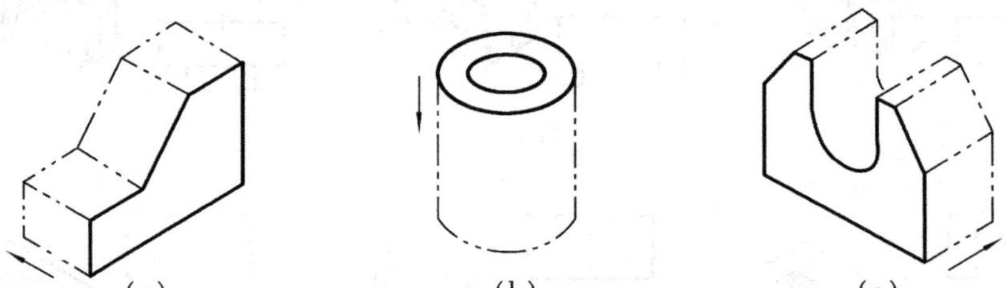

(a) (b) (c)

图 5-31 拉伸构思

(5)旋转构思

一个平面绕轴线旋转形成回转体,如图 5-32 所示。

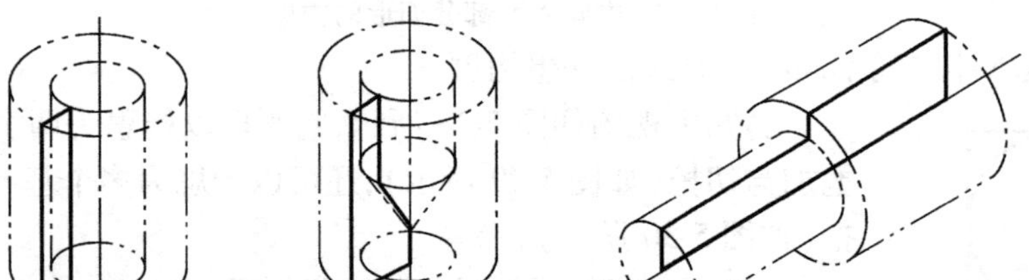

(a) (b) (c)

图 5-32 旋转构思

2）已知两个视图的构型设计

图5-33给出的主、俯两个视图，不能唯一地确定组合体形状，可以构思出两种以上的形状，补画出两种以上的第三视图。图5-33(b)，(c)，(d)，(e)为其中四种不同的左视图及其表达的立体形状。

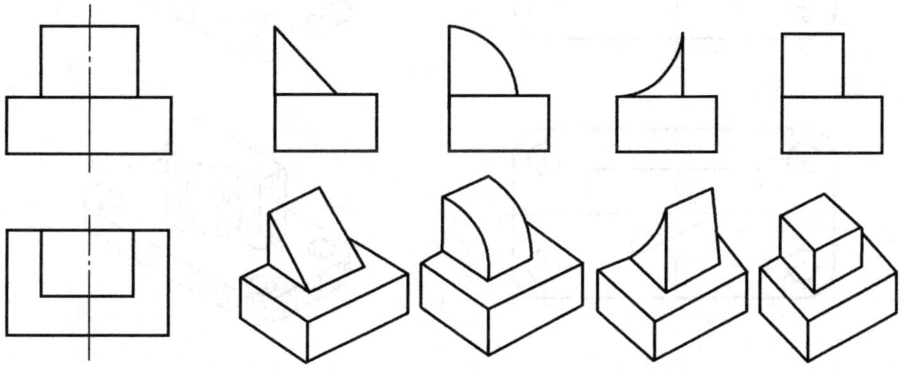

(a)　(b)　(c)　(d)　(e)

图5-33　两视图的多种形体构思训练

【例6】　根据图5-34中的主、左视图，构思并补画出表示不同形体的3个俯视图。

根据已知的两视图，可构想出图5-34(a)、(b)、(c)右侧组合体的空间形状，然后补画出其俯视图。补画后再与主、左视图综合起来对照一下，检查是否有矛盾之处。除图中3种形状外，读者还可想象出其他符合主、左两视图投影要求的形体。

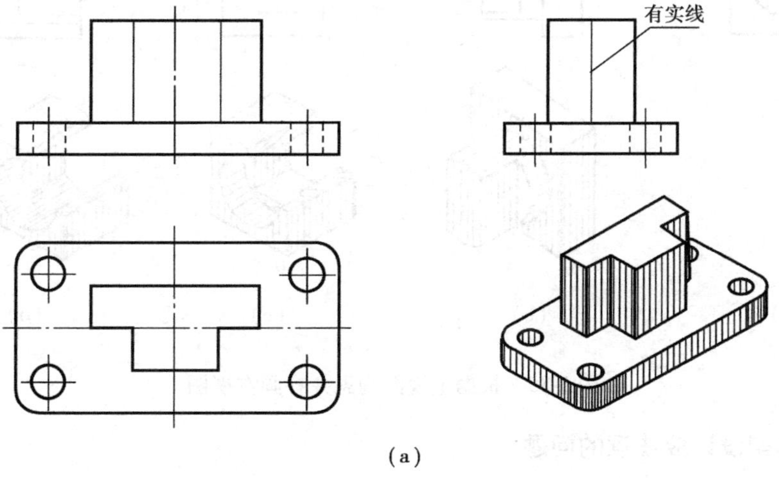

(a)

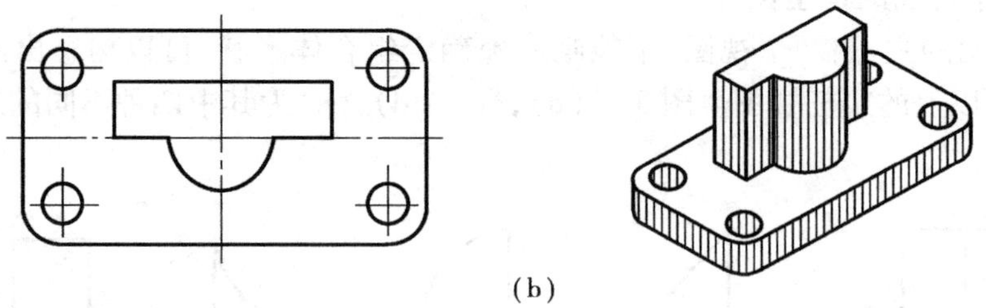

(b)

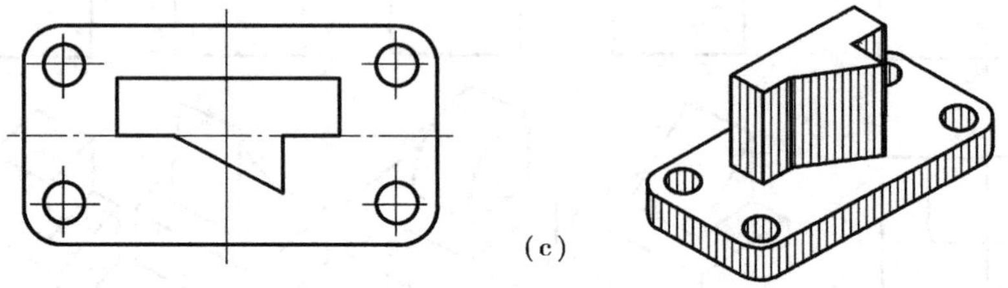

(c)

图 5-34　由主、左两视图构思并补画俯视图

【例 7】　根据图 5-35(a)中的主视图，构思出三个不同物体的形状并分别画出它们的左视图。

构想出三个形体的空间立体形状及补画的左视图，如图 5-35(b)、(c)、(d)所示。读者亦可进一步补画出以上三种物体的俯视图。

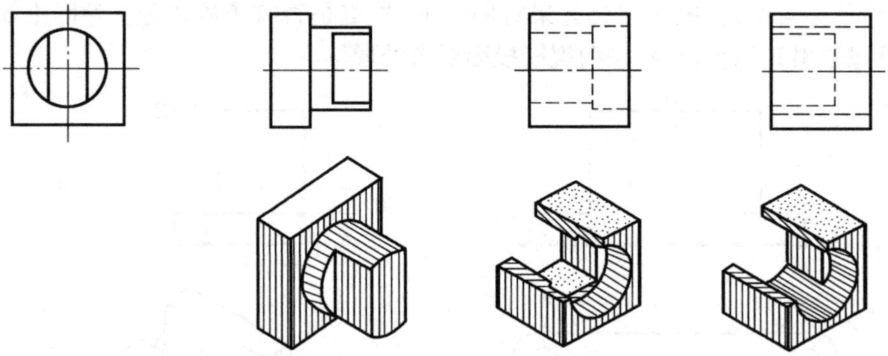

(a)　(b)　(c)　(d)

图 5-35　根据主视图构思并补画左视图

5.5.2　构型设计应注意的问题

(1)构型设计的组合体应是实际可以存在的实体，所以，两形体之间不能以点、线连接，如图 5-36 所示。

(2)构型应简洁、美观，一般使用平面立体、回转体来转型。无特殊需要时，不使用其他曲面立体。构型设计的组合体应力求和谐、美观。

(3)构思的形状应符合生产实际。比如，不宜在四周完全密闭的长方体中心挖出空腔。

(4)要熟悉与组合体有关的知识；要多参观、观察，增加表象积累；要自觉应用联想方法，多想象，多练习。

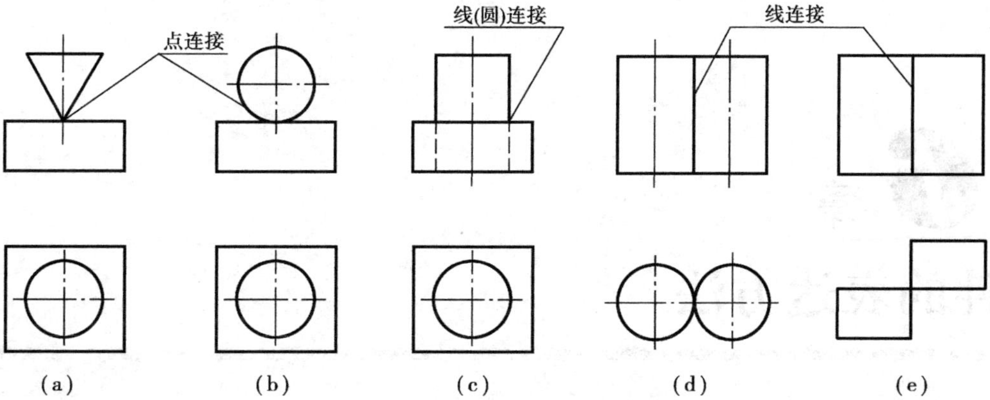

图 5-36　形体之间不能以点、线连接

第 6 章

机件的表达方法

在生产实际中，当机件的结构形状比较复杂时，仅用三视图难以把它们的内外形状完整、清晰地表达出来。为此，国家标准规定了机件的各种表示法，如视图、剖视图、断面图、局部放大图及简化画法等，本章将简要介绍这些表达方法。

6.1 视　图

根据有关标准和规定，用正投影法绘制的多面正投影图，称为视图。视图主要用于表达机件的可见部分，必要时才画出其不可见部分。国家标准规定表示物体的视图通常有：基本视图，向视图，局部视图和斜视图。

6.1.1 基本视图(GB/T 17451—1998)

将机件向基本投影面投射所得的视图，称为基本视图。

国家标准规定，在原有3个投影面的基础上，再增设3个投影面，组成一个正六面体，六面体的6个面称为基本投影面，如图6-1(a)所示。将机件置于六面体中，分别向基本投影面投射，就得到6个基本视图。

6个基本视图的名称及投射方向规定如下：(如图6-1(b)所示)

主视图——自机件的前方(a方向)投射所得的视图；

俯视图——自机件的上方(b方向)投射所得的视图；

左视图——自机件的左方(c方向)投射所得的视图；

右视图——自机件的右方(d方向)投射所得的视图；

仰视图——自机件的下方(e方向)投射所得的视图；

后视图——自机件的后方(f方向)投射所得的视图。

6个基本投影面展开的方法如图6-2所示，即正面保持不动，其他投影面按箭头所示方向旋转到与正面共处在同一平面。

6个基本视图在同一张图样内按图6-3配置时，各视图一律不注图名。6个基本视图仍符合“长对正、高平齐、宽相等”的投影规律。除后视图外，其他视图靠近主视图的一边是机件的

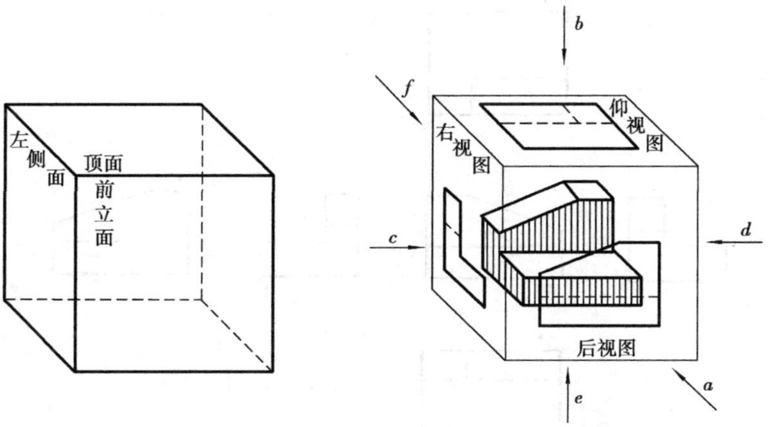

(a) (b)

图6-1 基本视图的获得

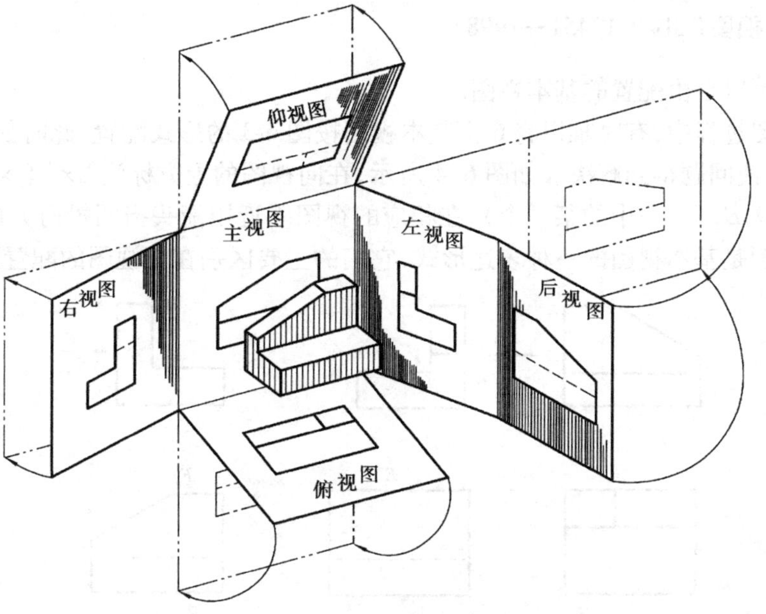

图6-2 6个基本投影面的展开

后面,远离主视图的一边是机件的前面。

在绘制机械图样时,一般并不需要将机件的6个基本视图全部画出,而是根据机件的结构特点和复杂程度,选择适当的基本视图。优先采用主、俯、左视图。

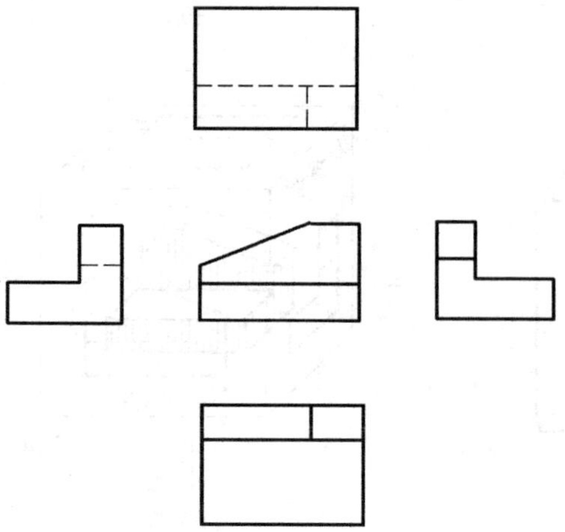

图 6-3　6 个基本视图的配置

6.1.2　**向视图**(GB/T 17451—1998)

向视图是可以自由配置的基本视图。

在实际绘图过程中,有时难以将 6 个基本视图按图 6-3 的形式配置,此时如采用向视图的形式配置,即可使问题得到解决。如图 6-4 所示,在向视图的上方标注“×”(×为大写拉丁字母,即 *A*,*B*,*C*,*D*,*E*,*F*……中的某一个),在相应的视图附近用箭头指明投射方向,并标注相同的字母。向视图是基本视图的一种表达形式,它们的主要区别在于视图的配置形式不同。

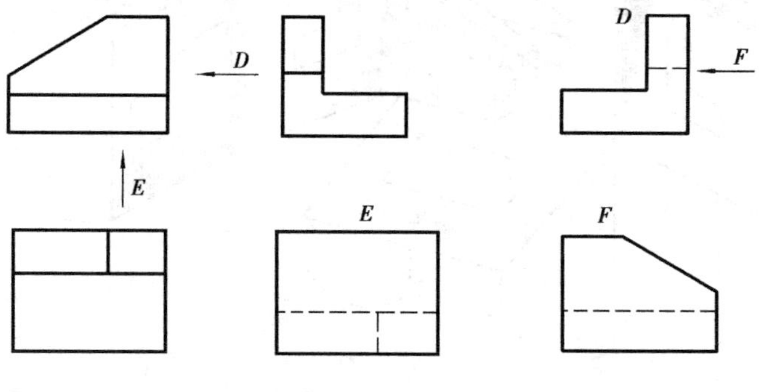

图 6-4　向视图

6.1.3　**局部视图**(GB/T 17451—1998)

将机件的某一部分向基本投影面投射所得的视图,称为局部视图。

如图 6-5 所示,机件左侧的凸台在主、俯视图中未表达清楚,而又不必画出完整的左视图,这时可用“*A*”局部视图表示。

局部视图的断裂边界通常以波浪线(或双折线)表示,如图 6-5 所示。当所表示的局部结构是完整的,且外轮廓又成封闭时,波浪线可省略不画,如图 6-7 中的“*B*”局部视图。

当局部视图按基本视图的形式配置,中间又无其他图形隔开时,可省略标注,如图 6-7(b)中的俯视图。局部视图也可按向视图的配置形式配置并标注,如图 6-5 所示。

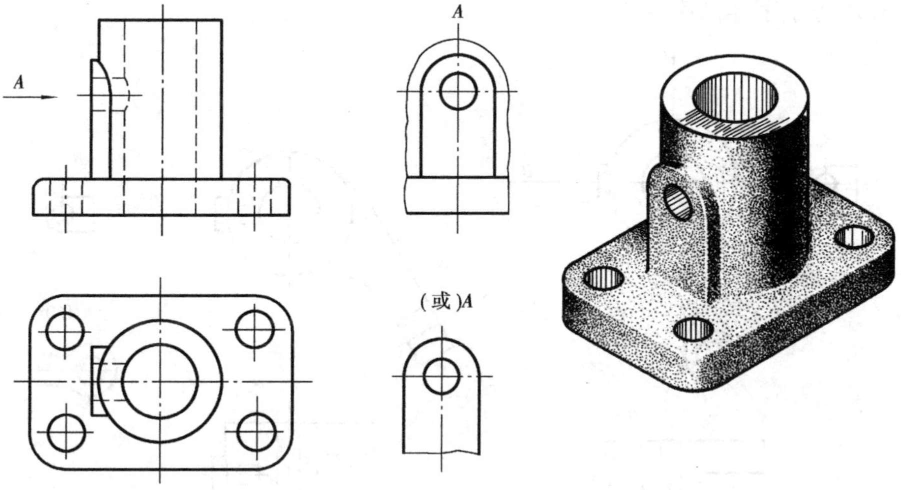

图6-5　局部视图

6.1.4　斜视图(GB/T 17451—1998)

将机件向不平行于基本投影面的平面投射所得的视图,称为斜视图。斜视图通常用于表达机件上的倾斜部分。

如图6-6(a)所示,机件左侧部分与基本投影面倾斜,其俯、左视图不反映实形,给绘图和看图带来一定困难。为简化作图,增设一个与倾斜部分平行的辅助投影面 P(P 垂直于 V 面),将倾斜部分向 P 面投射如图6-6(b),然后将 P 面旋转到与 V 面重合的位置,即可得到反映该部分实形的视图——斜视图,如图6-7所示。

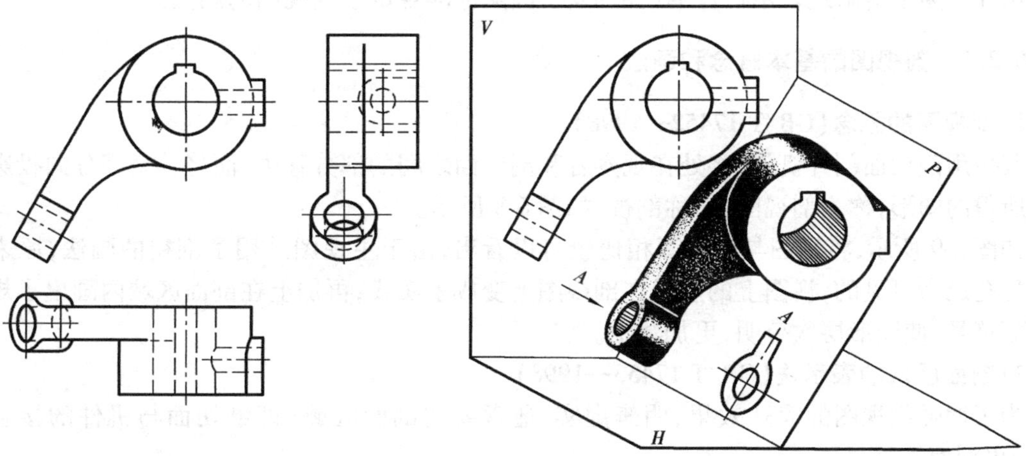

(a)　　　　　　　　(b)

图6-6　斜视图的获得

斜视图一般只画出倾斜部分的局部形状,其断裂边界用波浪线表示,并通常按向视图的配置形式配置并标注,如图6-7(a)中的"A"图。必要时,允许将斜视图旋转配置。此时,表示该视图名称的大写拉丁字母,要靠近旋转符号的箭头端;也允许将旋转角度标注在字母之后,如图6-7(b)中的"⌒A60°"。旋转符号的箭头指向,应与实际旋转方向一致。旋转符号是一个半圆，其半径应等于字体高度 h。

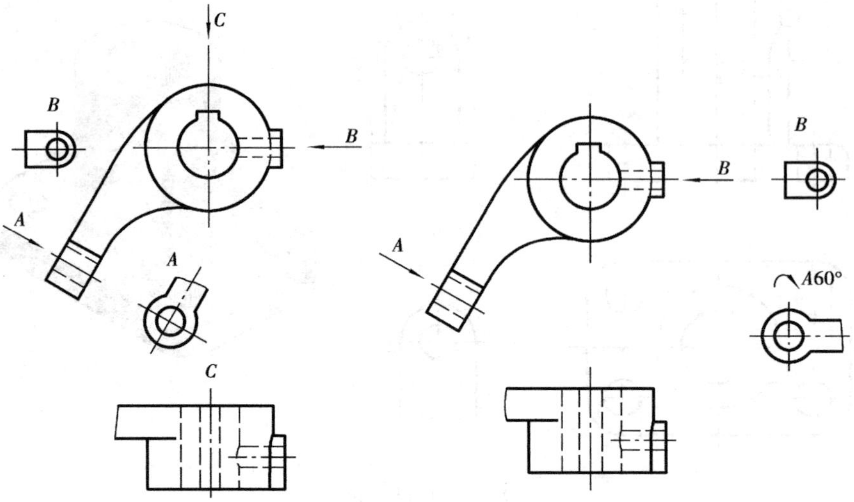

(a)　　　　(b)

图 6-7　局部视图与斜视图的配置

6.2 剖视图

当机件的内部结构比较复杂时，视图中就会出现较多的虚线，既影响图形清晰，又不利于标注尺寸。为了清晰地表示机件的内部形状，国家标准规定了剖视图的画法。

6.2.1 剖视图的基本概念和画法

1) 剖视图的概念(GB/T 17452—1998)

假想用剖切面剖开机件，将处在观察者和剖切面之间的部分移去，而将其余部分向投影面投射所得的图形，称为剖视图，简称剖视，如图 6-8 所示。

如图 6-9 所示，将视图与剖视图相比较可以看出，由于主视图采用了剖视的画法，原来不可见的孔成为可见的，视图上的虚线在剖视图上变成了实线，再加上在剖面区域内画出了规定的剖面符号，使图形层次分明，更加清晰。

2) 剖面区域的表示法(GB/T 17453—1998)

为了增强剖视图的表达效果，明辨虚实，通常要在剖面区域（即剖切面与机件的接触部分）画出剖面符号。

(1) 当不需在剖面区域中表示机件的材料类别时，应根据国家标准的规定：剖面符号用通用的剖面线表示；同一机件的各个剖面区域，其剖面线的方向及间隔应一致。

通用剖面线是与图形的主要轮廓线（图 6-10(a)）或剖面区域的对称线（图 6-10(b)）成 45°角的细实线。用金属材料制造的机件，其剖面符号与通用的剖面线一致，如图 6-8 所示。但在如图 6-11 所示的主视图中，由于机件倾斜部分的轮廓与底面成 45°，而不宜将剖面线画成与主要轮廓成 45°时，可将该图形的剖面线画成与底面成 30°或 60°的平行线，但其倾斜方向仍

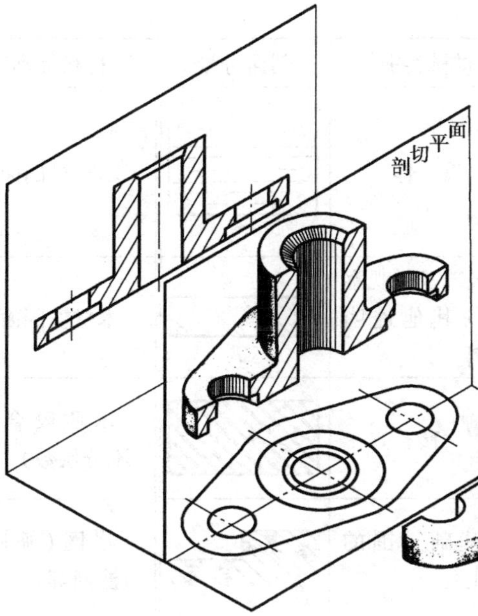

图 6-8　剖视的概念

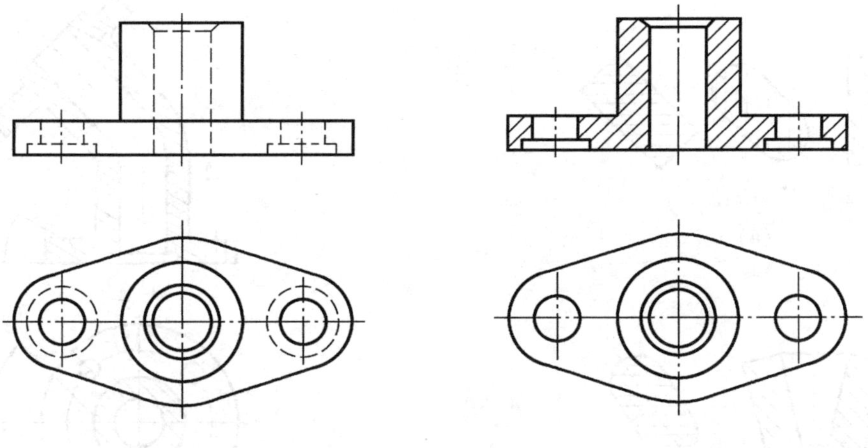

(a) 视图　　(b) 剖视图

图 6-9　视图与剖视图的比较

应与其他图形的剖面线一致。

(2) 当需要在剖面区域中表示机件的材料类别时,应根据国家标准《机械制图　剖面符号》(GB/T 4457.5—1984)中的规定绘制,详见表 6-1。

表 6-1　剖面符号(摘自 GB/T 4457.5—1984)

材料类别	剖面符号	材料类别	剖面符号	材料类别	剖面符号
金属材料(已有规定剖面符号者除外)	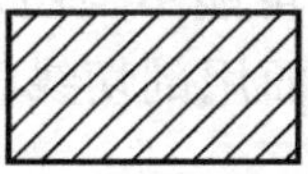	非金属材料(已有规定的剖面符号者除外)	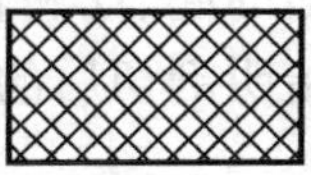	线圈绕组元件	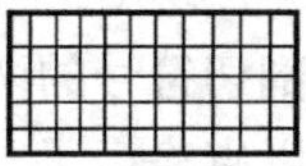

续表

材料类别	剖面符号	材料类别	剖面符号	材料类别	剖面符号
型砂、填砂、粉末冶金、砂轮、陶瓷刀片、硬质合金刀片等	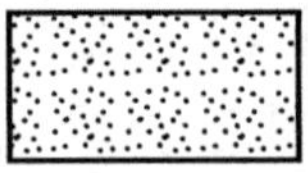	液　体	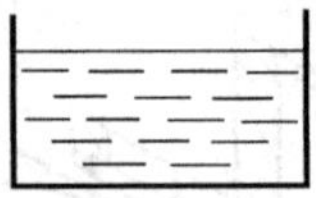	木材纵剖面	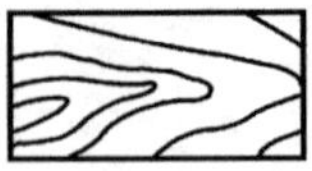
转子、电枢、变压器和电抗器等叠钢片	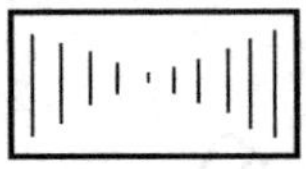	玻璃及供观察用的其他透明材料	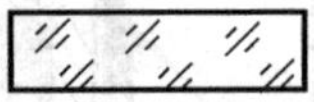	木材横剖面	
混凝土	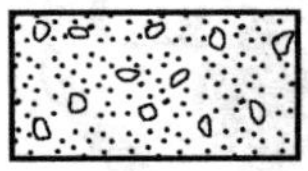	砖	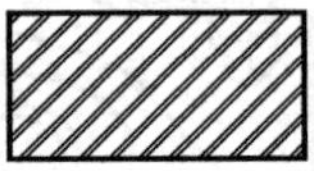	木质胶合板（不分层数）	
钢筋混凝土	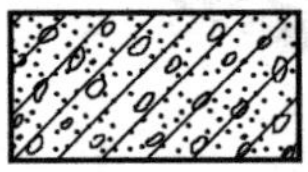	基础周围的泥土		格网（筛网、过滤网等）	

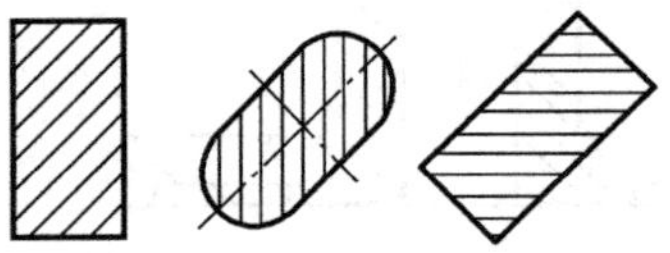
(a)

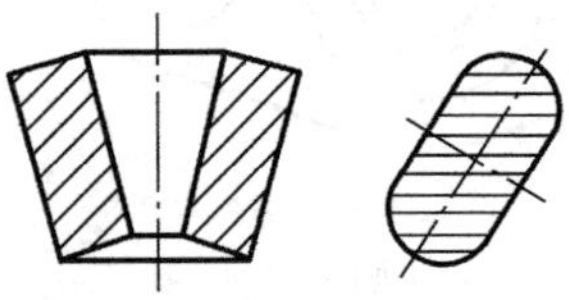
(b)

图 6-10　通用剖面线的画法

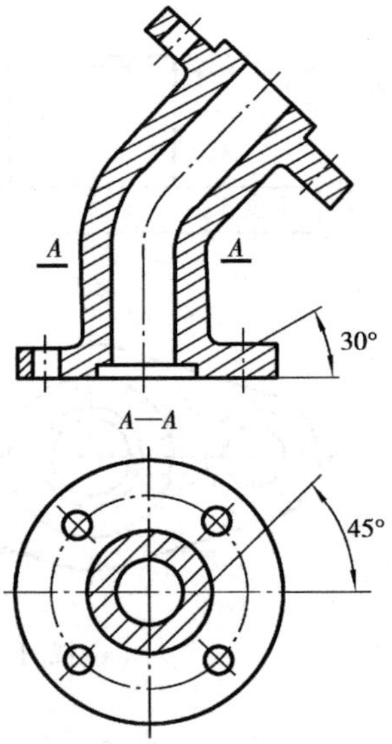

图 6-11　30°或 60°剖面线的画法

3）剖视图的标注

为了便于看图，在画剖视图时，应将剖切面位置、剖切后的投射方向和剖视图名称标注在相应的视图上。标注的内容有以下三项：

（1）剖切符号　表示剖切面的位置。在相应的视图上，用剖切符号（粗短画线，线宽 1 ~ 1. 5 d，线长 5 ~ 8 mm）表示剖切面的起、讫和转折处位置，并尽可能不与图形的轮廓线相交。在剖切符号的两端外侧，用箭头指明剖切后的投射方向。剖切面用剖切线（细点画线）表示，可以省略。

（2）剖视图名称　在剖视图的上方用大写拉丁字母标注剖视图的名称“ ×—× ”，并在剖切符号的两侧注上同样的字母。

在下列情况下,可省略或简化标注:

①当单一剖切平面通过机件的对称面或基本对称面,且剖视图按投影关系配置,中间又没有其他图形隔开时,可以省略标注,如图 6-9(b)所示。

②当剖视图按投影关系配置,中间又没有其他图形隔开时,可以省略箭头,如图 6-11 所示。

4)画剖视图应注意的问题

(1)因为剖视图是机件被剖切后剩余部分的完整投影,所以,凡是剖切面后面的可见轮廓线应全部画出,不得遗漏,如表 6-2 所示。

表 6-2　剖视图中漏画线的示例

轴测剖视图	正确画法	漏线示例
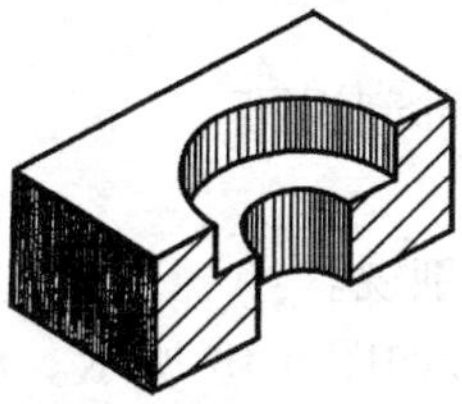	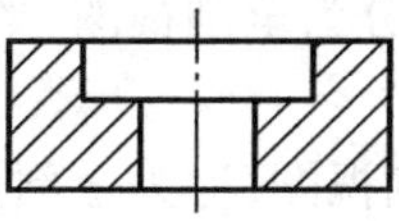	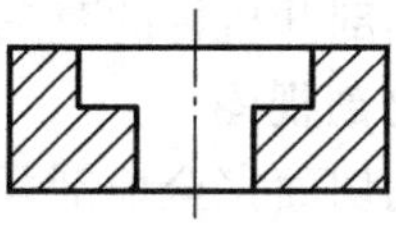
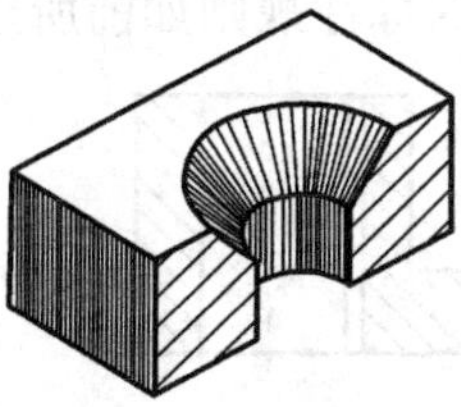	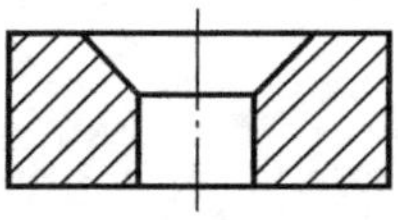	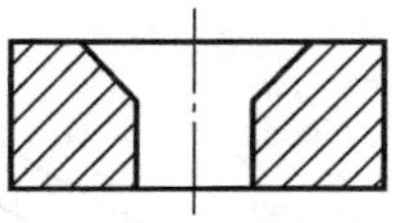
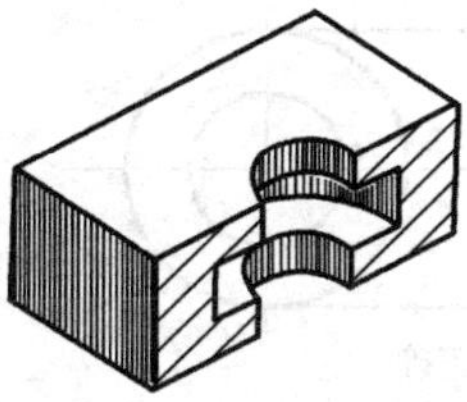	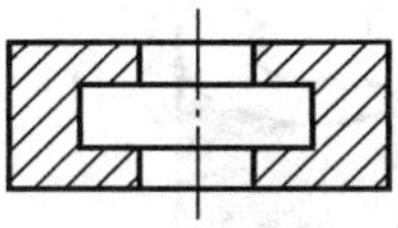	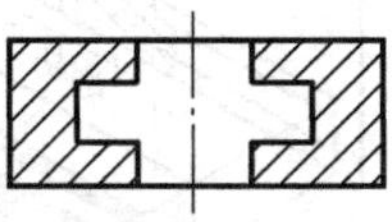

(2)剖切平面一般应通过机件的对称面、基本对称面或内部孔、槽的轴线,并与投影面平行。如图 6-8 中的剖切面通过机件的前后对称面且平行于正面。

(3)在剖视图中,表示机件不可见部分的虚线,如在其他视图中已表达清楚,可以省略不画。

如图 6-11 所示,主视图中上下突缘的后部,在剖视图中是不可见的,该结构在俯视图中已表达清晰,主视图中的虚线予以省略;俯视图中省略了下突缘内一个孔的虚线。

只有对尚未表达清楚的结构形状,才用虚线画出,如图 6-12 中的主视图。

(4)由于剖视图是一种假想画法,并不是真的将机件切去一部分,因此当机件的一个视图画成剖视图后,其他视图应该完整地画出。如图 6-13 中的俯视图,仍应画成完整的。

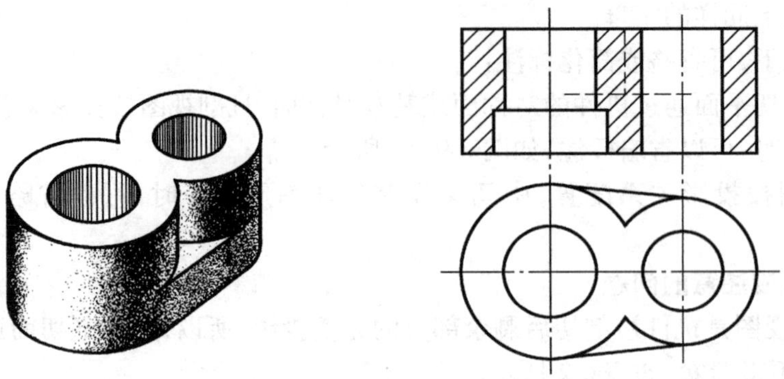

图 6-12　剖视图中必要的虚线

6.2.2　剖视图的种类

根据剖开机件的范围,可将剖视图分为全剖视图、半剖视图和局部剖视图。

1)全剖视图

用剖切面完全地剖开机件所得的剖视图,称为全剖视图,简称全剖视。

全剖视图主要用于表达外形简单、内形复杂而又不对称的机件,如图 6-13 所示。对于外形简单的对称机件也可采用全剖视图,如图 6-9(b)所示。全剖视图的标注规则如前所述。

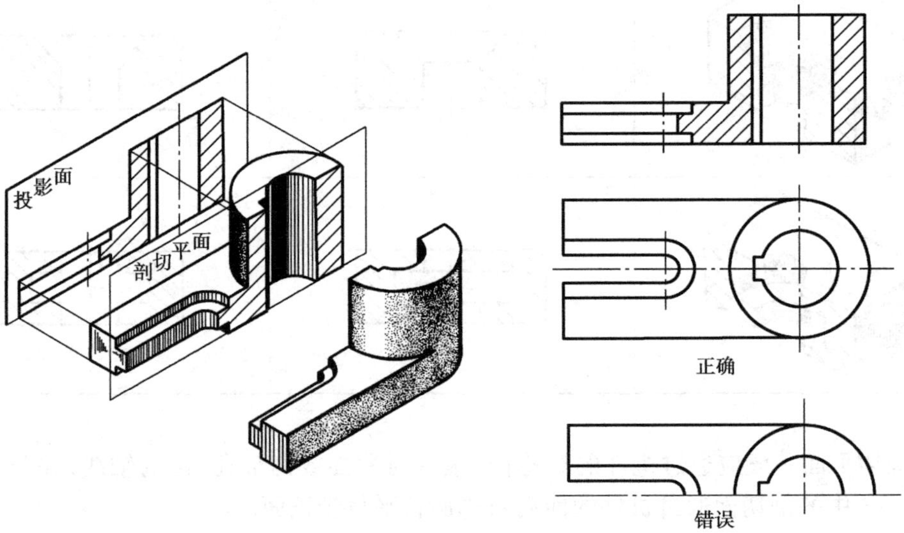

图 6-13　全剖视图

2)半剖视图

当机件具有垂直于投影面的对称平面时,在该投影面上投射所得的图形,可以对称线为界,一半画成剖视图,另一半画成视图,这种组合的图形称为半剖视图,简称半剖视,如图 6-14 所示。

半剖视图主要用于内、外形状都需要表示的对称机件。

画半剖视图应注意以下几点:

(1)视图部分和剖视部分必须以细点画线为界。在半剖视图中,剖视部分的位置通常可按以下原则配置：主视图中，位于对称线的右侧；俯视图中，位于对称线的下方；左视图中，位于对称线的右侧。

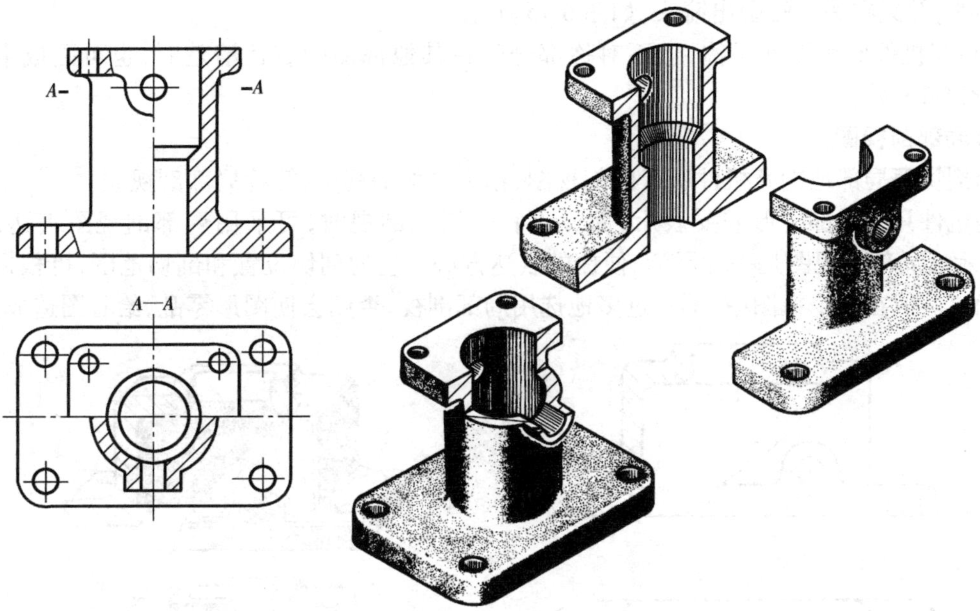

图 6-14　半剖视图

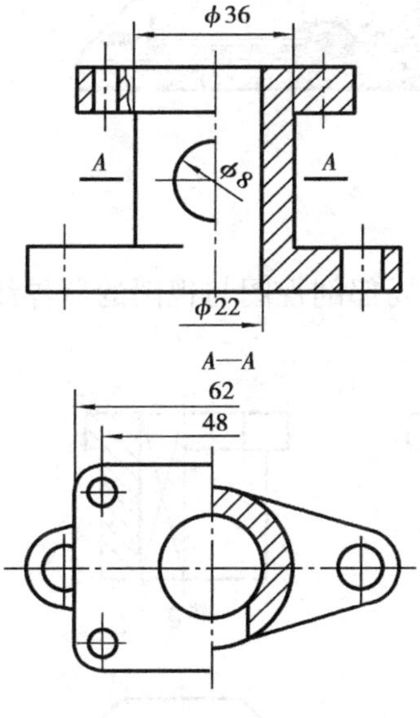

图 6-15　半剖视图的标注

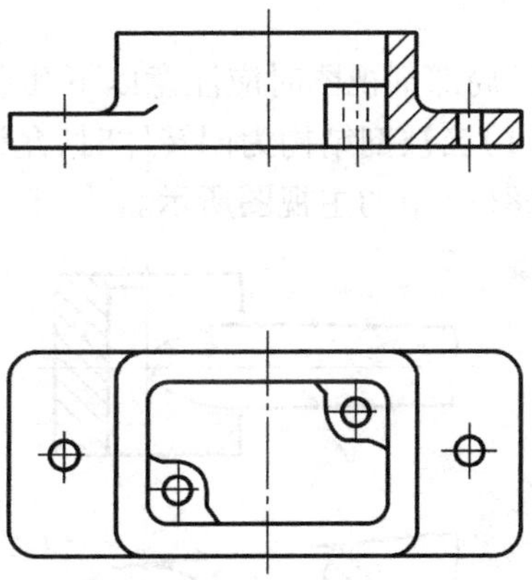

图 6-16　基本对称机件的半剖视图

(2) 由于机件的内部形状已在半个剖视图中表示清楚，所以在半个视图中的虚线省略，但对孔、槽等需用细点画线表示其中心位置。

(3) 对于那些在半剖视图中不易表达的部分，如图 6-14、图 6-15 中安装板上的孔，可在视图中以局部剖视的方式表达。

(4) 半剖视图的标注方法与全剖视图相同。应注意的是剖切符号仍应画在图形轮廓线以外,如图 6-14 主视图中的“A—A”。

(5)在半剖视图中标注对称结构的尺寸时,由于结构形状未能完整显示,则尺寸线应略超过对称线,并只在另一端画出箭头,如图 6-15 所示。

(6)当机件形状接近对称,且不对称部分已在其他视图中表达清楚时,也可画成半剖视图,如图 6-16 所示。

3)局部剖视图

用剖切面局部地剖开机件所得的剖视图,称为局部剖视图,简称局部剖视。

当机件只有局部内形需要表示,而又不宜采用全剖视时,可采用局部剖视图表达,如图 6-17所示。局部剖视图是一种灵活、便捷的表达方法。它的剖切位置和剖切范围,可根据实际需要确定。但在一个视图中,不宜过多地选用局部剖视,否则会使图形零乱,给看图造成困难。

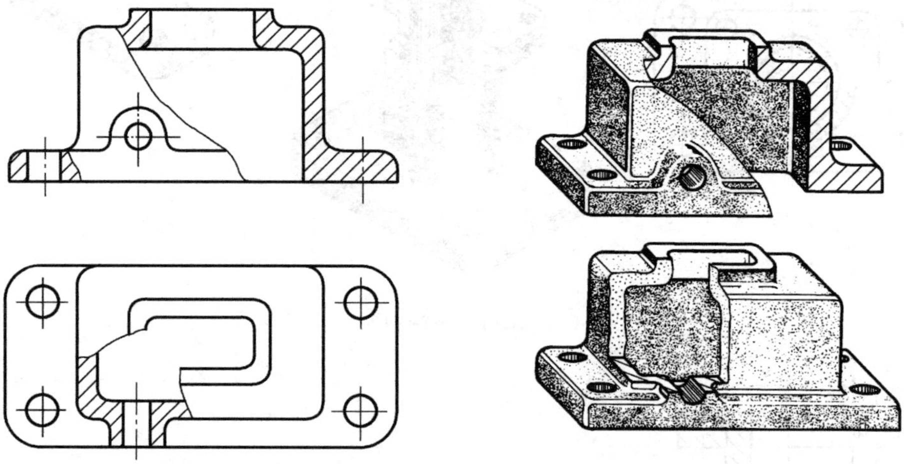

图 6-17　局部剖视图

画局部剖视图时应注意以下几点:

(1)当被剖结构为回转体时,允许将该结构的中心线作为局部剖视图与视图的分界线,如图 6-18(a)中的主视图所示。

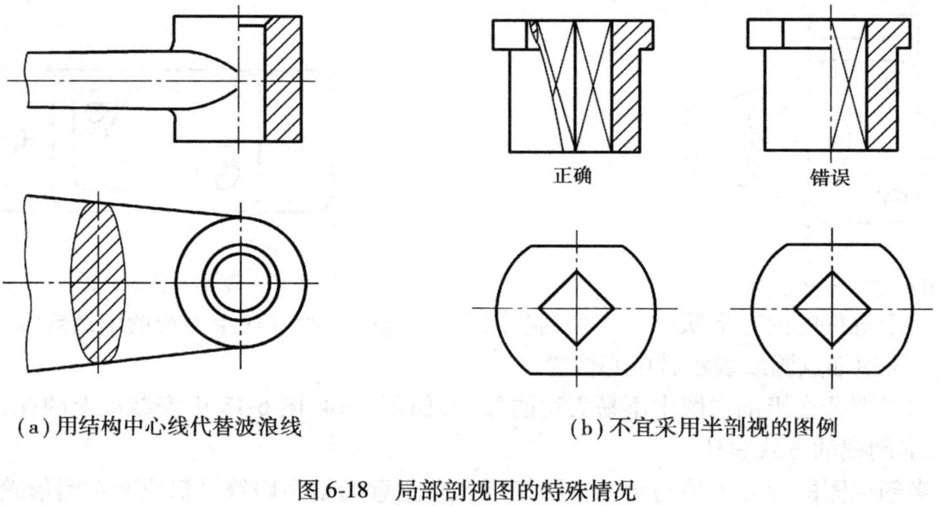

(a)用结构中心线代替波浪线　　(b)不宜采用半剖视的图例

图 6-18　局部剖视图的特殊情况

(2)当对称机件的内部(或外部)轮廓线与对称线重合而不宜采用半剖视时,可采用局部剖视,如图 6-18(b)所示。

(3)局部剖视图的视图部分和剖视部分以波浪线分界。波浪线要画在机件的实体部分,不应超出视图的轮廓线,也不能与其他图线重合,如图 6-19 所示。

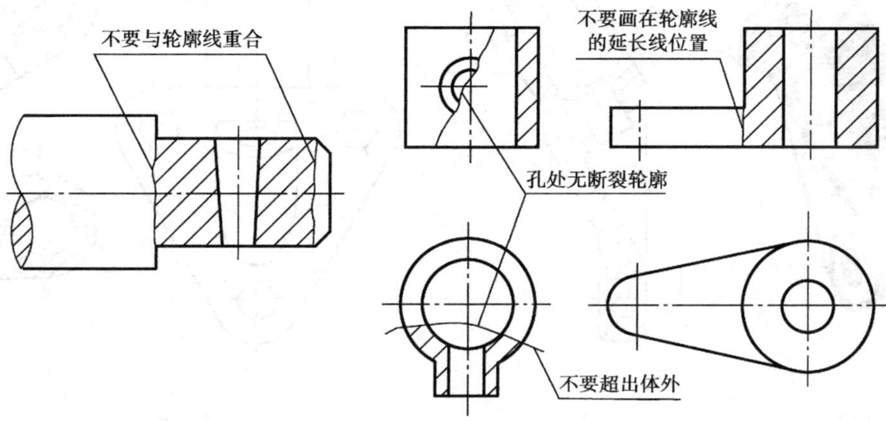

图 6-19　波浪线的错误画法

对于剖切位置明显的局部剖视图,一般不予标注,如图 6-17、图 6-18 所示。必要时,可按全剖视图的标注方法标注。

6.2.3　剖切面的种类

国家标准规定,剖切面可以是平面或曲面。绘图时,根据机件的结构特点,从下列三种剖切面中选用:单一剖切面;几个平行的剖切平面;几个相交的剖切面(交线垂直于某一投影面)。不论采用哪种剖切面,都可以得到全剖视图、半剖视图和局部剖视图。绘图时,应根据机件的结构特点,恰当地选用剖切面。

1)单一剖切面

单一剖切平面通常指平面或柱面。前面介绍的全剖视图、半剖视图和局部剖视图都是用单一剖切平面剖切得到的,是最常用的剖切形式。

图 6-20 中的“*A*—*A* ”剖视图,是用单一斜剖切面完全地剖开机件得到的全剖视图,主要用于表达机件上倾斜部分的结构形状。

用单一斜剖切面剖切时,必须对剖视图进行标注。剖视图一般按投影关系配置,如图 6-20 中的“*A*—*A*”,将剖视图平移到适当位置。必要时允许将图形旋转配置,但必须标注旋转符号,如图 6-20(*c*)中的“*A*—*A* ↶”。

2)几个平行的剖切平面

当机件上有若干不在同一平面上而又需要表达的内部结构时,可采用几个平行的剖切平面剖开机件。几个平行的剖切平面可能是两个或两个以上,各剖切平面的转折必须是直角。

用几个平行平面剖切,可以得到全剖视图、半剖视图和局部剖视图。

如图 6-21 所示,机件上的 3 个孔不在前后对称面上,用一个剖切平面不能同时剖到。这时,可用两个相互平行的剖切平面分别通过左侧的阶梯孔和前后对称面,再将两个剖切平面后面的部分同时向基本投影面投射,即得到用两个平行平面剖切的全剖视图。

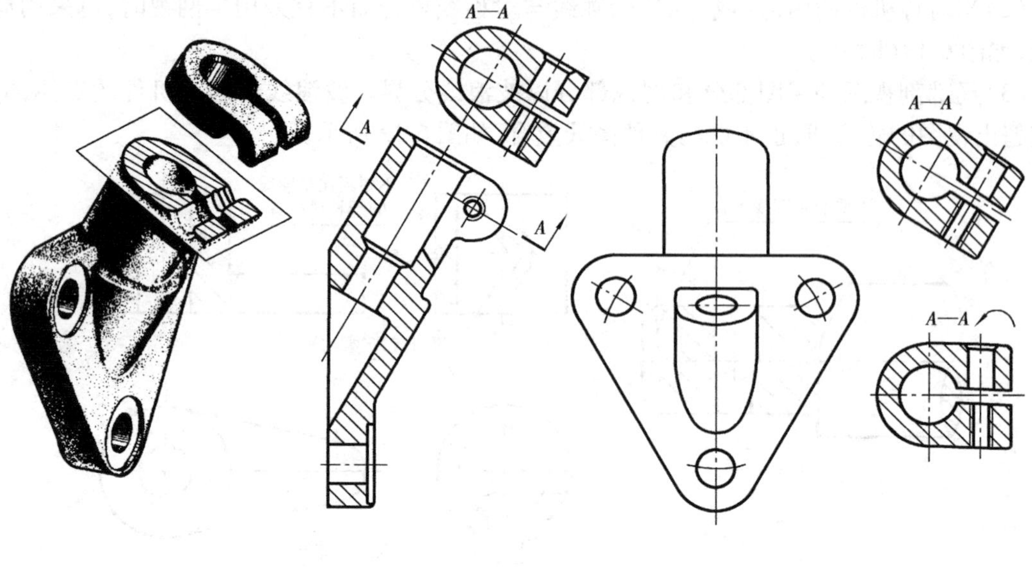

(a)　　(b)　　(c)

图 6-20　单一剖切面剖切的全剖视图

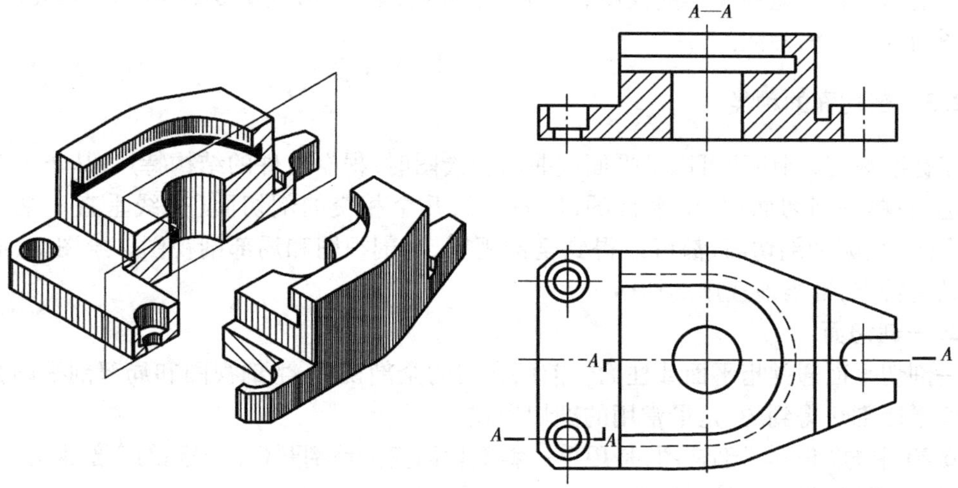

图 6-21　两个平行的剖切平面获得的全剖视图

图 6-22 是采用两个平行的剖切平面获得的半剖视图示例，图 6-23 是采用两个平行的剖切平面获得的局部剖视图示例。

用几个平行的剖切平面剖切时，应注意以下几点：

(1)在剖视图的上方，用大写拉丁字母标注图名“ ×—× ”，在剖切平面的起讫和转折处画出剖切符号，并注上相同的字母。

若剖视图按投影关系配置，中间又没有其他图形隔开时，允许省略箭头，如图 6-21 所示。当剖切平面转折处地方有限且不致引起误解时，允许省略字母。

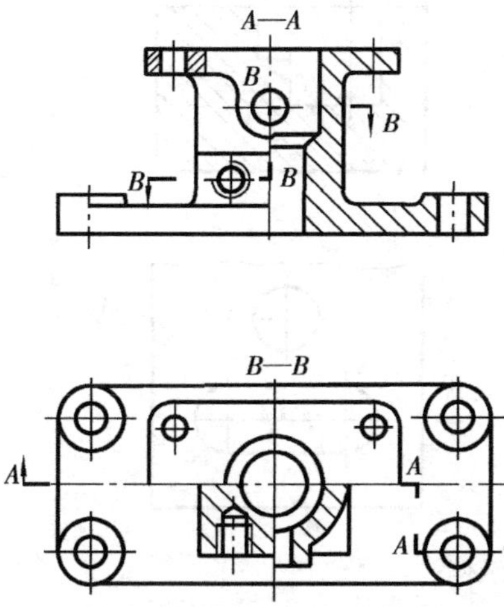

图 6-22　两个平行的剖切平面获得的半剖视图

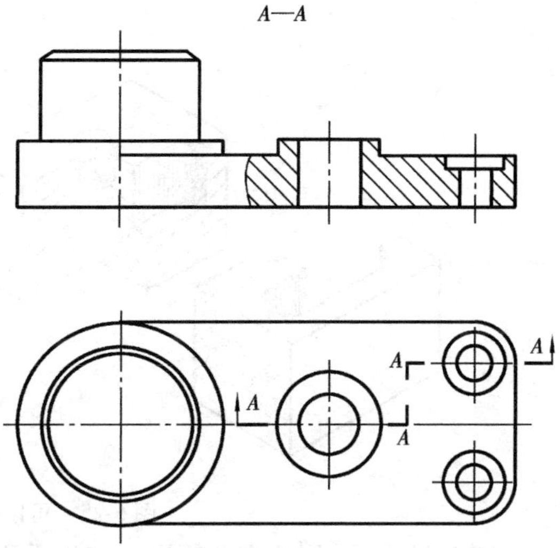

图 6-23　两个平行的剖切平面获得的局部剖视图

(2)在剖视图中一般不应出现不完整的结构要素,如图 6-24(a)所示。

(3)剖视图中不应画出剖切平面转折处的界线,且剖切平面的转折处也不应与图中的轮廓线重合,如图 6-24(b)所示。

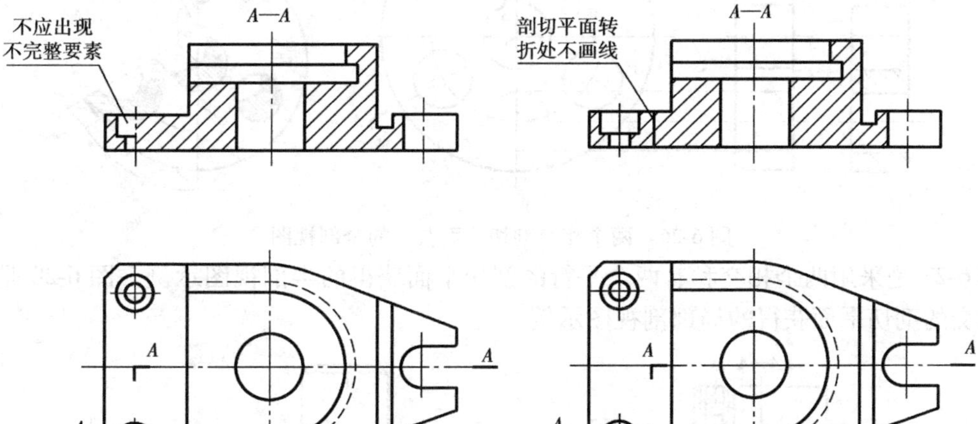

(a)　　(b)

图 6-24　用几个平行平面剖切时的错误画法

(4)只有当两个要素在图形上具有公共对称线或轴线时,才可以各画一半,并以对称线或轴线为分界线,如图 6-25 所示。

3)几个相交的剖切面

当机件上的孔(槽)等结构不在同一平面上、但却沿机件的某一回转轴线分布时,可采用几个相交于回转轴线的剖切面剖开机件,将剖切面剖开的结构及有关部分旋转到与选定的投影面平行后,再进行投射。几个相交剖切面的交线,必须垂直于某一基本投影面。

用几个相交的剖切面剖切,可以得到全剖视图、半剖视图和局部剖视面。

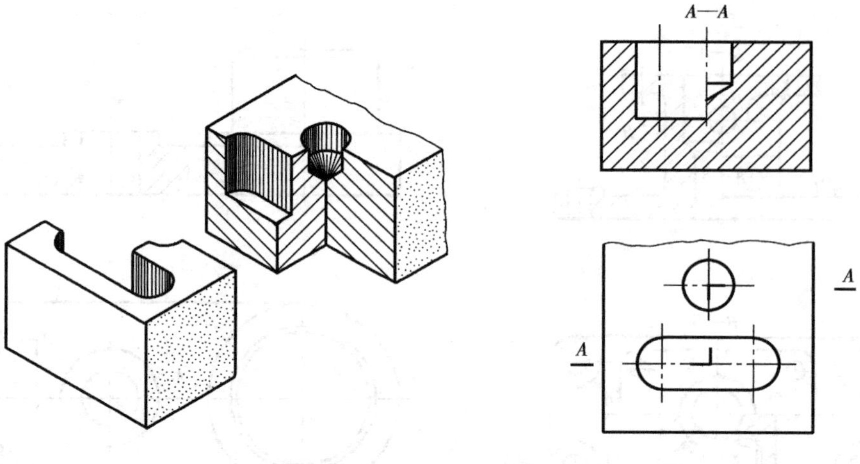

图 6-25　可以各画一半的示例

如图 6-26 所示,用相交的侧平面和正垂面将机件剖切,并将倾斜部分绕轴线旋转到与侧平面平行后再向侧面投射,即得到用两个相交平面剖切的全剖视图。

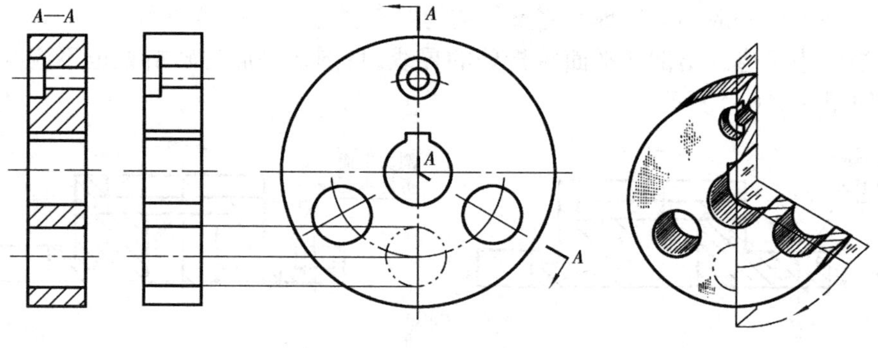

图 6-26　两个相交剖切平面获得的全剖视图

图 6-27 是采用两个相交和有两个平行的剖切平面获得的半剖视图示例。图 6-28 是采用两个相交的剖切平面获得的局部剖视图示例。

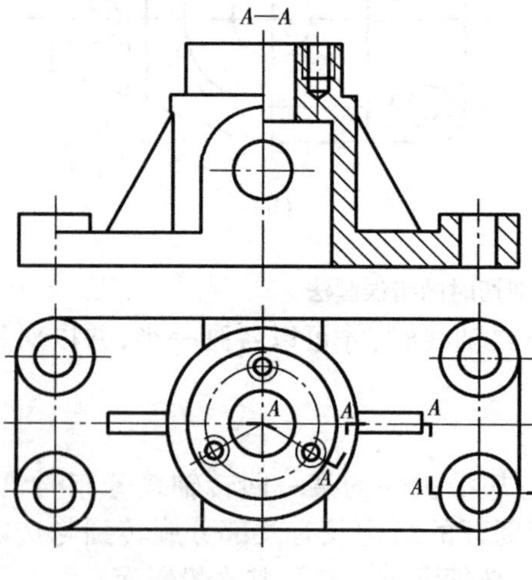

图 6-27　两个相交和两个平行剖切平面获得的半剖视图

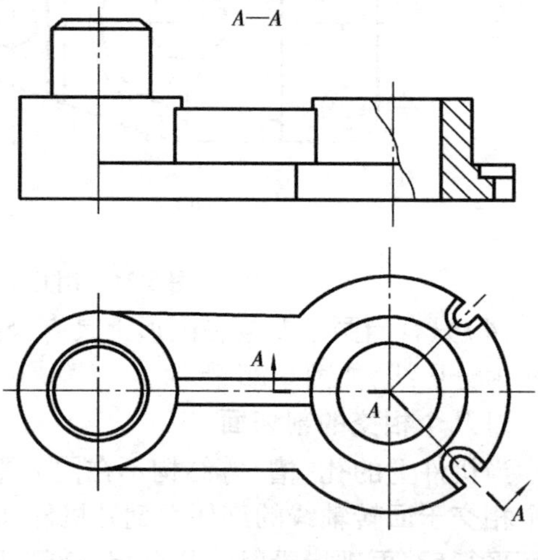

图 6-28　两个相交剖切平面获得的局部剖视图

用几个相交的剖切面剖切时,应注意以下几点:

(1)先切开,然后再旋转,而不是将要表达的结构先旋转,然后再切开。因此,采用几个相交剖面剖切时,往往图形的有些部分会伸长,如图6-29所示。

(2)剖切平面后的其他结构,一般仍按原来的位置进行投射,如图6-30所示。

(3)剖切平面的交线应与机件的回转轴线重合。

(4)必须对剖视图进行标注,其标注形式及内容与几个平行平面剖切的剖视图相同。

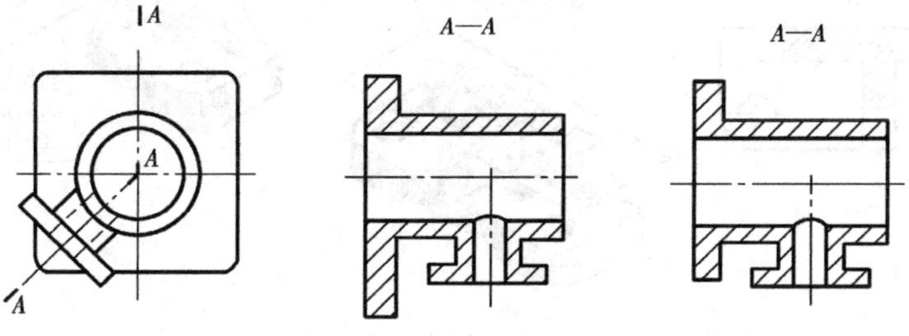

(a)剖切　　(b)正确画法

图6-29　先切开再旋转的画法

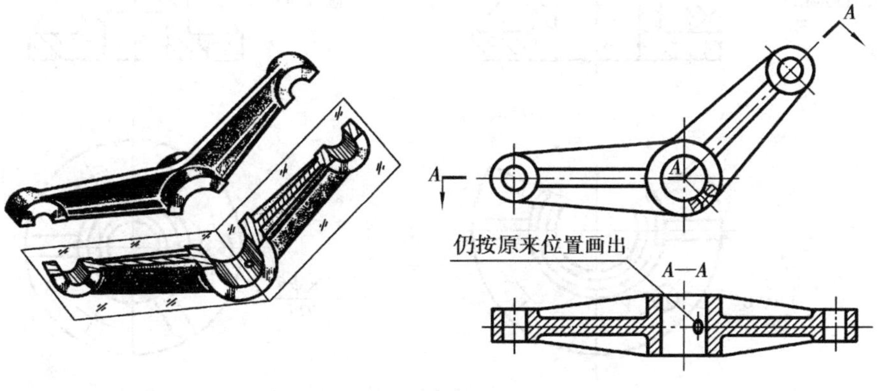

图6-30　剖切平面后的结构画法

6.2.4　剖视图中肋板和轮辐的画法

(1)画各种剖视图时,对于机件上的肋板、轮辐及薄壁等,若按纵向剖切,这些结构都不画剖面符号,而用粗实线将它们与邻接部分分开。

如图6-31中的左视图,当采用全剖视时,剖切平面通过中间肋板的纵向对称平面,在肋板的范围内不画剖符号,肋板与其他部分的分界处均用粗实线绘出。

图6-31中的"*A*—*A*"剖视图,因为剖切平面垂直于肋板和支承板(即横向剖切),所以仍要画出剖面符号。

(2)回转体机件上均匀分布的肋板、孔等结构不处于剖切面上时,可假想将这些结构旋转到剖切面上画出,如图6-32所示。

(3)当剖切平面通过辐条的基本轴线(即纵向)时,剖视图中辐条部分不画剖面符号,且不论辐条数量是奇数还是偶数,在剖视图中要画成对称的,如图6-33所示。

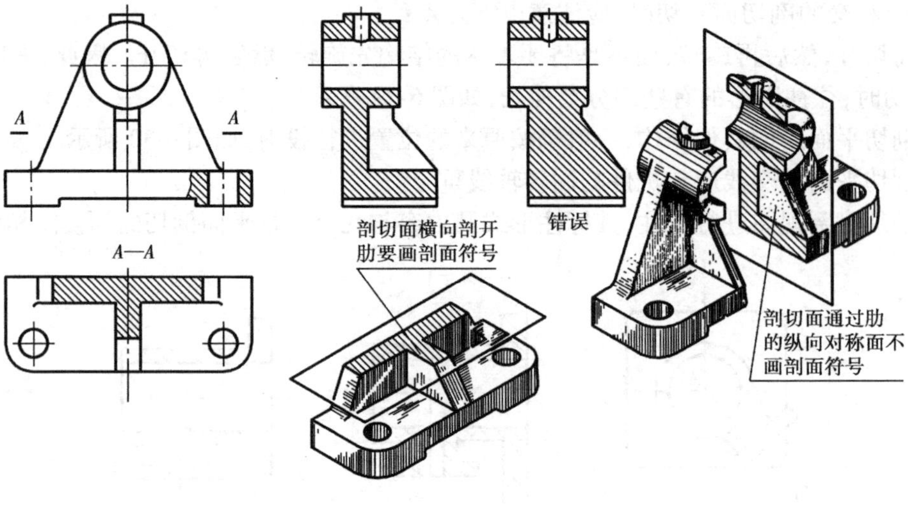

图 6-31　剖视图中肋板的画法

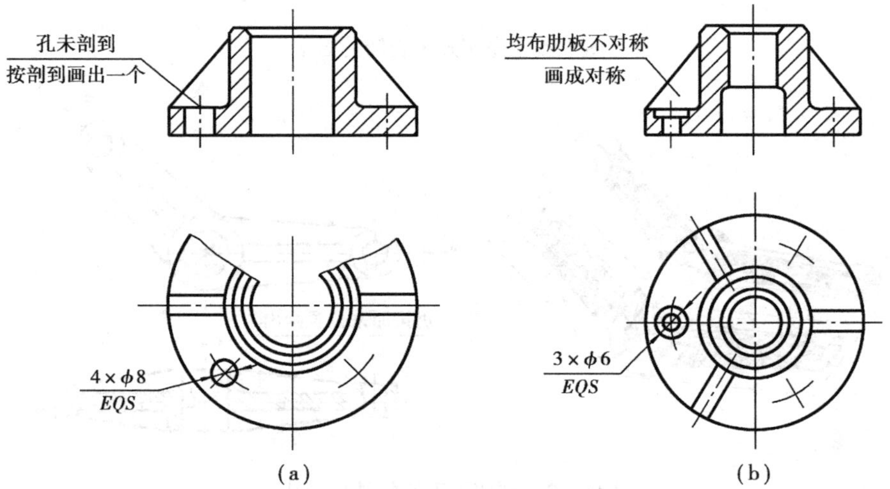

图 6-32　回转体机件上均布结构的画法

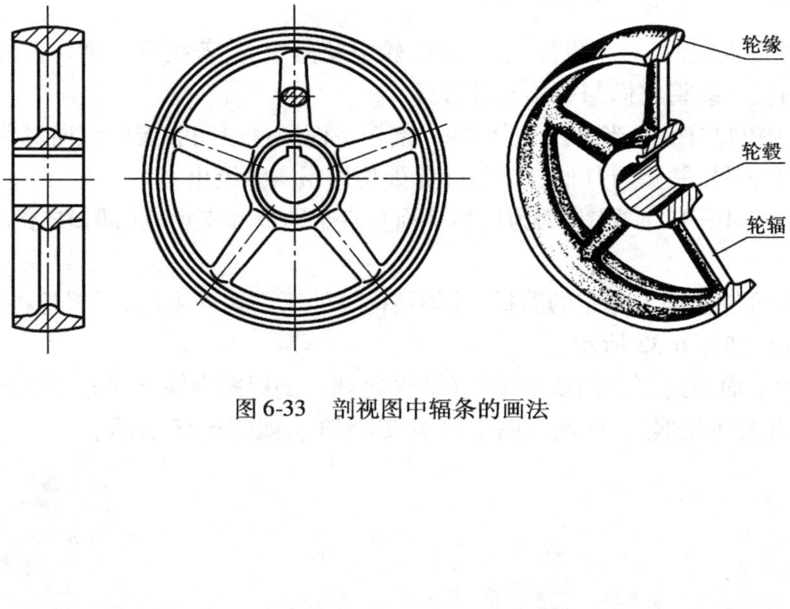

图 6-33　剖视图中辐条的画法

6.3　断面图

剖切平面将机件的某处切断，仅画出该剖切面与机件接触部分的图形，称为断面图，简称断面，如图 6-34 所示。

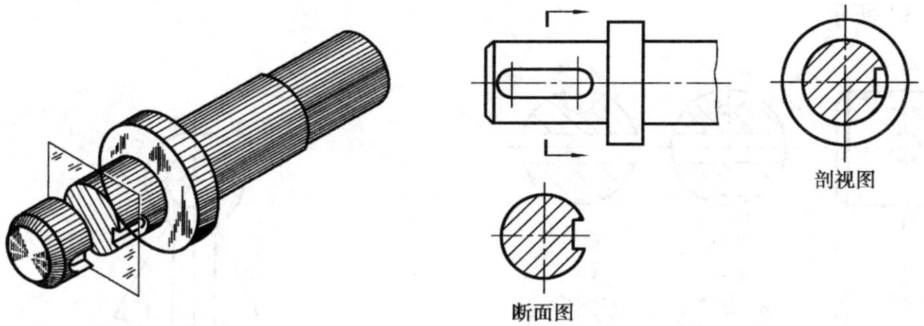

(a)　　(b)

图 6-34　断面图的概念

断面图，实际上就是使剖切平面垂直于结构要素的中心线(轴线或主要轮廓线)进行剖切，然后将断面图形旋转 90°，使其与纸面重合而得到的。断面图与剖视图的区别在于：断面图仅画出断面的形状，而剖视图除画出断面的形状外，还要画出剖切面后面机件的完整投影，如图 6-34(b)所示。

断面图主要用于表达机件某局部的断面形状，例如机件上的肋板、轮辐、键槽、小孔及各种型材的断面形状等。

根据断面图在图样中的不同位置，可分为移出断面和重合断面。

6.3.1　移出断面图

画在视图之外的断面图，称为移出断面图，简称移出断面。移出断面的轮廓线用粗实线绘制，如图 6-35 所示。

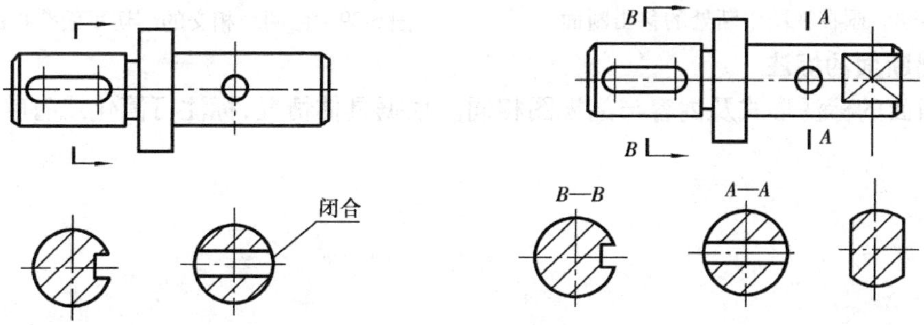

(a)　　(b)

图 6-35　移出断面的配置

1)画移出断面图的注意事项

(1)移出断面应尽量配置在剖切线的延长线上,如图 6-35(a)中圆孔和键槽处的断面;也可配置在其他适当位置,如图 5-35(b)中的"*A—A*","*B—B*"断面。

(2)当剖切平面通过回转面形成的孔或凹坑的轴线时,这些结构按剖视图绘制,如图 6-36 所示。

(3)当剖切平面通过非圆孔,会导致出现完全分离的两个断面时,则这些结构按剖视图绘制,如图 6-37 所示。

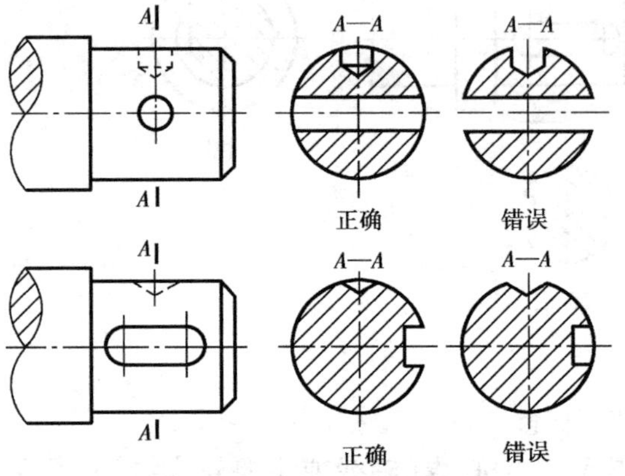

图 6-36 带有孔或凹坑的断面图

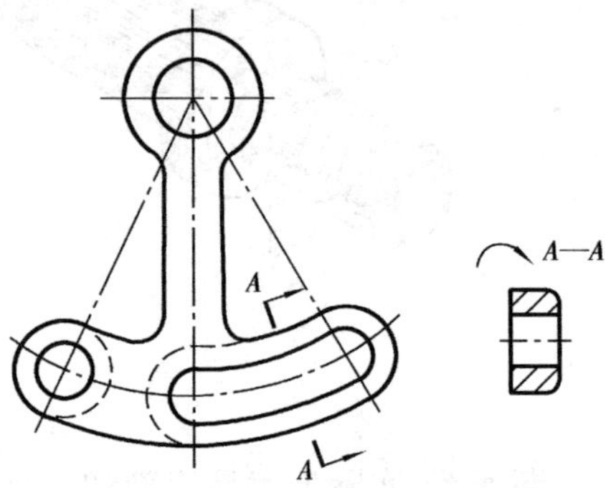

图 6-37 按剖视图绘制的移出断面

(4)断面图形对称时,可画在视图的中断处,如图 6-38 所示。当移出断面是由两个或多个相交的剖切平面形成时,断面的中间应断开,如图 6-39 所示。

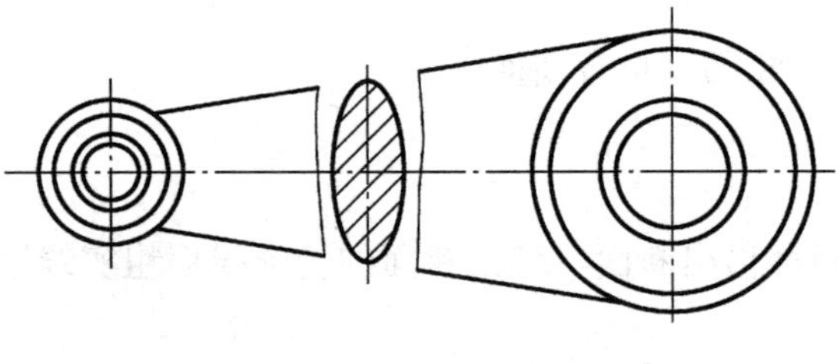

图 6-38 画在视图中断处的移出断面

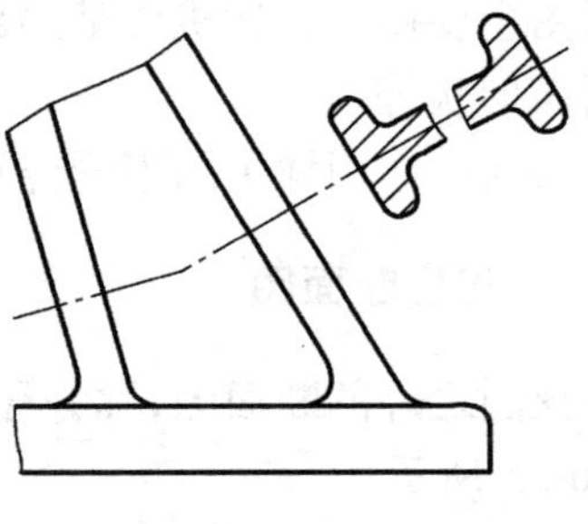

图 6-39 由两个相交的剖切平面获得的移出断面

2)移出断面的标注

移出断面的标注形式及内容与剖视图相同。根据具体情况,标注可简化或省略,见表6-3。

表 6-3　移出断面的标注

断面类型	剖切平面的位置		
	在剖切符号的延长线上	按投影关系配置	其他位置
对称的移出断面	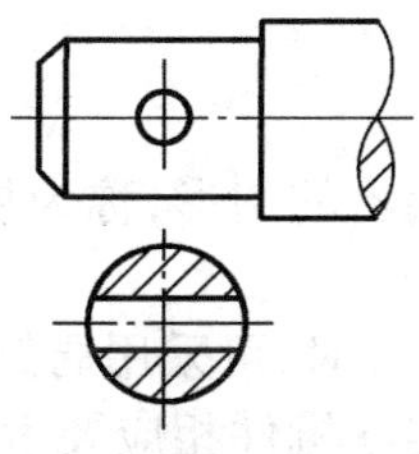 省略标注	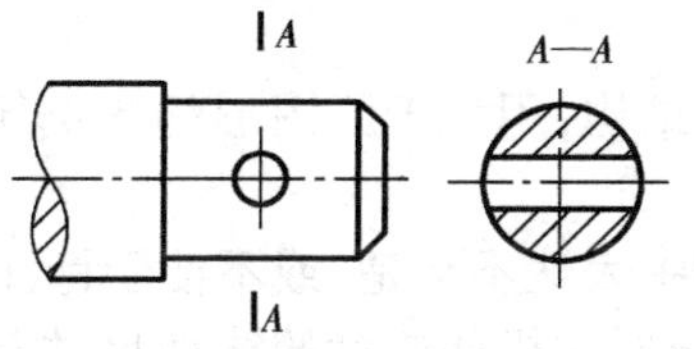 省略箭头	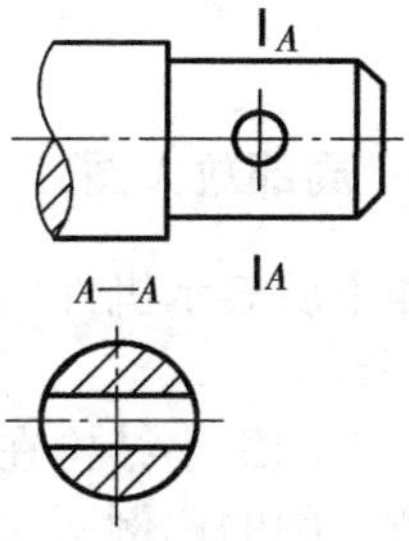 省略箭头
不对称的移出断面	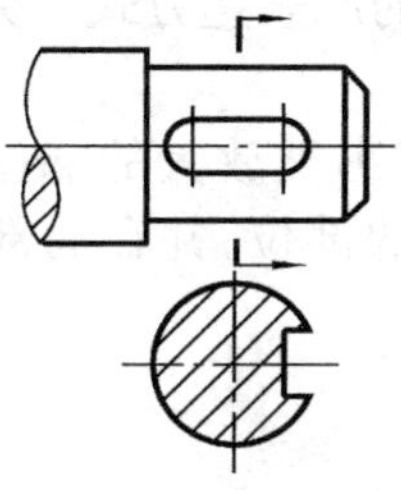 省略字母	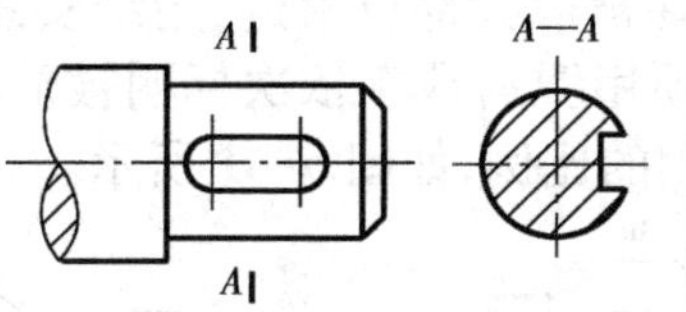 省略箭头	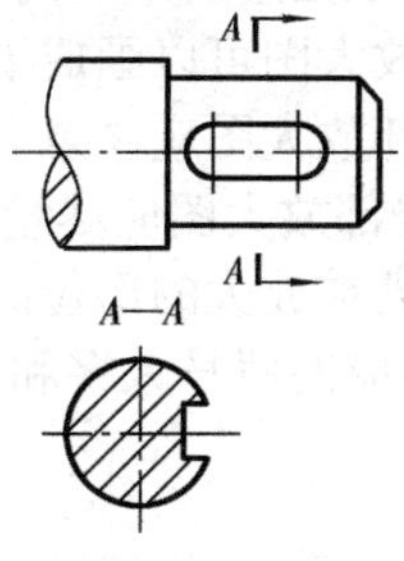 标注剖切符号、箭头、字母

6.3.2　重合断面图

画在视图之内的断面图，称为重合断面图，简称重合断面。重合断面的轮廓线用细实线绘制，如图 6-40 所示。

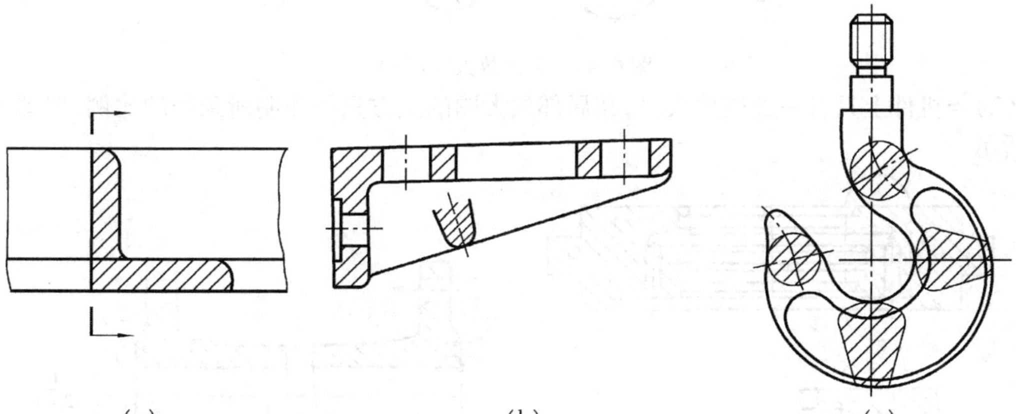

(a)　　(b)　　(c)

图 6-40　重合断面

画重合断面图应注意以下两点：

(1) 重合断面与视图中的轮廓线重叠时，视图的轮廓线应连续画出，不可间断，如图 6-40(a)、(c) 所示。

(2) 不对称的重合断面，标注剖切符号和箭头，如图 6-40(a) 所示；对称的重合断面省略标注。如图 6-40(b)、(c) 所示。

6.4 局部放大图和简化画法

6.4.1 局部放大图

将图样中所表示机件的部分结构，用大于原图形的比例所绘出的图形，称为局部放大图，如图 6-41 所示。

当机件上的细小结构在视图中表达不清楚，或不便于标注尺寸时，可采用局部放大图。

局部放大图的比例，是指该图形中机件要素的线性尺寸与实际机件相应要素的线性尺寸之比，而与原图形所采用的比例无关。

局部放大图可以画成视图、剖视图和断面图，与被放大部分的原表达方式无关。

画局部放大图应注意以下几点：

(1) 局部放大图应尽量配置在被放大部位附近，用细实线圈出被放大的部位。当同一机件上有几处被放大的部位时，必须用罗马数字依次标明被放大的部位，并在局部放大图的上方，标注相应的罗马数字和所采用的比例，如图 6-41 所示。

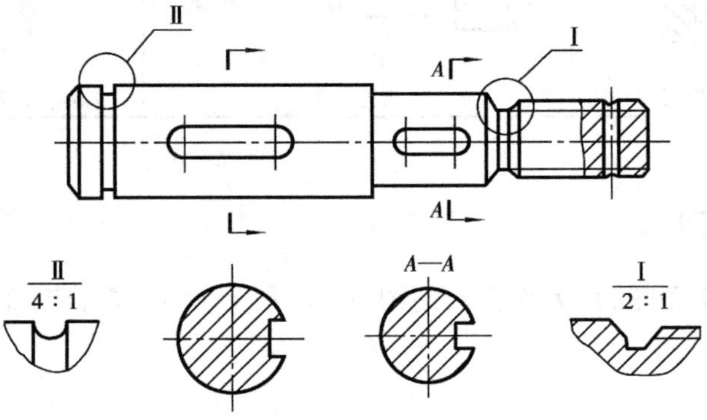

图 6-41 局部放大图(一)

(2) 当机件上只有一处被放大时，在局部放大图的上方只需注明所采用的比例，如图 6-42 (a)所示。

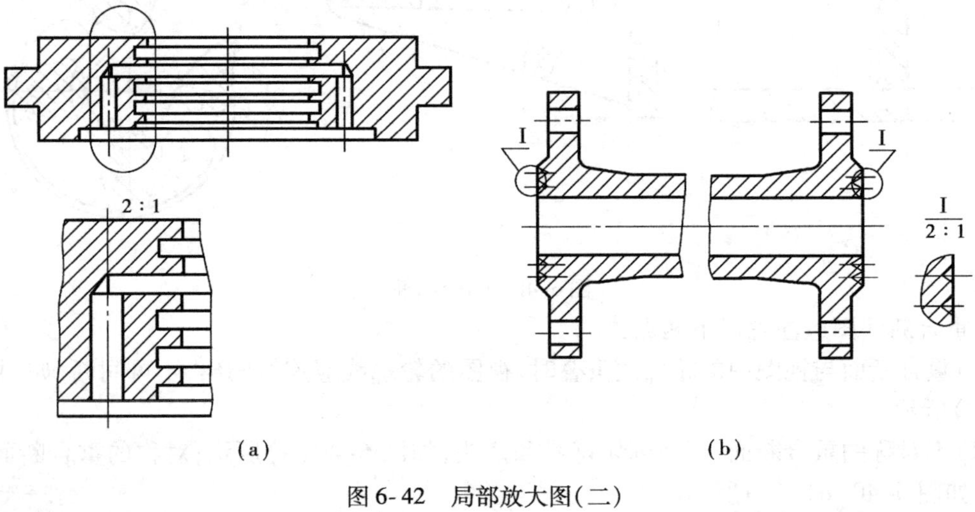

图 6-42 局部放大图(二)

(3)同一机件上不同部位的局部放大图,其图形相同或对称时,只需画出一个,如图 6-42 (b)所示。

6.4.2　简化画法

(1)当机件具有若干相同结构(如齿、槽等),只需画出几个完整的结构,其余用细实线连接,并注明该结构的总数,如图 6-43 所示。

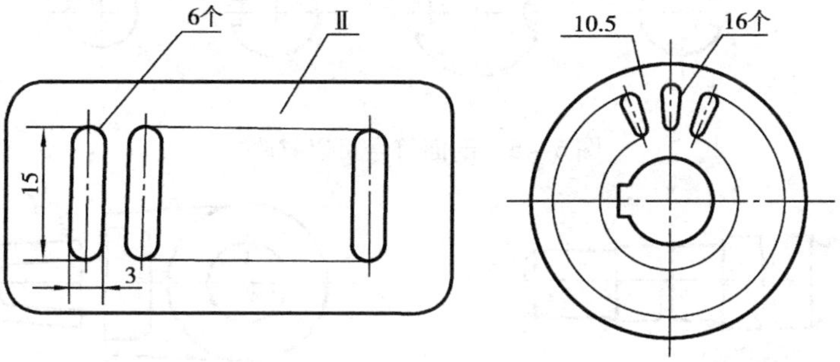

图 6-43　相同结构的简化画法

(2)若干直径相同且成规律分布的孔,可以仅画出一个或几个,其余用细点画线或“十”表示其中心位置,如图 6-44 所示。

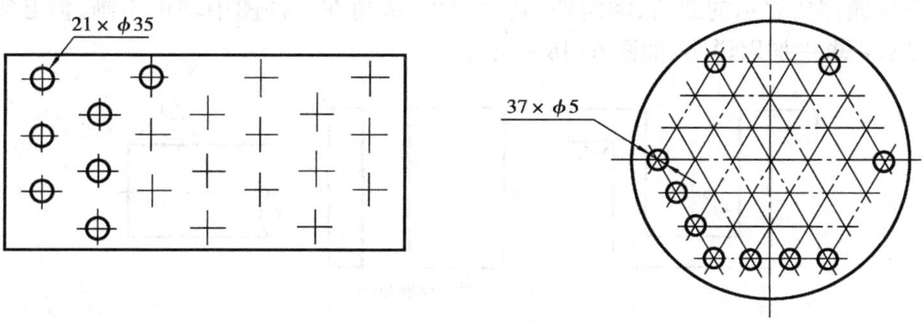

图 6-44　相同要素的简化画法

(3)当回转体机件上的平面在图形中不能充分表达时,可用平面符号(两条相交的细实线)表示这些平面,如图 6-45 所示。

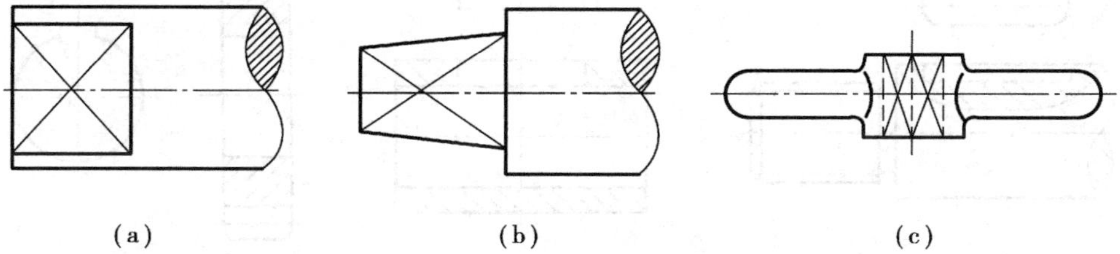

图 6-45　回转体上平面的简化画法

(4)在不致引起误解的情况下,可省略剖面符号(或涂色代替剖面符号),如图 6-46 所示。

(5)较长的机件(轴、型材、连杆等)沿长度方向形状一致,或按一定规律变化时,可断开后缩短绘制,如图 6-47 所示。

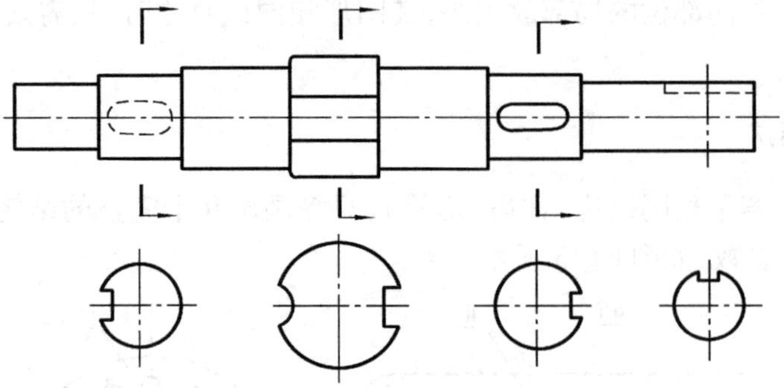

图 6-46　剖面符号可以省略

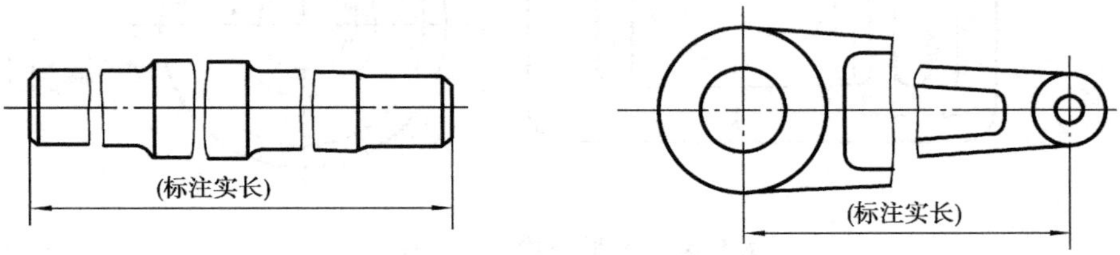

(a)　　(b)

图 6-47　较长机件的折断画法

(6)除确属需要表示的圆角、倒角外,其他圆角、倒角在零件图中均可不画,但必须注明尺寸,或在技术要求中加以说明,如图 6-48 所示。

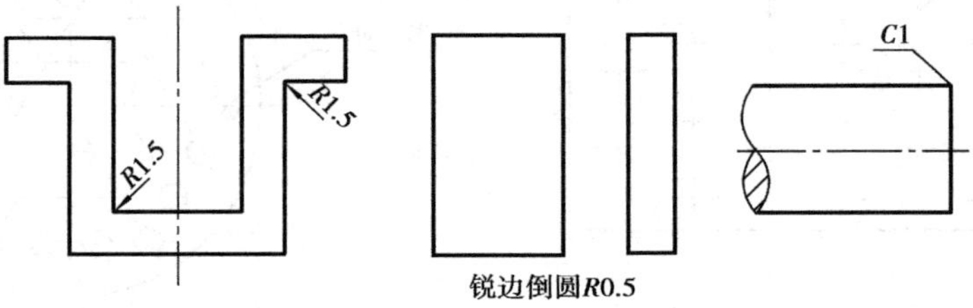

图 6-48　圆角、倒角有简化画法

(7)机件上对称结构的局部视图,可按图 6-49 所示的简化画法绘制。

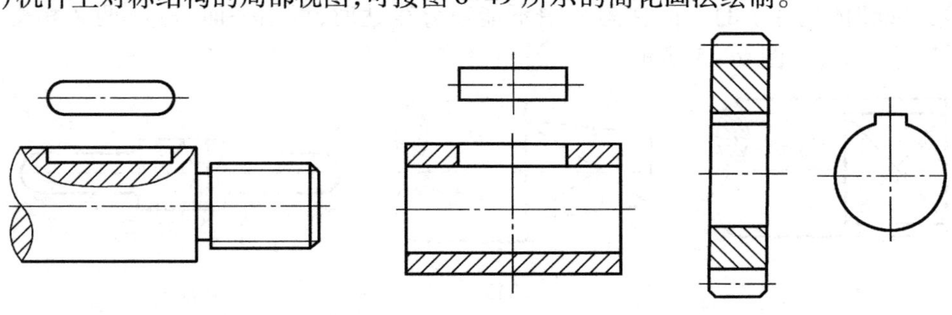

(a)　　(b)　　(c)

图 6-49　对称结构的局部视图的简化画法

(8)当机件上较小的结构及斜度已在一个图形中表达清楚时,在其他图形上应当简化或省略,如图 6-50 所示。

(9)圆柱形法兰和类似机件上均匀分布的孔,可按图 6-51 所示的方法表示(由机件外向该法兰端面投射)。

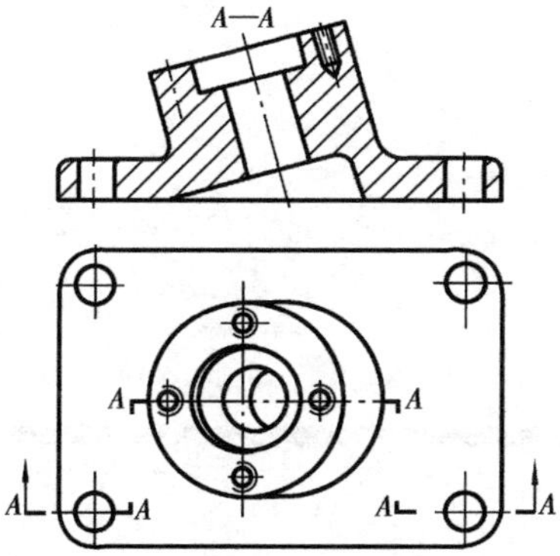

图 6-50　倾斜圆的简化画法

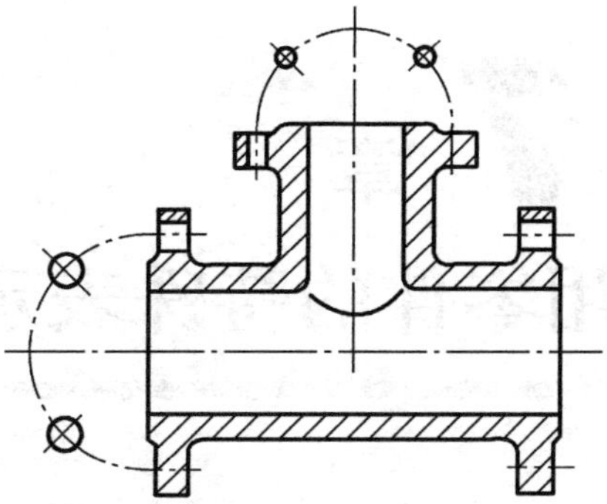

图 6-51　圆柱形法兰也孔的简化画法

(10)当需要表示剖切平面前的结构时,可按其假想投影的轮廓绘制,如图 6-52 所示。

(11)图形中的过渡线、相贯线,在不致引起误解时,可用圆弧或直线代替非圆曲线,如图 6-53(a)所示。也可采用模糊画法,如图 6-53(b)所示。

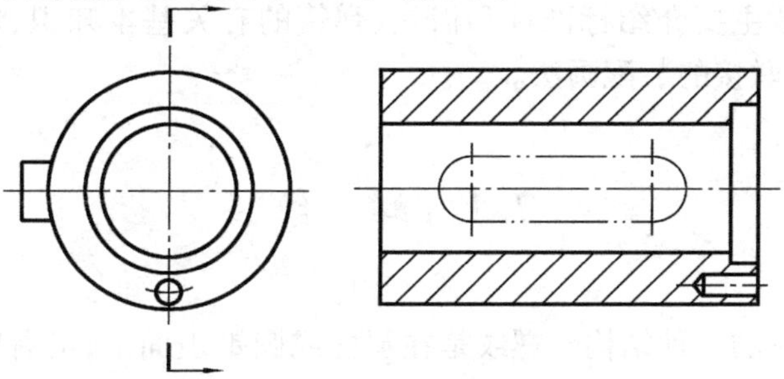

图 6-52　剖切平面前的结构表示法

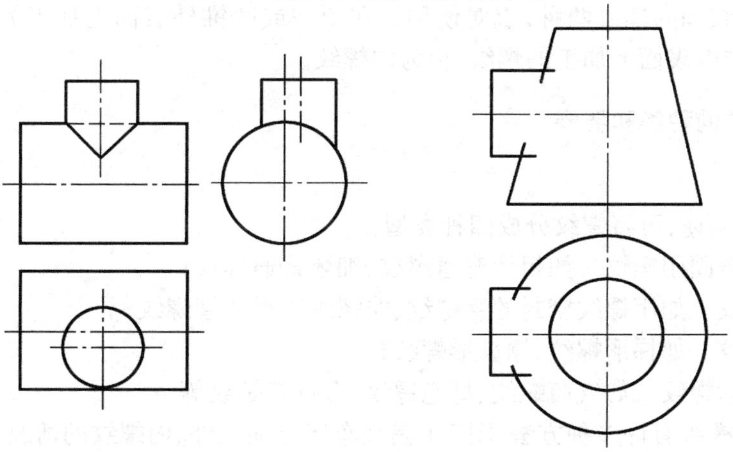

(a)　　(b)

图 6-53　相贯线的简化画法

第 7 章
常用零件的特殊表示方法

在机器设备中,除一般零件外,还广泛使用螺栓、螺母、螺钉、垫圈、键、销、滚动轴承等标准件。由于它们的结构和尺寸均已标准化,为了提高绘图效率,对标准件和齿轮、弹簧的结构与形状,可不必按其真实投影画出,而只要根据相应的国家标准所规定的画法、代号和标记,进行绘图和标注即可。本章主要介绍标准件和齿轮、弹簧的有关基本知识、规定画法、代号、标注法,以及几个零件相互联接的装配画法。

7.1 螺 纹

螺纹是零件上常见的一种结构。螺纹是在圆柱或圆锥表面上,沿着螺旋线所形成的具有相同剖面的连续凸起(凸起是指螺纹两侧面间的实体部分,又称牙)。

螺纹分外螺纹和内螺纹两种,成对使用。在圆柱或圆锥外表面上加工的螺纹,称为外螺纹;在圆柱或圆锥内表面上加工的螺纹,称为内螺纹。

7.1.1 螺纹的种类和要素

1)螺纹种类

根据螺纹的用途,可将螺纹分成四种类型:

(1)联接和紧固用螺纹　如粗牙普通螺纹、细牙普通螺纹;

(2)管用螺纹　如用螺纹密封的管螺纹、非螺纹密封的管螺纹;

(3)传动螺纹　如梯形螺纹、锯齿形螺纹;

(4)专门用途螺纹　如气瓶螺纹、灯泡螺纹、自行车螺纹等。

工业上制造螺纹有许多种方法,图 7-1 是在车床上加工外、内螺纹的情况。

2)螺纹的要素

(1)牙型　在通过螺纹轴线的剖面上,螺纹的轮廓形状称为牙型,如图 7-2 所示。常见的有三角形、梯形和锯齿形等。

(2)直径　直径有大径 d,D,中径 d_2,D_2 和小径 d_1,D_1 之分,如图 7-2 所示。其中外螺纹大径 d 和内螺纹小径 D_1 亦称顶径。

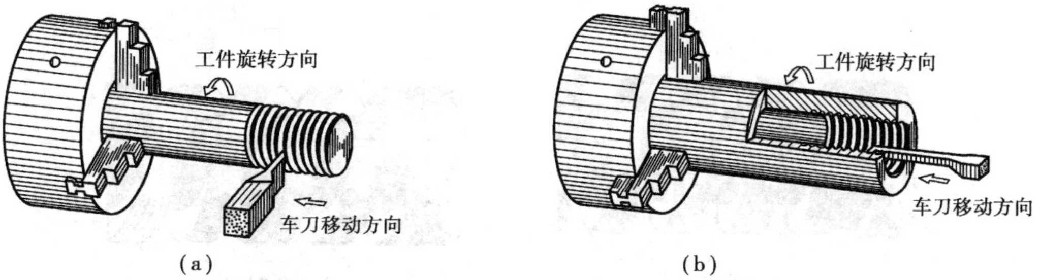

图 7-1　车削螺纹

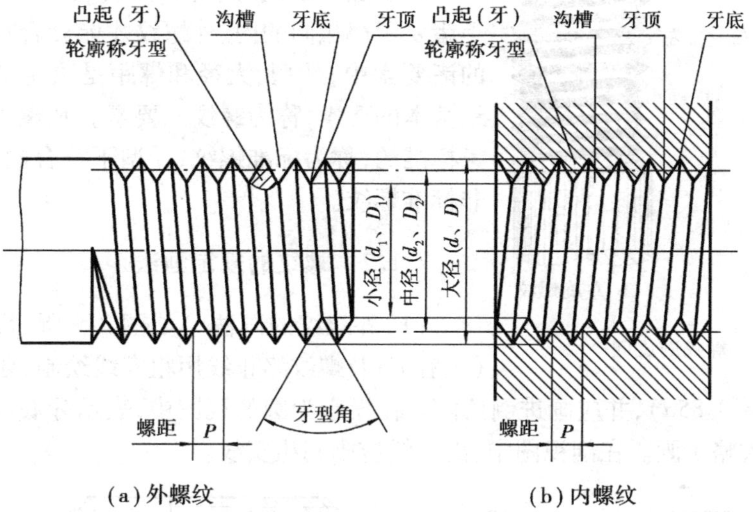

图 7-2　螺纹的各部分名称及代号

大径,是指与外螺纹牙顶或内螺纹牙底相切的、假想圆柱或圆锥的直径。

小径,是指与外螺纹牙底或内螺纹牙顶相切的、假想圆柱或圆锥的直径。

中径,是指一个假想圆柱或圆锥的直径,该圆柱或圆锥的母线通过牙型上沟槽和凸起宽度相等的地方。

螺纹大径的基本尺寸称为公称直径,是代表螺纹尺寸的直径(管螺纹用尺寸代号表示)。

(3)线数　螺纹有单线与多线之分。沿一条螺旋线所形成的螺纹,称为单线螺纹;沿两条或两条以上在轴向等距分布的螺旋线所形成的螺纹,称为多线螺纹。线数的代号用 n 表示。

(4)螺距和导程　螺距 P 是指相邻两牙在中径线上对应两点间的轴向距离;导程 P_n 是指同一条螺旋线上的相邻两牙在中径线上对应两点间的轴向距离。螺距和导程是两个不同的概念,如图 7-3 所示。

螺距、导程、线数之间的关系是 $P=P_n/n$,对于单线螺纹,则 $P=P_n$。

(5)旋向　内、外螺纹旋合时的旋转方向称为旋向。螺纹的旋向有左、右之分:顺时针旋转时旋入的螺纹,称为右旋螺纹;逆时针旋转时旋入的螺纹,称为左旋螺纹。

旋向可按下列方法判定:将外螺纹轴线垂直放置,螺纹的可见部分是右高左低者为右旋螺纹;左高右低者为左旋螺纹,如图 7-4 所示。

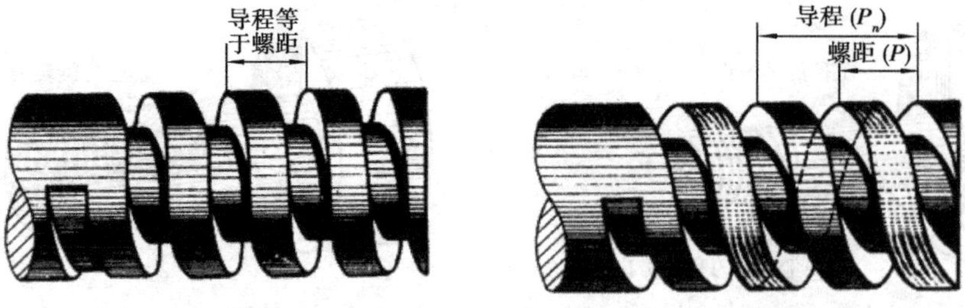

(a) 单线螺纹　　(b) 双线螺纹

图 7-3　螺距与导程

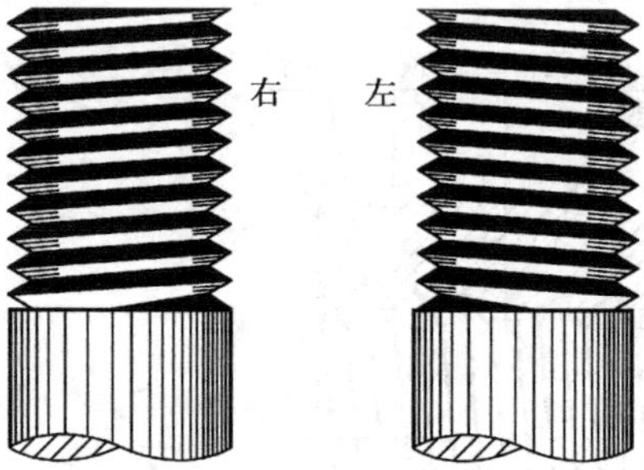

(a)右旋螺纹　　(b)左旋螺纹

图 7-4　螺纹的旋向

对于螺纹来说，只有牙型、大径、螺距、线数和旋向等诸要素都相同的内、外螺纹才能旋合在一起。在螺纹的诸要素中，牙型、大径和螺距是决定螺纹结构规格的最基本的要素，称为螺纹三要素。凡螺纹三要素符合国家标准的，称为标准螺纹；牙型不符合国家标准的，称为非标准螺纹。

7.1.2　螺纹的规定画法

(1)外螺纹的画法　如图 7-5 所示，外螺纹的牙顶(大径 d)及螺纹终止线用粗实线绘制，牙底(小径 d_1)用细实线绘制($d_1 \approx 0.85d$)，并应画进倒角内。在投影为圆的视图中，表示牙底的细实线只画约 3/4 圈，倒角圆省略不画。在剖视图中，剖面线应画到粗实线。

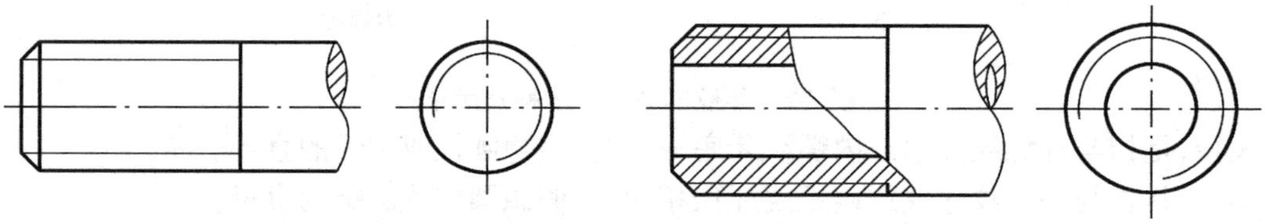

图 7-5　外螺纹的画法

(2)内螺纹的画法　如图 7-6 所示，内螺纹(螺孔)一般应画成剖视图。在剖视图中内螺纹的牙底(大径 D)用细实线绘制，牙顶(小径 d)及螺纹终止线用粗实线绘制，剖面线应画到粗实线。在投影为圆的视图中，表示牙底的细实线圆只画约 3/4 圈，倒角圆省略不画，如图 7-6(a)所示。不剖时，牙底、牙顶和螺纹终止线皆画虚线，如图 7-6(b)所示。

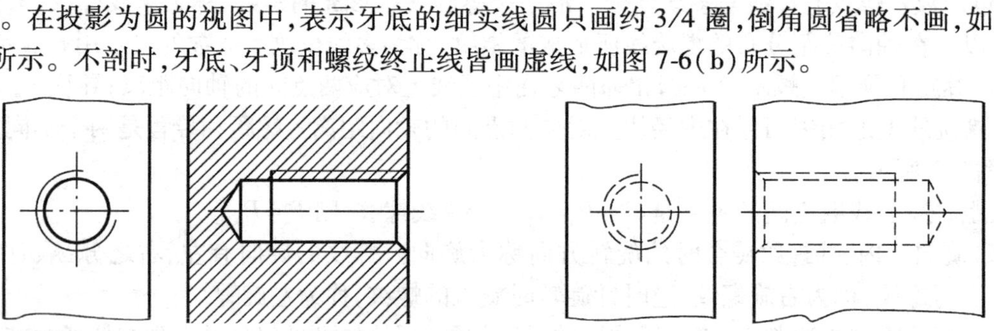

(a)　　(b)

图 7-6　内螺纹的画法

(3)螺纹联接的画法　如图 7-7 所示,如用剖视图表示内外螺纹联接时,其旋合部分应按外螺纹的规定画法绘制,其余部分按各自的规定画法绘制。应注意的是,表示大、小径的粗实线和细实线应分别对齐,而与倒角的大小无关。

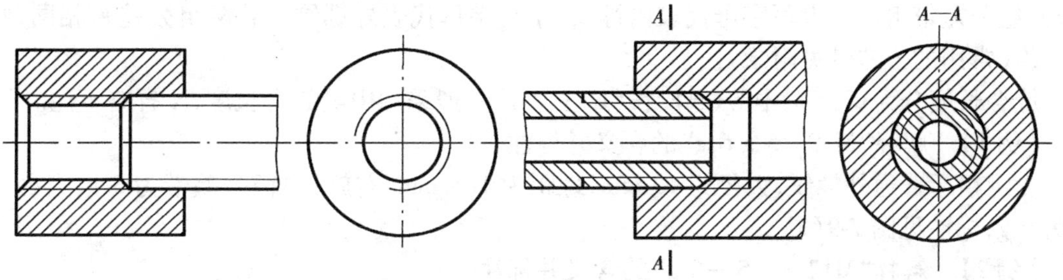

图 7-7　内外螺纹联接的画法

(4)钻孔底部与螺纹孔的画法　由于钻头的尖角接近 120°,用它钻出的不通孔,底部便有个顶角接近 120°的圆锥面,在图中,因钻尖而成的圆锥孔,顶角要画成 120°,但不必注尺寸,如图 7-8(a)、(b)所示。

绘制不穿通的螺孔时,一般应将钻孔深度与螺纹部分深度分别画出,钻孔深应比螺孔深度大 0.2—0.5*D*(螺纹大径),如图 7-8(c)所示。两级钻孔(阶梯孔)的过渡处,也存在 120°的部分尖角,作图时要注意画出,如图 7-8(d)、(e)所示。

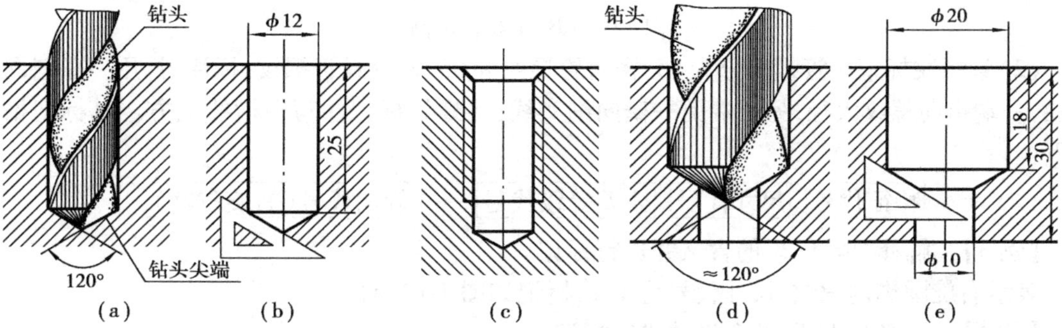

图 7-8　钻孔底部与螺纹孔的画法

7.1.3　螺纹的种类和标注

1)螺纹的种类

螺纹按用途可分为联接螺纹和传动螺纹两类。常用的联接螺纹有粗牙普通螺纹、细牙普通螺纹和管螺纹。传动螺纹有梯形螺纹、锯齿形螺纹和矩形螺纹。

2)螺纹的标记

由于螺纹的规定画法不能表示螺纹种类和螺纹要素,因此绘制螺纹图样时,必须按照国家标准所规定的标记格式和相应代号进行标注。

(1)普通螺纹、梯形螺纹和锯齿形螺纹的标记。将规定标记注写在尺寸线或尺寸线的延长线上,尺寸线的箭头指在螺纹大径上。具体的标记格式为:

[特征代号] [公称直径] × [导程(*P* 螺距)] [旋向]——[公差带代号]——[旋合长度代号]

螺纹特征代号为 M;粗牙普通螺纹不标注螺距;细牙普通螺纹一定要标注螺距,左旋螺纹以“LH”表示,右旋螺纹不标注旋向(所有螺纹旋向的标记,均与此相同)。

公差带代号由中径公差带和顶径公差带(对外螺纹指大径公差带、对内螺纹指小径公差带)两组公差带组成。大写字母代表内螺纹,小写字母代表外螺纹。若两组公差带相同,则只写一组(常用的公差带见附录)。

旋合长度分为短(S)、中等(N)、长(L)三种。一般采用中等旋合长度,N 省略不注。

【例 1】 解释“M10—5 g 6 g”的含义并标注。

表示粗牙普通外螺纹,大径为 10 mm,螺距为 1. 5 mm,右旋,中径公差带为 5 g,大径公差带为 6 g,标注见图 7-9(a)。

【例 2】 解释“M12 ×1. 5—6 g”的含义并标注。

表示细牙普通外螺纹,大径为 12 mm,螺距为 1. 5 mm,右旋,中径和小径公差带均为 6 g,中等旋合长度。标注方法与粗牙螺纹相同,标注见图 7-9(b)。

(a) (b)

图 7-9 螺纹的标记示例

(2)管螺纹标记 管螺纹分为 55°密封管螺纹和 55°非密封管螺纹,标注时,用一条斜向细实线,一端指向螺纹大径,另一端引一横向细实线,将螺纹标记注写在横线上方。其标记格式如下:

特征代号 尺寸代号 公差等级代号——旋向代号(右旋省略)

【例 3】 解释“Rc 1/2”的含义并进行标记。

表示右旋圆锥内螺纹,尺寸代号为 1/2,标记如图 7-10(a)。

【例 4】 解释“G½A”的含义并进行标记。

表示右旋圆柱外螺纹,尺寸代号为 1½,螺纹公差等级为 A 级,标记如图 7-10(b)所示。

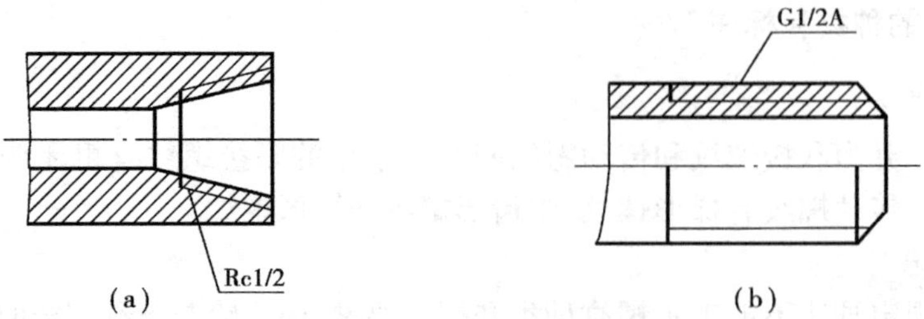

(a) (b)

图 7-10 管螺纹的标记示例

需注意:管螺纹的尺寸代号并非公称直径,也不是管螺纹本身任何一个直径的尺寸,而是有效通孔的直径。管螺纹的大径、中径、小径及螺距等具体尺寸,只有通过查阅相关的国家标准才能知道。

(3)特殊螺纹和非标准螺纹的标注 对特殊螺纹,应在螺纹特征代号前面加注“特”字;对于非标准螺纹，应画出螺纹的牙型，并标出所需要的尺寸和要求，如图 7-11 所示。

(a)　　(b)

图 7-11　特殊螺纹的标记

7.2　常用螺纹紧固件

在机器设备上，常见的螺纹联接形式有螺栓联接、螺柱联接和螺钉联接。螺纹紧固件包括螺栓、螺柱、螺钉、螺母、垫圈等，这些零件都是标准件。国家标准对它们的结构、形式和尺寸大小都作了规定，并制定了不同的标记方法。因此只要知道其规定标记，就可以从有关标准中查出它们的结构、型式及全部尺寸。

7.2.1　螺纹紧固件的规定标记

常用螺纹联接件的规定标记及示例，如表 7-1 所示。

表 7-1　常用螺纹紧固件的规定标记

名称	轴测图	画法及规格尺寸	标记格式示例及说明
六角头螺栓	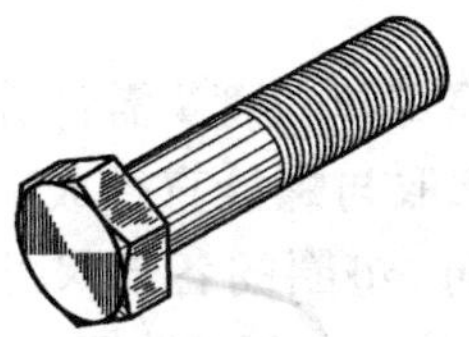	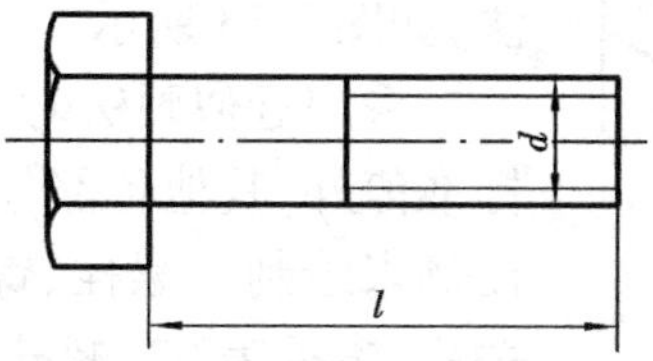	名称　标准编号　螺纹代号×长度 螺栓　GB/T 5780　M10×40 说明：螺纹规格 d = M10、公称长度 l = 40、性能等级为 4.8 级、不经表面处理、杆身半螺纹、产品等级为 C 级的六角头螺栓
双头螺柱	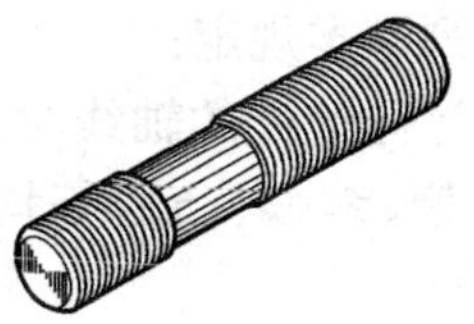	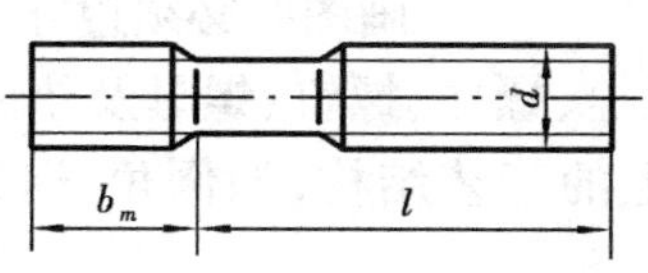	名称　标准编号　类型螺纹代号×长度 螺柱　GB/T 899　M10×40 说明：螺柱两端均为粗牙普通螺纹、d = M10、l = 50、性能等级为 4.8 级、不经表面处理、B 型（B 省略不标）、b_m = 1.5d 的双头螺柱
六角螺母	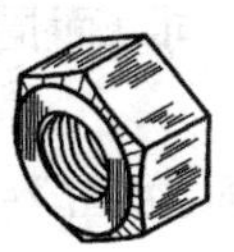	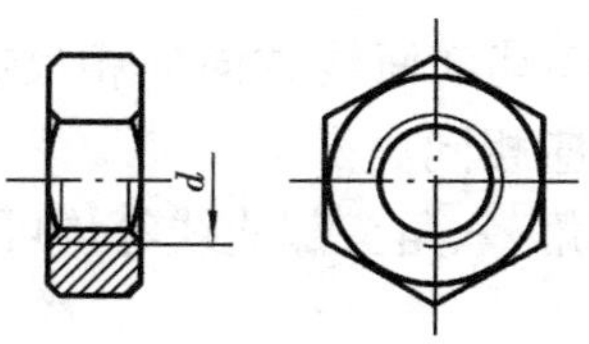	名称　标准编号　螺纹代号 螺母　GB/T 41　M10 说明：螺纹规格 d = M10、性能等级为 5 级、不经表面处理、产品等级为 C 级的六角螺母

续表

名称	轴　测　图	画法及规格尺寸	标记格式示例及说明
垫圈		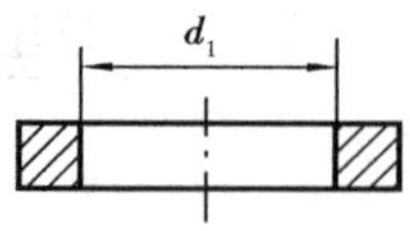	名称　标准编号　公称尺寸 垫圈　GB/T 95　10 说明：标准系列、规格 10、性能等级为 140HV 级、不经表面处理的平垫圈
螺钉		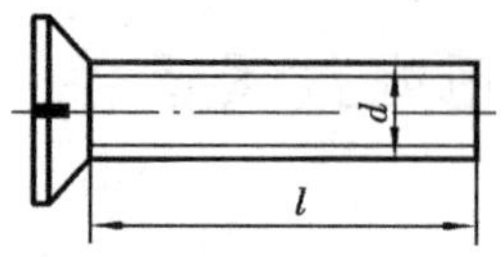	名称　标准编号　螺纹代号×长度 螺钉　GB/T 68　M8×30 说明：螺纹规格 d = M8、公称长度 l = 30、性能等级为 4.8 级、不经表面处理的开槽沉头螺钉

7.2.2　螺栓联接的画法

螺栓联接是将螺栓的杆身穿过两个被联接零件上的通孔，套上垫圈，再用螺母拧紧，使两个零件联接在一起的一种联接方式，如图 7-12 所示。

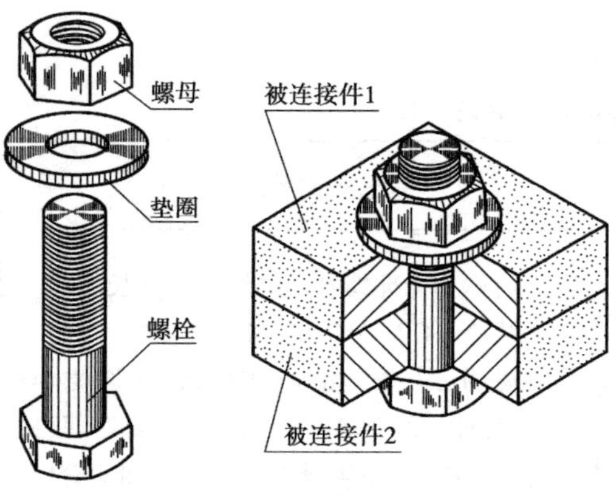

图 7-12　螺栓联接

为提高画图速度，对联接件的各个尺寸，可不按相应的标准数值画出法，而是采用近似画法，如图 7-13 所示。

采用近似画法时，除螺栓长度 l 需计算并取标准值外，其他各部分都取与螺栓直径成一定的比例来绘制。螺栓、螺母、垫圈的各部尺寸比例关系，参见表7-2，螺栓长度 l 按下式计算：

$$l \approx \delta_1 + \delta_2 + h + m + (0.3 - 0.4)d$$

画图时必须遵守下列基本规定：

(1)在装配图中，当剖切平面通过螺栓、螺柱、螺钉、螺母及垫圈等标准件的轴线时，应按未剖切绘制，即只画外形；螺纹联接件上的工艺结构，如倒角、退刀槽、缩颈、凸肩等均省略不画。

(2)两个零件接触面处只画一条粗实线，不能将轮廓线再加粗。凡不接触的表面，不论间隙多小，在图上应画出间隙。

(3)在剖视图中，相互接触的两个零件其剖面线方向应相反或间隔不同。而同一个零件在各剖视图中，剖面线的倾斜方向和间隔应相同。

螺栓联接还可采用简化画法，螺栓倒角、六角头部曲线等均可省略不画，如图 7-16 所示。

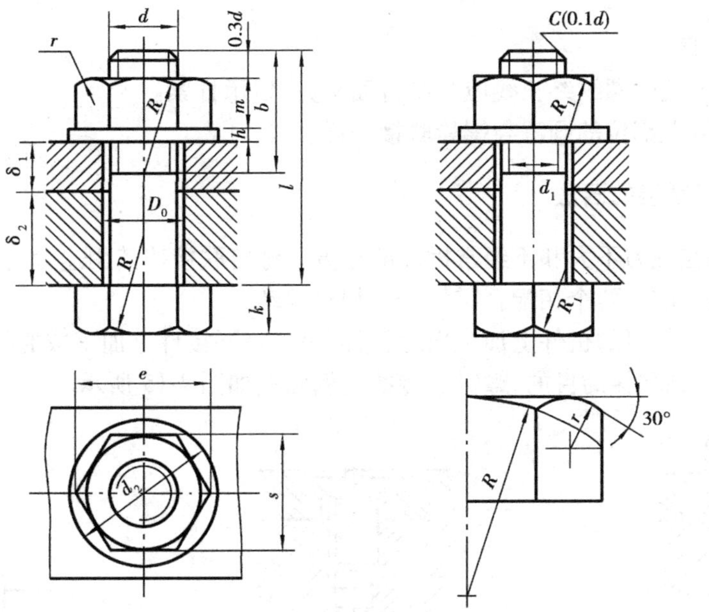

图 7-13　螺栓联接的近似画法

表 7-2　螺栓联接件近似画法的比例关系

部　位	尺寸比例	部　位	尺寸比例	部　位	尺寸比例	部　位	尺寸比例
螺栓	$b=2d$ $k=0.7d$ $R=1.5d$ $R_1=d$	螺栓	$e=2d$ $d_1=0.85d$ $c=0.1d$ s 由作图决定	螺母	$e=2d$ $R=1.5d$ $R_1=d$ $m=0.8d$ r 由作图决定 s 由作图决定	平垫圈	$h=0.15d$ $d_2=2.2d$
						被联接件	$D_0=1.1d$

7.2.3　螺柱联接的画法

双头螺柱多用在被联接件之一较厚,不便使用螺栓联接的地方。这种联接是在机体上加工出螺孔,而另一端穿过被联接零件的通孔,放上垫圈后再拧紧螺母的一种联接方式,其联接画法如图 7-14 所示。δ_1 加工成通孔(一般为 $1.1d$),在 δ_2 中先加工一直径约为 $0.85d$ 的孔,孔深为 l_1+d,然后在孔内加工螺纹,螺孔深为 $l_1+0.5d$。l_1 为螺柱旋入端的长度,根据被旋入零件的材料不同,分为四种长度:当材料为钢,l_1+d;当材料为铸铁时,$l_1=1.25d$ 或 $l_1=1.5d$;当材料为轻金属时,$l_1=2d$。联接时,将螺柱旋入端完全旋入 δ_2 的螺孔,然后装上 δ_1,套上垫圈,拧紧螺母。螺柱联接的比例画法,如图 7-14 所示。螺柱的计算公式为

$$l=\delta_1+\text{垫圈厚度}+\text{螺母厚度}+(0.3\sim0.4)d$$

根据上式计算出螺柱长度后,再从螺柱标准中选取接近

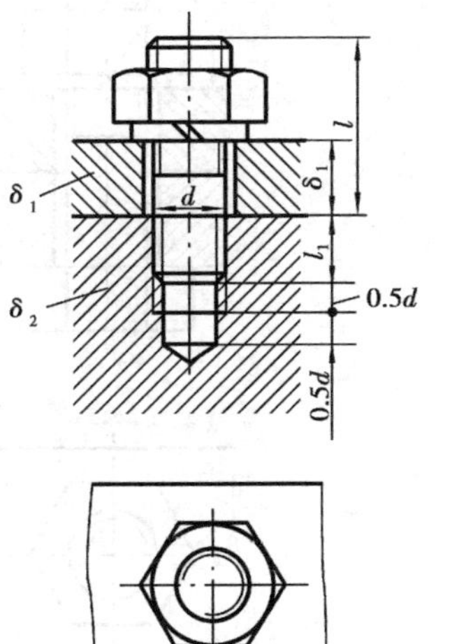

图 7-14　螺柱联接的比例画法

的标准值。

画图时应注意：

(1)螺柱旋入端的螺纹终止线应与结合面平齐，以示拧紧。

(2)结合面以上部位的画法与螺栓联接一样。

7.2.4 螺钉联接的画法

螺钉联接用在受力不大和不经常拆卸的地方。螺钉联接按其用途分为联接螺钉和紧定螺钉。紧定联接用于防止两个相配合零件产生相对运动。

螺钉联接是在较厚的机件上加工出螺孔，而另一被联接件上加工成通孔，用螺钉穿过通孔拧入螺孔，从而达到联接的目的，螺钉联接的比例画法如图 7-15 所示。

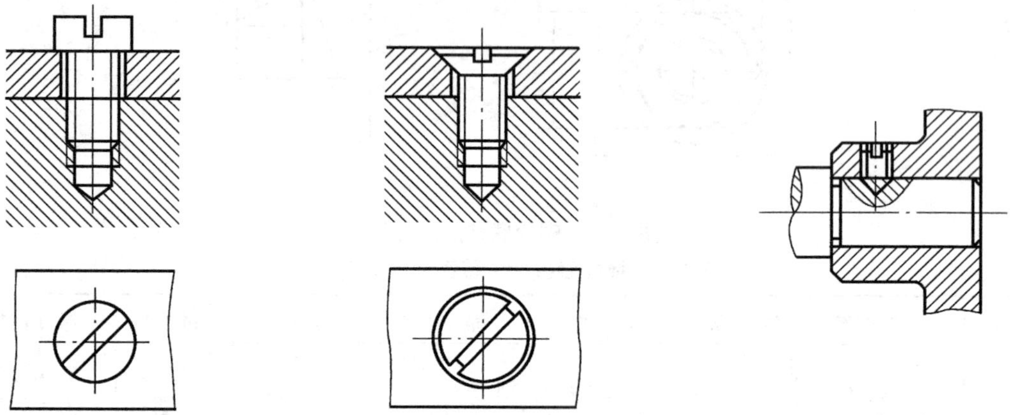

(a)圆柱头螺钉联接　　(b)沉头螺钉联接　　(c)紧定螺钉联接

图 7-15　螺钉联接的比例画法

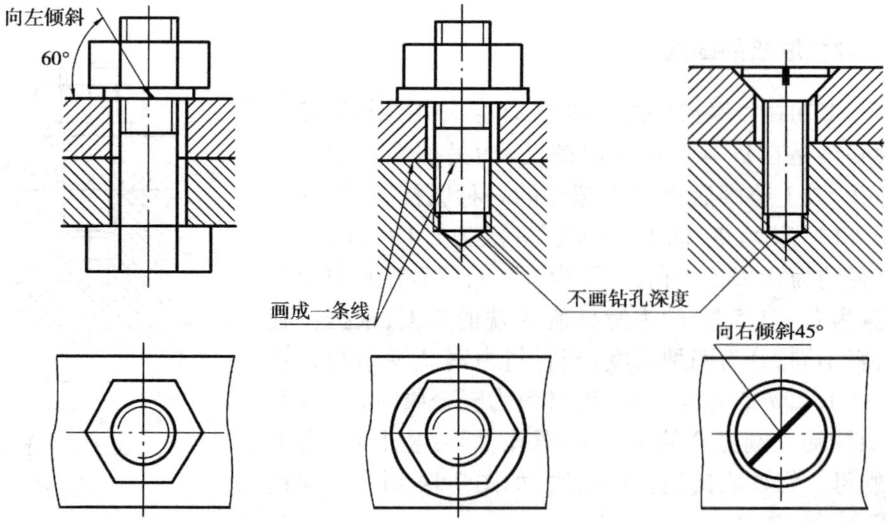

图 7-16　在装配图中螺纹紧固件的简化画法

l_1 的长度与螺柱联接相同。螺钉的有效长度计算方法为：$L=\delta_1+l_1$；然后根据标准校正。

画图时应注意：

(1)沉头螺钉以锥面作为螺钉的定位面。

(2)螺钉的螺纹终止线应高出螺孔端面，或在螺杆全长上都有螺纹。

(3)在投影为圆的视图上，一字槽或十字槽投影应画成与中心线倾斜 45°。槽宽小于 2 mm时，可涂黑表示。

(4)紧定螺钉是利用其端部起定位、固定作用。

如图 7-16 所示，在装配图中，若需要绘制螺纹联接件时，应尽量采用简化画法，这样既可减少绘图的工作量，又能提高绘图速度，增加图样的清晰度，使图样的重点更加突出。螺纹联接的画法比较繁琐，容易出错，表 7-3 中列出了画法正误对照。

表 7-3　螺纹联接件联接画法正误对照

名称	正确画法	错误画法	说　明
螺栓联接	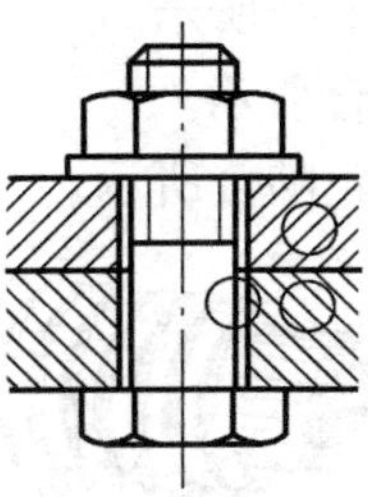	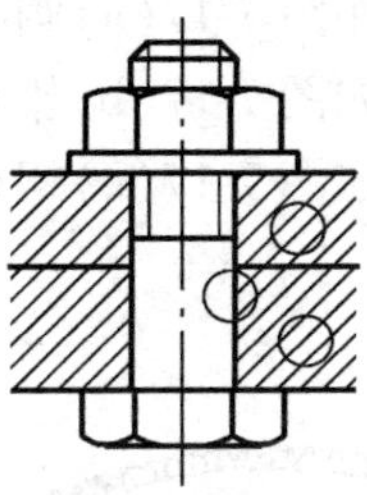	1. 两被联接件的剖面线应反向 2. 螺栓与孔之间应画出间隙
螺柱联接	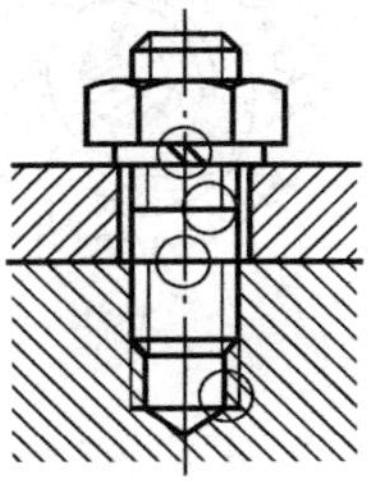	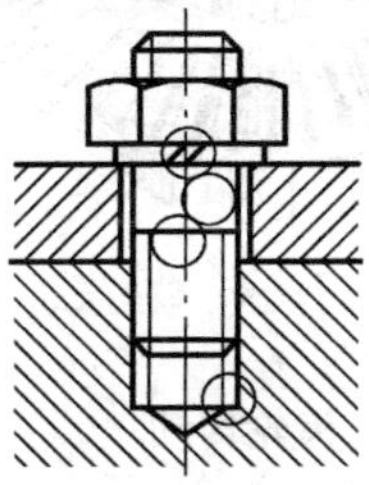	1. 弹簧垫圈开口方向应左倾斜 2. 螺柱旋入端螺纹终止线与两被联接件接触面轮廓线平齐表示已拧紧 3. 紧固端螺纹终止线不应漏线 4. 螺纹孔底部的画法应符合加工实际
螺钉联接	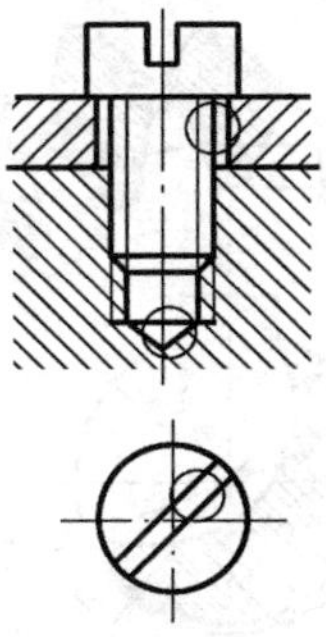	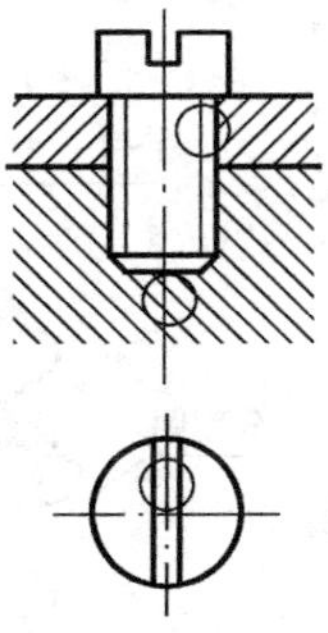	1. 螺钉与孔之间应画间隙 2. 螺纹孔深应长于螺纹旋入的深度 3. 螺钉头槽沟在俯视图中规定应画成与中心线倾斜 45°

7.3 齿　轮

齿轮是一个有齿的机械构件,它与另一个有齿构件通过其共扼齿面啮合,从而传递运动或改变运动的形式。通过齿轮啮合,可将一根轴的动力及旋转运动传递给另一根轴,也可改变转速和旋转方向。齿轮上每一个用于啮合的凸起部分,称为轮齿。一对齿轮的齿,依次交替地接触,从而实现一定规律的相对运动的过程,称为啮合。

7.3.1　齿轮的基本知识

由两个啮合的齿轮组成的基本机构,称为齿轮副。

常用的齿轮副按两轴的相对位置不同,分成如下三种:

(1)平行轴齿轮副　两平行轴间的传动,如图 7-17(a)圆柱齿轮啮合所示。

(2)相交轴齿轮副　两相交轴间的传动,如图 7-17(b)锥齿轮啮合所示。

(3)交错轴齿轮副　两交错轴间的传动,如图 7-17(c)蜗杆与蜗轮啮合所示。

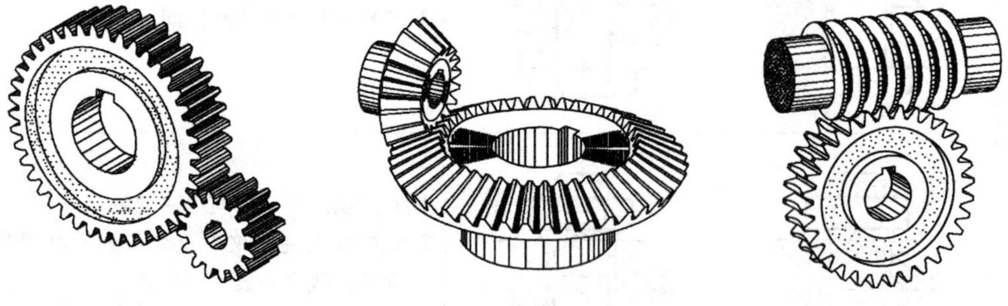

(a)　　(b)　　(c)

图 7-17　齿轮传动

分度曲面为圆柱面的齿轮,称为圆柱齿轮。

圆柱齿轮的轮齿有直齿、斜齿、人字齿等,其中最常用的是直齿圆柱齿轮(简称直齿轮),如图 7-18 所示。齿轮轮齿最常用的齿形曲线是渐开线。

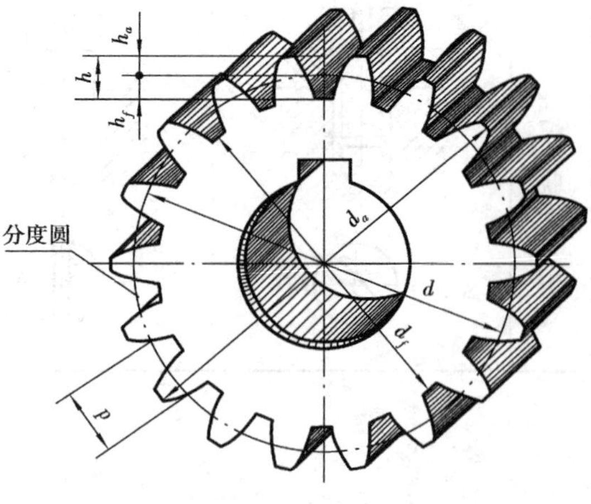

图 7-18　直齿轮各部分名称及代号

7.3.2　直齿轮轮齿各部分的名称及代号

(1)齿顶圆 d_a　在圆柱齿轮上,齿顶圆柱面与端平面的交线,称为齿顶圆。

(2)齿根圆 d_f　在圆柱齿轮上,齿根圆柱面与端平面的交线,称为齿根圆。

(3)分度圆 d 和节圆 d'　圆柱齿轮的分度曲面与端平面的交线,称为分度圆;平行轴齿轮副中的圆柱齿轮的节曲面与端平面的交线,称为节圆。在一对标准齿轮中,两齿轮分度曲面相切。

(4)齿顶高 h_a　齿顶圆与分度圆之间的径向距离,称为齿顶高。标准齿轮的 $h_a = m$。

(5)齿根高 h_f　齿根圆与分度圆之间的径向距离,称为齿根高。标准齿轮的 $h_f = 1.25$ m。

(6)齿高 h　齿顶圆与齿根圆之间的径向距离,称为齿高。

(7)齿距 p　两个相邻而同侧的端面齿廓之间的分度圆弧长,称为齿距。

(8)槽宽 e　齿轮上两相邻轮齿之间的空间称为齿槽。在端平面上,一个齿槽的两侧齿廓之间的分度圆弧长,称为槽宽。

(9)齿厚 s　在圆柱齿轮的端平面上,一个齿的两侧端面齿廓之间的分度圆弧长,称为齿厚。在标准齿轮中,槽宽与齿厚各为齿距的一半,即

$$s = e = p/2, p = s + e$$

(10)齿宽 b　齿轮的有齿部位沿分度圆柱面的直母线方向量度的宽度,称为齿宽。

(11)啮合角和压力角(a)　在一般情况下,两相啮轮齿的端面齿廓在接触点处的公法线,与两节圆的内公切线所夹的锐角,称为啮合角;对于渐开线齿轮,指的是两相啮轮齿在节点上的端面压力角。标准齿轮的啮合角 $\alpha = 20°$。

(12)齿数 z　一个齿轮的轮齿总数。

(13)中心距 a　平行轴或交错轴齿轮副的两轴线之间的最短距离,称为中心距。

7.3.3　直齿轮的基本参数与轮齿各部分的尺寸关系

1)模数

齿轮上有多少齿,在分度圆周上就有多少齿距,即分度圆周总长为:

$$\pi d = zp \tag{1}$$

则分度圆直径

$$d = (p/\pi)z \tag{2}$$

齿距 p 除以圆周率 π 所得的商,称为齿轮的模数,用符号“ m”表示,尺寸单位为毫米(mm),即

$$m = p/\pi \tag{3}$$

将式(3)代入式(2),得出:

$$d = mz \tag{4}$$

即

$$m = d/z \tag{5}$$

相互啮合的一对齿轮,其齿距 p 应相等;由于 $p = m\pi$,因此它们的模数亦应相等。当模数 m 发生变化时,齿高 h 和齿距 p 也随之变化,即:模数 m 愈大,轮齿就愈大;模数 m 愈小,轮齿就愈小。由此可以看出,模数是表示齿轮轮齿大小的一个重要参数,是计算齿轮主要尺寸的一个基本依据。

为了简化和统一齿轮的轮齿规格,提高齿轮的互换性,便于齿轮的加工、修配,减少齿轮刀具的规格品种,提高其系列化和标准化程度,国家标准对齿轮的模数作了统一规定,见表 7-4。

表 7-4　标准模数(摘自 GB/T 1357—1987)

圆柱齿轮 m	第一系列	1,1.25,1.5,2,2.5,3,4,5,6,8,10,12,16,20,25,32,40
	第二系列	1.75,2.25,2.75,(3.25),3.5,(3.75),4.5,5,(6.5),7,9,(11),14,18,22

注:选用圆柱齿轮模数时,应优先选用第一系列,其次选用第二系列,括号内的模数尽可能不用。

2)模数与轮齿各部分的尺寸关系

齿轮的模数确定后,按照与 m 的比例关系,可算出轮齿部分的各基本尺寸,详见表 7-5。

表 7-5　直齿圆柱齿轮轮齿的各部分尺寸关系

名称及代号	计算公式	名称及代号	计算公式
模数 m	$m=d/z$　并按表 7-4 取标准值	分度圆直径 d	$d=mz$
齿顶高 h_a	$h_a=m$	齿顶圆直径 d_a	$d_a=d+2h_a=m(z+2)$
齿根高 h_f	$h_f=1.25\ m$	齿根圆直径 d_f	$d_f=d-2h_f=m(z-2.5)$
齿高 h	$h=h_a+h_f=2.25\ m$	中心距 a	$a=\frac{d_1+d_2}{2}=\frac{m(z_1+z_2)}{2}$

7.3.4　直齿圆柱齿轮的规定画法

1)单个齿轮的规定画法

图 7-19 为单个圆柱齿轮的规定画法。国家标准规定,齿顶圆和齿顶线用粗实线绘制;分度圆和分度线用细点画线绘制;齿根圆或齿根线用细实线绘制或省略不画。在剖视图中,当剖切平面通过齿轮的轴线时,轮齿一律按不剖处理,齿根线用粗实线绘制。对于斜齿或人字齿,在投影为非圆的视图中,可画成半剖视图或局部视图,在外形上画三条与齿线方向一致的细实线,如图 7-19 所示。

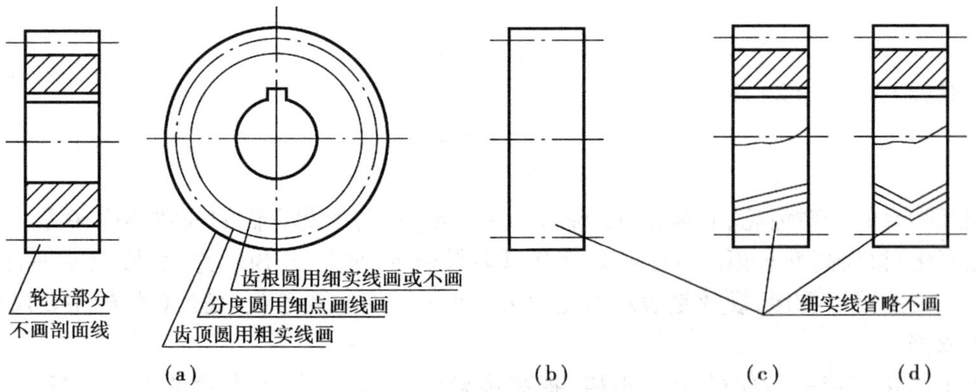

图 7-19　单个齿轮的画法

2)齿轮啮合时的规定画法

在投影为圆的视图中,啮合区的节圆相切,齿顶圆均用粗实线绘制,也可省略不画。在通过轴线的剖视图中,啮合区内,一个轮齿用粗实线绘制,另一个轮齿被遮挡的部分用虚线绘制(也可省略不画),其余部分仍按单个齿轮的规定画法绘制,如图 7-20 所示。若不作剖视,则啮合区内的齿顶线不必画出，此时分度线用粗实线绘制，如图 7-20(d)所示。要注意，齿顶与齿根之间有 0.25 m 的间隙，在剖视图中，应按图 7-21 所示的形式画出。

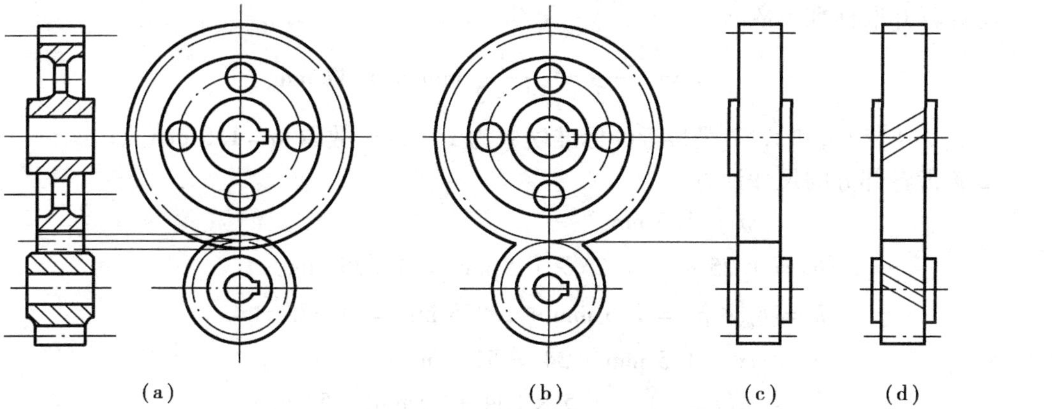

图 7-20　齿轮啮合的画法

7.3.5　直齿轮测绘

根据齿轮实物，通过测量和计算，以确定主要参数并画出齿轮工作图的过程，称为齿轮测绘。测绘的一般步骤如下：

(1)数得齿数 z。标准齿轮的啮合角 $\alpha=20°$，无需测量。

(2)测量顶圆直径 d_a。若为偶数齿，可直接量得 d_a，如图 7-22(a)所示。若为奇数齿，则不能直接量得 d_a(图 7-22(b))，而应先测出孔的直径及孔壁到齿顶间的径向距离，再计算得到顶圆直径($d_a=2H=D$)，如图 7-22(c)所示。

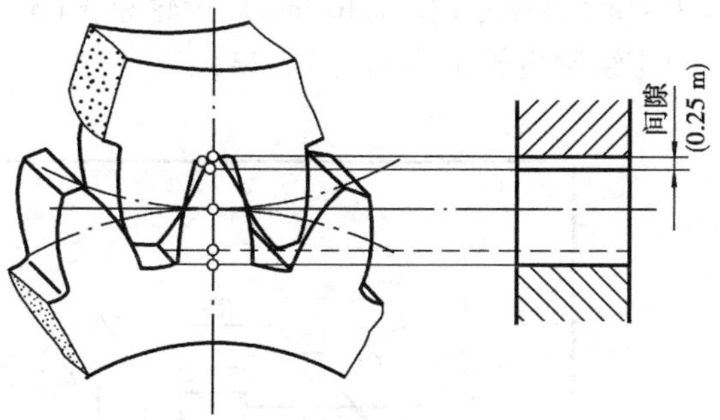

图 7-21　齿轮啮合区的画法

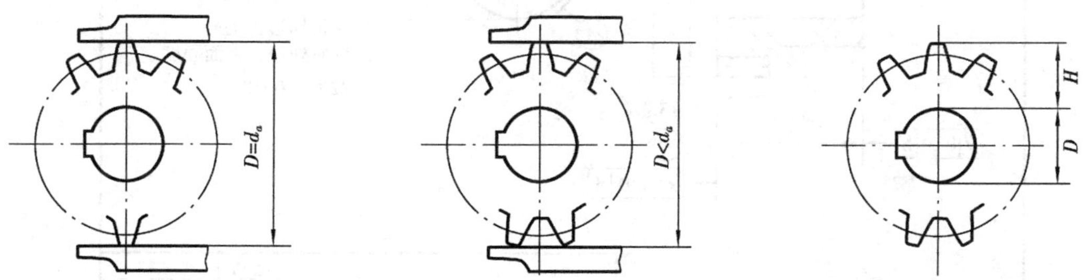

图 7-22　奇数齿轮的测量方法

(3)计算并取标准模数 m。可按 d_a 公式导出，即 $m=\dfrac{d_a}{z+2}$，即可计算出模数。然后，与表 7-4核对，取相近的标准模数。

(4)根据标准模数，再计算出轮齿的各基本尺寸。齿轮的其他尺寸，按实际测量获得。

(5)绘制齿轮零件图。

【例 5】 某直齿圆柱齿轮，齿数 $z=34$，通过测量 $d_a=53$ mm，试绘制齿轮零件图。

①计算并取标准模数 m

$$m = \frac{d_a}{z+2} = \frac{53}{34+2}\text{ mm} = 1.47\text{ mm}$$

与表 7-4 核对，和 1.47 最接近的标准模数为 1.5 mm，故取 $m=1.5$ mm。

②轮齿各部分的尺寸计算

$$h_a = m = 1.5\text{ mm}$$

$$h_f = 1.25\,m = 1.25 \times 1.5\text{ mm} = 1.875\text{ mm}$$

$$h = h_a + h_f = 1.5\text{ mm} + 1.875\text{ mm} = 3.375\text{ mm}$$

$$d = mz = 1.5\text{ mm} \times 34 = 51\text{ mm}$$

$$h_a = m(z+2) = 1.5 \times (34+2)\text{mm} = 54\text{ mm}$$

$$h_f = m(z-2.5) = 1.5 \times (34-2.5)\text{mm} = 47.25\text{ mm}$$

③测量和确定齿轮其他部分的尺寸

如齿轮宽度($b=13$ mm)，轮孔尺寸($\phi28$ mm)，键槽尺寸(宽 6 mm，槽顶至孔底 30.6 mm)，轮毂直径($\phi40$ mm)，齿轮总长(35 mm)等。

④绘制齿轮工作图(图 7-23)。

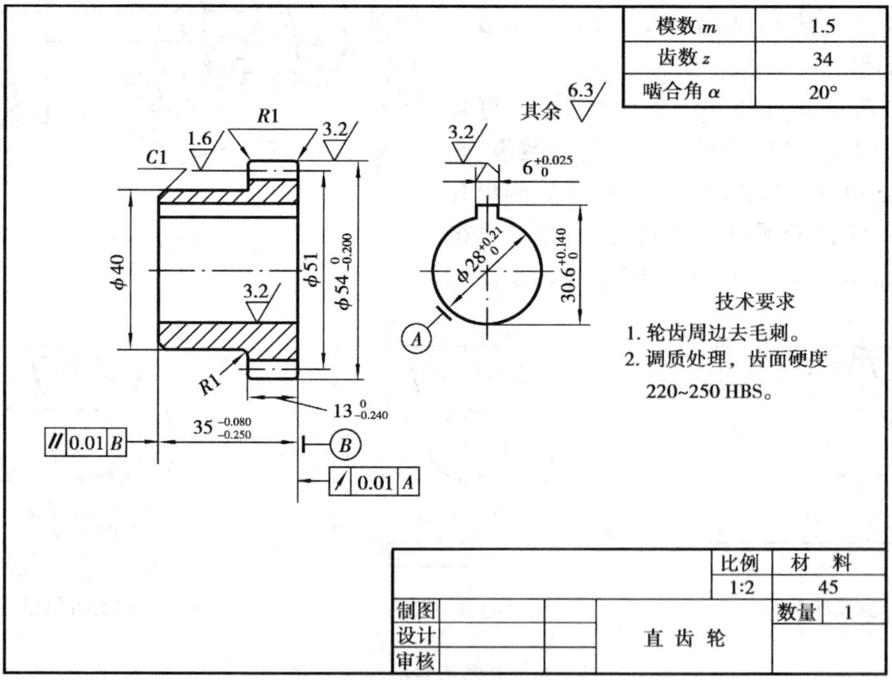

图 7-23 齿轮零件图

7.4　键、销联接

7.4.1　键联接

为了使齿轮、带轮等零件和轴一起转动，通常在轮孔和轴上分别加工出键槽，用键将轮和轴联接起来进行传动，如图 7-24 所示。

键联接有多种型式，各有其特点和适用场合。平键联接制造简单，装拆方便，轮与轴的同心度较好，应用最为广泛。普通平键有圆头（A 型）、平头（B 型）和单圆头（C 型）三种型式，其形状如图 7-25 所示。

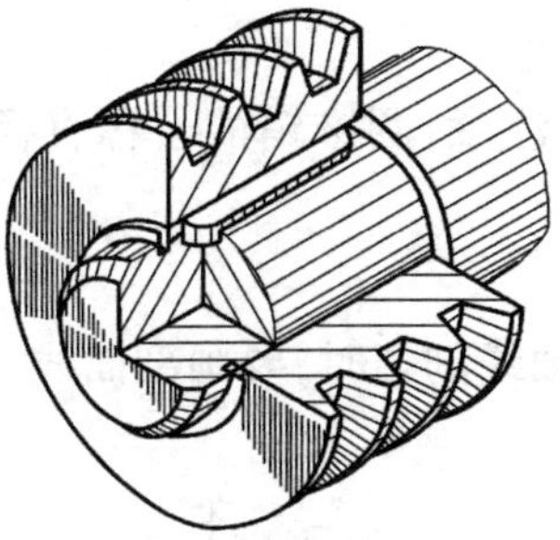

图 7-24　键联接

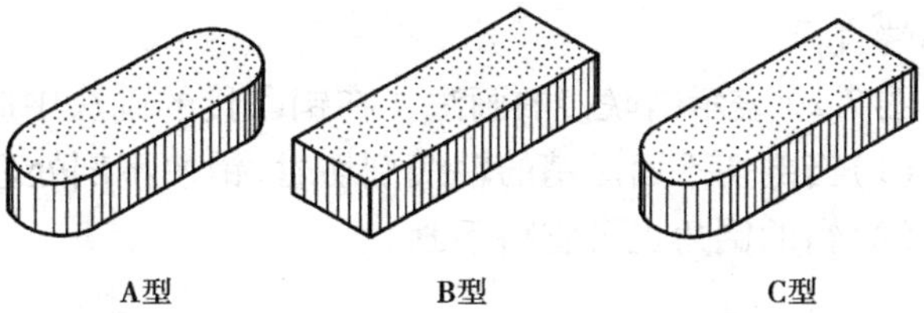

图 7-25　普通平键的型式

普通平键是标准件。选择平键时，先根据轴径 d 从标准中查取键的截面尺寸 $b \times h$，然后按轮毂宽度 B 选定键长 L，一般 $L = B - (5 \sim 10)$ mm，并取 L 为标准值。键和键槽的型式、尺寸，参见附录。

键的标记格式为：

名称　型式　键宽×键长　标准编号

【例 6】　A 型普通平键（A 型普通平键不注“A”），键宽 $b = 18$ mm，键高 $h = 11$ mm，键长 $L = 100$ mm，键的标记为：

键　　18×100　　GB/T 1096

图 7-26 表示在零件图中，键槽的一般表示法和尺寸注法。图 7-27 表示键联接的画法。在键联接的画法中应注意：

（1）键与槽在顶面不接触，应画出间隙；

（2）键的倒角省略不画；

（3）沿键的纵向剖切时，键按不剖处理；横向剖切时，要画剖面线。

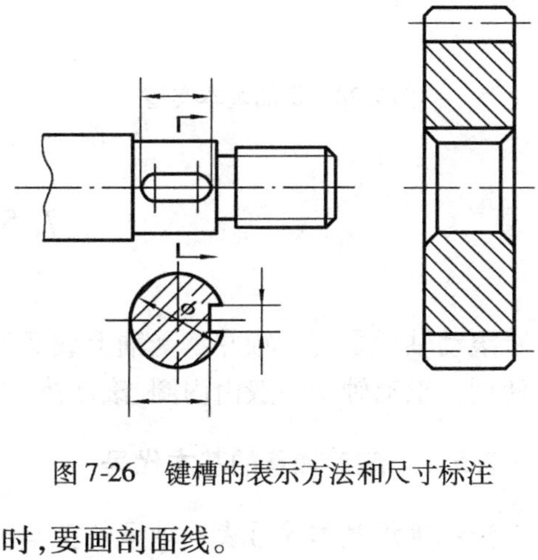

图 7-26　键槽的表示方法和尺寸标注

7.4.2　销联接

销是标准件，主要用于零件间的联接或定位。销的类型较多，但最常见的两种基本类型是圆柱销和圆锥销，如图 7-28 所示。

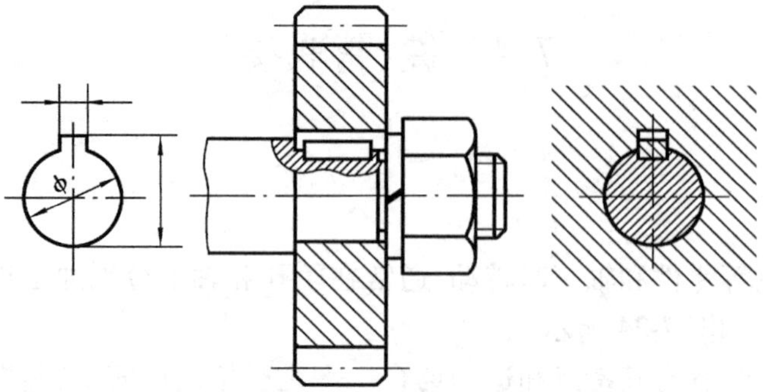

图 7-27 键的联接画法

销的标记格式为：

名称 标准编号 型式 公称直径×长度

根据销的标记，即可查出销的型式和尺寸，详见书后附表。要注意，圆锥销的公称直径是指小端直径。

图 7-29 表示销联接的画法。在销联接的画法中应注意：

(1)当剖切平面沿销的轴线剖切时，销按不剖处理；垂直销的轴线剖切时，要画剖面线。

(2)销的倒角也可省略不画。

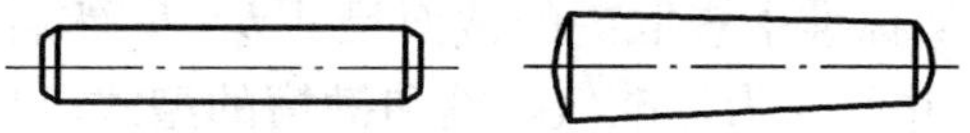

(a)圆柱销 (b)圆锥销

图 7-28 销的基本类型

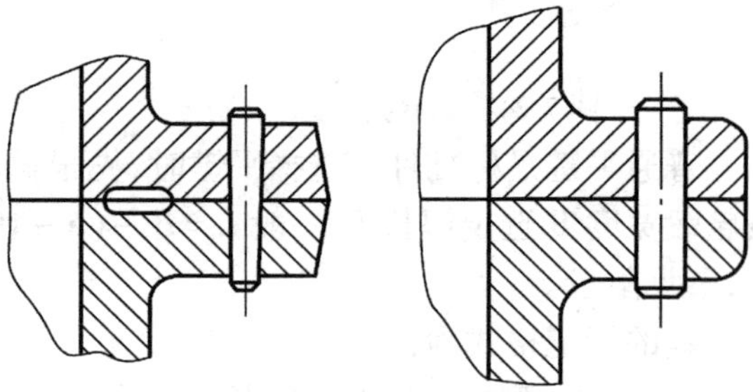

图 7-29 销联接的画法

7.5 滚动轴承

滚动轴承是支承轴并承受轴上载荷的标准组件。由于其结构紧凑、摩擦力小，所以得到广泛使用。滚动轴承一般由内圈、滚动体、保持架、外圈等四部分组成，如图 7-30 所示。

7.5.1 滚动轴承的基本代号

滚动轴承基本代号表示轴承的基本类型、结构和尺寸，是滚动轴承代号的基础。基本代号的组成方式如下：

轴承类型代号	尺寸系列代号	内径代号

(1)轴承类型代号 滚动轴承类型代号用数字或字母来表示，如表 7-6 所示。

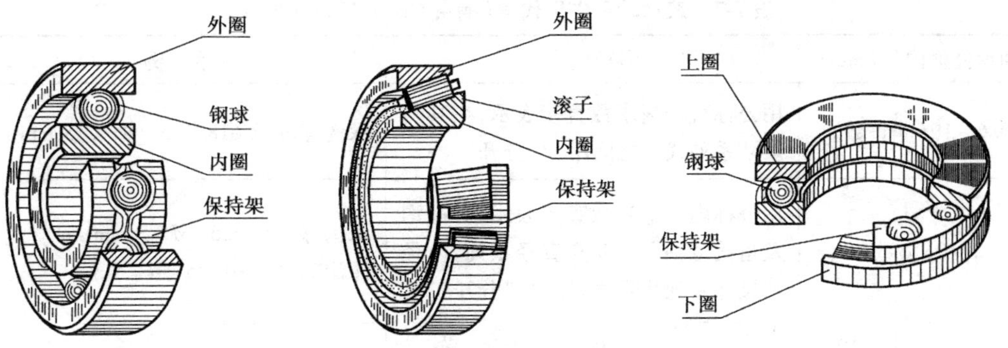

(a) 深沟球轴承　　(b) 圆锥滚子轴承　　(c) 推力球轴承

图 7-30　滚动轴承的结构及类型

表 7-6　滚动轴承类型代号(摘自 GB/T 272—1993)

代号	0	1	2	3	4	5	6	7	8	N	U	QJ
轴承代号	双列角接触球轴承	调心球轴承	调心滚子轴承和推力调心滚子轴承	圆锥滚子轴承	双列深沟球轴承	推力球轴承	深沟球轴承	角接触球轴承	推力圆柱滚子轴承	圆柱滚子轴承	外球面球轴承	四点接触球轴承

(2)尺寸系列代号　尺寸系列代号包括滚动轴承的宽(高)度系列代号和直径系列代号两部分,用两位阿拉伯数字来表示。它的主要作用是区别内径相同、而宽度和外径不同的滚动轴承。具体代号需查阅相关的国家标准。

(3)内径代号　内径代号表示滚动轴承的公称直径,一般用两位阿拉伯数字表示。其表示方法见表 7-7。

滚动轴承的基本代号举例:

6212:可分为6　2　12 三部分

6——轴承类型代号:深沟球轴承

2——尺寸系列代号(02):宽度系列代号 0 省略,直径系列代号为 2

12——内径代号:$d = 12 \times 5 = 60$ mm

62/22:可分为6　2　/　22 三部分

6——轴承类型代号:深沟球轴承

2——尺寸系列代号(02):宽度系列代号 0 省略,直径系列代号为 2

22——内径代号:$d = 22$ mm

30310:可分为:3　03　10 三部分

3——轴承类型代号:圆锥球轴承

03——尺寸系列代号:宽度系列代号 0 省略,直径系列代号为 3

10——内径代号:$d = 10 \times 5 = 50$ mm

表 7-7　滚动轴承内径代号(摘自 GB/T 272—1993)

<table>
<tr><th colspan="2">轴承公称内径(mm)</th><th>内径代号</th><th>示　例</th></tr>
<tr><td colspan="2">0.6～10(非整数)</td><td>用公称直径毫米数直接表示,在其与尺寸系列代号之间用“/”分开</td><td>深沟球轴承 618/2.5　d=2.5 mm</td></tr>
<tr><td colspan="2">1～9(整数)</td><td>用公称内径毫米数直接表示,对深沟及角接触轴承 7、8、9 直径系列,内径与尺寸系列代号之间用“/”分开</td><td>深沟球轴承 625　d=5 mm
深沟球轴承 618/5　d=5 mm</td></tr>
<tr><td rowspan="4">10～17</td><td>10</td><td>00</td><td rowspan="4">深沟球轴承 6 200　d=10 mm
深沟球轴承 6201　d=12 mm
深沟球轴承 6202　d=15 mm
深沟球轴承 6203　d=17 mm</td></tr>
<tr><td>12</td><td>01</td></tr>
<tr><td>15</td><td>02</td></tr>
<tr><td>17</td><td>03</td></tr>
<tr><td colspan="2">20～480
(22,28,32 除外)</td><td>公称内径除以 5 的商数,商数为个位数,需要在商数左边加“0”,如 08</td><td>圆锥滚子轴承 30308　d=40 mm
深沟球轴承 6215　d=75 mm</td></tr>
<tr><td colspan="2">≥500 以及 22,28,32</td><td>用公称内径毫米直接表示,但在与尺寸系列之间用“/”分开</td><td>深沟球轴承 230/500　d=500 mm
深沟球轴承 62/22　d=22 mm</td></tr>
</table>

7.5.2　滚动轴承的画法

当需要在图样上表示滚动轴承时,可采用简化画法(即通用画法和特征画法)或规定画法。

1)简化画法

(1)通用画法　在剖视图中,当不需要确切地表示滚动轴承的外形轮廓、载荷特征、结构特征时,可用矩形线框及位于线框中央正立的十字形符号表示滚动轴承。

(2)特征画法　在剖视图中,如需较形象地表示滚动轴承的结构特征时,可采用在矩形线框内画出其结构要素符号表示滚动轴承。

通用画法和特征画法应绘制在轴的两侧。矩形线框、符号和轮廓线均用粗实线绘制。

2)规定画法

必要时,在滚动轴承的产品图样、产品样本和产品标准中,采用规定画法表示滚动轴承。采用规定画法绘制滚动轴承的剖视图时,轴承的滚动体不画剖面线,其内外圈可画成方向和间隔相同的剖面线;在不致引起误解时,也允许省略不画。滚动轴承的倒角省略不画。

规定画法一般绘制在轴的一侧,另一侧按通用画法绘制。

滚动轴承的各种画法及尺寸比例,如表 7-8 所示。其各部尺寸可根据滚动轴承代号,由标准附录中查得。

表 7-8　滚动轴承的画法(GB/T 4459.7—1998)

名称	画法			装配示意图
	简化画法		规定画法	
	通用画法	特征画法		
深沟球轴承	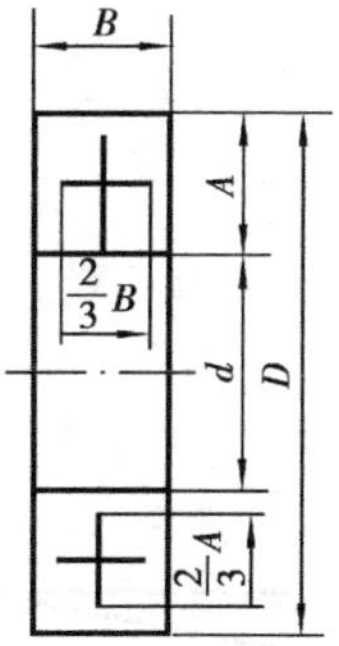	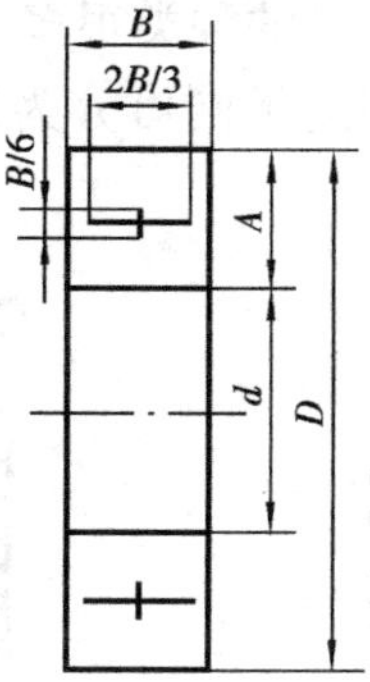	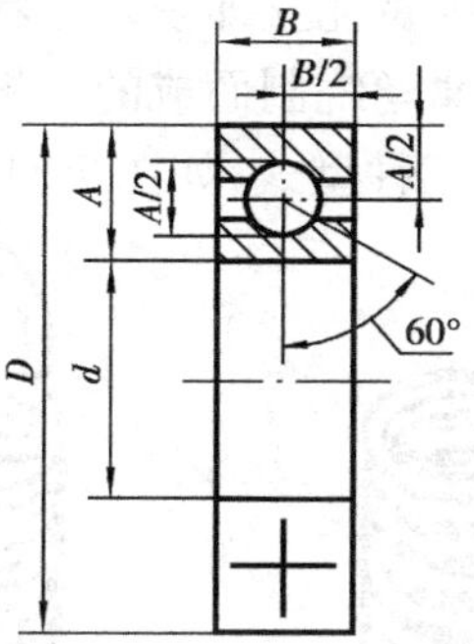	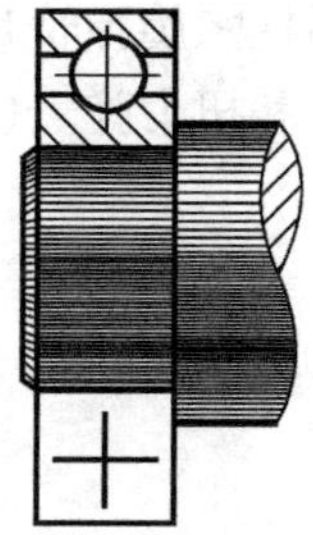
圆锥滚子轴承		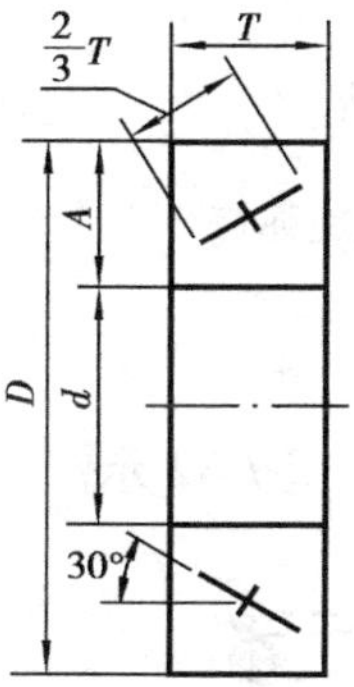	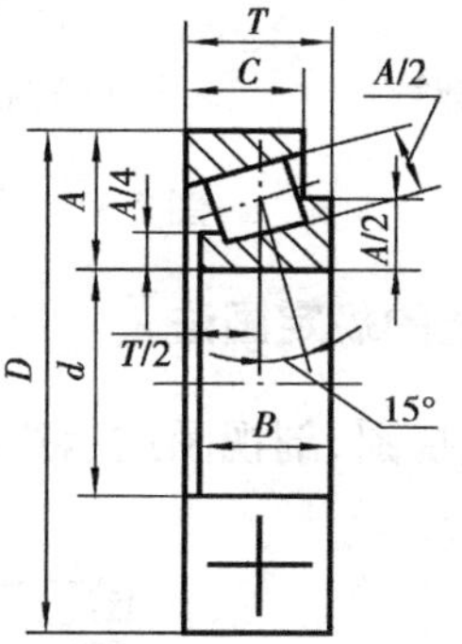	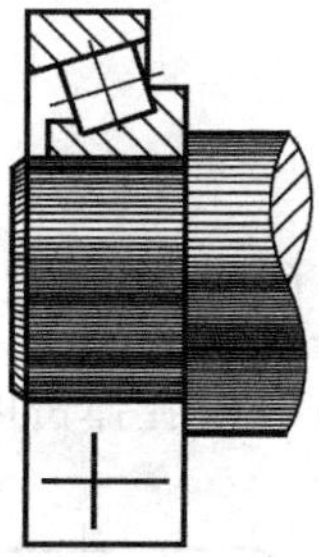
推力球轴承		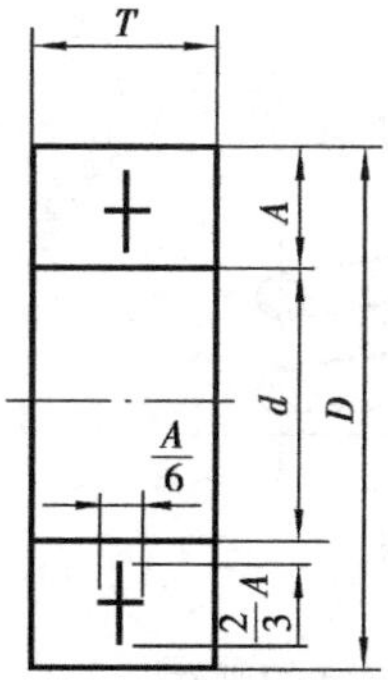	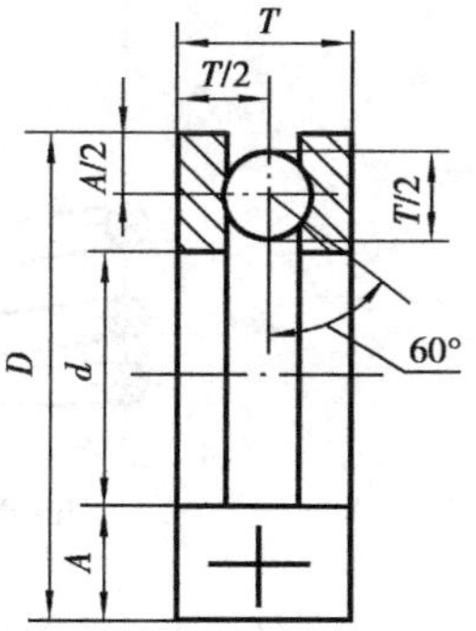	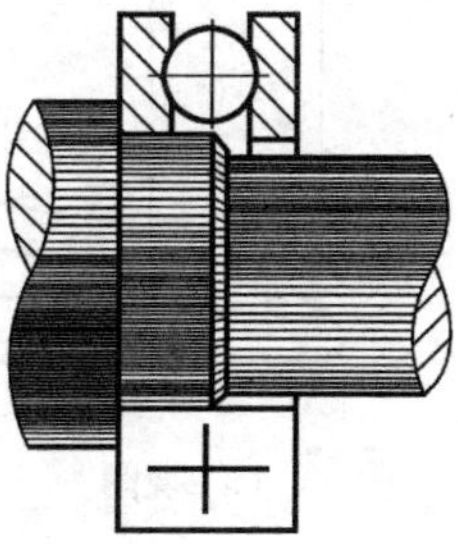

7.6 弹 簧

弹簧是一种用来减振、夹紧、测力和储存能量的零件。它的特点是在弹性限度内,受外力作用而变形,去掉外力后,弹簧能立即恢复原状。弹簧的种类很多,用途较广。

圆柱螺旋弹簧是由金属丝绕制而成的。根据用途不同可分为压缩弹簧(Y 型)、拉力弹簧(L 型)和扭力弹簧(N 型)三种型式,如图 7-31 所示。

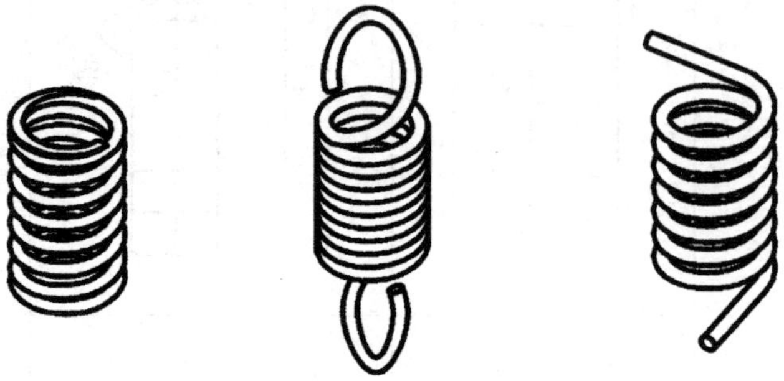

(a)压缩弹簧　(b)拉力弹簧　(c)扭力弹簧

图 7-31　圆柱螺旋弹簧

7.6.1　圆柱螺旋弹簧的规定画法

圆柱螺旋弹簧可画成视图、剖视图或示意图,如图 7-32 示。

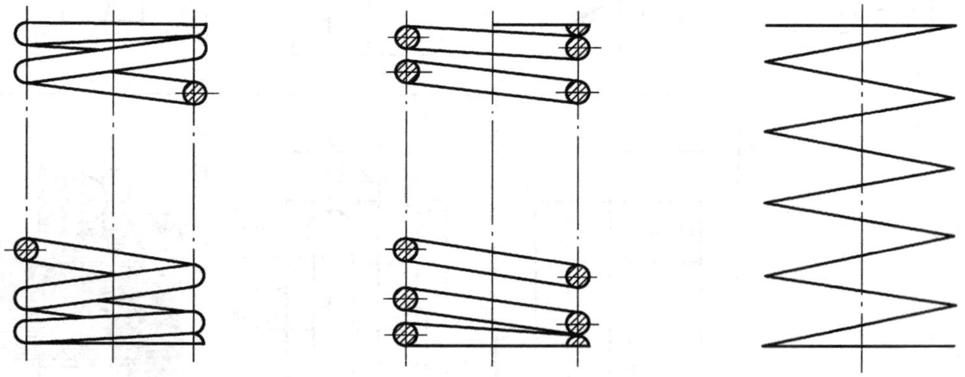

(a)视图　(b)剖视图　(c)示意图

图 7-32　圆柱螺旋弹簧的画法

画图时,应注意以下几点:

(1)圆柱螺旋弹簧在平行于轴线的投影面上的投影,其各圈的外形轮廓应画成直线。

(2)有效圈数在 4 圈以上的螺旋弹簧,允许每端只画 2 圈(不包括支承圈),中间各圈可省略不画,只画通过簧丝断面中心的两条细点画线。当中间部分省略后,也可适当地缩短图形的长(高)度,如图 7-32(a),(b)所示。

(3)在装配图中,弹簧中间各圈采取省略画法后,弹簧后面被挡住的零件轮廓不必画出,如图7-33(a)所示。

(4)当簧丝直径在图上小于或等于2 mm时,可采用示意画法,如图7-33(c)所示;如果是断面,可涂黑表示,如图7-33(b)所示。

(5)右旋弹簧或旋向不作规定的螺旋弹簧,在图上画成右旋。左旋弹簧允许画成右旋,但左旋弹簧不论画成左旋或右旋,一律要加注"LH"。

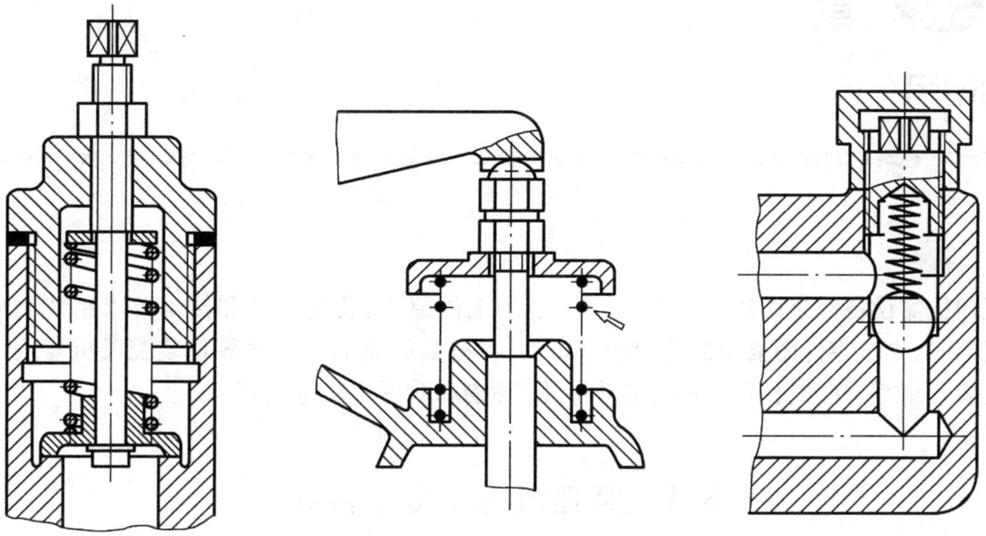

(a)　　(b)　　(c)

图7-33　弹簧在装配图中的画法

7.6.2　普通圆柱螺旋压缩弹簧的标记

圆柱螺旋压缩弹簧的标记格式如下:

名称　端部型式 $d \times D_2 \times H_0$——精度　旋向　标准编号　材料牌号—表面处理

【例7】　压簧　YA3×20×80　GB/T 2089—1980

本例所示为普通圆柱螺旋压缩弹簧,两端并紧、磨平(YA),$d=3$ mm,$D_2=20$ mm,$H_0=80$ mm,按3级精度制造,材料为碳素弹簧钢丝B级,且表面氧化处理的右旋弹簧。

第8章 零件图

任何机器设备都是由若干零件按照一定的工作原理、装配关系和技术要求组装而成的。制造机器时,先按零件图要求制造出全部零件,再按装配图的要求将零件装配成机器或部件。本章主要介绍零件图的作用、内容、基本要求、测绘和看图方法等内容。

8.1 零件图的作用与内容

8.1.1 零件图的作用

表达零件结构形状、尺寸大小、加工和检验时需要满足技术要求的图样,称为零件图。如图8-1所示的齿轮泵,由泵体、泵盖、齿轮轴、从动齿轮、从动轴、压盖、螺母等零件和一些标准

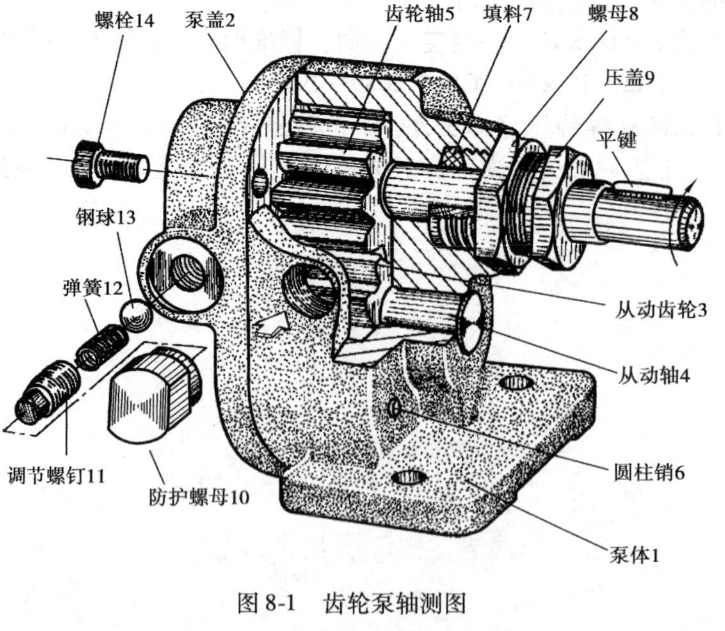

图8-1 齿轮泵轴测图

件组成。零件图是生产中进行加工制造与检查零件质量的主要依据，是反映设计意图，进行技术交流的重要技术文件。

8.1.2　零件图的内容

图 8-2 是齿轮泵中齿轮轴的零件图。从中可以看出，一张完整的零件图，应该包括以下几方面内容：

（1）一组图形　用视图、剖视图、断面图及其他方法，正确、完整、清晰地表达零件的内、外结构形状。

（2）完整的尺寸　正确、完整、清晰、合理地标注出零件在制造和检验时所需要的全部尺寸。

（3）技术要求　用规定的代号或文字，注出零件在制造、检验和装配时应达到的要求，如表面粗糙度、尺寸公差、形状和位置公差、热处理等。

（4）标题栏　说明零件的名称、件数、材料、比例、图号、制图及校核人的姓名、日期等。

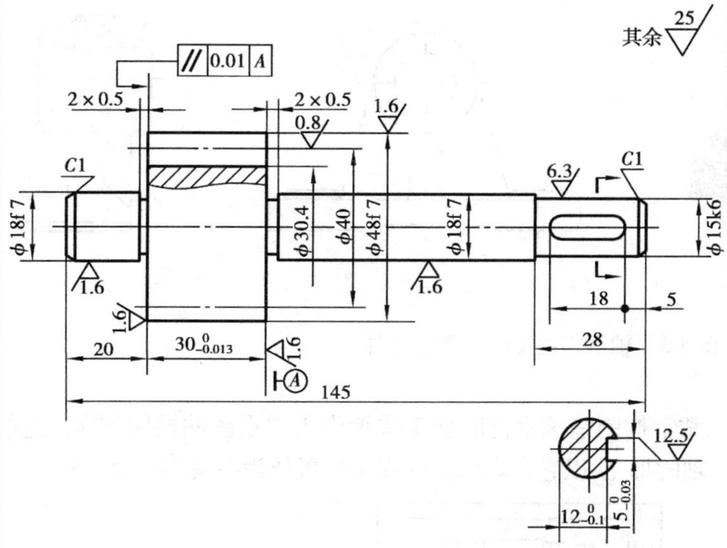

模数 m	4
齿数 z	10
齿形角 α	20°
精度等级GB/T 10095—1988—7—7HK	
齿圈径向跳动 F_r	0.063
公法线长度公差 F_w	0.028
基节极限偏差 f_{ph}	0.016
齿形公差 f_f	0.014

齿部淬火40~45HRC

主动齿轮	比例	数量	材料	08.02
	1:2	1	45	
制图				
审核				

图 8-2　齿轮轴的零件图

8.2 零件图视图与表达方案的选择

零件图视图选择的基本要求是:能完整、清晰地表达出零件的结构形状,并力求制图简便,容易看懂。由于组成机器的各个零件所起的作用不同,因此它们的结构形状也不相同,在视图的表达上应根据具体情况进行分析,只有确定合理的表达方案,才能画好零件图。

8.2.1 主视图的选择

主视图是零件图中最主要的视图,主视图的选择适当与否,直接影响到其他视图的选择。因此,画零件的视图时,必须首先选好主视图。选择主视图所依据的基本原则是:

1)显示形体特征的原则

选择最能反映零件各部分结构形状和相对位置的方向作为主视图的投射方向。

如图 8-3 所示的轴承座,从 *A*,*B* 方向投射,*A* 向最能显示其结构形状和各组成部分相对位置特征,因此选择 *A* 向做为主视图的投射方向。

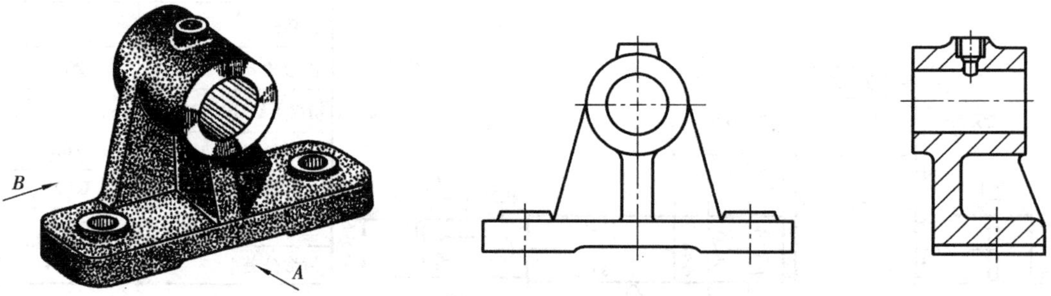

(a) (b) (c)

图 8-3 轴承座主视图的投射方向

2)考虑加工位置的原则

对轴套类、轮盘类零件,主视图常常按制造该零件时加工位置作为主视图的投射方向。这样,便于加工时看图。如图 8-4 所示的轴的加工,以它在车床上的加工位置作为主视图是合适的。

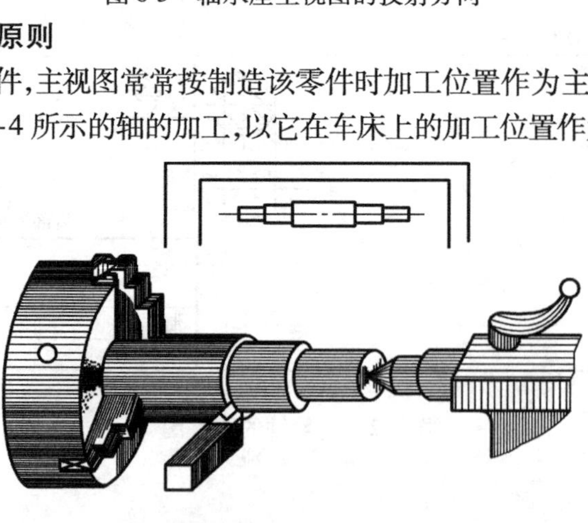

图 8-4 轴在车床上加工位置

图 8-5 为车床尾座上的端盖,其外圆内孔和侧表面是在车床上加工的。因此,应把轴线水平放置时的加工位置,作为主视图的方向。

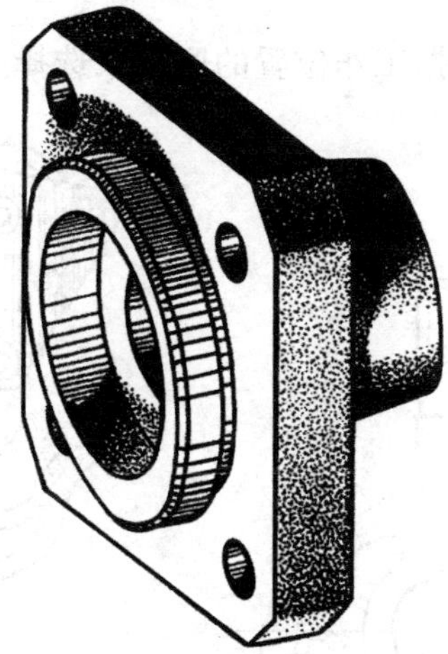

(a) 端盖轴测图

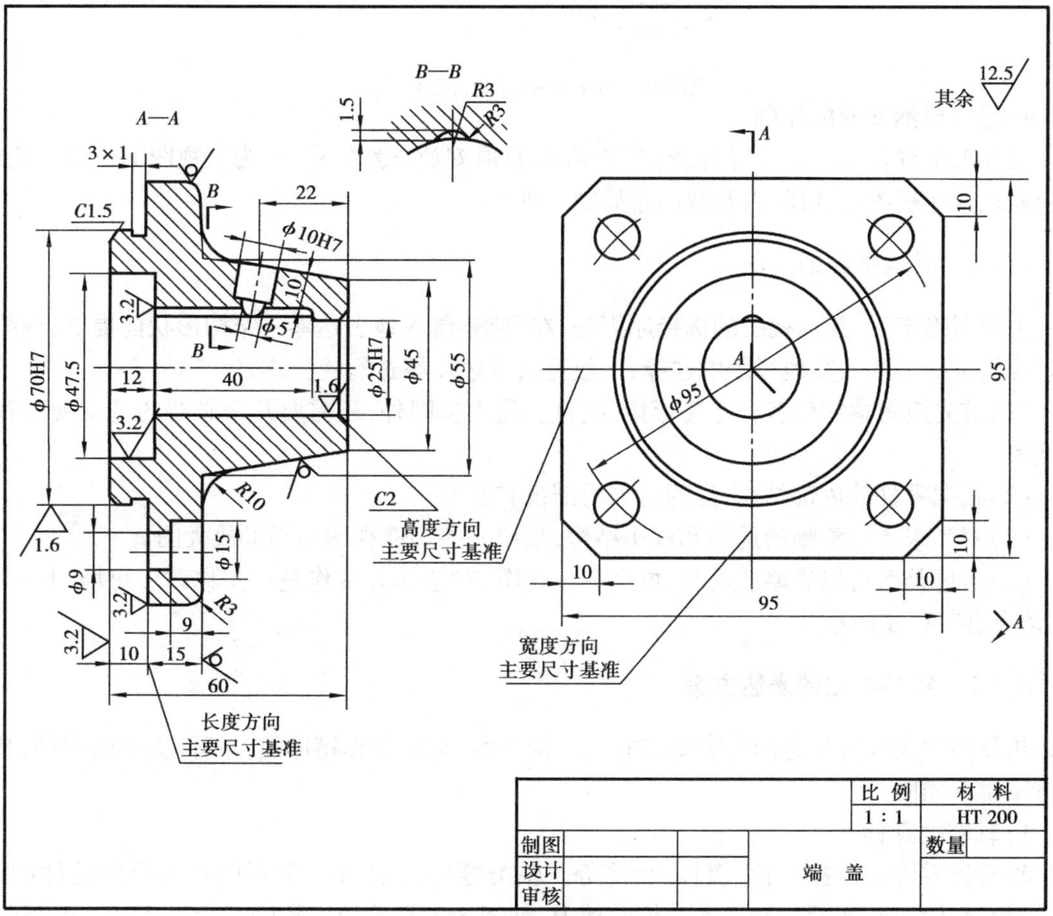

(b) 端盖零件图

图 8-5　端盖

3）考虑工作位置的原则

对支架类、箱体类零件，一般根据工作位置的原则来选择主视图。如图 8-6 所示的吊钩。

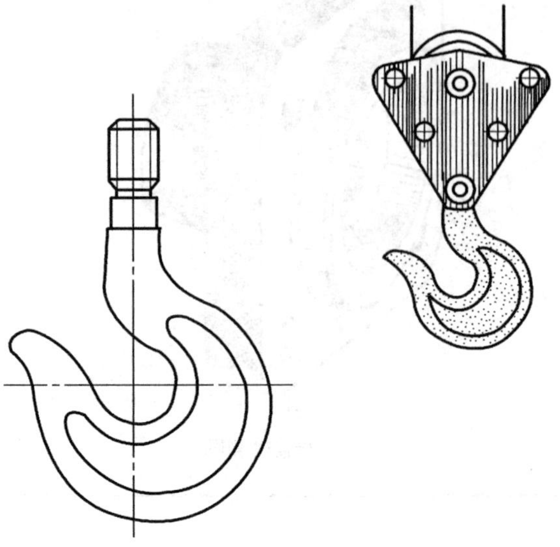

图 8-6　吊钩主视图符合工作位置

4）零件自然安放的原则

当加工位置各不相同，工作位置不固定时，宜取安放自然平稳，作为主视图的位置。此外，还应兼顾其他视图的选择，以及视图布局的合理性。

8.2.2　其他视图的选择

主视图确定后，其他视图的选择原则是：在完整、清晰地表达零件结构形状前提下，视图的数量应力求少一些。其他视图的选择，一般可按下述步骤进行：

（1）首先应考虑零件各个主要形体的表达，除主视图外，还需要几个必要的基本视图和其他视图。

（2）根据零件的内部结构，选择适当的剖视和断面。

（3）对尚未表达清晰的局部和细小结构，采用一些局部视图和局部放大图。

（4）考虑是否可以省略或简化，取舍一些视图，对总体方案作进一步修改。每增加一个视图，都应有其存在的意义。

8.2.3　零件视图的表达方案

机器零件大致可分为四种类型：轴套类、轮盘类、叉架类和箱体类。不同类型的零件，其表达方案也不相同。

1）轴套类零件

轴套类零件包括各种轴、螺杆、套筒等。轴类零件在机器中主要用来支承传动件（如齿轮、链轮、带轮等），实现旋转运动并传递动力，如图 8-2 所示的齿轮轴。套类零件一般是装在轴上，起轴向定位、传动和连接作用，如图 8-7 所示的滑阀。

轴套类零件主体是由同轴线、不同直径的数段回转体（“轴段”）组成，轴向尺寸大于直径。轴上常有轴肩、键槽、螺纹及退刀槽、砂轮越程槽、圆角、倒角、中心孔等局部结构。它们的形状和尺寸大部分已标准化。

轴套类零件加工的主要工序一般都在车床、磨床上进行。这类零件常采用一个基本视图——主视图，轴线水平放置表示它的主体结构；对轴上的孔、键槽等结构，一般用局部剖视图或断面图表示；对退刀槽、圆角等细小结构用局部放大图表示，如图 8-2、图 8-7 所示。

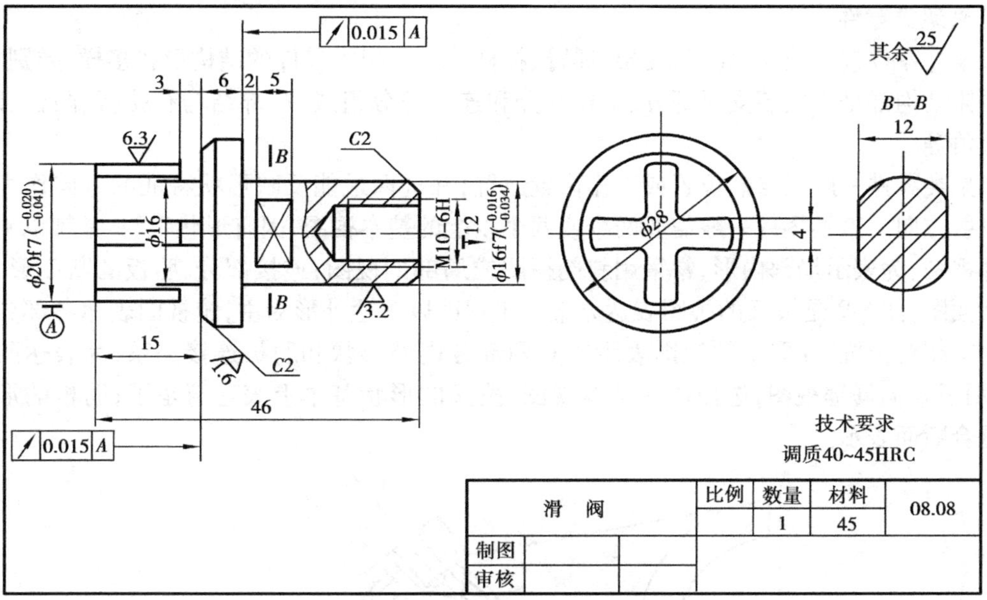

图 8-7　滑阀零件图

2）轮盘类零件

轮盘类零件包括法兰盘、端盖、各种轮子（手轮、齿轮、带轮）等。轮类零件一般用于传递动力和扭矩，盘类零件主要起支承、轴向定位和密封等作用。这类零件主体一般为同轴线不同直径的回转体，直径尺寸大于轴向尺寸；或其他几何形状的扁平板状。常见局部结构有凸台、

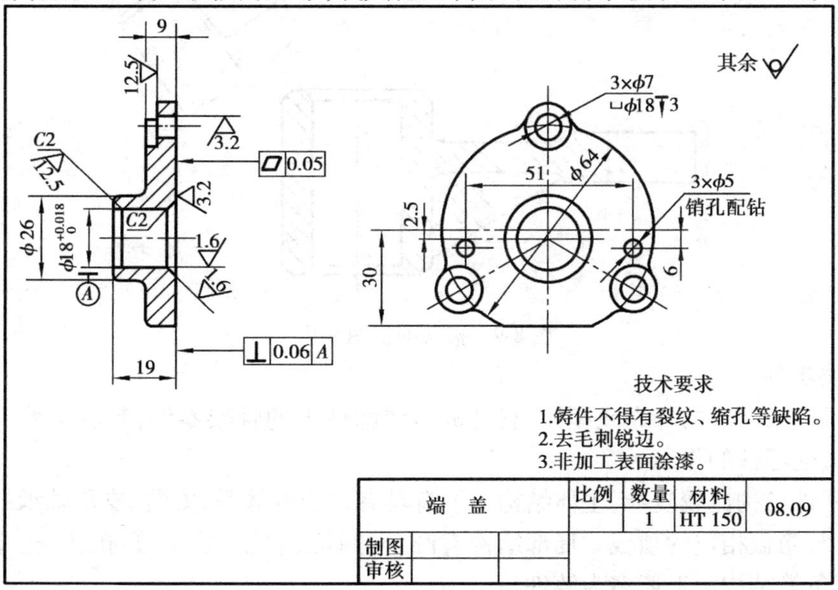

图 8-8　端盖零件图

凹坑、均布安装孔、轮幅、键槽、退刀槽等。

这类零件一般需要两个基本视图,常按加工位置放置,轴线水平,以反映厚度方向的全剖视图为主视图。侧视图表达外形轮廓和孔槽的分布情况(扁平板状有的采用俯视图),个别细节采用局部视图、断面图、局部放大图等表示,如图 8-8 所示。

3)叉架类零件

叉架类零件包括拨叉、连杆、支架、摇臂、杠杆等。叉架类零件的结构形状多样,差别较大,但其主体结构都是由安装支承部分、工作部分和连接部分组成,局部结构有肋板、凸台、凹坑、铸造圆角等。

叉架类零件一般以自然位置或工作位置放置,并选取最能反映形状特征的方向作为主视图的投射方向。这类零件一般需要两个或两个以上的基本视图,因有形状歪斜,常辅以斜视图或局部视图;为表示局部内形,常采用斜剖视图或局部剖视图;连接部分、肋板的断面形状,常采用断面图,图 8-9 是拨叉的视图表达方案。主视图以表达外形为主,俯视图表达各部分在宽度方向的相对位置,并取全剖视图表示左右两部分内外形状和肋板连接关系;为表达凸台形状,采用了 *A* 向局部视图,选择这些基本视图,拨叉的形状基本上表达清楚了;肋板的形状则采用重合断面表示。

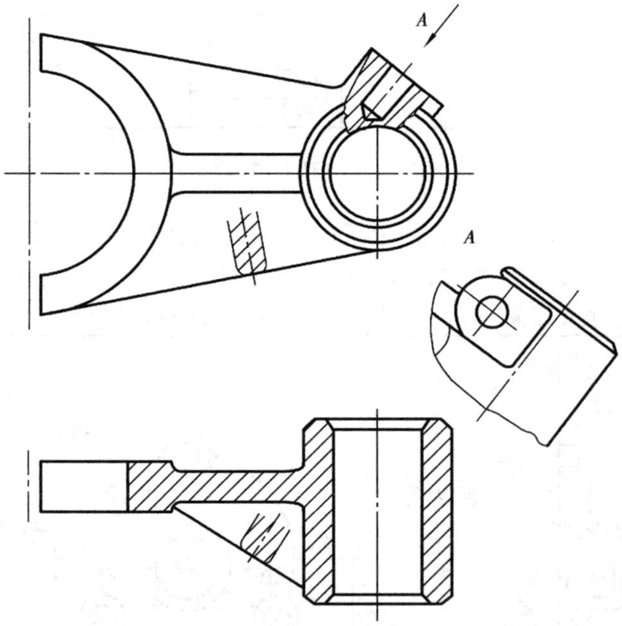

图 8-9　拨叉的视图表达

4)箱体类零件

箱体是机器或部件的外壳或座体,它是机器或部件中的骨架零件,起着支承、包容、安装、固定部件中其他零件的作用。

箱体类零件结构比较复杂,主体结构一般有具有内腔的体身,安装、支承轴承的孔,与机架相连的底板,与箱盖相连的顶板。局部结构有凸台、凹坑、肋板、导轨、螺孔、销孔、沟槽与螺栓通孔、铸造圆角等结构。毛坯多为铸件。

由于箱体类零件结构形状较复杂、加工位置多变,所以一般以工作位置及最能反映其各组成部分形状特征和相对位置的方向作为主视图的投射方向。根据具体零件，往往需要多个视图、剖视以及其他表示方法来表示。

图 8-10 是图 8-1 所示齿轮泵泵体的零件图，主视图采用全剖视，表达内部形状和各部分的相对位置；左、右视图采用局部剖视，反映两侧外形和孔的形状及位置；俯视图采用对称画法并作局部剖，反映底板和螺孔的形状。

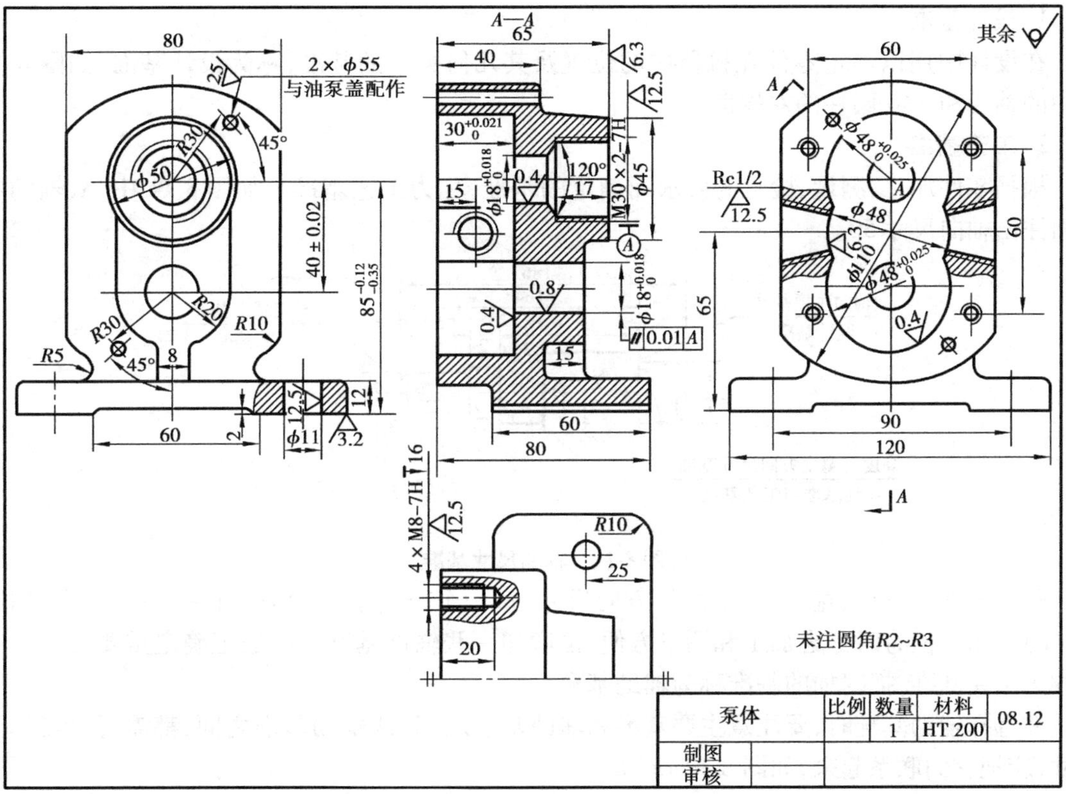

图 8-10　泵体零件图

通过以上四类零件分析可以看出，选择零件图表达方案，首先要对零件的结构形状进行分析，在确定主视图的基础上，根据零件的内外形状特点，选用合适的表达方法。

零件视图表达是一个整体，各个视图必须突出重点，又相互补充，从而达到完整、清晰、简洁地表达零件结构形状，而且又方便读图的目的。

8.3　零件图的尺寸标注

零件图中的尺寸是制造和检验零件的重要依据之一，除应达到正确、完整、清晰外，还应做到合理，使所注的尺寸既要保证设计要求，又要符合加工、测量等工艺要求。

尺寸标注的合理性，主要是指：

(1)满足零件结构设计上的要求　通过对所画零件作用的了解，标注零件结构的尺寸。

(2)满足零件加工和检验的要求　通过对所画零件加工过程的了解，所注尺寸要尽量有利于加工和检验。

8.3.1 尺寸基准的选择

所谓尺寸基准,是指标注尺寸的起点。根据尺寸基准在生产过程中的不同作用,将基准分为设计基准和工艺基准。

1)设计基准

在设计中用以确定零件在机器中的位置及其几何关系的基准,称为设计基准,如图 8-11 轴中的轴线和 $\phi40$ 圆柱的左端面。

2)工艺基准

根据零件加工、测量、检验的要求而确定的基准,称为工艺基准。如图 8-11 中,从轴的右端面注出轴向尺寸 50。

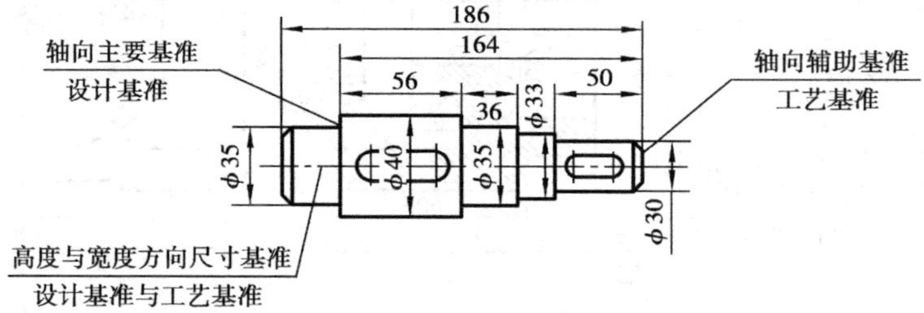

图 8-11　轴的尺寸基准

每个零件都有长、宽、高三个度量方向尺寸,每一个方向上至少应当选择一个基准,如图 8-5(b)所示。但有时考虑加工和测量方便,常增加一些辅助基准。一般把确定重要尺寸的基准称为主要基准,把附加的基准称为辅助基准。

在选择辅助基准时,要注意主要基准和辅助基准之间、两辅助基准之间,都需要直接标注尺寸,应把它们联系起来,如图 8-12 所示。

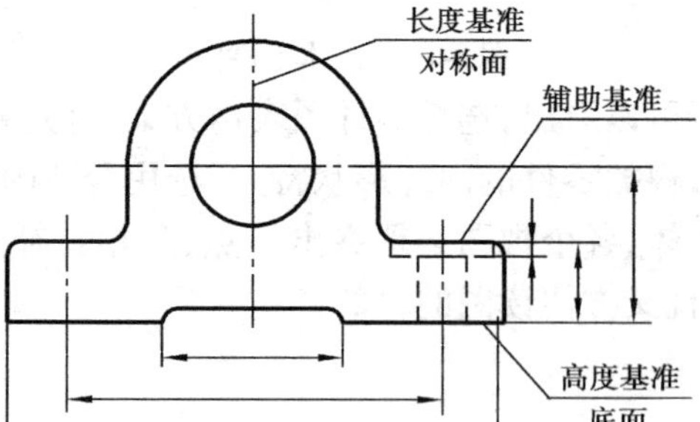

图 8-12　主要基准与辅助基准间的关系

尺寸基准选择的基本原则是:尽可能使设计基准与工艺基准一致。

8.3.2 标注尺寸的基本原则

(1)对设计中的重要尺寸,要从基准出发直接注出,以保证设计要求。

(2)尺寸标注时,不允许注成封闭的尺寸链。如图 8-13(a)所示,就形成了封闭的尺寸链,前一尺寸的终点,即为后一尺寸的起点(尺寸的基准各不相同,并互为基准)。此时,总长的误差是各段误差的总和。图 8-13(b)中选择一段(称为开口环)空出不注,是合理的。

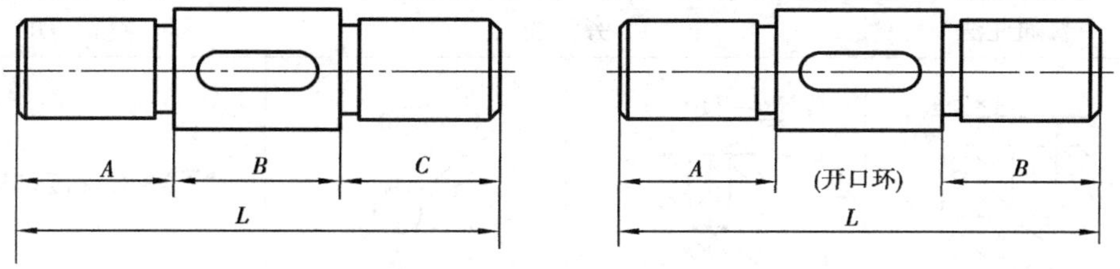

(a)封闭的尺寸链　　(b)确定开口环

图 8-13　尺寸链与开口环

(3)标注尺寸时要考虑加工方便。使不同工种的工人看图方便,应将零件上的加工面与非加工面尺寸,尽量分别注在图形的两边(图 8-14)。对同一工种的加工尺寸,要适当集中如图 8-15,以便于加工时查找。

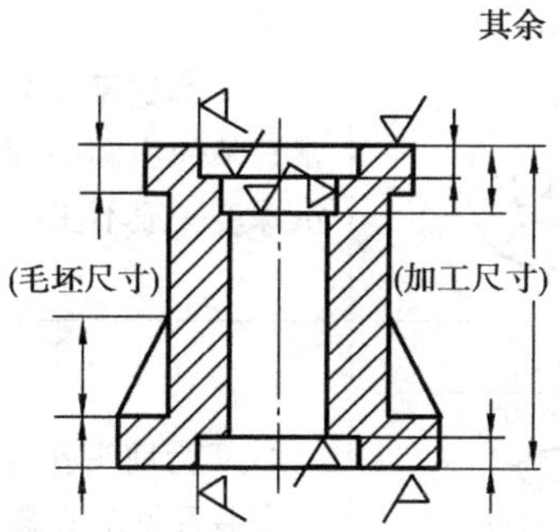

图 8-14　加工面与非加工面的尺寸注法

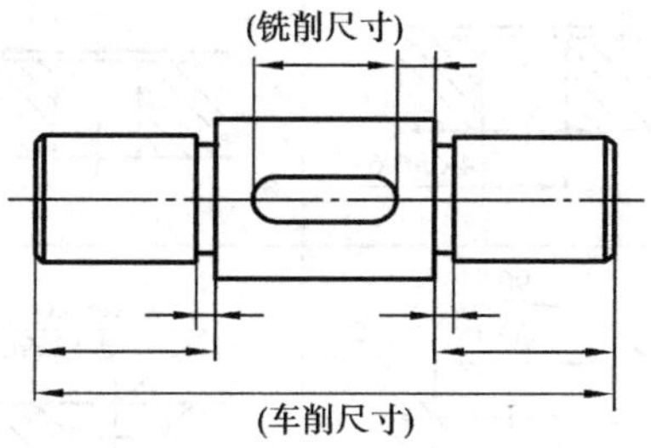

图 8-15　同工种加工尺寸的注法

(4)按测量要求标注尺寸。在生产中,为便于测量,所注尺寸要尽量使用普通量具测量。图 8-16(a)中的尺寸不便于测量,应按图 8-16(b)的形式标注。

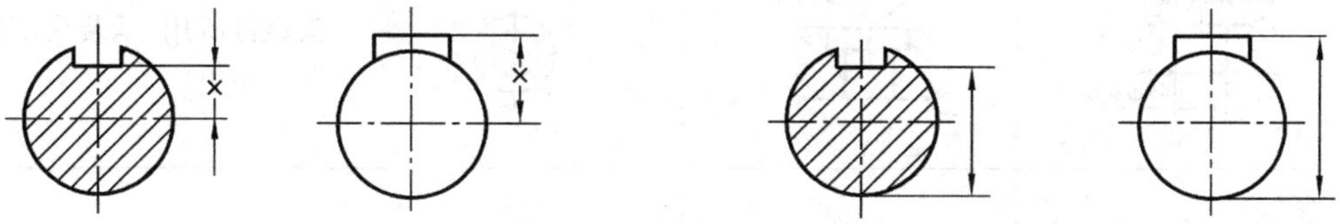

(a)不便于测量　　(b)便于测量

图 8-16　按测量要求标注尺寸

8.3.3　零件中常见结构的尺寸注法

零件上倒角、退刀槽、光孔、螺孔等结构的尺寸注法,参见表 8-1 中的示例标注。两种注法为同一结构的两种注写形式。标注尺寸时,可根据图形情况及尺寸位置来选择。

表 8-1　零件上常见孔的尺寸注法

类型	普通注法	旁注法		说　明
光孔	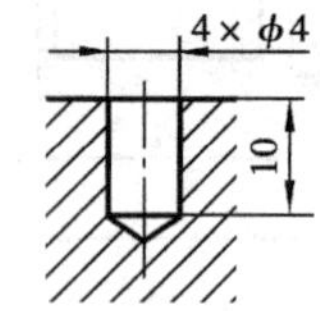	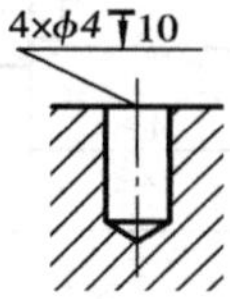	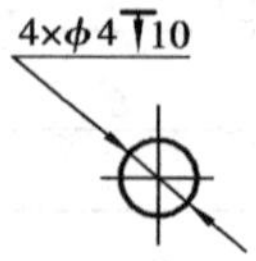	“↧”为孔深度符号
	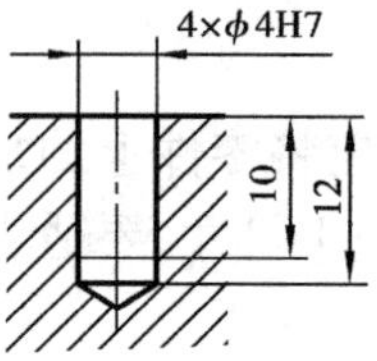	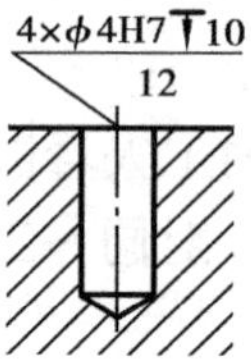	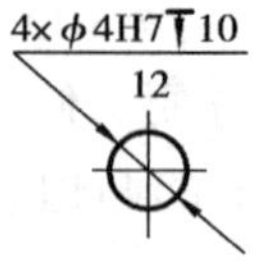	钻孔深度为 12，精加工孔（铰孔）深度为 10
锪孔	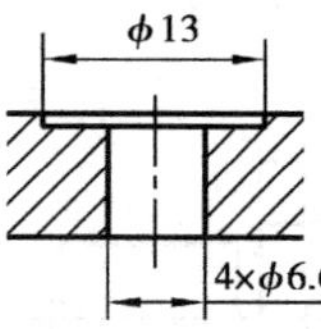	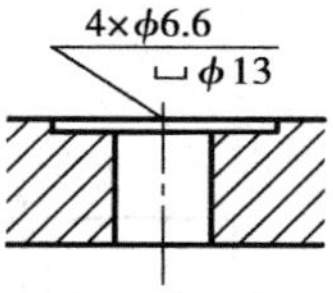	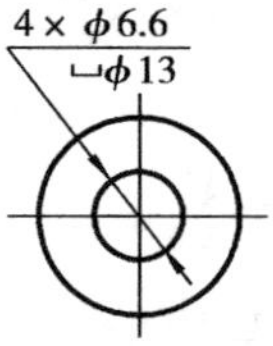	“⌴”为锪平符号，锪孔通常只须锪出圆平面即可，故沉深度一般不注
沉孔	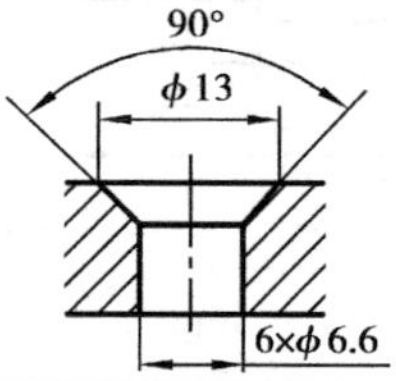	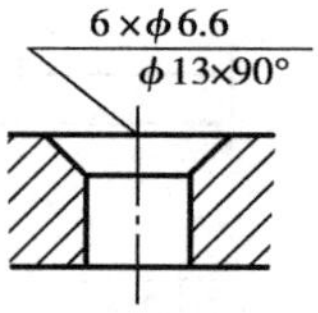	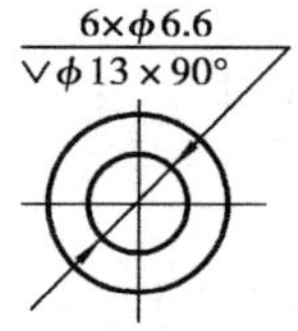	“⌵”为埋头孔符号，该孔为安装开槽沉头螺钉所用
	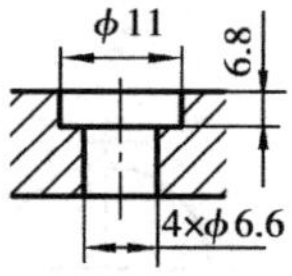	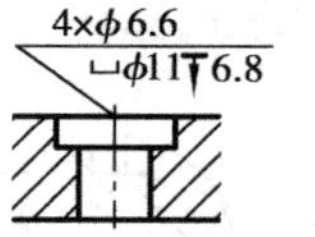		该孔为安装内六角圆柱头螺钉所用，承装头部的孔深应注出
螺孔	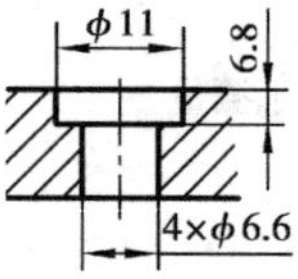	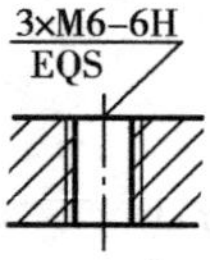	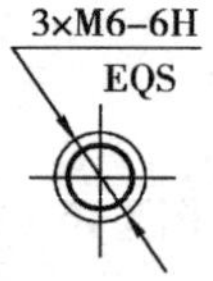	“EQS”为均布孔的缩写词
	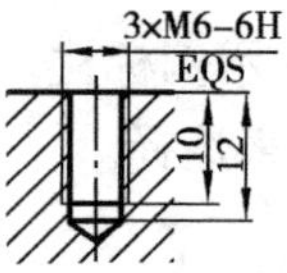	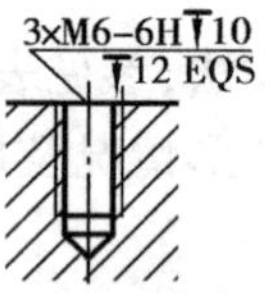	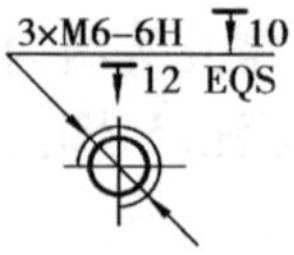	

8.4　零件图上技术要求的注写

零件图中除了图形和尺寸而外，还应具备加工和检验零件的技术要求。零件图的技术要求包含以下几个方面：

(1)零件的表面粗糙度。

(2)尺寸公差、形状公差和位置公差。

(3)对零件材料的热处理和表面修饰的说明。

(4)对指定加工方法和检验的说明。

以上内容可以用符号在图中标注，也可用文字在标题栏上方注写，本节就有关技术要求及其标注方法作简要介绍。

8.4.1　表面粗糙度

1)表面粗糙度基本概念

零件在加工时，由于刀具运动与摩擦、机床的振动及零件的塑形变形等各种因素，形成了零件加工表面存在着间距较小的轮廓峰谷。这种表面上具有较小间距的峰谷所组成的微观几何形状特征，称为表面粗糙度。

表面粗糙度是评定零件表面质量的一项重要技术指标。表面粗糙度的要求越高(即表面粗糙度数值越小)，零件表面质量越高，其加工成本越高。因此，在满足使用条件下，应合理地选用表面粗糙度参数。国家标准规定的表面粗糙度评定参数有：轮廓算术平均偏差 R_a，微观不平度十点高度 R_z 和轮廓最大高度 R_y 等，一般情况下粗糙度常以轮廓算术平均偏差 R_a 值来评定。

2)表面粗糙度的符号和代号

表面粗糙度以代号形式在零件图上标注。其代号由符号和参数组成，表面粗糙度符号的意义和画法见表 8-2。

表 8-2　表面粗糙度符号的意义和画法

符　号	意义及说明	符号画法
	基本符号，表示表面可用任何方法获得	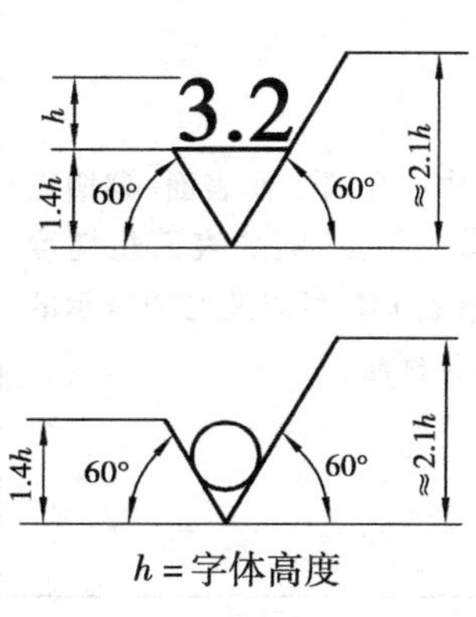 h = 字体高度
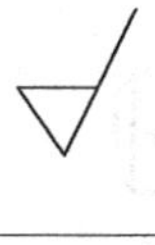	表示表面是用去除材料的方法获得，例如：车、铣、刨、磨、钻等。可称其为加工符号	
	表示表面是用不去除材料的方法获得，例如：铸、锻、轧等。可称其为毛坯符号	

3) 表面粗糙度的标注

在图样中,零件表面粗糙度是用代(符)号标注的。它由规定的符号和有关参数组成,一般情况下,只将表面粗糙度高度参数 R_a 的上限值(以 μm 为单位),注在符号上方。表面粗糙度标注示例,如表 8-3 所示。

表 8-3　表面粗糙度在图样上的标注

标注要求	图　例
图样中,零件的每一个表面通常只标注一次代(符)号,并尽量标注在确定该表面大小或位置的视图上; 代(符)号应当注在可见轮廓线、尺寸线、尺寸界线或它们的延长线上,符号的尖端必须从材料外面指向表面; 表面粗糙度代号中的数字及符号,其注写方向必须与尺寸数字方向一致	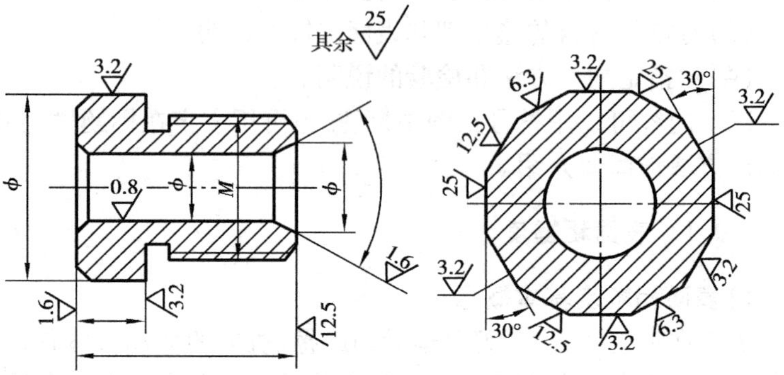
为简化标注方法,或者标注位置受到限制,可以标注简化代号,但必须在标题栏附近说明此简化代(符)号的意义; 当零件全部表面粗糙度要求均相同时,其代(符)号可以在图样的右上角统一标注	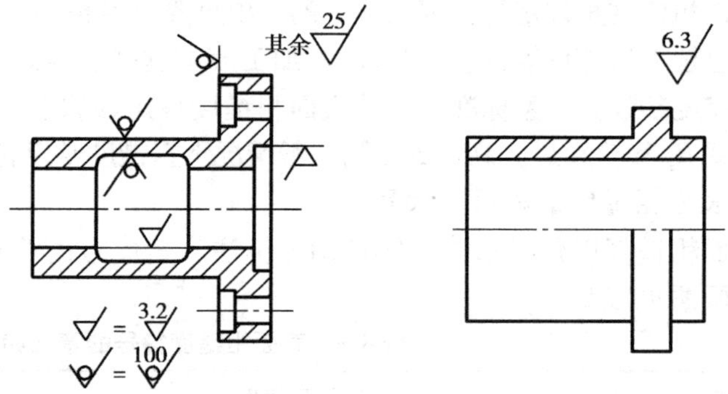
中心孔的工作表面、键槽工作面、倒角、圆的表面粗糙度代(符)号,可以按右图所示的简化标注	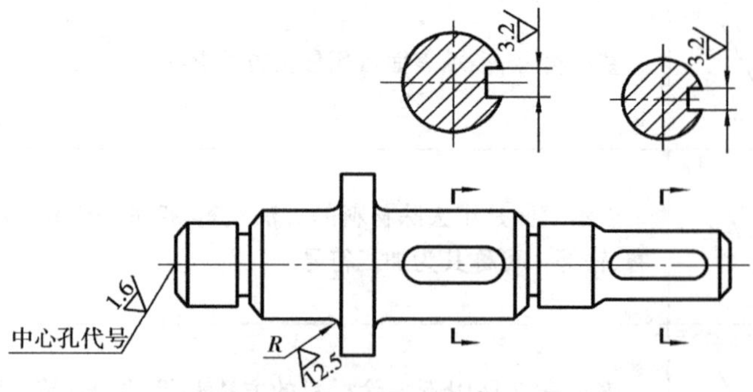

8.4.2　极限与配合

在一批相同的零件中任取一个,不需修配便可装到机器上并能满足使用要求的性质,称为互换性。

为使零件具有互换性,必须保证零件的尺寸、表面粗糙度、几何形状及零件上有关要素的相互位置等技术要求的一致性。就尺寸而言,互换性要求尺寸的一致性,并不是要求零件都准确地制成一个指定的尺寸,而只是限定其在一个合理的变动范围内。对于相互配合的零件,这个范围,一是要求在使用和制造上是合理、经济的;再就是要求保证相互配合的尺寸之间形成一定的配合关系,以满足不同的使用要求。前者以“公差”标准化来保证,后者以“配合”标准化来保证,由此形成了“极限与配合”。

1)基本术语及定义

现以图 8-17 为例,介绍相关的术语及定义。

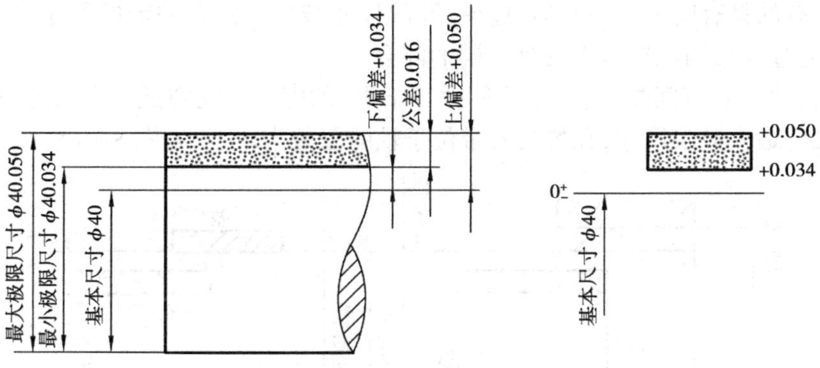

(a)　　　　　　　　(b)

图 8-17　基本术语和公差带示意图

(1)尺寸　以特定单位表示线性尺寸值的数值。它由数字和长度单位组成,包括直径、半径、长度、宽度、高度、厚度及中心距等。

(2)基本尺寸　是设计给定的尺寸,如图 8-17 中的 $\phi 40$。通过它以及上、下偏差可算出极限尺寸,基本尺寸也可以是一个带小数的值或小数值。

(3)实际尺寸　通过测量获得的某一孔、轴的尺寸。孔、轴可以是圆柱形内、外表面,也可以是由二平行平面形成的包容面、被包容面。如键槽和键的宽向两侧面,即分别为内表面和外表面。

(4)极限尺寸　一个孔或轴允许尺寸的两个界限值。实际尺寸位于其中,也可达到极限尺寸。孔或轴允许的最大尺寸称为最大极限尺寸,如图中的 40.050;孔或轴允许的最小尺寸称为最小极限尺寸,如图中的 40.034。极限尺寸可以大于、小于或等于基本尺寸。

(5)偏差　某一尺寸(实际尺寸、极限尺寸等)减其基本尺寸所得的代数差。最大极限尺寸减其基本尺寸所得的代数差称为上偏差;最小极限尺寸减其基本尺寸所得的代数差称为下偏差。上偏差与下偏差统称为极限偏差。实际尺寸减其基本尺寸所得的代数差称为实际偏差。偏差可以是正值、负值或零。

孔的上、下偏差代号用大写字母 ES、EI 表示;轴的上、下偏差代号用小写字母 es,ei 表示。图 8-17 中轴的极限偏差计算如下:

上偏差(es) = 40.050 - 40 = 0.050,下偏差(ei) = 40.034 - 40 = 0.034。

(6)尺寸公差(简称公差)　最大极限尺寸减最小极限尺寸之差,或上偏差减下偏差之差。它是允许尺寸的变动量,恒为正值。图 8-17 中轴的公差计算如下:

公差 = 最大极限尺寸 - 最小极限尺寸 = 40.050 - 40.034 = 0.016;

或　公差 = 上偏差 - 下偏差 = 0.050 - 0.034 = 0.016。

由此可知,公差用于限制尺寸误差,它是尺寸精度的一种度量。公差越小,零件的精度越高,实际尺寸的允许变动量也越小;反之,公差越大,尺寸的精度越低。

(7)公差带和零线　在公差分析中,常把基本尺寸、偏差及公差之间的关系简化成图 8-17(b)所示的图形。在公差带图中,由代表上、下偏差的两条直线所限定的一个区域称为公差带。在公差带图中,确定偏差的一条基准直线称为零偏差线,简称零线。通常零线表示基本尺寸。

2)配合

基本尺寸相同,相互结合的孔和轴公差带之间的关系称为配合。根据使用要求的不同,配合有松有紧。有的具有间隙,有的具有过盈(孔的尺寸减去相配合的轴的尺寸之差,为正称为间隙,为负称为过盈),因此有以下几种不同的配合。

(1)间隙配合　具有间隙(包括最小间隙等于零)的配合。间隙配合中孔的最小极限尺寸大于或等于轴的最大极限尺寸,孔的公差带位于轴的公差带之上,如图 8-18 所示。

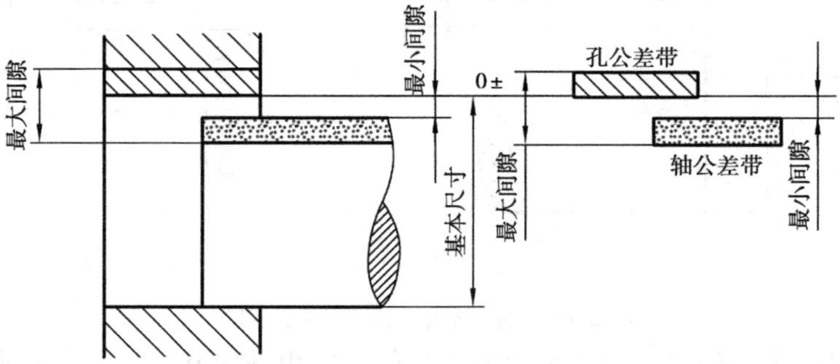

图 8-18　间隙配合

(2)过盈配合　具有过盈(包括最小过盈等于零)的配合。过盈配合中孔的最大极限尺寸小于或等于轴的最小极限尺寸,孔的公差带位于轴的公差带之下,如图 8-19 所示。

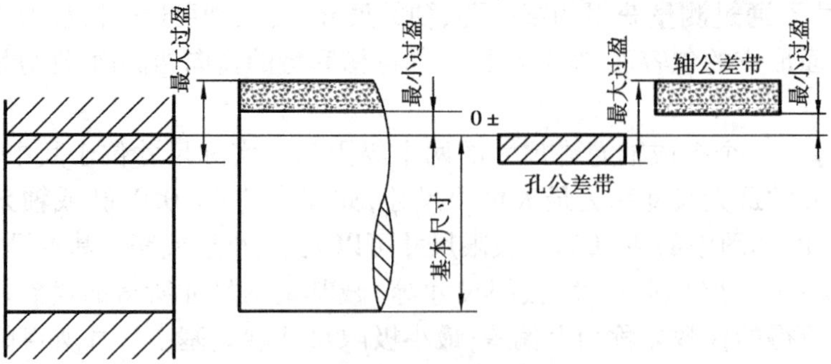

图 8-19　过盈配合

(3)过渡配合　可能具有间隙或过盈的配合。过渡配合中,孔的公差带与轴的公差带相互交叠,如图 8-20 所示。

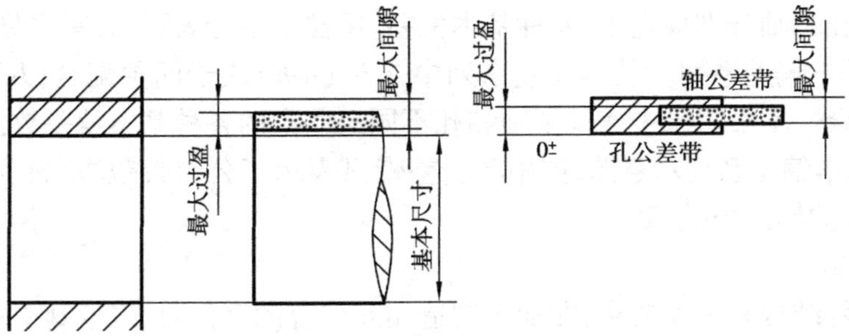

图 8-20　过渡配合

3)标准公差和基本偏差

公差带由“公差带大小”和“公差带位置”两个要素组成。标准公差确定公差带的大小,基本偏差确定公差带的位置。

(1)标准公差　国家标准规定的标准公差分为 20 个等级,表示为 IT01,IT0, IT1,…,IT18。其中 IT01 公差值最小,尺寸精度最高;从 IT0 到 IT18,数字越大,公差值越大,尺寸精度越低。

附录中有标准公差数值,从中可查出某一尺寸、某一公差等级下的标准公差值。如基本尺寸为 20、公差等级为 IT8 的公差值为 0.021 mm。

(2)基本偏差　为了确定公差带相对零线的位置,将上、下偏差中的某一偏差规定为基本偏差,一般为靠近零线的那个偏差。当公差带位于零线上方时,基本偏差为下偏差;当公差带位于零线下方时,基本偏差为上偏差。

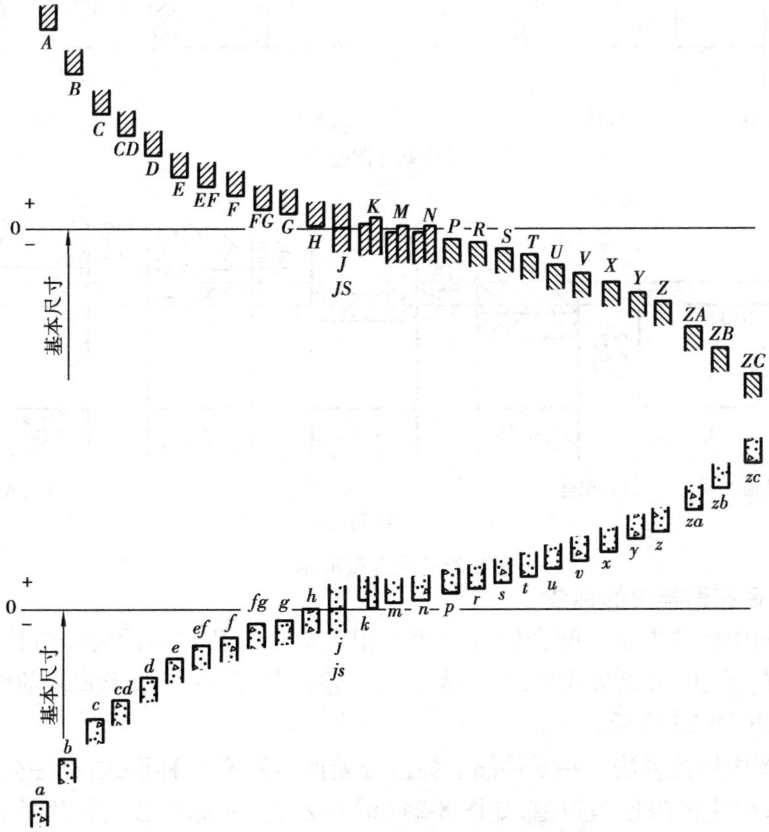

图 8-21　基本偏差系列示意图

国家标准对孔和轴分别规定了 28 种基本偏差,用拉丁字母表示,大写字母表示孔,小写字母表示轴,构成基本偏差系列。基本偏差系列中 *A-H* (*a-h*)用于间隙配合;*J-ZC*(*j-zc*)用于过渡配合和过盈配合。本书附录中摘录了轴和孔不同尺寸段的各种基本偏差数值。

图 8-21 为基本偏差系列示意图,图中各公差带只表示了公差带位置(即基本偏差),另一端开口,应由相应的标准公差确定。

4)配合基准制

为了满足零件结构和工作要求,在加工制造相互配合的零件时,采取其中一个零件作为基准件,使其基本偏差不变,通过改变另一零件的基本偏差以达到不同的配合性质的要求。国家标准规定了两种配合基准制。

(1)基孔制配合　基本偏差为一定的孔的公差带,与不同基本偏差的轴的公差带形成各种配合的一种制度。基孔制中选择基本偏差为 *H*,即下偏差为 0 的孔为基准孔,如图 8-22(a)所示。由于轴较孔易于加工,应优先选用基孔制配合。

(2)基轴制配合　基本偏差为一定的轴的公差带,与不同基本偏差的孔的公差带形成各种配合的一种制度。基轴制中选择基本偏差为 h,即上偏差为 0 的轴为基准轴,如图 8-22(b)所示。

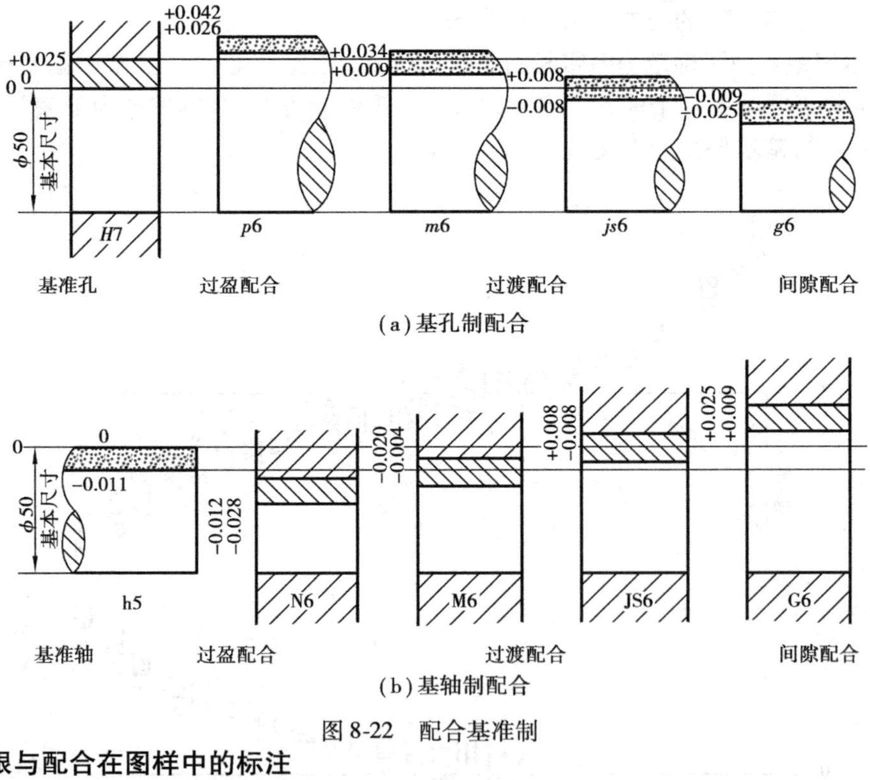

图 8-22　配合基准制

5)极限与配合在图样中的标注

(1)在装配图中标注方法　配合代号由两个相互结合的孔和轴的公差带代号组成,用分数形式表示,分子为孔的公差带代号,分母为轴的公差带代号,在分数形式之前注写基本尺寸数值,标注形式如图 8-23 所示。

(2)在零件图中标注方法　在零件图上标注公差的方法有三种形式:标注公差带代号,如图 8-24(a)所示;标注极限偏差数值,如图 8-24(b)所示;同时标注公差带代号和极限偏差数值,如图 8-24(c)所示。

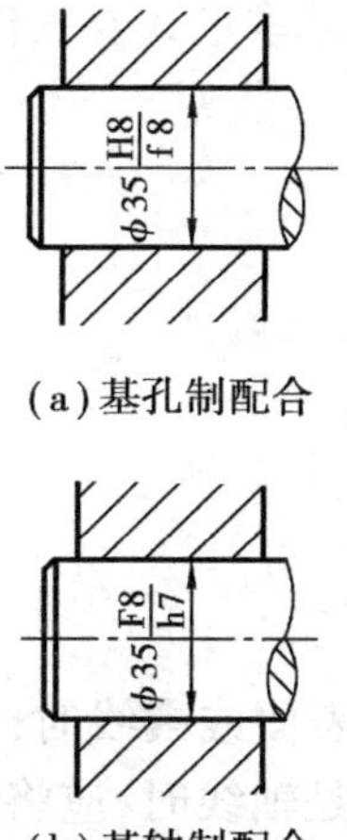

(a) 基孔制配合

(b) 基轴制配合

图 8-23　在装配图中的标注

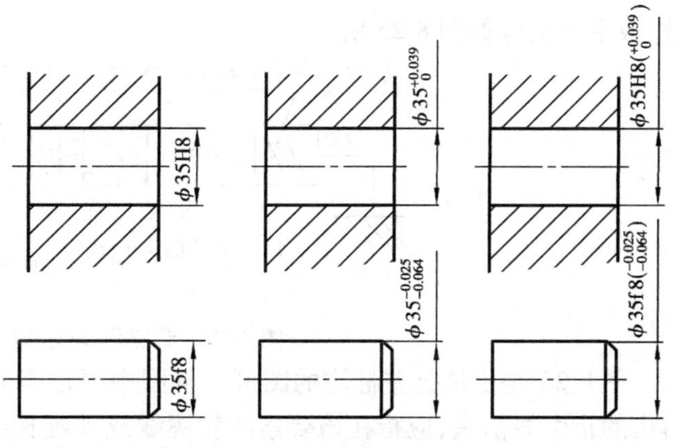

(a) 只注公差带代号　(b) 只注极限偏差数值　(c) 综合注法

图 8-24　在零件图中的标注

8.4.3　形状和位置公差简介

形状和位置公差(简称形位公差)是指零件的实际形状和实际位置对理想形状和理想位置的允许变动量。

对一般零件来说,它的形状和位置公差,可以由尺寸公差和机床的精度给以保证。对于精度要求较高的零件,要规定其表面形状和相互位置的公差,合理地确定形状和位置公差是保证产品质量的重要措施。

(1)形状和位置公差代号　国家标准 GB/T 1182—1996 规定,形位公差分为 2 类 14 项,即形状公差 6 项,位置公差 8 项。形位公差的分类、项目及符号如表 8-4 所示。

表 8-4　形位公差的分类、项目及符号

公差		特征项目	符号	有或无基准要求	公差		特征项目	符号	有或无基准要求
形状	形状	直线度	—	无	位置	定向	平行度	//	有
		平面度	▱	无			垂直度	⊥	有
		圆　度	○	无			倾斜度	∠	有
		圆柱度	⌭	无		定位	位置度	⌖	有或无
形状或位置	轮廓	线轮廓度	⌒	有或无			同轴度(同心度)	◎	有
		面轮廓度	⌓	有或无			对称度	⌯	有
						跳动	圆跳动	↗	有
							全跳动	⌰	有

(2)形位公差的标注　形位公差要求在矩形方框中给出。该方框由二格或多格组成,框

格中的内容从左到右按公差特性符号、公差值、基准要素的次序填写,其基本形式及其框格、符号、数字规格等如图 8-25 所示。

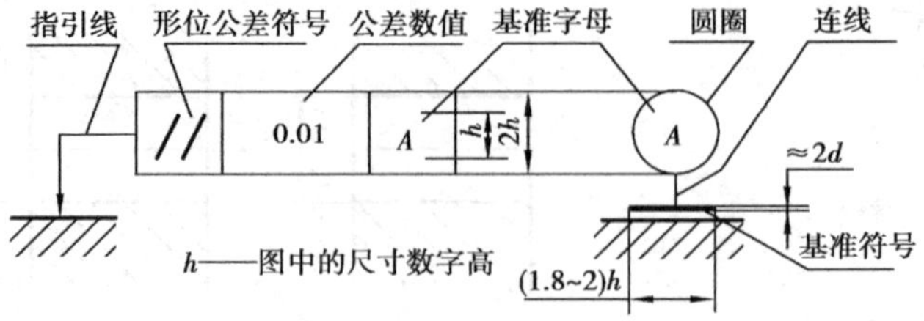

图 8-25　形位公差代号及基准代号

图 8-26 是形位公差标注的图例。从图中可以看到,当被测要素是表面或素线时,从框格引出的指引线箭头,应指在该要素的轮廓线或其延长线上;当被测要素是轴线时,应将箭头与该要素的尺寸线对齐,如 M8 ×1 轴线的同轴度注法;当基准要素是轴线时,应将基准符号与该要素的尺寸线对齐,如基准 A。

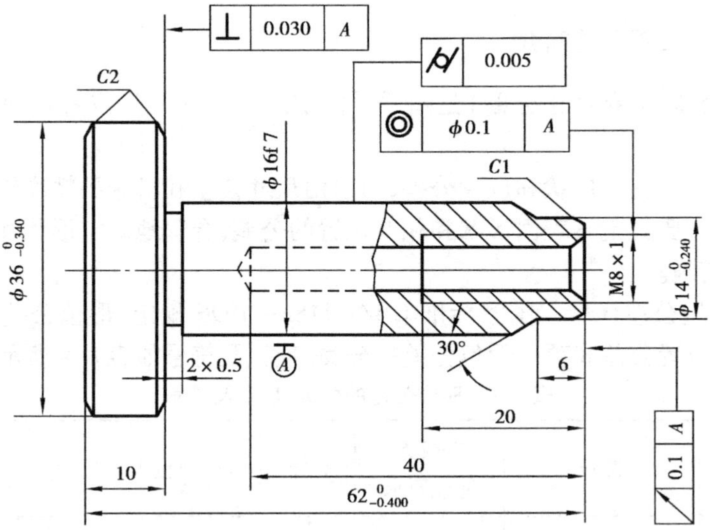

图 8-26　形位公差标注示例

8.5　零件上常见的工艺结构

零件的结构形状,是根据它在机器中的作用来决定的。除了满足设计要求外,还要考虑在零件加工、测量、装配过程所提出一系列工艺要求,使零件具有合理的工艺结构。下面介绍一些常见的工艺结构。

8.5.1　铸造工艺对结构的要求

(1)起模斜度　在铸造零件毛坯时,为了便于在砂型中取出模样,一般沿着起模方向设计出起模斜度,通常为 1∶20。铸造零件的起模斜度在图中可不画出、不标注,必要时,可在技术要求中用文字说明,如图 8-27 所示。

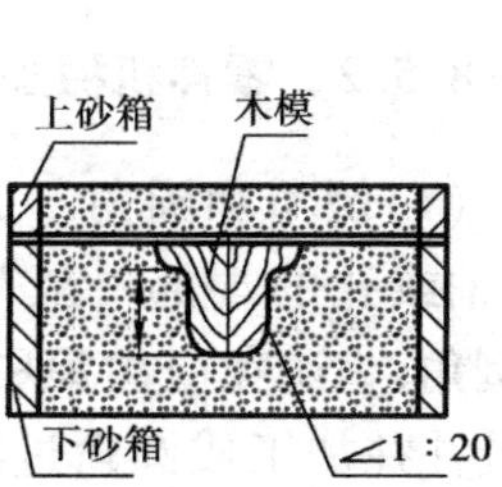

图 8-27　铸件的起模斜度与圆角

(2)铸造圆角及过渡线　为便于铸件造型时起模，防止铁水冲坏转角处，冷却时产生缩孔和裂缝，将铸件的转角处制成圆角，此种圆角称为铸造圆角，如图 8-28 所示。铸造圆角在图上一般不予标注，常注写在技术要求中。

由于铸件表面的转角处有圆角，因此其表面产生的交线不清晰，为便于看图要画出交线。此时，交线两端空出不与轮廓线圆角相交，这种交线称为过渡线，如图 8-28 所示。

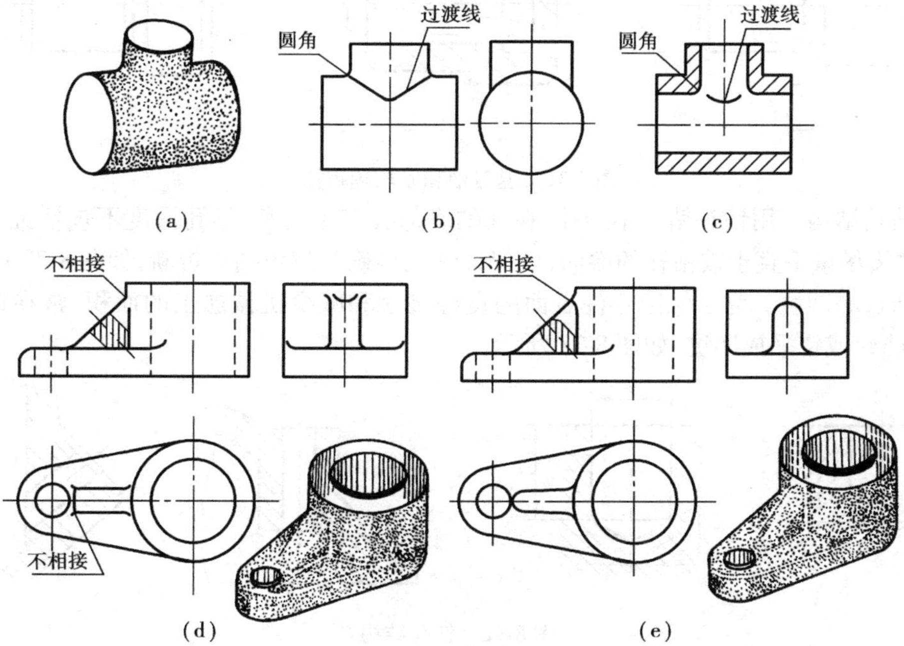

图 8-28　铸造圆角和过渡线

(3)铸件壁厚　铸件的壁厚不宜相差太大，如壁厚不均匀，铁水冷却速度不同，会产生缩孔和裂纹，如图 8-29 所示。

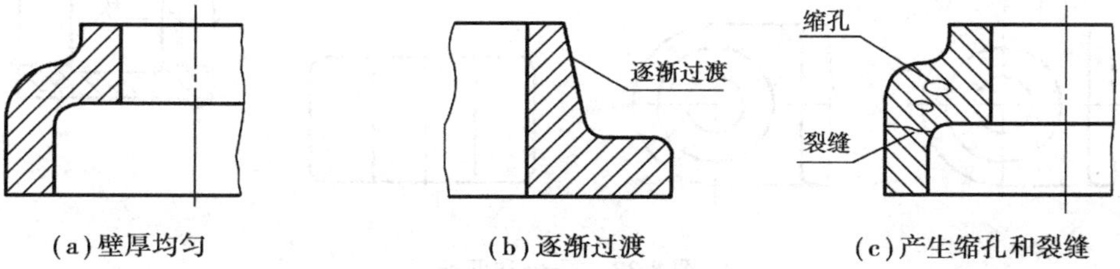

图 8-29　铸件过渡

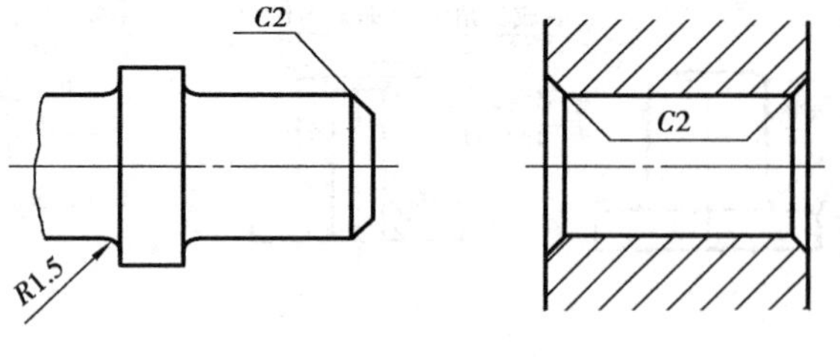

图 8-30　圆角、倒角、倒圆

8.5.2　零件机械加工工艺结构

(1)倒角和圆角　为便于安装和安全,轴或孔的端部一般都被加工成圆角或倒角;为避免应力集中产生裂纹,在轴肩处往往加工成圆角过渡,称为倒圆,如图 8-30 所示。

(2)退刀槽和砂轮越程槽　在车削螺纹和磨削轴表面时,为方便于退出刀具或使砂轮可以稍越过加工面,常在被加工零件上预先车出退刀槽或砂轮越程槽,如图 8-31 所示。

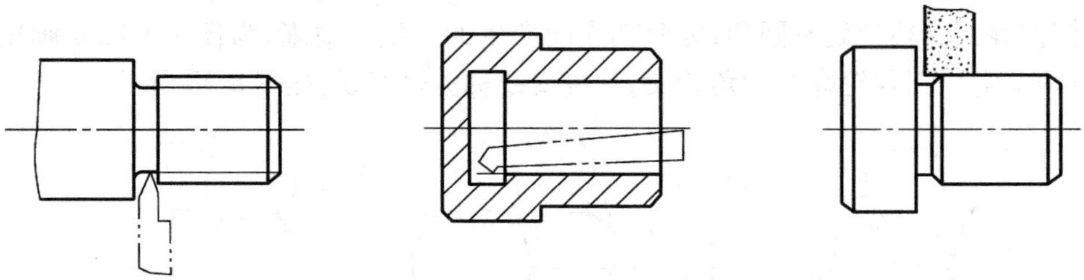

图 8-31　退刀槽和砂轮越程槽

(3)钻孔结构　用钻头钻出不透孔,在孔的底部有 120°锥角,钻孔深度不包括锥角。钻孔时,要求钻头尽量垂直于被钻孔的端面,以保证钻孔准确和避免钻头折断,如图 8-32 所示。

(4)凸台和凹坑　为了保证零件表面的良好接触和减少机械加工的面积,常在铸件表面上设计出凸台或锪平成凹坑,如图 8-33 所示。

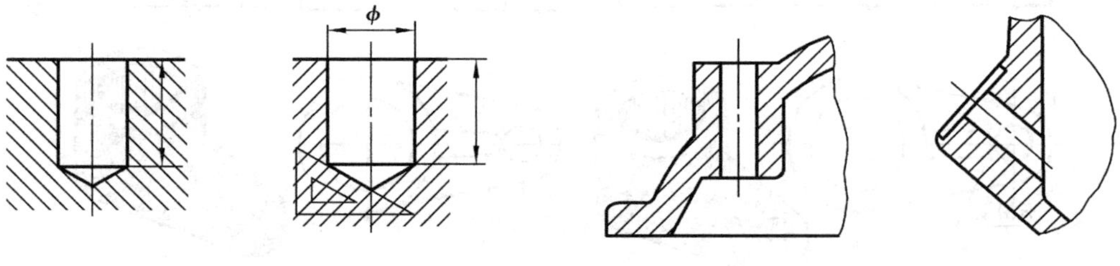

图 8-32　钻孔结构

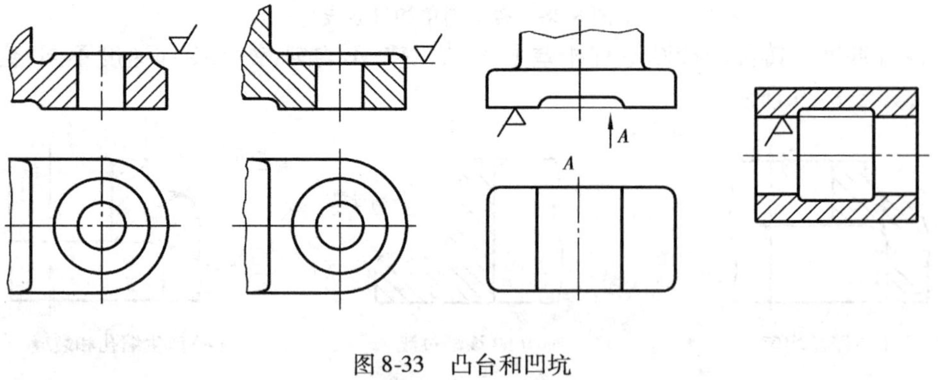

图 8-33　凸台和凹坑

8.6　零件测绘

零件测绘就是依据实际零件徒手绘制零件草图(目测比例),测量并标注尺寸及技术要求,经整理画出零件图的过程。在改造、仿制已有设备或修配损坏的零件时,需要进行零件测绘。因此,测绘是工程技术人员必须掌握的基本技能之一。

零件草图是绘制零件图的重要依据,其要求完全同零件图一样,两者区别仅在于一个是徒手绘制,另一个是用仪器绘制。零件草图应做到:视图表达正确、尺寸完整、线型分明、字体工整,并包含全部技术要求等有关内容。

8.6.1　零件测绘的方法和步骤

1)了解功用,进行形体分析

全面了解零件的名称、功用、材料、热处理、表面处理和零件在使用过程中的磨损及制造工艺过程等。

2)确定表达方案

先根据零件的形状特征、加工位置、工作位置等情况选择主视图,再按零件的内外结构特点选择其他视图及相应的表达方法,如剖视、断面等。

3)画零件草图

下面以图 8-34 的连杆为例,说明零件草图的画图步骤。

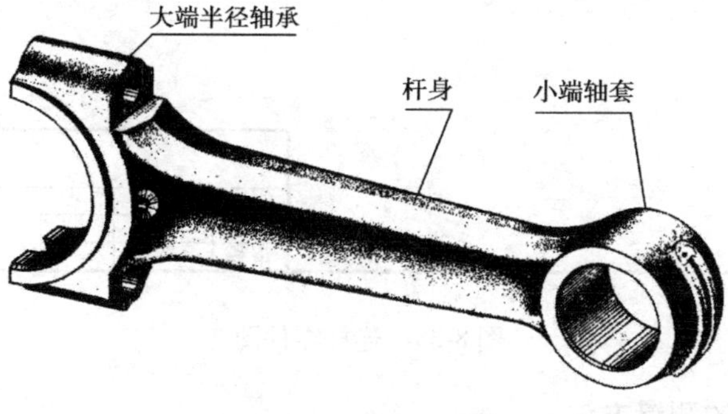

图 8-34　连杆轴测图

(1)布置视图,画出主、俯视图的对称线(要考虑到标注尺寸的位置)。

(2)以目测比例,徒手、详细地画出零件的结构形状。

(3)选定尺寸基准,画出全部尺寸界线、尺寸线和箭头。反复检查后,按规定线型加深,画出剖面符号。

(4)测量并填写全部尺寸,标注各表面的表面粗糙度代号,填写技术要求和标题栏。

4)画零件图

对画好的零件草图进行复核,再根据草图完成连杆的零件工作图,如图 8-35 所示。

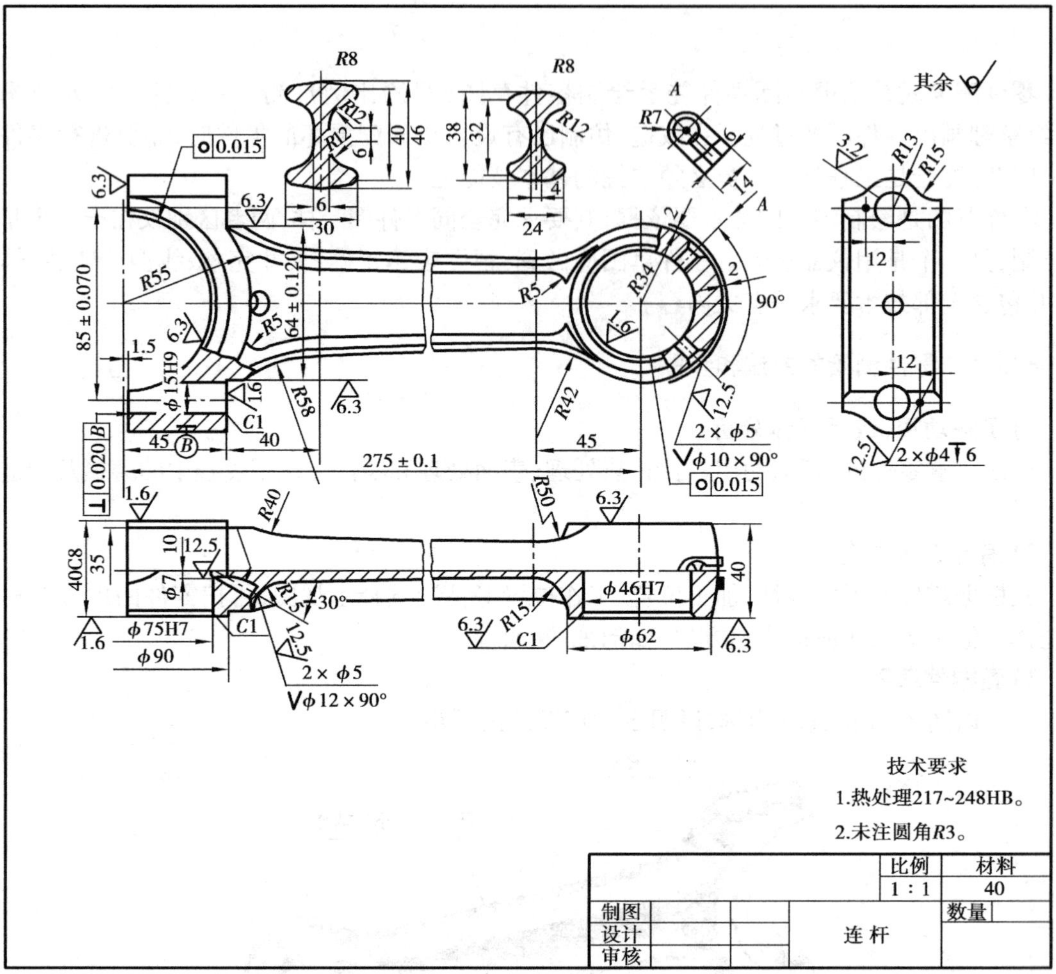

图 8-35　连杆零件图

8.6.2　零件尺寸的测量方法

测量零件尺寸是测绘过程中一个重要步骤,零件上全部尺寸的测量应集中进行,这样可以提高效率,避免错误和遗漏。测量尺寸要做到:基准合理、方法正确、结果准确无误。常见的测量方法如表 8-5 所示。

表 8-5　零件尺寸常用的测量方法示例

部位	图　　例	部位	图　　例
测量线性尺寸	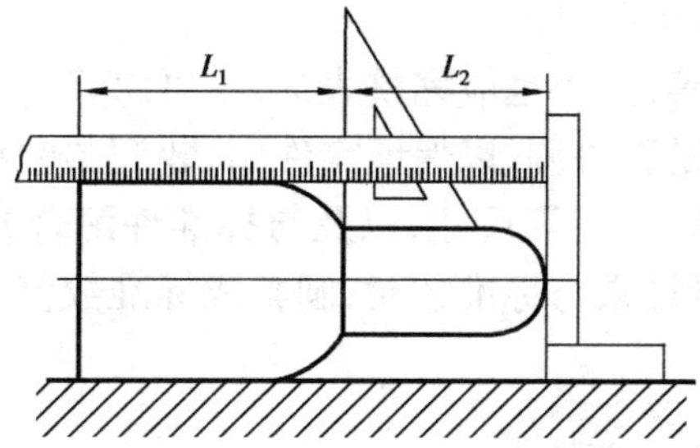 测量尺寸可用钢直尺、直角尺测量	测量直径深度	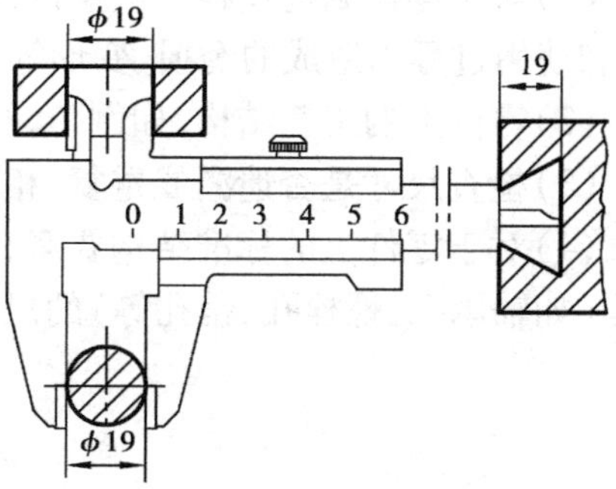 直径和深度尺寸可用游标卡尺测量
测量壁厚	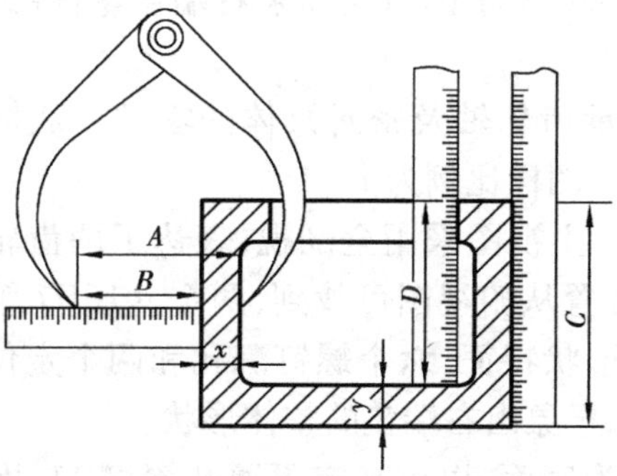 壁厚尺寸可用钢直尺、卡钳测量 $X=A-B\quad Y=C-D$	测量孔的中心距	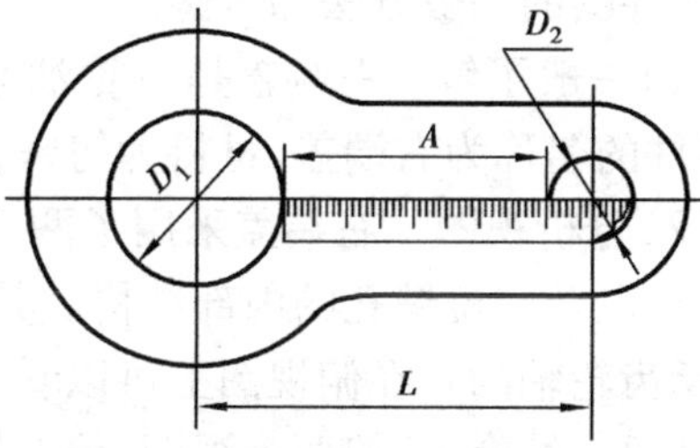 孔的中心距可用钢尺，内卡钳测量 $L=A+D_1/2+D_2/2$
测量中心高度	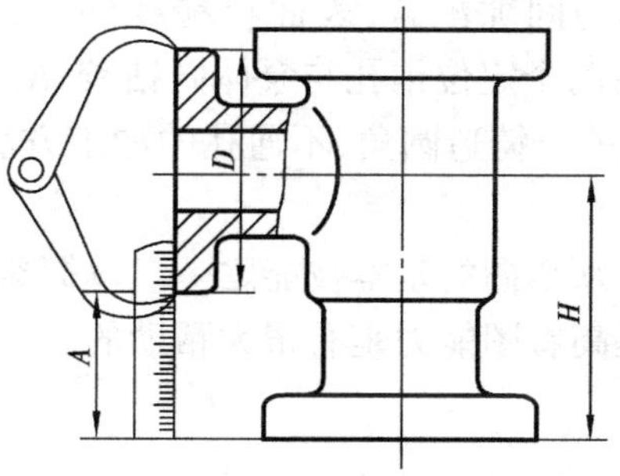 中心高可用钢尺结合外卡钳测量 $H=A+D/2$	测量螺纹	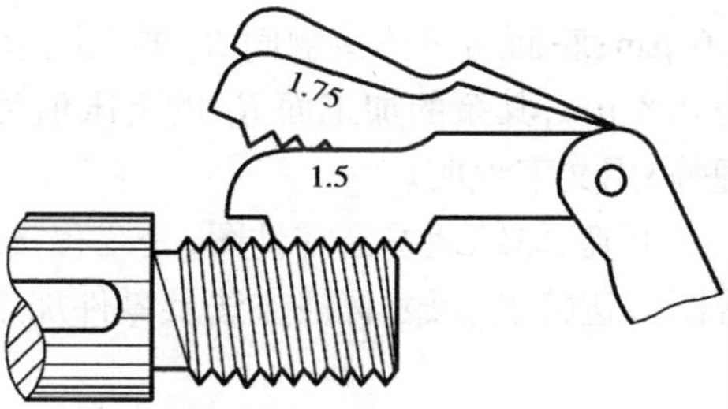 用螺纹规测量螺距，用卡尺测量螺纹大径，再查表核对螺纹标准

8.6.3 零件测绘的注意事项

零件测绘是一项比较复杂的工作,要认真地对待每个环节,测绘时应注意以下几点:

(1)对于零件制造过程中产生的缺陷(如铸造时产生的缩孔、裂纹,以及应对称的不对称等)和使用过程中造成的磨损、变形等,画草图时应予以纠正。

(2)零件上的工艺结构,如倒角、圆角、退刀槽等,虽小也应完整表达,不可忽略。

(3)检查尺寸是否遗漏或重复,相关零件尺寸是否协调,以保证零件图、装配图顺利绘制。

(4)对于零件上的标准结构要素,如螺纹、键槽、轮齿等尺寸,以及与标准件配合或相关联结构(如轴承孔、螺栓孔、销孔等)的尺寸,应把测量结果与标准核对,圆整成标准数值。

8.7 读零件图

读零件图的目的,就是要求根据零件图想象出零件的结构形状,了解零件的尺寸和各项技术要求,研究该零件的加工制造过程。下面以图 8-36 所示的齿轮油泵右端盖零件图为例,说明看零件图的一般方法和步骤。

(1)一般了解　右端盖是齿轮油泵上用于支承齿轮轴及密封泵体的零件。从标题栏得知,零件的名称为右端盖,材料为铸铁,牌号 HT200,图样比例为 1∶1。

(2)分析视图　右端盖采用了两个基本视图。主视图采用全剖视,表达了两齿轮轴轴孔和螺钉,以及定位销孔的内部结构。其剖切平面位置从俯视图可找到,两个 Φ16H7 轴孔是用以支承齿轮轴的。在俯视图上可以看出右端盖的形状特征,六个螺钉沉孔和两个定位销孔的分布情况。综合主、俯两个视图,按形体分析方法,想象出右端盖的整体形状。

(3)分析尺寸　右端盖的高度方向主要基准为底面,以此来定不通孔深度 11 及板厚 9,16,32 等尺寸;Φ20H7 孔的深度,以上顶面为辅助基准确定。前后方向以对称面为基准,左右方向以齿轮轴线为基准,以此来确定螺钉沉孔的中心尺寸。尺寸 28.76 ±0.016 是两齿轮的中心距,它是该零件的重要定位尺寸。

(4)了解技术要求　右端盖的两轴孔 Φ16H7 为间隙配合,表面粗糙度的 R_a 上限值为 1.6 μm;底面与泵体接触面 R_a 的上限值为 3.2 μm;两个定位销孔与泵体同钻铰,R_a 的上限值为 0.8 μm;其余的加工面 R_a 的上限值为 6.3 μm。关于铸造圆角、不通孔的加工方法、时效处理等,用文字说明。

准确、熟练地看懂零件图,是工程技术人员的必须掌握的基本技能之一。掌握典型零件的视图表达特点、尺寸标注方法及零件加工方法,对提高看图能力是有很大帮助的。

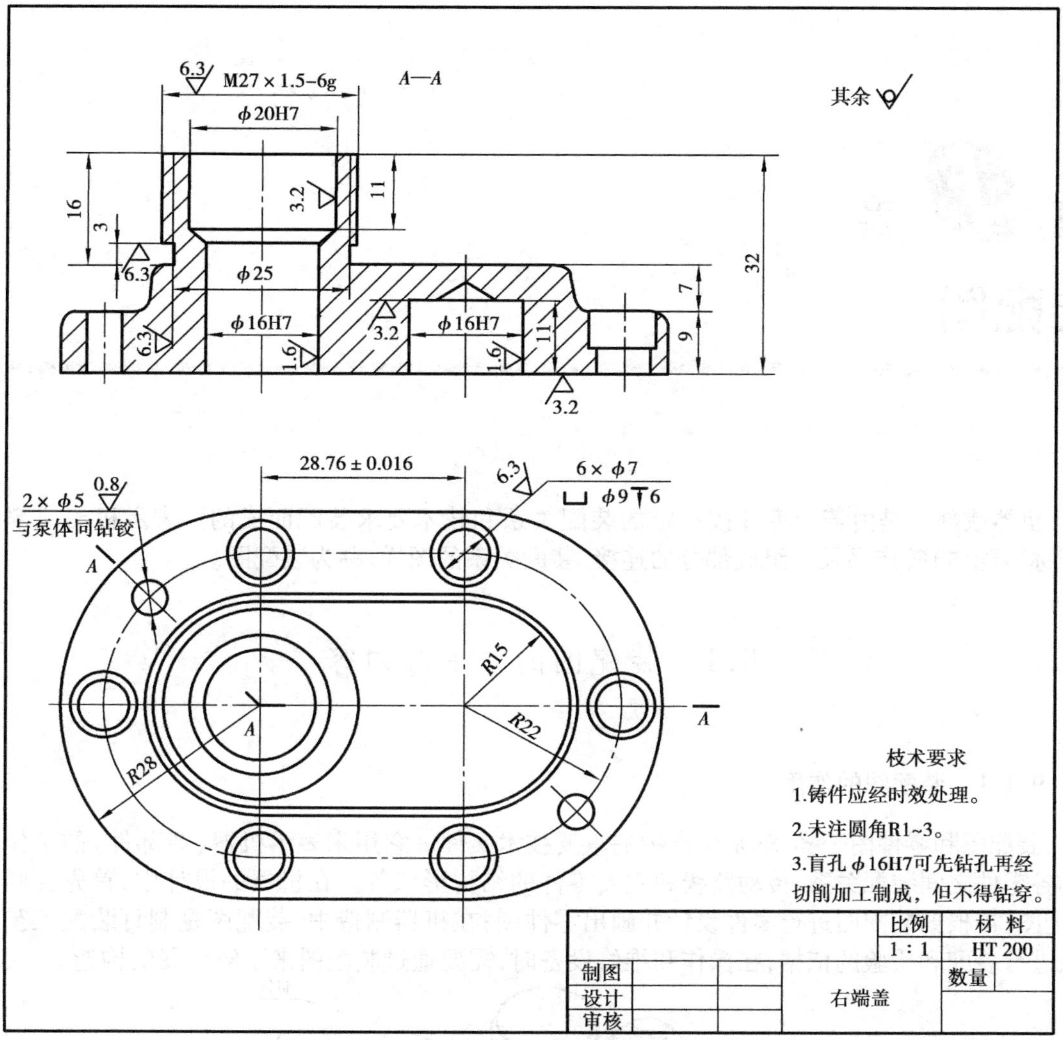
A—A
6.3
M27 × 1.5-6g
ϕ20H7
其余
16
3
11
3.2
32
6.3
ϕ25
7
ϕ16H7
3.2
ϕ16H7
11
9
6.3
1.6
1.6
3.2
28.76 ± 0.016
6.3
6 × ϕ7
ϕ9 ↧ 6
2 × ϕ5
0.8
与泵体同钻铰
A
R15
A
A
R22
R28
技术要求
1.铸件应经时效处理。
2.未注圆角R1~3。
3.盲孔 ϕ16H7可先钻孔再经切削加工制成，但不得钻穿。
比例
材 料
1 : 1
HT 200
制图
设计
审核
右端盖
数量

图 8-36　右端盖零件图

第 9 章
装配图

机器或部件是由若干零件按一定的装配关系和技术要求装配而成的。表示机器或部件(统称装配体)等产品及其组成部分的连接、装配关系的图样,称为装配图。

9.1 装配图的作用与内容

9.1.1 装配图的作用

装配图和零件图一样,都是生产中的重要技术文件。它用来表示机器(或部件)的工作原理、各零件之间装配关系、传动路线和主要零件的结构形状等。在机器的设计中,首先要画出装配图,再根据装配图进行零件设计并画出零件图;在机器制造中,装配图是制订装配工艺规程、进行装配和检验的依据;在操作和维修设备时,需要通过装配图来了解机器的构造。

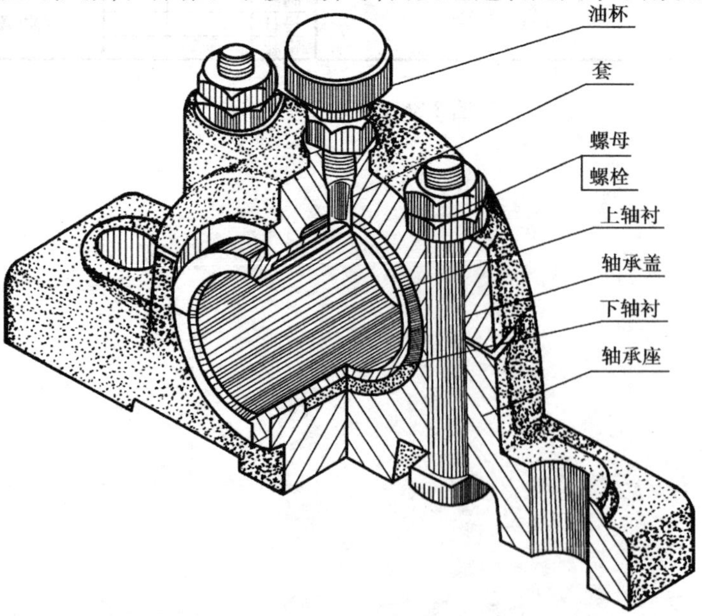

图 9-1　滑动轴承的轴测剖视图

9.1.2　装配图的内容

图9-1是滑动轴承的轴测剖视图，图9-2是滑动轴承的装配图。从图中可以看出，一张完整的装配图包括以下内容：

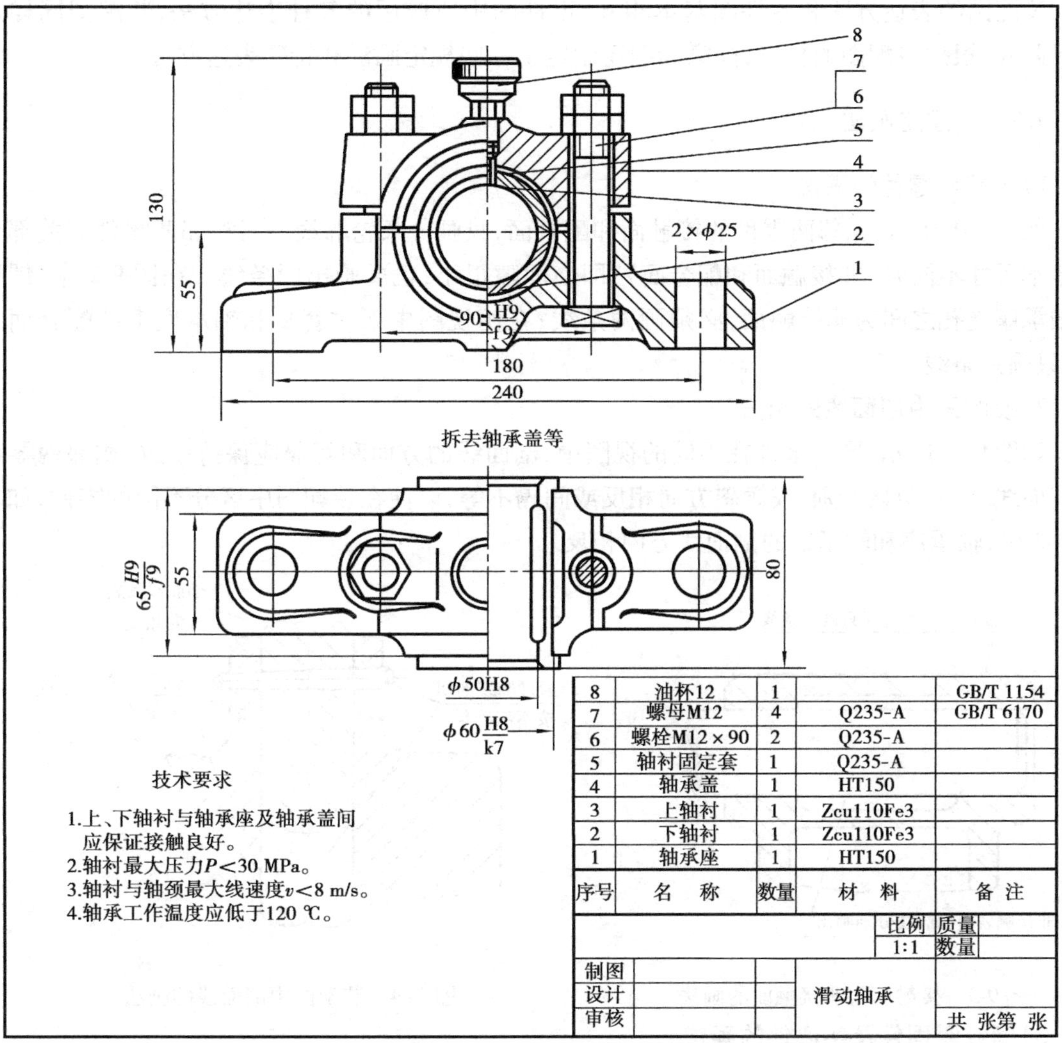

图9-2　滑动轴承装配图

（1）一组图形　用视图、剖视图或其他表达方案表达装配体工作原理、装配关系、传动路线、各零件的相对位置、连接方式和主要零件结构形状等的图形。

（2）必要的尺寸　用于表明装配体规格、性能、装配、检验、安装时所必需的重要尺寸。

（3）技术要求　用符号或文字说明装配体在装配、调试、安装和使用中的技术要求。

（4）零件序号、明细栏和标题栏　为了便于看图，在装配图中必须对每个零件进行编号，并在标题栏上方按编号绘成明细栏，说明零件的名称、材料、数量等；在标题栏中填写装配体的名称、图号、比例、图样的有关责任者签名、日期等内容。

9.2 装配图的表达方法

装配图的表达方法和零件图基本相同，零件图中所应用的各种表达方法，装配图同样适用。此外，根据装配图的特点，国家标准还制定了一些规定画法和特殊表达方法。

9.2.1 规定画法

1）相邻两零件的画法

如图 9-3 所示，相邻两零件的接触面和配合面，只画一条轮廓线。当相邻两零件有关部分的基本尺寸不同时（非接触面和配合面），即使间隙很小，也要画出两条线。在图 9-2 中，螺栓和轴承座光孔之间为非接触面，必须画两条线；在俯视图中下衬套 2 和轴承座 1 的配合面之间，只画一条线。

2）装配图中剖面线的画法

如图 9-4 所示，同一零件在不同的视图中，剖面线的方面和间隔应保持一致；相邻两零件的剖面线，应有明显区别，或倾斜方向相反或间隔不等，以便在装配图中区分不同的零件，如在图 9-2 中，轴承座和轴承盖的剖面线方向相反。

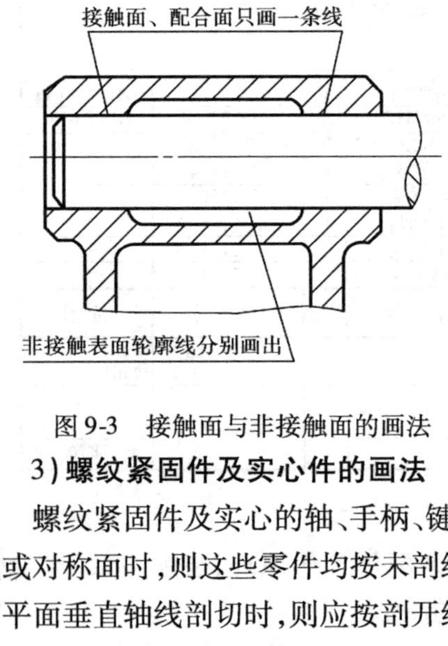

图 9-3　接触面与非接触面的画法

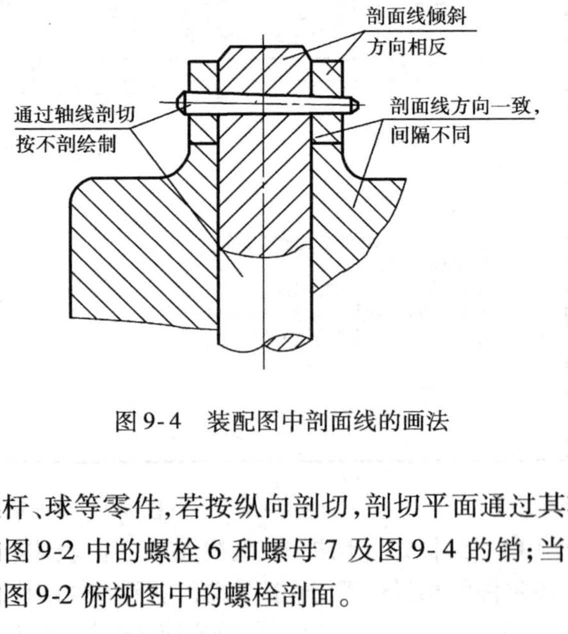

图 9-4　装配图中剖面线的画法

3）螺纹紧固件及实心件的画法

螺纹紧固件及实心的轴、手柄、键、销、连杆、球等零件，若按纵向剖切，剖切平面通过其轴线或对称面时，则这些零件均按未剖绘制，如图 9-2 中的螺栓 6 和螺母 7 及图 9-4 的销；当剖切平面垂直轴线剖切时，则应按剖开绘制，如图 9-2 俯视图中的螺栓剖面。

9.2.2 装配图的某些特殊表达方法

1）假想画法

如图 9-5 所示，在装配图中为了表示运动零件的极限位置或本零部件与相邻零部件的相互关系时，可用双点画线画出该零部件的外形轮廓图。

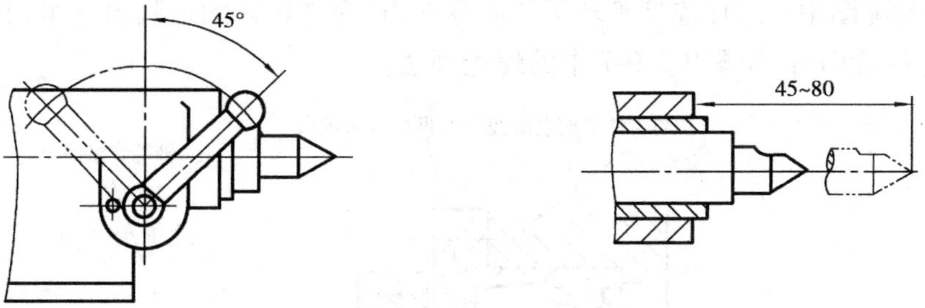

图9-5　假想画法

2)展开画法

如图9-6所示装配图为了表示传动机构的传动路线和装配关系,可假想沿传动路线上的轴线顺序剖切,然后展开在同一平面上,画出其剖视图。

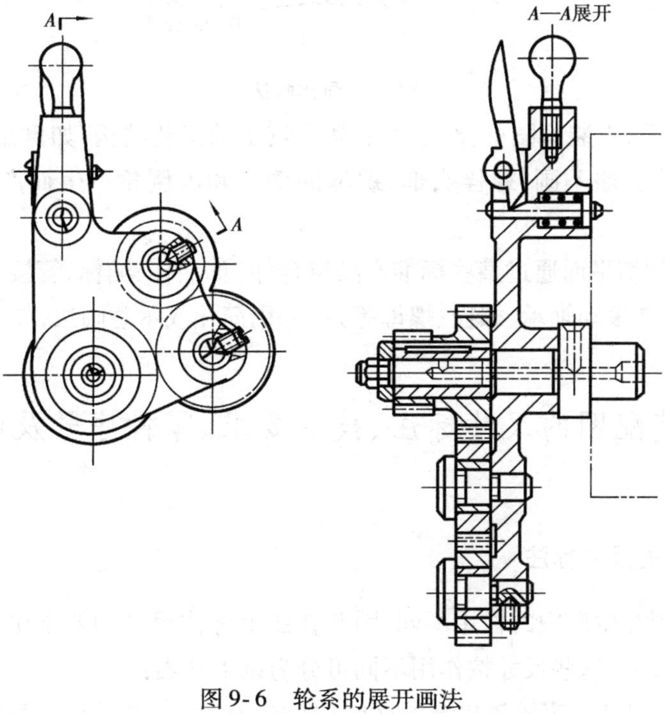

图9-6　轮系的展开画法

3)夸大画法

如图9-7所示,对于直径或厚度小于2 mm的孔和薄片,较小的锥度或斜度,在画图时允许将该部分不按原比例而夸大画出。

4)简化画法

简化画法在装配图中应用的范围很广,下面是较常用的几种情况:

(1)为了清楚地表达部件的内部结构或被遮挡住的部分结构形状,可假想沿着两个零件的结合面剖切,或假想将某一个或几个零件拆去不画。如图9-2所示,俯视图右半部是沿轴承盖与轴承座的结合面和上、下轴瓦的结合面剖切的,零件结合面不画剖面线。但被剖切到其他零件时,一般应画剖面线。有时为了便于看图,需要加注“拆去××”。

(2)对于装配图中的螺栓连接等若干相同零件组,允许仅详细地画出一组,其余用细点画线表示出中心位置即可,如图 9-2、9-7 中的螺栓画法。

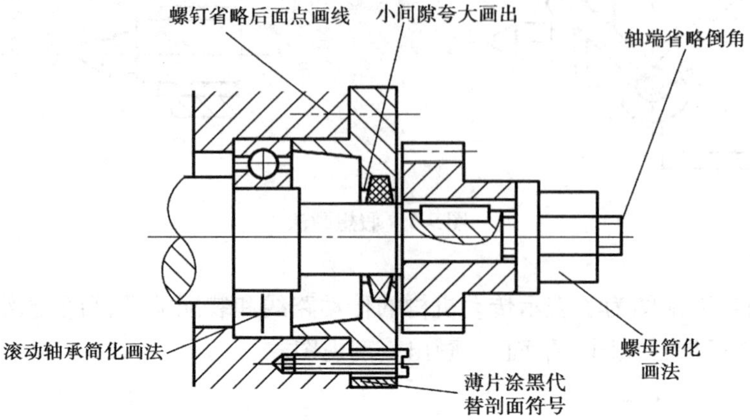

图 9-7　简化画法

(3)如图 9-7 所示,在装配图中,对零件上某些较小的工艺结构,如倒角、退刀槽、凹坑、凸台、沟槽、滚花等允许省略不画,螺栓头部、螺母的倒角和因倒角产生而产生的曲线,也允许不画。

(4)装配图中,剖切平面通过某些标准产品组合件(如油杯、油标、管接头等)轴线时,可以只画外形。标准件(如滚动轴承、螺栓、螺母等)可采用简化或示意画法,如图 9-2 中的油杯。

9.3　装配图的尺寸标注、技术要求、零件序号及明细栏

9.3.1　装配图的尺寸标注

装配图和零件图在生产中的作用不同,因此在图上标注尺寸的要求也不同。在装配图中需注出一些必要的尺寸,这些尺寸按作用不同可分为以下几类:

(1)性能(规格)尺寸　表示该机器的性能(规格)尺寸,它是设计产品时主要依据。如图 9-2 中滑动轴承的轴孔直径 ϕ50H8。

(2)装配尺寸　保证机器中各零件装配关系的尺寸。装配尺寸包括配合尺寸和主要零件相对位置尺寸。如图 9-2 中轴承座与下轴衬间的 ϕ60H8/k7、轴承座与轴承盖间的 90H9/f9 和中心高 55。

(3)安装尺寸　机器和部件安装时所需的尺寸。如图 9-2 中轴承座安装孔直径 ϕ25 和两孔中心距 180。

(4)外形尺寸　表示机器或部件外形轮廓尺寸,即总长、总宽和总高。根据外形尺寸,可考虑机器或部件在包装、运输、安装时所占的空间。

(5)其他重要尺寸　根据装配体的特点和需要,必须标注的尺寸。如经过计算的重要设

计尺寸、重要零件间的定位尺寸、主要零件的尺寸等。

装配图上的尺寸要根据情况具体分析，上述五类尺寸并不是每一张装配图都必须标注的，有时同一尺寸就兼有几种意义。

9.3.2　装配图的技术要求

装配图上的技术要求，主要包括装配方法，调试、检验的有关数据，以及安装、使用中的注意事项等内容。一般用文字写在明细栏上方或图样下方的空白处。

9.3.3　装配图的零件序号和明细栏

为了便于看图、管理图样，装配图中必须对每种零、部件进行编号，并根据零件编号绘制相应的明细栏。

(1)装配图中所有零件，应按顺序编写序号；同种零件只编一个序号，一般只注一次。

(2)零件序号应标注在视图周围，按水平或垂直方向排列整齐，按顺时针或逆时针方向排列。

(3)零件序号应填写在指引线一端的横线上(或圆圈内或末端附近)，指引线的另一端应自所指零件的可见轮廓内引出，并在末端画一圆点，如所指部分内不宜画圆点(很薄的零件或涂黑的剖面)时，可在指引线一端画箭头指向该部分的轮廓，如图9-8(b)所示。

(4)序号的字号应比图中尺寸数字大一号或大两号，如直接将序号写在指引线附近，这时序号应比图中字号大两号，如图9-8(a)所示。

(5)一组紧固件或装配关系明显的零件组，可采用公共指引线，如图9-8(b)所示。

(6)零件的明细栏应画在标题栏上方，当标题栏上方位置不够时，可在标题栏左边继续列表。明细栏也可单独编写，明细栏的内容见图9-2或和第1章相关要求。

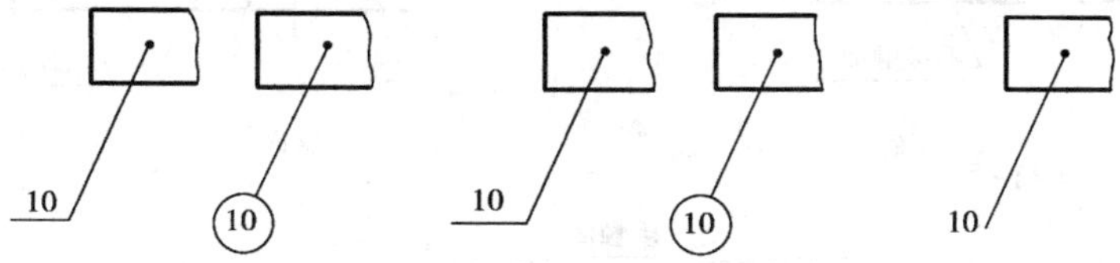

(a)

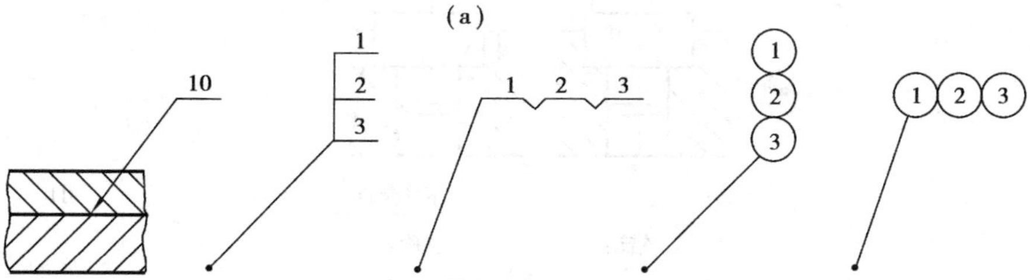

(b)

图9-8　零件序号编写形式

9.4 装配结构简介

在设计和绘制装配图的过程中，应考虑到装配结构的合理性，以保证机器和部件的性能要求，并给零件的加工和装拆带来方便。下面对常见的装配结构作简要的介绍：

(1)为了避免装配时不同的表面互相发生干涉，两零件之间在同一个方向上的接触面数量，一般不得多于一个，否则会给加工和装配带来困难，如图 9-9 所示。

(2)轴与孔配合且轴肩与端面相互接触时，则孔应倒角或轴的根部应加工出退刀槽，以保证端面接触良好，如图 9-10 所示。

(3)为了保证两零件在拆卸前后不致于降低装配精度，一般用圆柱销将两零件定位。为了加工和装拆方便，在可能条件下，最好将销孔做成通孔的形式，如图 9-11 所示。

(4)为了防止机器在工作中由于振动而将螺纹连接松开，常采用螺纹防松装置，其结构形式如图 9-12 所示。

(5)为了方便装拆，在装配结构中应留出螺栓、螺钉等固件的装拆空间，如图 9-13 所示。

(6)滚动轴承的定位应采用轴肩、套筒、弹性挡圈等固定，如图 9-14 所示。轴肩或孔肩的高度应小于轴承内圈或外圈厚度，或在轴肩或孔肩上加工出放装拆工具的槽、孔等，如图 9-15 所示。

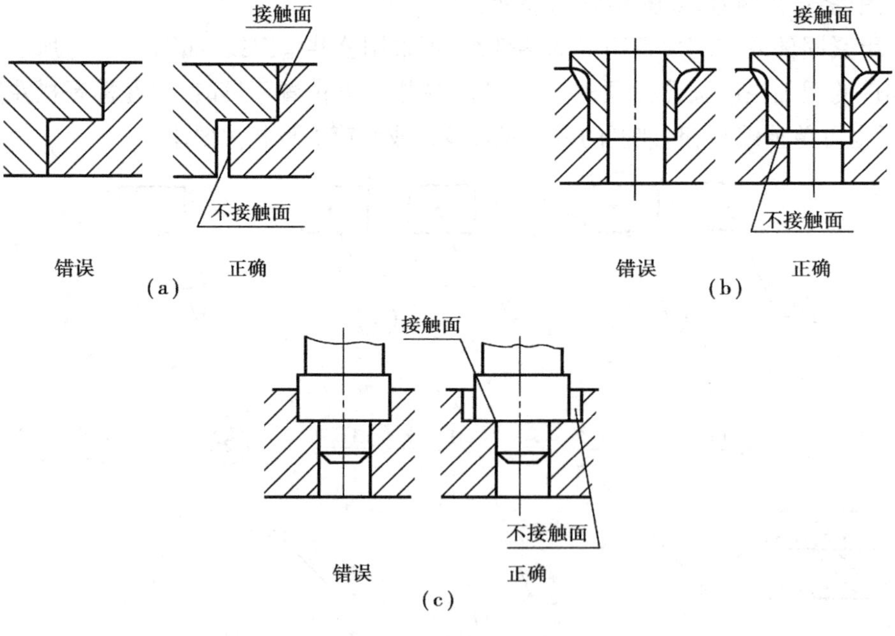

图 9-9　常见的装配结构(一)

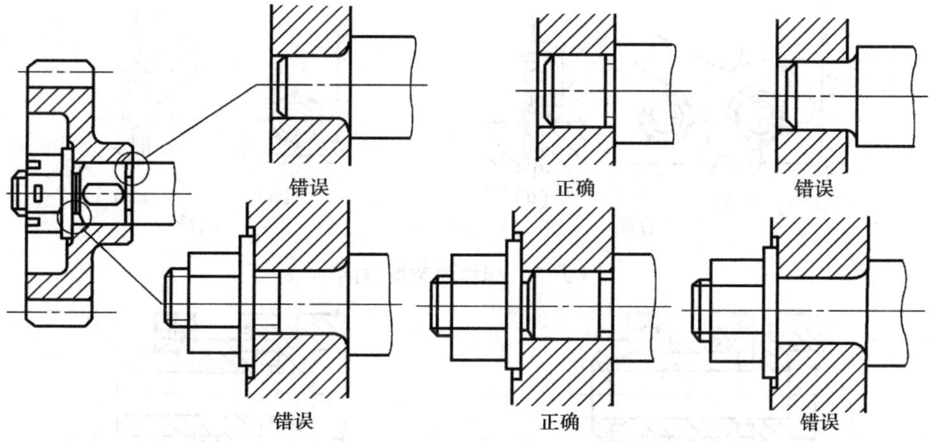

图 9-10　常见零件装配结构(二)

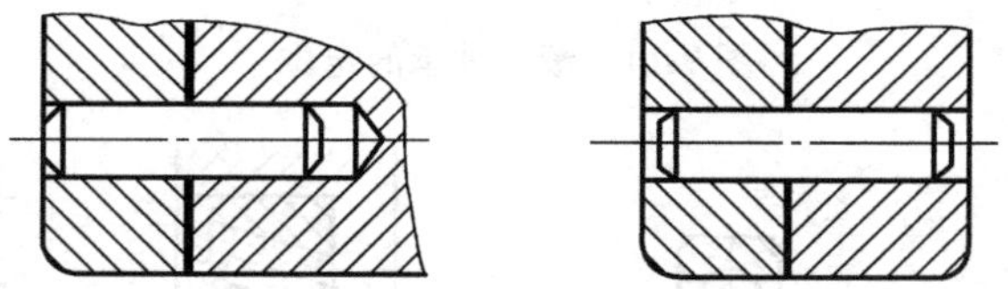

图 9-11　常见装配结构(三)

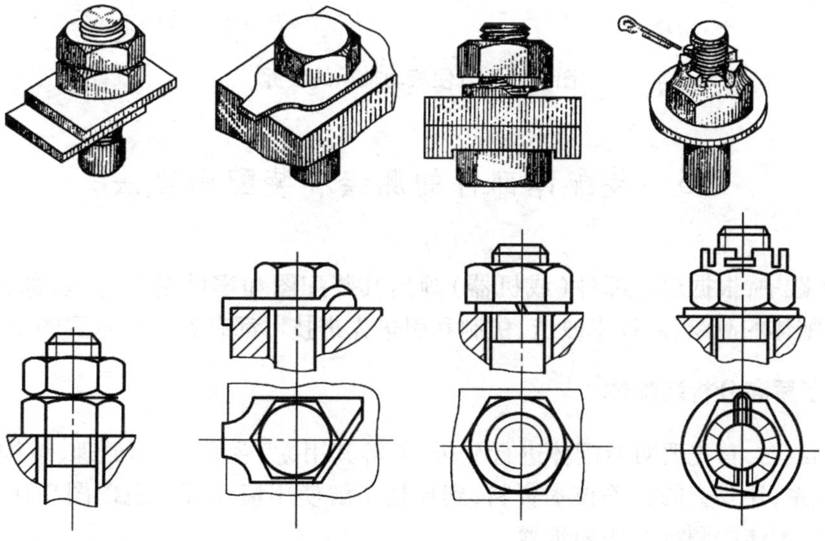

图 9-12　螺纹防松装置

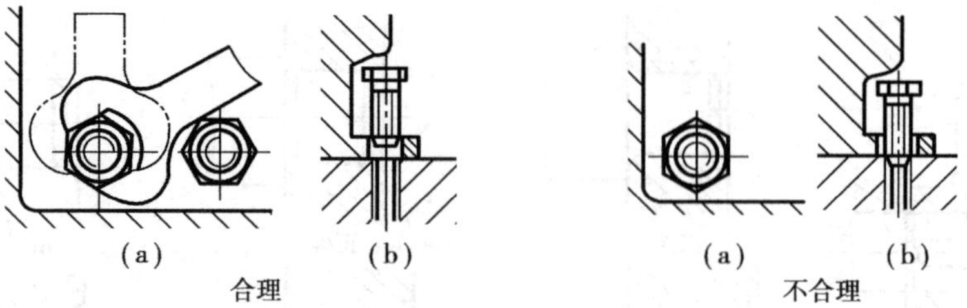

图 9-13　螺栓的装拆空间

图 9-14　滚动轴承的定位

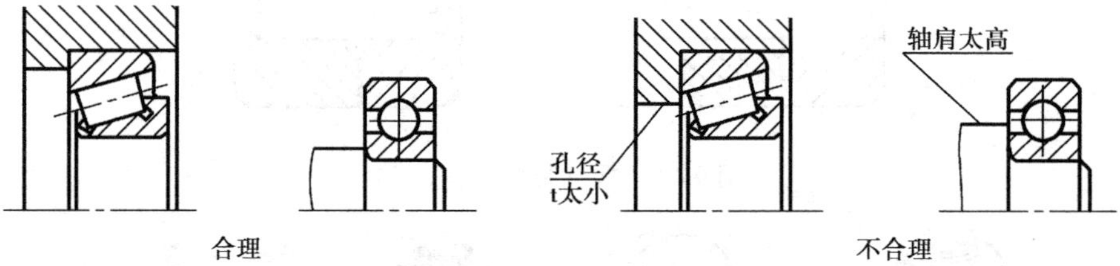

图 9-15　方便滚动轴承的装拆

9.5　装配体部件的测绘和装配图画法

在生产实践中，根据现有部件（或机器）画出其装配图和零件图的过程，称为部件（或机器）测绘。装配体的测绘，对技术改造、仿制和引进先进技术都有着十分重要的意义。

9.5.1　了解和分析装配体

装配体测绘时，首先要对装配体进行分析，了解其用途、性能、工作原理、结构特点和各零件间的装配关系，还要查阅有关技术资料，到现场了解使用情况等。现以图 9-16 所示的齿轮泵为例，说明装配体的测绘方法和步骤。

图 9-16 为齿轮油泵的轴测分解图。齿轮油泵是机床润滑系统的供油泵，其主要零件有泵体、泵盖、齿轮、轴等。

齿轮泵的工作原理如图 9-17 所示。在泵体的内腔装有一对相互啮合的圆柱齿轮，传动齿轮轴的轴端伸出泵体外，以连接动力。当主动轮逆时针转动时，从动轮按顺时针转动。当两个齿轮做啮合传动时，啮合区内右边空间的压力下降而产生局部真空，油池内的油在大气压力作用下进入油泵低压区内的吸油口，随着齿轮的连续转动，齿槽中的油不断地沿箭头方向被带至左边的出油口把油压出，送往各润滑管路中。

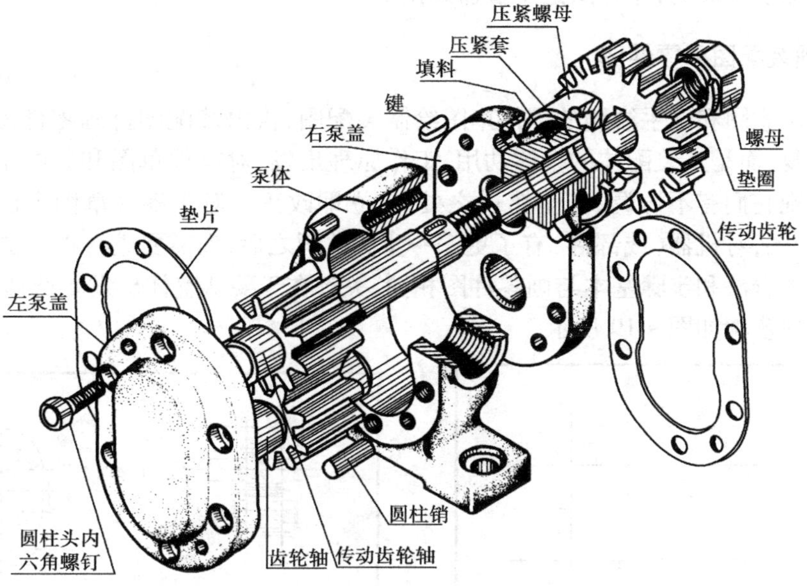

图9-16　齿轮油泵轴测分解图

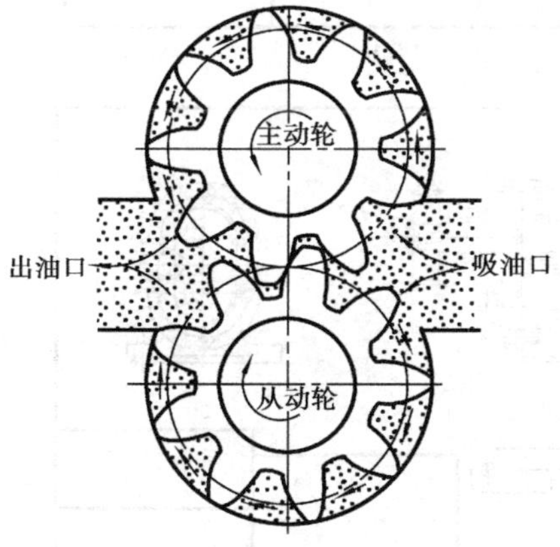

图9-17　齿轮油泵工作原理

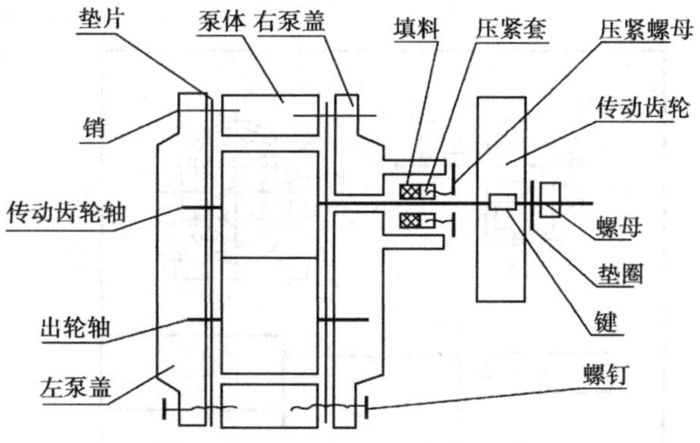

图9-18　齿轮油泵装配示意图

9.5.2　画装配示意图、拆卸装配体

在了解和分析装配体的基础上,为了记录零件间相对位置、工作原理和装配关系,为画装配图做好准备,首先应画出装配示意图,如图9-18所示。

画装配示意图,是按标准规定的机构运动简图符号,用简单的线条、徒手画出零件的大致轮廓,并将各零件编写序号或写出名称,然后准备拆卸零件,画零件草图。

9.5.3　画零件草图

画零件草图是装配体测绘的重要步骤和基础工作。装配体中零件可分为两类:一类是标准件,只需测出其规格尺寸按规定标记写在明细栏中,不必画出零件草图。另一类零件为非标准件,则要画出全部零件草图。零件草图要求同零件图完全一样,决不是潦草的图,区别仅在于零件草图是徒手完成的，零件图是用仪器画出的。

9.5.4 画装配图和零件图

根据装配示意图和徒手绘制的零件草图绘制装配图，再由装配图拆画零件图。这不是简单的拼凑和重复，而是从装配体的整体功用、工作原理出发，对零件草图和装配示意图进行一次校对。当发现它们有不协调、甚至错误之处，应立即改正。对于零件草图上注写的技术要求，通过画装配图，对机器（或部件）有了更深一步的认识之后，尚需要进行再一次审定。

画装配图的方法和步骤基本与画零件图相同，关键在于要从整体出发。选择好表达方案，画装配图的一般步骤如图 9-19 所示。

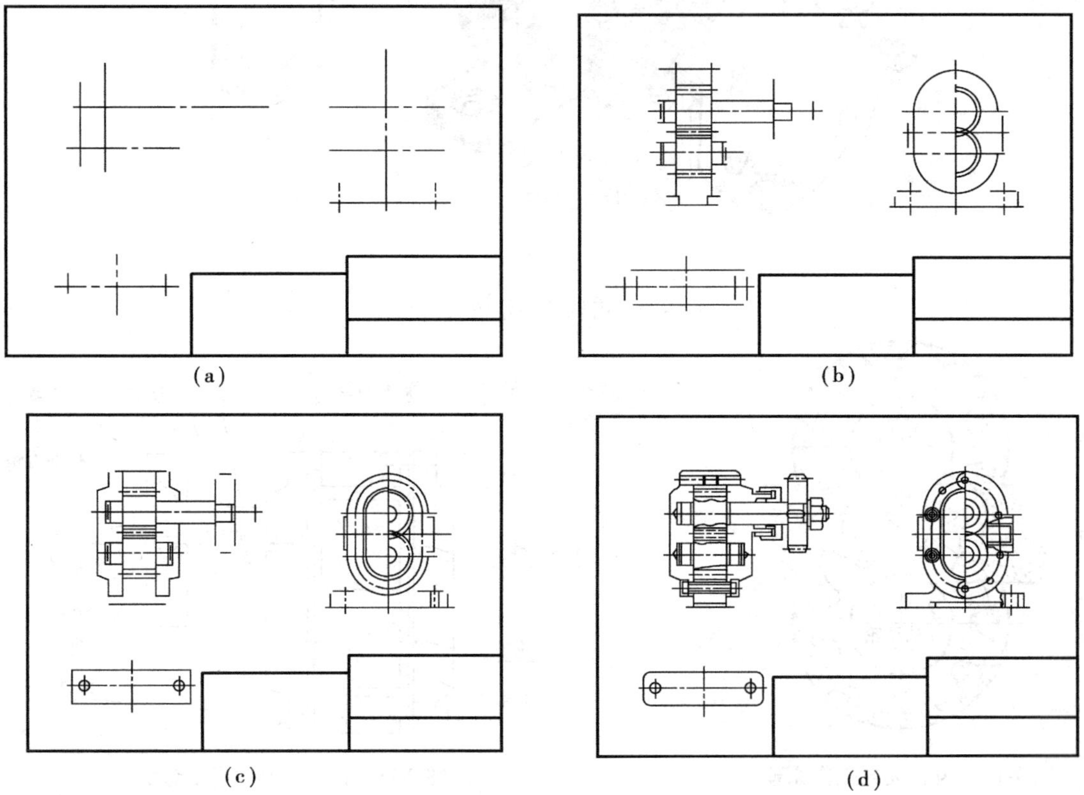

图 9-19 装配图的画图步骤

（1）确定比例、合理布局 根据装配体大小和复杂程度，确定比例和图幅，同时要考虑标题栏、明细栏、零件序号、尺寸标注和技术要求等内容的布置。

（2）画装配体的主要结构 一般可先从主视图画起，从主要结构入手，由主到次；从装配干线出发，由内向外，逐层画出。综合表达方案，把装配体所有零件都显示出来是最基本的要求。在此基础上再将装配体的工作原理、装配关系、连接方式和基本结构等表达清楚。

（3）画出次要结构和细节 例如画出各视图中的泵体、泵盖等详细结构形状，及其螺母、螺栓、垫片、键等。

（4）检查校对底稿并加深全图。

（5）标注必要尺寸，编注零件序号，填写标题栏、明细栏和技术要求，最后完成装配图，如图 9-20 所示。

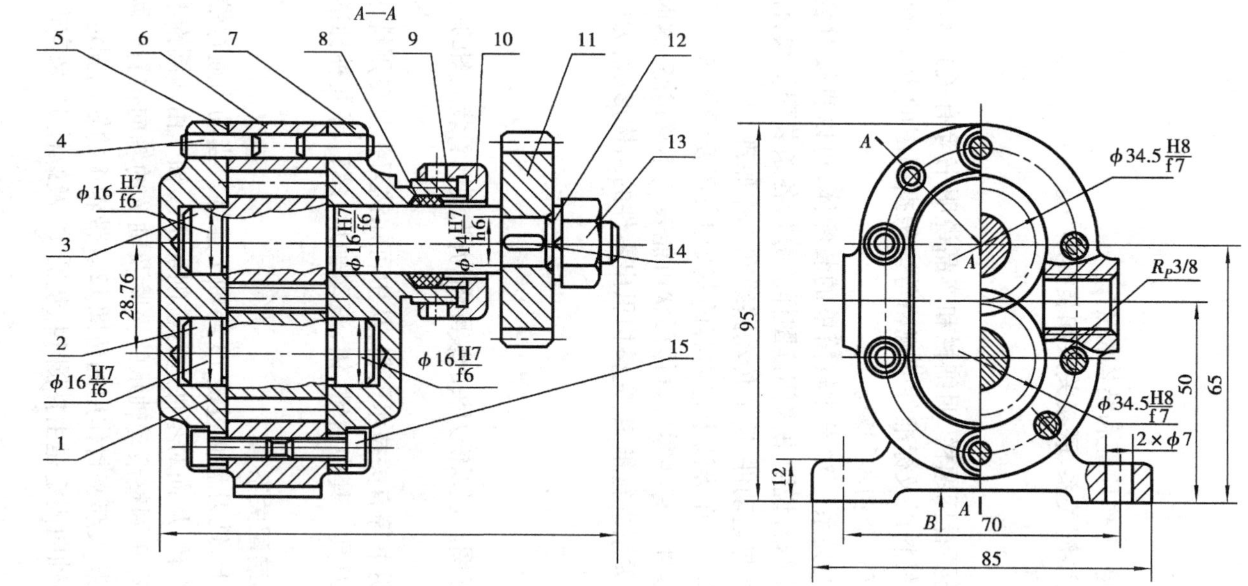

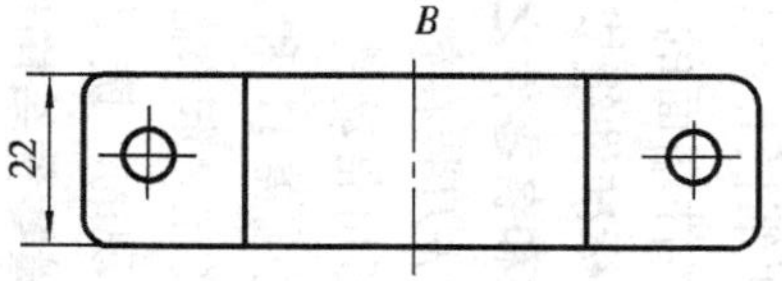

技术要求

1. 装配后，传动齿轮轴转动灵活。
2. 两齿轮轮齿的啮合应占齿长的 3/4 以上。
3. 实验压力 3 MPa，工作压力 2 MPa。

序号	名　称	数量	材　料	备注
15	螺钉 M6×16	12		GB/T 70
14	键 5×10	1		GB/T 1096
13	螺母 M12	1		GB/T 6170
12	垫圈 12	1		GB/T 859
11	传动齿轮	1	45	m=2.5 z=20
10	压紧螺母	1	35	
9	压紧套	1	35	
8	填　料	1	油浸石棉盘根	
7	右泵盖	1	HT 200	
6	泵　体	1	HT 200	
5	垫　片	2	软钢纸板	QB/T 365
4	销	4		GB/T 119
3	传动齿轮轴	1	45	m=2.5 z=20
2	齿轮轴	1	45	m=2.5 z=20
1	左泵盖	1	HT 200	

			比例	质量
			1:1	数量 ①
制图		齿轮油泵		
设计				
审核			共　张第　张	

图 9-20　齿轮油泵装配图

9.6 读装配图和由装配图拆画零件图

由于装配图在生产、设计和使用过程中的重要作用，所以熟练地阅读装配图，正确地从装配图拆画零件图，是每个工程技术人员必须具备的基本技能之一。

9.6.1 读装配图

1）读装配图的基本要求

(1）了解装配体的名称、用途、性能、工作原理和结构特点。

(2）搞清各零件之间的相互位置、装配关系、联接关系和装拆顺序。

(3）搞清各零件的结构形状和作用。

2）读装配图的方法和步骤

(1）概括了解　看装配图时，首先要看标题栏、明细栏和产品说明书等有关技术资料，从中了解组成该机器的零件名称、数量、材料以及标准件的规格等。根据视图的大小、画图的比例和装配体的外形尺寸等，对装配体有一个初步印象。

(2）分析工作原理和各零件的装配关系　对于比较简单的装配体，可以直接对装配图进行分析。对于比较复杂的装配体，需要结合说明书来阅读图样。分析各条装配干线，仔细研究各相关零件间的连接方式，判明固定件与运动件，搞清传动路线和工作原理。

(3）分析视图，看懂零件的结构形状　在弄清上述内容的基础上，还要看懂每一个零件形状。先从主要零件着手，然后是次要零件。有些零件具体形状可能表达不够清楚，这时需要根据该零件的作用及与相邻零件的装配关系进行推想，完整构思出零件的结构形状，为拆画零件图做准备。

9.6.2 看装配图举例

图 9-21 是专用铣床上的铣刀头装配图。现以铣刀头的装配图为例，说明看装配图的一般方法。

1）概括了解

首先看标题栏、明细栏和产品说明书等有关技术资料，从中可知铣刀头是专用铣床上的一个部件，是用来切削零件端面的一种刀具。其中由键、销、滚动轴承、螺钉等九种标准件及座体、轴、端盖等七种非标准件组成。

2）分析工作原理和各零件之间的装配关系

由图 9-21 可知，铣刀装在铣刀盘上，铣刀盘通过键 13 与轴 7 连接。当动力通过带轮 4，经键 5 传递到轴 7 时，即可带动铣刀盘旋转，从而对零件进行铣削加工。轴 7 由两圆锥滚动轴承 6 及座体 8 支承，用两端盖 11 和调整环 9 调整滚动轴承的松紧及轴 7 的轴向位置。两端盖用螺钉 10 与座体 8 连接在一起，端盖内装入起密封作用的毡圈 12。带轮 4 的轴向固定是由挡圈 1 及螺钉 2、销 3 来实现的。铣刀盘的轴向固定是由挡圈 14、垫圈 16 及螺栓 15 来实现的。

3）分析视图，看懂零件结构形状

由图 9-21 可以看出，为了清晰表达出上述关系，主视图选用了沿装配体前后对称平面剖切而得到的全剖视图。这样，铣刀头的传动路线和各零件之间的相对位置，就被完整清晰地表达出来。

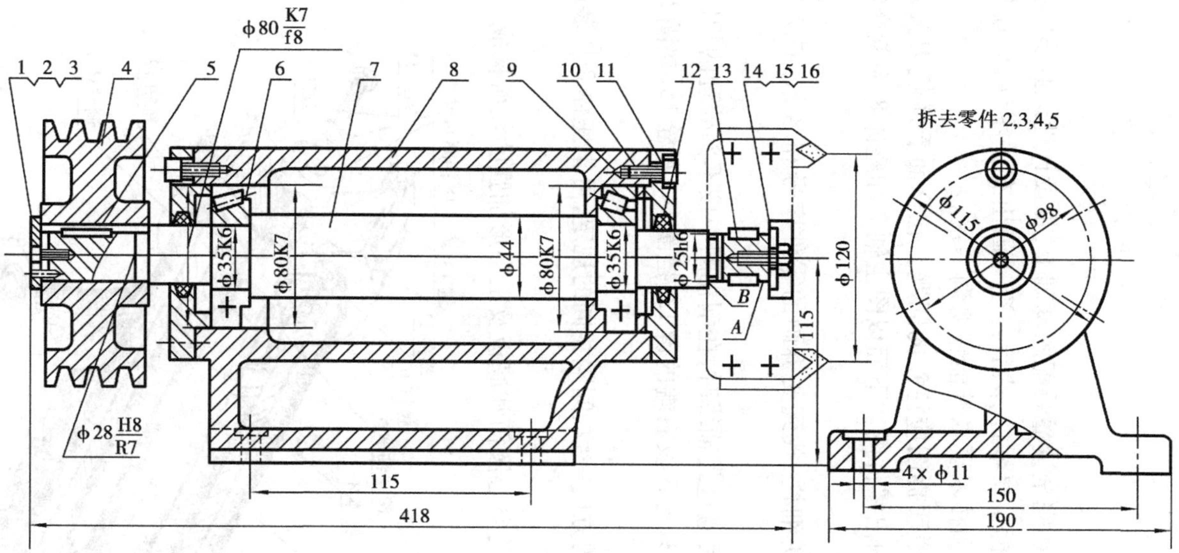

技术要求

1. 主轴轴线对底面的平行度公差为 0.04/100。
2. 刀盘定位轴颈 *A* 的径向全跳动公差为 0.02。
3. 刀盘定位端面 *B* 对 φ25 轴线的端面全跳动公差为 0.02。
4. 铣刀轴端的轴向窜动公差为 0.01。

序号	名称	数量	材料	备注
16	垫圈	1		GB/T 93
15	螺栓	1		GB/T 5782
14	挡圈	1		GB/T 892
13	键 8×20	2		GB/T 1096
12	毡圈	2	半粗羊毛毡	
11	端盖	2	HT 150	
10	螺钉 M8×22	12		GB/T 70
9	调整环	1	35	
8	座体	1	HT 150	
7	轴	1	45	
6	滚动轴承 30307	2		GB/T 297
5	键 8×30	1		GB/T 1096
4	带轮	1	HT150	A 型
3	销 6×32	1		GB/T 119
2	螺钉 M6×8	1		GB/T 68
1	挡圈 A35	1		GB/T 891

	铣刀头	比例 1:1	质量	数量 1
制图				
设计				
审核				共 张第 张

图 9-21 铣刀头装配图

在主视图中，除了座体的结构形状尚未表示清楚外，其他零件基本上已表达清楚。为了表示螺钉 10 的分布情况和座体的大致结构形状，又增加了拆卸画法及局部剖视的左视图。

座体的结构大致可分为容纳轴 7 的空心圆筒、底板、连接空心圆筒和底板的工字形加强肋板组成。

9.6.3 拆画零件图

由装配图拆画零件图，简称拆图。在完全读懂装配图基础上，带设计性地画出零件图。拆图时，先要正确地分离零件。一般应先拆主要零件，然后再逐一画出有关零件，以便保证各零件的结构形状合理，并使尺寸配合性质和技术要求等能够协调一致。

下面以图 9-21 铣刀装配图为例来说明拆图应注意的问题。在全面看懂铣刀头装配图的基础上，按照零件图的内容和要求，拆画出零件图。下面以图主轴 7 和座体 8 为例介绍拆画零件图的方法。

(1)准备工作　根据零件序号和明细栏，找到要拆画的零件序号和名称，如 7 号零件是轴，8 号零件是座体。

根据轴、杆等实心零件，当剖切平面通过其轴线时，在剖视图中按不剖处理的规定，从主视图中可将轴 7 左端的挡圈 1、螺钉 2、销 3、键 5 及右端的键 13、挡圈 14、螺栓 15、垫圈 16 等分离出去。

根据同一零件在剖视图中剖面线的方向一致、间隔相同的规定，可把座体 8 从装配体中分离出来。

参照图 9-22 可以看出座体由上部的空心圆筒和底板及工字形加强肋板所构成。

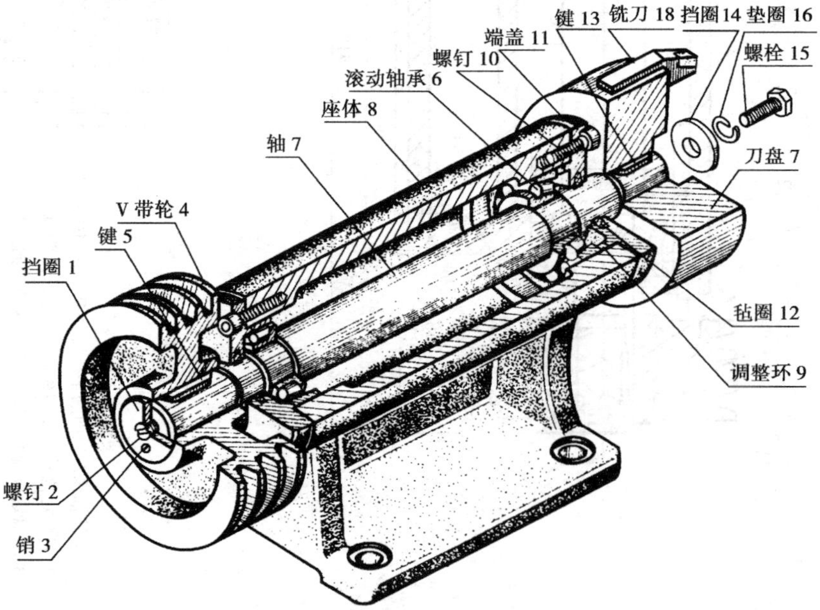

图 9-22　铣刀头轴测图

(2)确定零件视图的表达方案　轴 7 的基本视图只有一个，轴线按加工位置水平放置。对于其细部结构，如键槽、退刀槽、销孔、中心孔、螺纹孔等，采用断面图、局部放大图和局部剖视等表达方法，如图 9-23 所示。

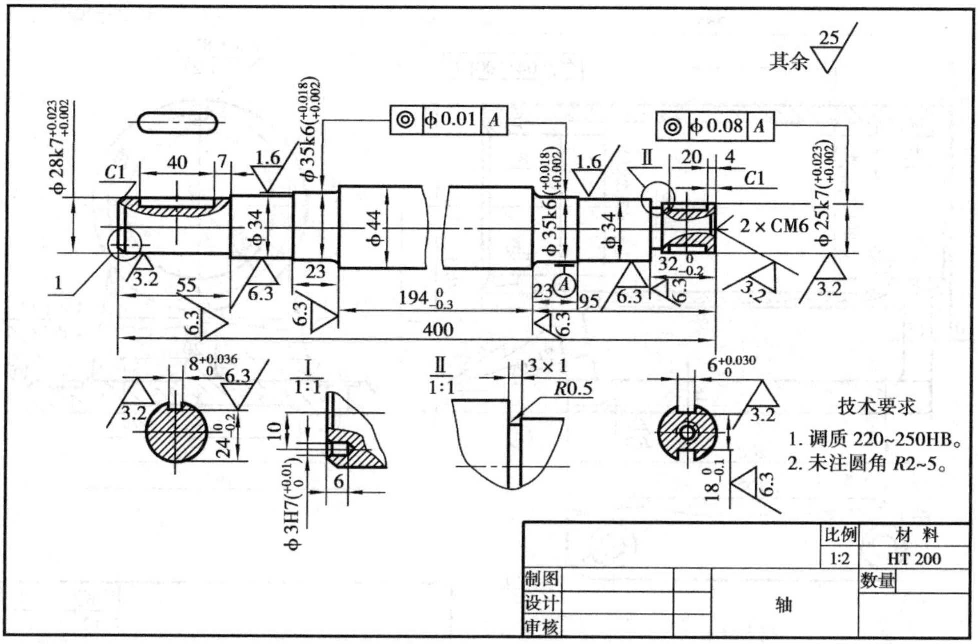

图 9-23　铣刀头轴的零件图

座体 8 是箱体类零件，主视图应按其形状特征和工作位置来选择。为反映其内部结构，采用沿座体前后对称平面剖切，如图 9-24 所示。此时主视图与装配图一致，有利于拆图时对照。

支承肋板的形状特征和中间肋板的厚度，以及圆筒端面螺孔分布情况，采用了局部剖视的左视图。底板圆角形状和两螺孔的轴向中心距，采用了局部视图表示。

(3)标注尺寸　在零件图上正确地标注尺寸，是拆画零件图的一项重要内容。

①按装配图上已有的尺寸直接移注。这些尺寸是装配图上已标注的尺寸和明细栏中注出的零件规格尺寸，如轴 7 的径向尺寸 ϕ44，ϕ35 及座体的宽度尺寸 190 等。

②查表确定的尺寸。对于零件上标准结构的尺寸，如螺栓通孔、倒角、退刀槽、键槽、沉孔等，可查有关标准确定，如图 9-23 所示的键槽、退刀槽尺寸。

③需要计算确定的尺寸。这些尺寸都是零件上比较重要的尺寸，如根据带轮槽型 A，查阅手册画出带轮的轮槽。再如，根据齿轮参数 m，z 等，计算齿轮轮齿的各部尺寸。

④在装配图上直接量取。零件上大部分不重要的或非配合的尺寸，一般均可以从装配图上按比例直接量取。量得的尺寸，应圆整成整数。如座体的壁厚尺寸 15、板厚尺寸 18、底座总长 255 等。

在标注尺寸时，应考虑零件在装配体中的作用，然后从零件设计、加工工艺等方面来考虑尺寸基准。先确定长、宽、高三个方向主要基准，再根据加工和测量的需要，适当选择一些辅助基准，以便合理地标注零件各部分尺寸。

(4)填写技术要求　零件上各表面粗糙度的要求，应根据表面的作用和两零件间的配合性质进行选择。对配合表面，则应根据配合性质、公差等级等，查阅手册来解决。

(5)填写标题栏　标出零件的名称、材料、比例、数量和制图者姓名等。零件材料，一般可

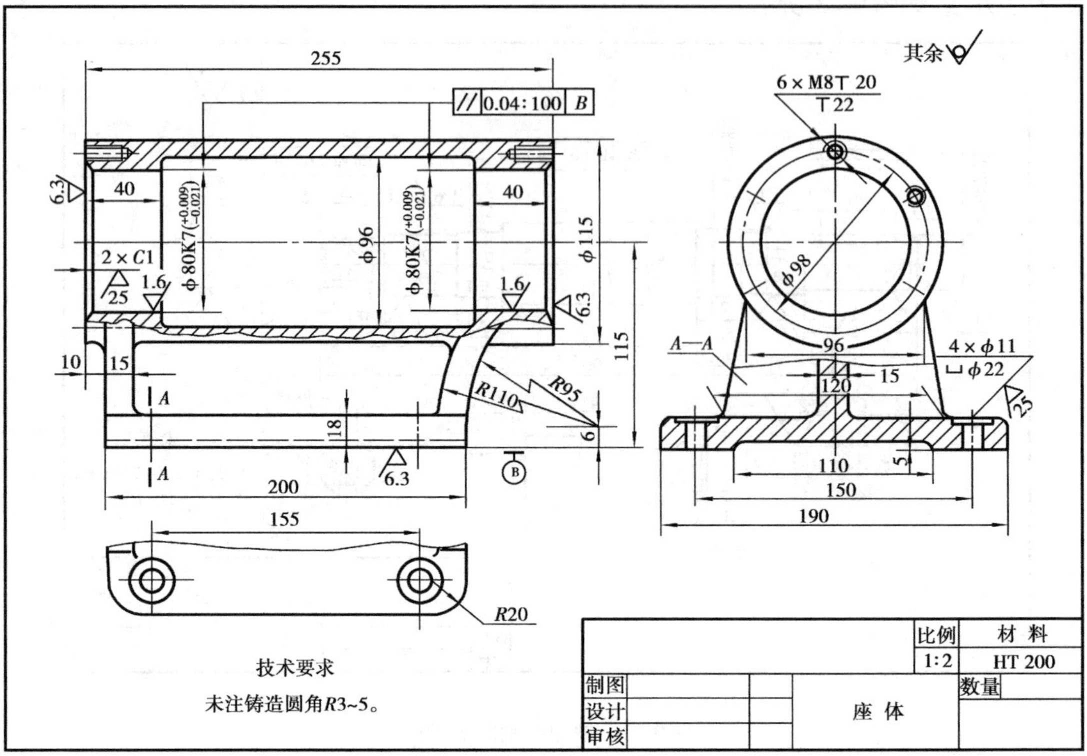

图 9-24　铣刀头座体的零件图

凭经验用类比的方法和根据零件的用途来选定。

（6）检查校对　这是拆画零件图的最后一步。首先看视图是否将零件表达清楚，投影是否正确。然后校对尺寸是否有遗漏，相互配合的相关尺寸是否一致，以及标题栏与技术要求等内容是否完全等，最后完成零件图。

第10章 计算机绘图基础

AutoCAD是由美国Autodesk公司开发的通用计算机辅助设计软件，具有易于掌握、使用方便、体系结构开放等优点，能够绘制二维图形、三维图形、标注尺寸、渲染图形以及打印输出图纸，目前已广泛应用于机械、建筑、电子、航天、造船、石油化工、土木工程、冶金、地质、气象、纺织、轻工、商业等领域。本章简要介绍AutoCAD 2007操作运用的基本知识。

10.1 AutoCAD 2007基础知识

10.1.1 AutoCAD的主要功能

1)绘图功能

AutoCAD可创建二维图形、三维实体、线框模型、曲面模型。

2)编辑功能

AutoCAD具有强大的图形编辑功能。对于图形或线条对象，可用删除、恢复、移动、复制、镜像、旋转、修剪、拉伸、缩放、倒角、倒圆角等方法进行修改和编辑；还具有强大的文字标注和尺寸标注功能。

3)图形显示功能

AutoCAD可以任意调整图形的显示比例，以便观察图形的全部或局部，并可以使图形上、下、左、右移动来进行观察。

AutoCAD为用户提供了六个标准视图(六种视角)和四个轴测视图，可以利用视点工具设置任意的视角，还可以利用三维动态观察器设置任意的透视效果。

4)二次开发功能

用户可以根据需要来自定义各种菜单及与图形有关的一些属性。AutoCAD提供了一种内部的Visual Lisp编辑开发环境，用户可以使用LISP语言定义新命令，开发新的应用和解决方案。

10.1.2 启动与退出 AutoCAD 2007

1)启动 AutoCAD 2007

(1)双击桌面上的 AutoCAD 2007 图标。

(2)单击“开始”菜单按钮→“程序”→“AutoCAD 2007”。

(3)打开“我的电脑”→双击文件所在硬盘(如 C 盘)→双击“AutoCAD 2007”的文件夹→双击“ACAD. EXE”程序。

2)退出 AutoCAD 2007

当用户退出 AutoCAD 2007 时,为了避免文件的丢失,应按下述方法之一操作,正确退出 AutoCAD 2007。

(1)菜单栏:单击“文件”菜单→“退出”命令。

(2)命令行:输入 QUIT 命令。

(3)标题行:单击“关闭”按钮。

在上述退出 AutoCAD 2007 的过程中,如果当前图形没有保存,系统会显示出“询问”对话框,可以给予相应的操作。

10.1.3 AutoCAD 2007 的用户界面

启动 AutoCAD 2007 后,便进入用户界面。用户界面主要由标题行、菜单栏、各种工具栏、绘图区域、光标、命令行、状态栏、坐标系图标等组成,如图 10-1 所示。

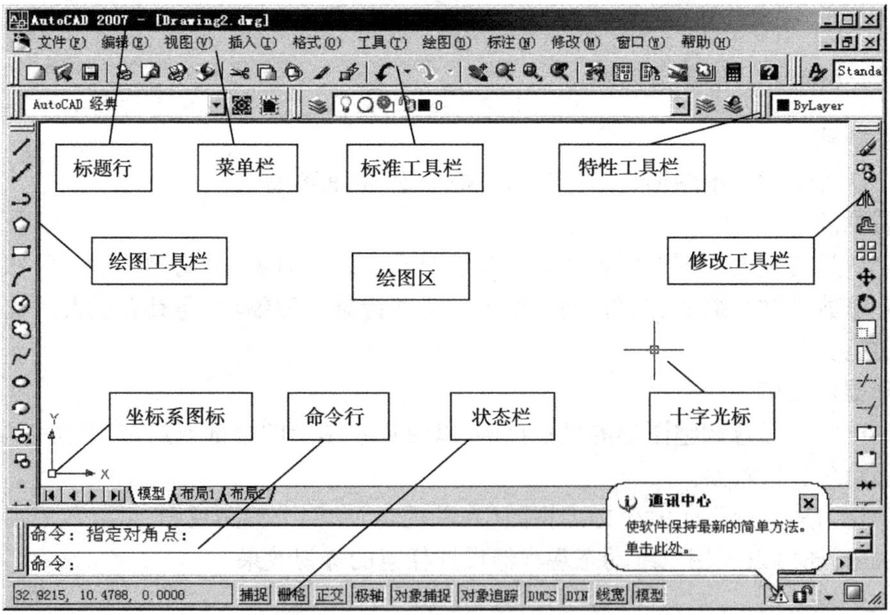

图 10-1 AutoCAD 2007 的窗口界面

1)标题行

AutoCAD 2007 标题行在用户界面的最上面,用于显示 AutoCAD 2007 的程序图标以及当前图形文件的名称。标题行右面的各按钮,可用来实现窗口的最小化、最大化、还原和关闭,操作方法与Windows界面操作相同。

2)菜单栏

菜单栏是AutoCAD 2007的主菜单,集中了大部分绘图命令,单击主菜单的某一项,会显示出相应的下拉菜单。下拉菜单有如下特点:

①菜单项后面有"…"省略号时,表示单击该选项后,会打开一个对话框。

②菜单项后面有黑色的小三角时,表示该选项还有子菜单。

③有时菜单项为浅灰色时,表示在当前条件下,这些命令不能使用。

3)工具栏

AutoCAD 2007默认状态下为用户提供了35个工具栏,通过这些工具栏可以实现大部分操作。其中常用的默认工具为"标准"工具栏、"绘图"工具栏、"修改"工具栏、"图层"工具栏、"对象特性"工具栏、"样式"工具栏。如果把光标指向某个工具按钮上并停顿一下,屏幕上就会显示出该工具按钮的名称,并在状态栏中给出该按钮的简要说明。

4)绘图区

绘图区是用户进行图形绘制的区域。把鼠标移动到绘图区时,鼠标变成了十字形状,可用鼠标直接在绘图区中定位,在绘图区的左下角有一个用户坐标系的图标,它表明当前坐标系的类型,图标左下角为坐标的原点(0,0,0)。

5)命令行

命令行在绘图区下方,是用户使用键盘输入各种命令的直接显示,也可以显示出操作过程中的各种信息和提示。默认状态下,命令行保留显示所执行的最后三行命令或提示信息。

6)状态栏

状态栏用于反映和改变当前的绘图状态,包括当前光标的坐标、栅格捕捉显示、正交打开状态、极坐标状态、自动捕捉状态、线宽显示状态以及当前的绘图空间状态等。

7)模型标签和布局标签

绘图区的底部有"模型"、"布局1"、"布局2"三个标签。它们用来控制绘图工作是在模型空间还是在图纸空间进行。AutoCAD的默认状态是在模型空间,一般的绘图工作都是在模型空间进行,单击"布局1"或"布局2"标签可进入图纸空间,图纸空间主要完成打印输出图形的最终布局。

10.1.4 文件的建立与保存

文件的管理包括新建图形文件,打开、保存已有的图形文件,及如何退出打开的文件。

1)新建图形文件(如图10-2所示)

操作步骤如下:

(1)输入命令:"文件"菜单→"新建"命令。

(2)默认状态下,系统打开"选择样板"对话框,在"名称"列表框中,用户可根据不同的需要选择模板样式。

(3)选择样式后,单击"打开"按钮,即在窗口显示为新建的文件。

2)打开图形文件

操作步骤如下:

(1)输入命令:"文件"菜单→"打开"命令。

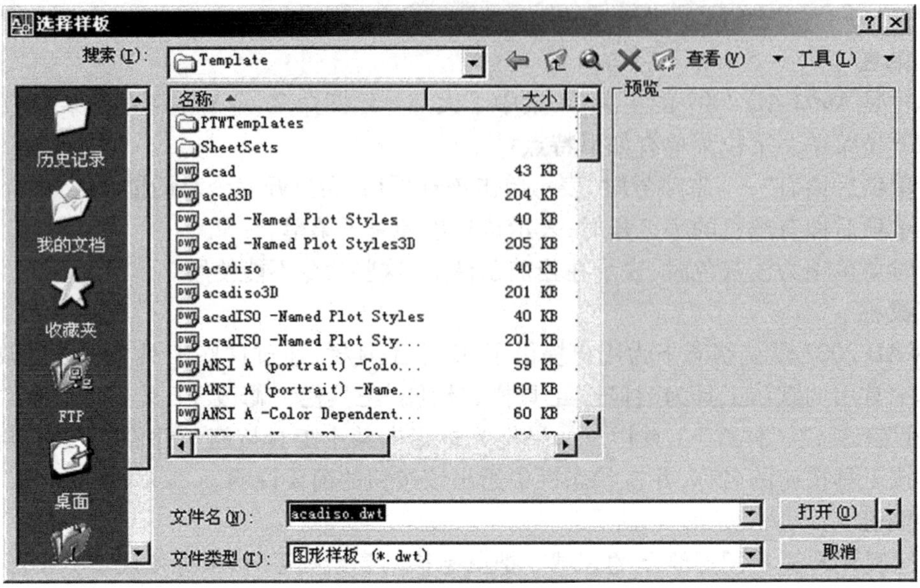

图 10-2 “创建新图形”对话框

(2)系统将打开“选择文件”对话框。通过对话框的“搜索”下拉菜单选择需要打开的文件,AutoCAD 的图形文件格式为.dwg 格式(在“文件类型”下拉列表框中显示)。

(3)可以在对话框的右侧预览图像后,单击“打开”按钮,文件即被打开。

3)保存图形文件

操作步骤如下:

(1)输入命令:单击“保存”按钮,可打开“图形另存为”对话框。

(2)在“保存”下拉列表框中指定图形文件保存的路径。

(3)在“文件名”文本框中输入图形文件的名称。

(4)在“文件类型”下拉列表框中选择图形文件要保存的类型。

(5)设置完成后,单击“保存”按钮。

4)退出图形文件

完成图形绘制后,退出 AutoCAD 2007 的操作如下:

(1)输入命令

菜单栏:“文件”菜单→“退出”命令

标题栏:单击“关闭”按钮

(2)操作格式

如果图形文件没有保存或未做修改后的最后一次保存,系统会打开“询问”对话框。选择“是”按钮,系统打开“图形另存为”对话框,进行保存;选择“否”,不保存退出;选择“取消”,则返回编辑状态。

10.1.5 命令数据的输入与执行方式

1)输入命令方式

AutoCAD 2007 可用选择鼠标、键盘、工具栏、菜单等多种方式输入命令。

2)结束命令的执行

结束命令的方法如下:

(1)如果一条命令正常完成后会自动结束。

(2)如果在命令执行的过程中要结束命令时,可以按〈Esc〉键。

3)点的(坐标)输入法

(1)鼠标输入法　鼠标输入法是指移动鼠标,直接在绘图的指定位置单击左键,来拾取点坐标的一种方法。

(2)键盘输入法　键盘输入法是通过键盘在命令行输入参数值来确定位置坐标。位置坐标一般有两种方式,即绝对坐标和相对坐标。

①绝对坐标　绝对坐标是指相对于当前坐标系原点(0,0,0)的坐标。在二维空间中,绝对坐标可以用绝对直角坐标和绝对极坐标来表示。

②相对坐标　相对坐标指相对于前一点位置的坐标。相对坐标也有相对直角坐标和相对极坐标两种表示方式。

③用给定距离的方式输入　用给定距离的输入方式是鼠标输入法和键盘输入法的结合。当提示输入一个点时,将鼠标移到输入点的附近(不要单击)用来确定方向,使用键盘直接输入一个相对前一点的距离,按〈Enter〉键确定。

10.1.6　绘图环境与图幅设置

1)改变绘图区的背景颜色

操作步骤:

(1)在菜单栏选取“工具”→“选项”命令,打开“选项”对话框,如图 10-3 所示。

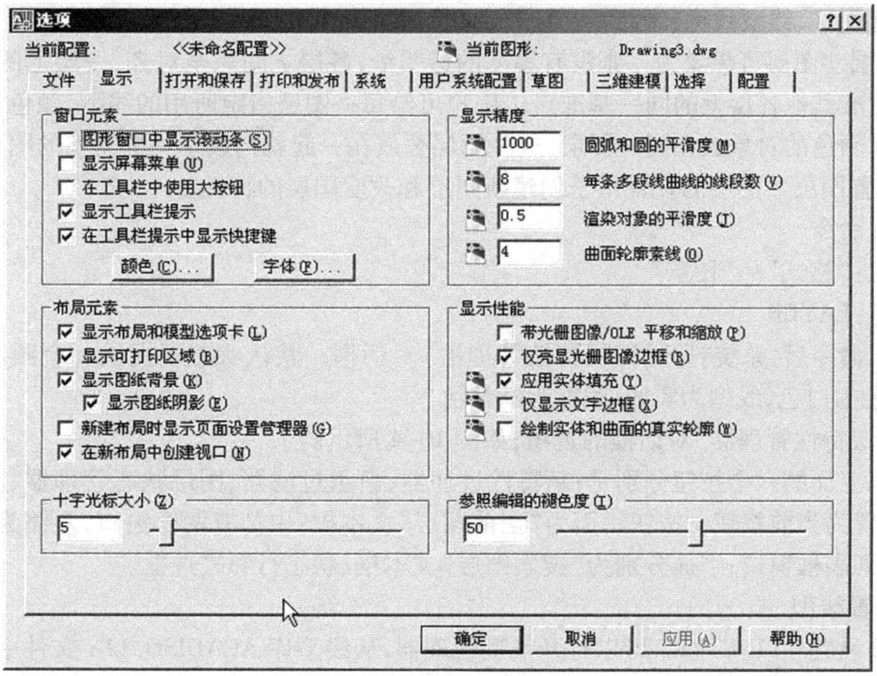

图 10-3　“选项”对话框

(2)在“选项”对话框中单击“显示”选项卡,然后单击对话框“窗口元素”选项组中的“颜色”按钮,打开“颜色选项”对话框。

(3)在“颜色选项”对话框的“图形窗口颜色”列表框中选择“二维模型空间”,在“颜色”列表框中选择“白色”,然后单击“应用并关闭”按钮,返回“选项”对话框,单击“确定”按钮,完成设置。

2)设置图形界限

(1)输入命令

菜单栏:选取“格式”菜单→“图形范围”命令。

命令行:输入 LIMITS 命令。

(2)操作格式

命令:(输入命令)

指定左下角点或[开(ON)/关(OFF)]〈0.00,0.00〉:(按〈Enter〉键或键入左下角图界坐标)

指定右上角点是〈420,297〉:(按〈Enter〉键或键入右上角图界坐标)

3)设置绘图单位

(1)输入命令

菜单栏:选取“格式”→“单位”命令

命令行:UNITS

(2)选项操作

输入上面命令之一后,打开“图形单位”对话框。

“图形单位”对话框中包括长度、角度、拖放比例、输出样例四个选项组。

选择各项后,单击“确定”按钮完成绘图单位的设置。

4)设置图层、线型线宽、颜色

(1)图层　图层可想象为一张没有厚度的透明纸,各层之间完全对齐,一层上的某一基准点准确地对准其他各层上的同一基准点。用户可给每一图层指定所用的线型、颜色,并将具有相同线型和颜色的对象放在同一图层,这些图层叠放在一起就构成了一幅完整的图形。

(2)设置图层　图层的设置用于创建新图层和改变图层的特性。

①输入命令

菜单栏:“格式”→“图层”

命令行:LAYER

当输入命令后,系统打开“图层特性管理器”对话框。默认状态下提供一个图层,图层名为“0”,颜色为白色,线型为实线,线宽为默认值。

②“图层特性管理器”对话框的选项,如图 10-4 所示。

对话框上面的六个按钮分别是:新特性过滤器、新组过滤器、图层状态管理器、新建图层、删除图层、置为当前按钮。按钮后面为“当前图层”文本框;中部有两个窗口,左侧为树状图窗口;右侧为列表框窗口;下面分别为“搜索图层”文本框、状态行和复选框。

(3)设置线型

①线型设置　LINETYPE 可以打开线型管理器,从线型库 ACADISO. LIN 文件中加载新线型,设置当前线型和删除已有的线型,如图 10-5 所示。

②线型管理器　输入命令后,系统打开“线型管理器”对话框。

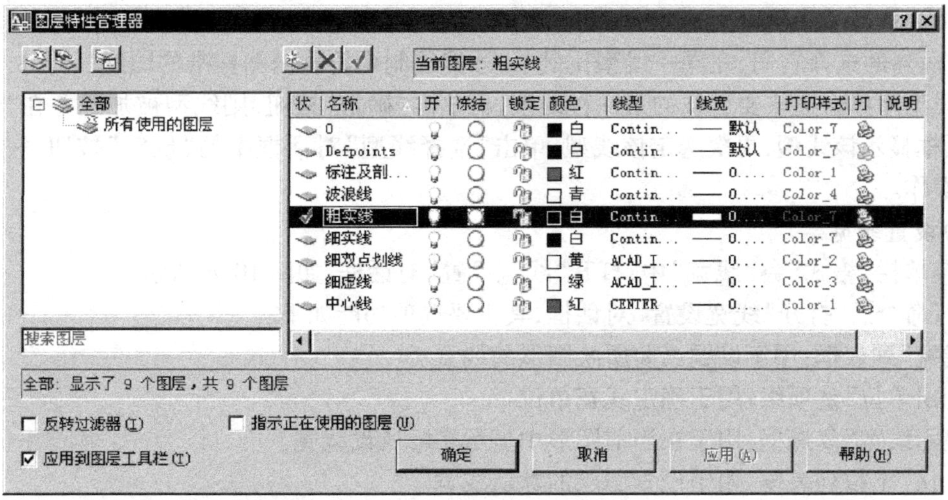

图 10-4　“图层特性管理器”对话框

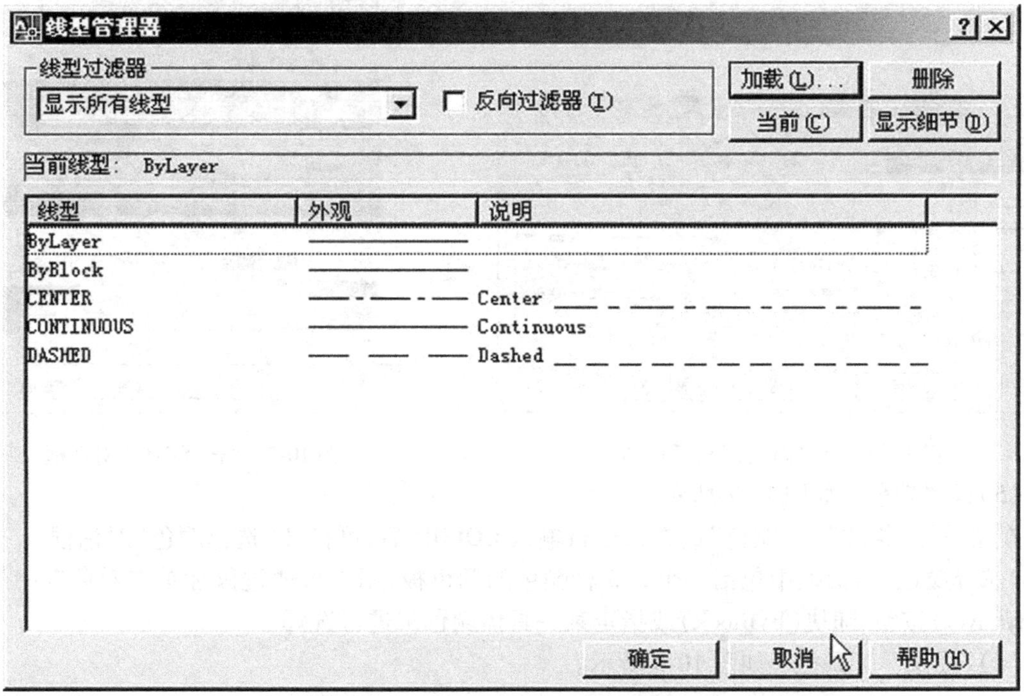

图 10-5　“线型管理器”对话框

“线型管理器”对话框主要选项的功能如下：

线型过滤器：该选项组用于设置过滤条件，以确定在线型列表中显示哪些线型。

“加载(L)”按钮：用于加载新的线型。

“当前(C)”按钮：用于指定当前使用的线型。

“删除”按钮：用于从线型列表中删除没有使用的线型，即当前图形中没有使用到该线型，否则系统拒绝删除此线型。

“显示细节(D)”按钮：用于显示或隐藏“线型管理器”对话框中的“详细信息”。

③线型库

AutoCAD 2007 标准线型库提供的 45 种线型中包含有多个长短、间隔不同的虚线和点画线，只有适当的选择它们，在同一线型比例下，才能绘制出符合制图标准的图线。

在线型库单击选取要加载的某一种线型，再单击“确定”按钮，则线型被加载并在“选择线型”对话框显示该线型，再次选定该线型，单击“选择线型”对话框中的“确定”按钮，完成改变线型的操作。

(4)设置线宽

在菜单栏“格式”→“线宽”中，打开“线宽设置”对话框，如图 10-6 所示。

执行命令后，打开“线宽设置”对话框，其主要选项功能如下：

“线宽”列表框：用于设置当前所绘图形的线宽。

“列出单位”选项组：用于确定线宽单位。

“显示线宽”复选框：用于在当前图形中显示实际所设线宽。

“默认”下拉列表框：用于设置图层的默认线宽。

“调整显示比例”：用于确定线宽的显示比例。

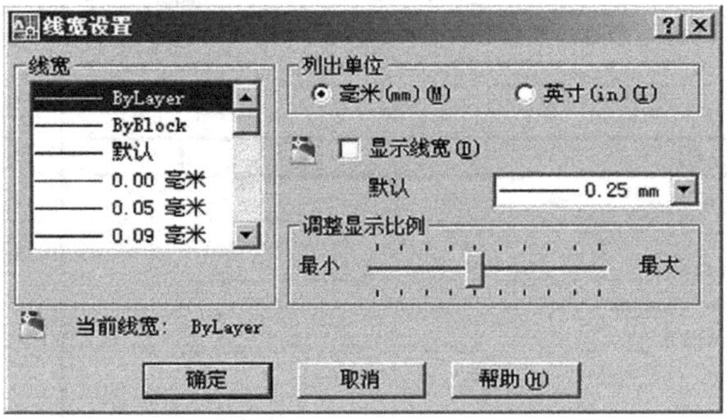

图 10-6 “线宽设置”对话框图

图 10-7 “选择颜色”对话框

(5)设置颜色　如图 10-7 所示。

在菜单栏“格式”→“颜色”或在命令行输入 COLOR 后，可打开“选择颜色”对话框。

“选择颜色”对话框中包括一个 255 种颜色的调色板，用户可通过鼠标单击对话框中的随层(ByLayer)按钮、随块(ByBlock)或指定某一具体颜色来进行选择。

(6)“图层” 工具栏　如图 10-8 所示。

图 10-8　图层工具栏

“图层”工具栏在“标准”工具栏的下面，各项功能自左向右介绍如下：

①“图层特性管理器”图标。用于打开“图层特性管理器”对话框。

②“图层”列表框。该列表中列出了符合条件的所有图层，若需将某个图层设置为当前图层，在列表框中选取该层图标即可，通过列表框可以实现图层之间的快速切换，提高绘图效率。

③“当前图层”图标。用于将选定对象所在的图层设置为当前层。

④“上一个图层”图标。用于返回到刚操作过的上一个图层。

(7)“特性”工具栏　如图10-9所示。

图10-9　特性工具栏

“特性”工具栏在“图层”工具栏的右侧,其各列表框的功能自左向右介绍如下:

①“颜色”下拉列表框。“颜色”下拉列表框用于列出当前图形可选择的各种颜色。

②“线型”列表框。“线型”列表框用于列出当前图形可选用的各种线型。

③“线宽”列表框。“线宽”列表框用于列出当前图形可选用的各种线宽。

④“打印样式”列表框。“打印样式”列表框用于显示当前层的打印格式,若未设置则该项为不可选。

10.2　基本绘图命令

10.2.1　绘制直线、构造线、多段线、多线

1)绘制直线(如图10-10所示)

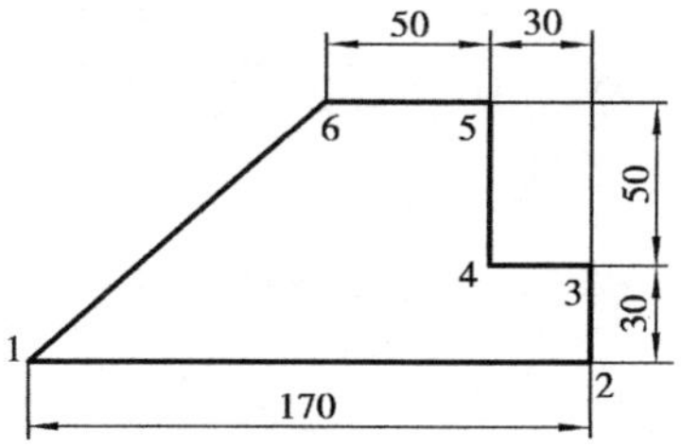

图10-10　绘制直线示例

(1)输入命令

菜单栏:选取“绘图”菜单→“直线”命令

工具栏:在“绘图”工具栏中单击“直线”按钮

命令行:键盘输入“L”或“Line”。(“L”为“Line”的简写)

(2)操作格式

命令:执行上面命令之一,系统提示如下:

指定第一点:(输入起始点)(输入第1点)。

指定下一点或[放弃(U)]:(输入第2点)。

依次输入3、4、5、6点。

指定下一点或[闭合(C)/放弃(U)]:(输入“C”,按〈Enter〉键,自动封闭多边形并退出命令)。

2)绘制构造线

构造线又叫参照线,是向两个方向无限延长的直线。

操作格式:(以绘通过两点构造线为例)

命令:(“绘图”→“构造线”)

指定点或[水平(H)/垂直(V)/角度(A)/二等分(B)/偏移(O)]:(指定起点)。

指定通过点:(指定通过点,画出一条线)

指定通过点:(指定通过点,再画一条线或按〈Enter〉键结束)

3)**绘制多段线**(如图 10-11 所示)

操作格式

命令:“绘图”→“多段线”

指定起点:(指定多段线的起始点)

当前线宽为 0:(提示当前线宽是“0”)

指定下一点或[圆弧(A)/半宽(H)/长度(L)/放弃(U)/宽度(W)]:(指定下一点或选项)

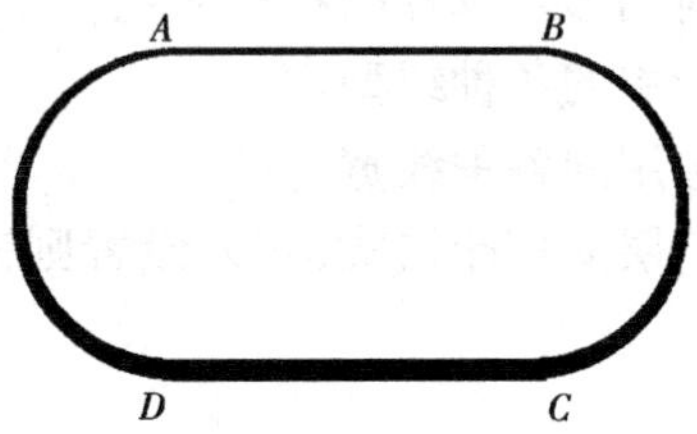

图 10-11　绘制多段线示例

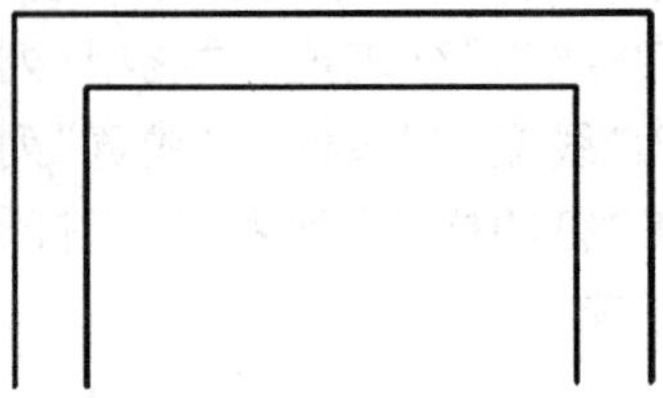

图 10-12　绘制多线示例

4)**绘制多线**(如图 10-12 所示)

操作格式

命令:“绘图”→“多线”

指定起点或[对正(J)/比例(S)/样式(ST)]:(指定起点)

指定下一点:(指定下一点)

指定下一点或[放弃(U)]:(指定下一点)

指定下一点或[闭合(C)/放弃(U)]:(指定下一点)

指定下一点或[闭合(C)/放弃(U)]:(按〈Enter〉键)

10.2.2　绘制正多边形、矩形

1)**绘制正多边形**

(1)边长方式

操作格式

命令:“绘图”→“多边形”

输入边的数目〈4〉:(输入边数)

多边形的中心点或[边(E)]:(输入“E”)

指定边的第一个端点:(输入边的第一个端点)

指定边的第二个端点:(输入边的第二个端点)

(2)内接圆方式　如图 10-13 所示。

操作格式

命令:“绘图”→“多边形”

输入边的数目〈4〉:(输入边数)

指定多边形的中心点或[边(E)]:(指定多边形的中心点)

输入选项[内接于圆(I)/外切于圆(C)]〈I〉:(〈I〉为默认值,直接按〈Enter〉键)

指定圆的半径:(指定圆的半径)

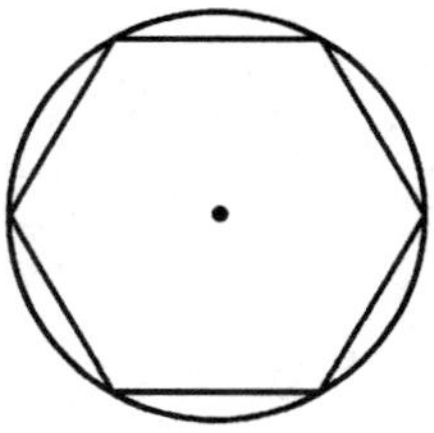

图 10-13　内接圆方式绘制正多边形示例

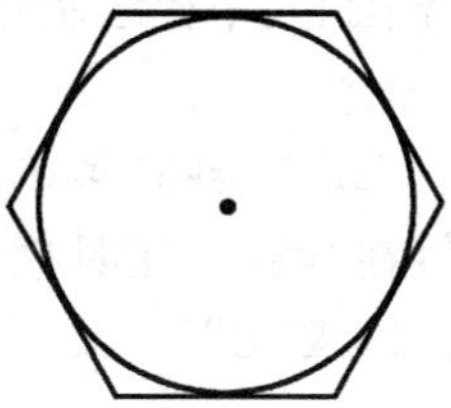

图 10-14　外切圆方式绘制正多边形示例

结果按内接圆方式绘制多边形。

(3)外切圆方式　如图 10-14 所示。

操作格式

命令:“绘图”→“多边形”

输入边的数目〈4〉:(输入边数)

指定多边形的中心点或[边(E)]:(指定多边形的中心点)

输入选项[内接于圆(I)/外切于圆(C)]〈I〉:(输入“C”)

指定圆的半径:(指定圆的半径)

2)绘制矩形

(1)绘制矩形

操作格式

命令:“绘图”→“矩形”

指定第一个角点[倒角(C)/标高(E)/圆角(F)/厚度(T)/宽度(W)]:(用鼠标选取矩形第 1 个对角点 1)

指定另一个角点:(用鼠标选点或输入矩形另一个对角点 2 的坐标)

(2)绘制倒角的矩形

操作格式

命令:“绘图”→“矩形”

指定第 1 个角点或[倒角(C)/标高(E)/圆角(F)/厚度(T)/宽度(W)]:(输入“C”)

指定矩形的第 1 个倒角距离〈0,00〉:(输入第 1 个倒角距离)

指定矩形的第 2 个倒角距离〈0,00〉:(输入第 2 个倒角距离)

指定第一个角点或[倒角(C)/标高(E)/圆角(F)/厚度(T)/宽度(W)]:(指定第一个角点)

指定另一个角点:(指定另一个角点)

10.2.3　绘制圆、圆弧、椭圆

1)“CIRCLE”命令用于绘制圆,并提供了下列 5 种绘制方式:

指定圆心,半径(CEN,R)

指定圆心,直径(CEN,D)

指定直径的两端点(2P)

指定圆上的三点(3P)

选择两个对象(可以是直线、圆弧、圆)和指定半径(TTR)

(1)指定圆心、半径绘制圆

①输入命令

菜单栏:选取“绘图”菜单→“圆”命令→选择“圆心、半径”方式

工具栏:在“绘图”工具栏中单击“圆”按钮

命令行:输入“C”

②操作格式

命令:执行上面命令之一,系统提示如下:

指定圆的圆心或[三点(3P)/两点(2P)/相切、相切、半径(T)]:(用鼠标或坐标法指定圆心 O)

指定圆的半径[直径(D)]:(输入圆的半径,按〈Enter〉键)

(2)指定圆上的三点绘制圆　如图 10-15 所示。

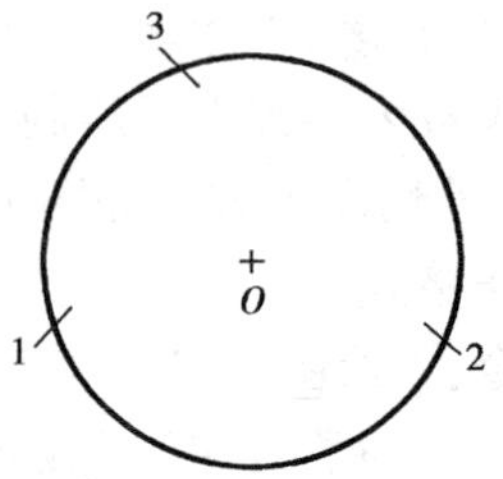

图 10-15　指定圆上的三点绘制圆示例

操作格式

命令:选取“绘图”菜单→“圆”命令→选择“三点”方式,系统提示如下:

指定圆的圆心或[三点(3P)/两点(2P)/相切、相切、半径(T)]:(输入“3P”)

指定圆的第一点:(指定圆上第 1 点)

指定圆的第二点:(指定圆上第 2 点)

指定圆的第三点:(指定圆上第 3 点)

执行命令后,系统绘制出圆。

(3)指定直径的两端点绘制圆

操作格式

命令:选取“绘图”菜单→“圆”命令,系统提示如下:

指定圆的圆心或[三点(3P)/两点(2P)/相切、相切、半径(T)]:(输入“2P”)

指定圆直径的第一端点:(指定直径端点第 1 点)

指定圆直径的第二端点:(指定直径端点第 2 点)

(4)指定相切、相切、半径方式绘制圆　如图 10-16 所示。

操作格式

命令:“绘图”→“圆”→“相切、相切、半径”,系统提示如下:

指定对象与圆的第一个切点:(在第一个相切对象 R1 指定切点)

指定对象与圆的第二个切点:(在第二个相切对象 R2 指定切点)

指定圆的半径 <当前值>:(指定公切圆 R 半径)

2)绘制圆弧

系统提供了下列 7 种绘制圆弧方式:

(1)三点方式　如图 10-17 所示。

操作格式

命令:“绘图”→“圆弧”→“三点”

指定圆弧的起点或[圆心(C)]:(指定圆弧起点)

指定圆弧的第二点或[圆心(C)/端点(E)]:(指定第二点)

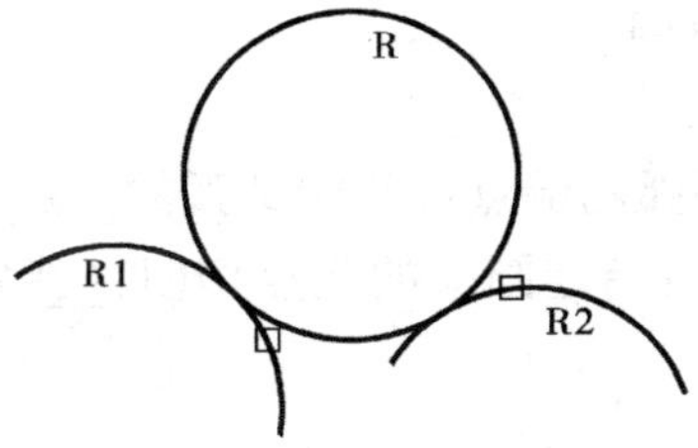

图10-16　相切、相切、半径方式绘制圆示例

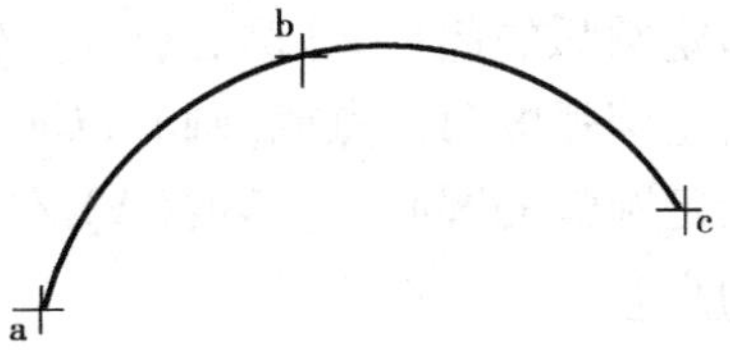

图10-17　三点方式绘制圆弧示例

指定圆弧的端点:(指定圆弧的端点)

(2)起点、圆心、端点方式　如图10-18所示。

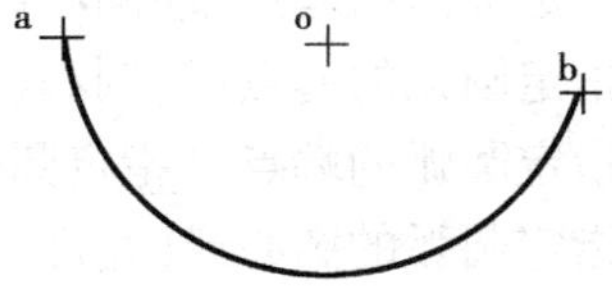

图10-18　起点、圆心、端点方式

操作格式

命令:“绘图”→“圆弧”→“起点、圆心、端点”

指定圆弧的起点或[圆心(C)]:(指定圆弧起点)

指定圆弧的起点或[圆心(C)/端点(E)]:(输入“C”)

指定圆弧的圆心:(指定圆心)

指定圆弧的端点或[角度(A)/弦长(L)]:(指定端点)

(3)起点、圆心、角度方式

操作格式

命令:“绘图”→“圆弧”→“起点、圆心、角度”

指定圆弧的起点或[圆心(C)]:(指定圆弧起点)

指定圆弧的第二点或[圆心(C)/端点(E)]:(输入“C”)

指定圆弧的圆心:(指定圆心“O”)

指定圆弧的端点或[角度(A)/弦长(L)]:(输入“A”)

指定包含角:(输入包含角度)

(4)起点、圆心、长度方式

操作格式

命令:“绘图”→“圆弧”→“起点、圆心、长度”

指定圆弧的起点或[圆心(C)]:(指定圆弧起点)

指定圆弧的第二点或[圆心(C)/端点(E)]:(输入“C”)

指定圆弧的圆心:(指定圆心)

指定圆弧的端点[角度(A)/弦长(L)]:(输入“L”)

指定弦长:(输入弦长)

(5)起点、端点、角度方式

操作格式

命令:(从菜单选取“绘图”→“圆弧”→“起点、端点、角度”)

指定圆弧的起点或[圆心(C)]:(指定圆弧起点)

指定圆弧的第二点或[圆心(CE)/端点(E)]:指定圆弧的端点:(指定圆弧的端点)

指定圆弧的圆心或[角度(A)/方向(D)/半径(R)]:指定包含角:(输入圆弧包含角)

(6)起点、端点、方向方式

操作格式

命令:（从菜单选取“绘图”→“圆弧”→“起点、端点、方向”）

指定圆弧的起点或[圆心(C)]:（指定圆弧起点 a）

指定圆弧的第二点或[圆心(CE)/端点(E)]:指定圆弧的端点:（指定圆弧的端点 b）

指定圆弧的圆心或[角度(A)/方向(D)/半径(R)]:指定圆弧的起点切向:（指定圆弧的方向点）

(7)起点、端点、半径方式　如图 10-19 所示。

操作格式

命令:（从菜单选取“绘图”→“圆弧”→“起点、端点、半径”）

指定圆弧的起点或[圆心(C)]:（指定圆弧起点）

指定圆弧的起点或[圆心(C)/端点(E)]:（输入“E”）

指定圆弧的端点:（指定圆弧的端点）

指定圆弧的圆心或[角度(A)/方向(D)/半径(R)]:（输入“R”）

指定圆弧的半径:（输入半径）

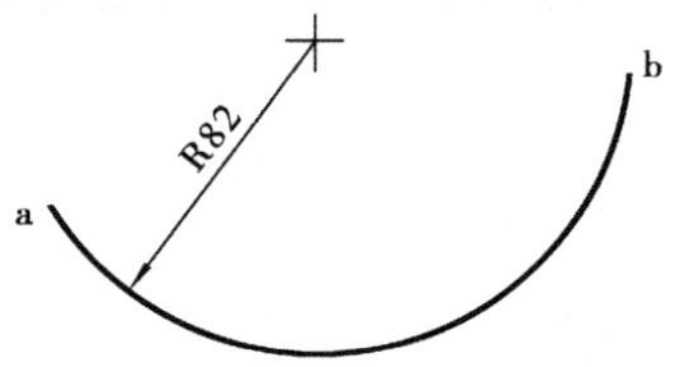

图 10-19　起点、端点、半径方式绘制圆弧示例

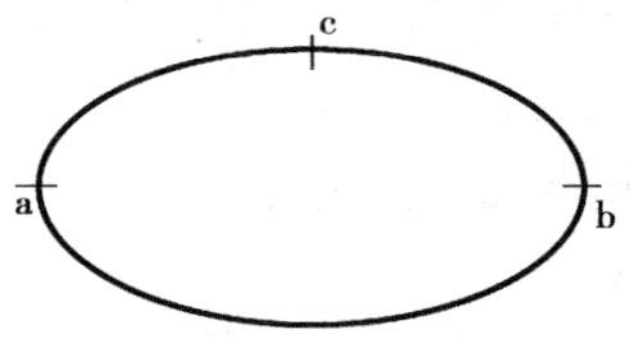

图 10-20　轴端点方式绘制椭圆

3)绘制椭圆

(1)轴端点方式　如图 10-20 所示。

操作格式

命令:“绘图”→“椭圆”

指定椭圆的轴端点或[圆弧(A)/中心点(C)]:（指定长轴点）

指定轴的另一个端点:（指定长轴另一个端点）

指定另一条半轴长度或[旋转(R)]:（指定短轴长度）

(2)中心点方式

操作格式

命令:“绘图”→“椭圆”

指定椭圆的轴端点或[圆弧(A)/中心点(C)]:（输入“C”）

指定椭圆中心点:（指定中心点 o）

指定轴的端点:（指定长轴端点）

指定另一条半轴长度或[旋转(R)]:（指定短轴端点）

10.2.4　绘制样条曲线、点

1)绘制样条曲线(如图 10-21 所示)

操作格式

命令:“绘图”→“样条曲线”

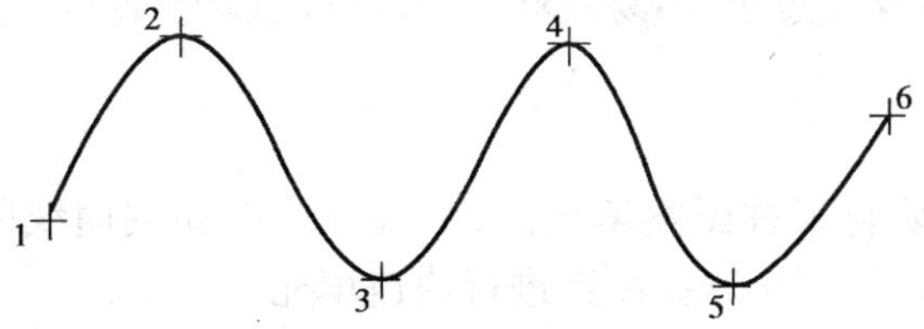

图 10-21　绘制“样条曲线”示例

指定第一个点或[对象(O)]:(指定起点)

指定下一个点:(指定第 2 点)

指定下一个点或[闭合(C)/拟合公差(F)]〈起点切向〉:(指定第 3 点)

依次输入 4、5、6 点

指定下一个点或[闭合(C)/拟合公差(F)]〈起点切向〉:按〈Enter〉键

指定起点切向:按〈Enter〉键

指定终点切向:按〈Enter〉键

2) 绘制点

(1)设置点的样式

操作步骤:

执行“格式”→“点样式”命令,系统打开“点样式”对话框。如图 10-22 所示。

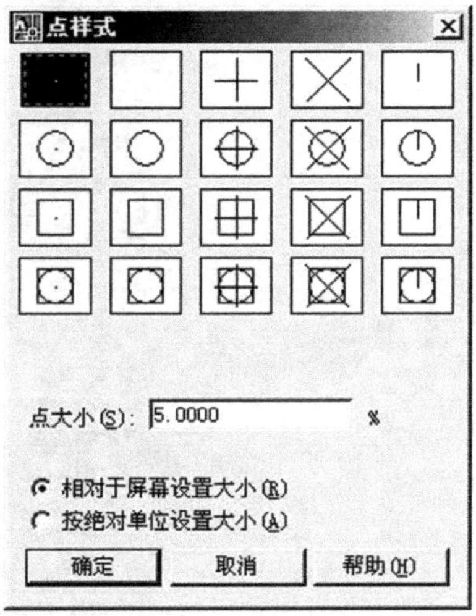

图 10-22　“点样式”对话框

对话框各选项功能如下:

“点样式”:提供了 20 种样式,可以从中任选一种。

“点大小”:确定所选点的大小尺寸。

“相对于屏幕设置尺寸”:即点的尺寸是随绘图区的变化而改变。

“用绝对单位设置尺寸”:即点的尺寸大小不变。

设置样式后,单击“确定”按钮,完成操作。

(2)绘制单点或多点

此功能可以在指定位置上绘制单一点或多个点。

操作格式

命令:“绘图”→“点”→“单点”或“多点”

指定点:(指定点的位置)

如果选用“单点”命令在指定点位置后将结束操作;若选用“多点” 命令则在指定点后,可以继续输入点的位置或按〈Esc〉键结束操作。

图 10-23　“定数等分”线段示例

(3)绘制等分点　如图 10-23 所示。

操作格式

命令:(“绘图”→“点”→“定数等分”)

选择要定数等分的对象:(选择直线 L)

输入线段数目或[块]:(输入等分线段数目)

按〈Enter〉键,完成操作。

如果默认状态下的点样式过小,不易观察结果,可以重新设置点样式。

10.2.5 图案填充

绘制工程图,常常需要将某种图案填充到某一区域,例如剖面线的绘制。AutoCAD 2007 提供了丰富的填充图案,可以利用这些图案进行快速填充。

1)图案填充

下面以填充金属剖面线为例说明,操作步骤如下:

(1)选取命令:“绘图”→“图案填充”,打开“图案填充与渐变色”对话框,如图 10-24 所示。

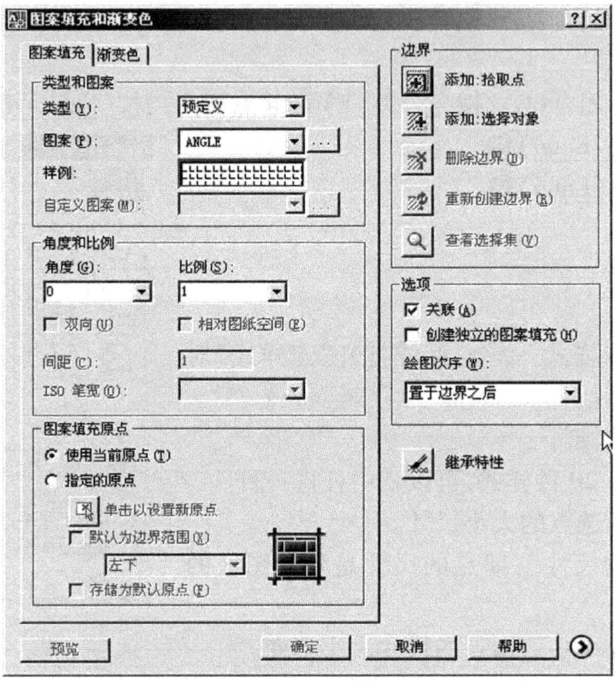

图 10-24 “图案填充与渐变色”对话框

(2)“类型”设置为“预定义”;“图案”设置为“ANSI31”;“角度”设置为“0”;“比例”设置为“1”。

(3)单击“拾取点”按钮。在绘图区的封闭框中选择(单击)内部点,按〈Enter〉键,返回对话框。

(4)预览设置效果。单击“预览”按钮,进入绘图状态,显示图案填充结果。预览后按〈Enter〉键,返回“边界图案填充”对话框。

(5)单击“确定”按钮,系统完成图案填充。

2)编辑填充图案

操作格式

命令:“修改”→“对象”→“图案填充”

选择关联填充对象:(选择已有的填充图案)

选择对象后,并打开“图案填充编辑”对话框。该对话框中各选项含义与“边界图案填充”对话框相同。如图 10-25 所示。

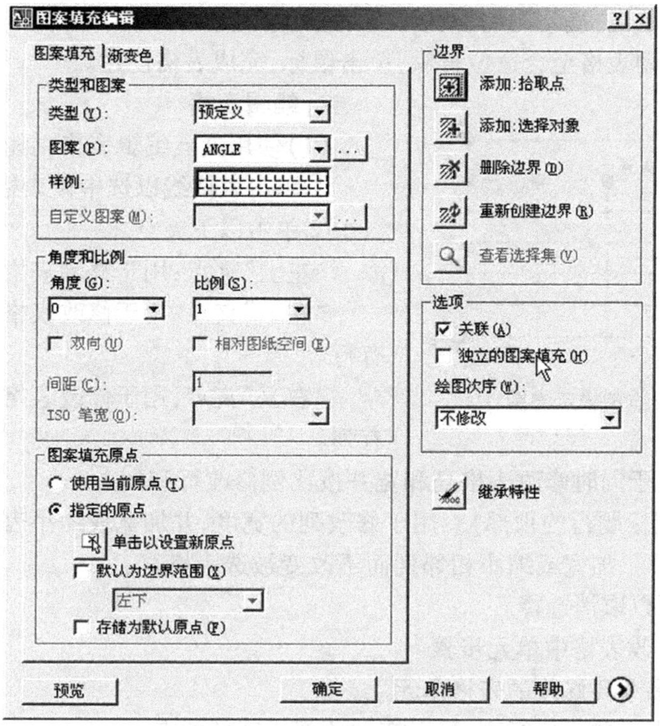

图 10-25　“图案填充编辑”对话框

10.2.6　创建表格

1) 创建表格

操作格式

命令:<u>“绘图”→“表格”</u>

执行命令后,打开“插入表格”对话框,如图 10-26 所示。

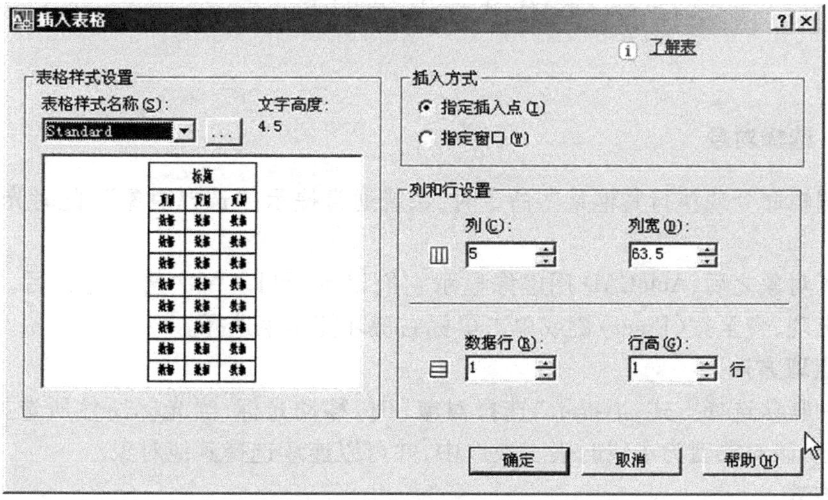

图 10-26　“插入表格”对话框

在“插入表格”对话框指定插入点、列和行的数目、列宽和“行高”等。

设置对话框后,单击“确定”按钮,关闭对话框,返回绘图区。

指定插入点:拖动表格至合适位置后,单击鼠标,完成表格创建。

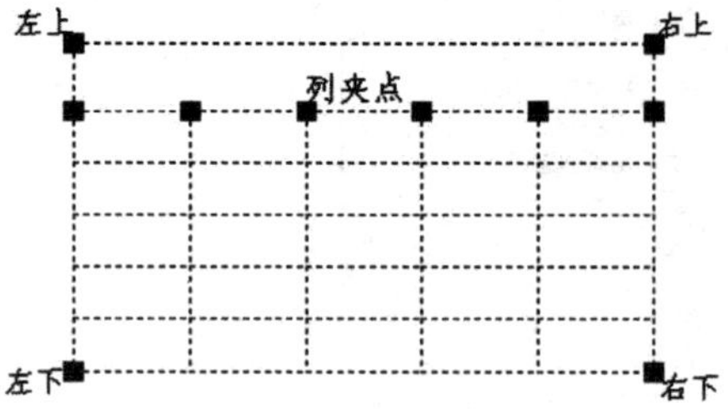

图 10-27　夹点编辑示意图

2)编辑表格

(1)使用夹点编辑表格　如图 10-27 所示。

①单击表格线以选中该表格,显示夹点。

②单击以下夹点之一:

“左上”夹点:用于移动表格。

“左下”夹点:用于修改表格高并按比例修改所有行。

“右上”夹点:用于修改表格宽并按比例修改所有列。

“右下”夹点:用于同时修改表格高和宽并按比例修改行和列。

“列夹点”(在列标题行的顶部)。用于修改列的宽度,并加宽或缩小表格以适应此修改。

“Ctrl +列夹点”。加宽或缩小相邻列而不改变被选表格宽。

③按〈Esc〉键可以取消选择。

(2)使用夹点修改表格中单元步骤

①选择一个或多个要修改的表格单元。

②要修改选定表格单元的行高,可以拖动顶部或底部的夹点。

③如果要修改选定单元的列宽,可以拖动左侧或右侧的夹点。如果选中多个单元,每列的列宽将做同样的修改。

④如果要合并选定的单元,同时单击鼠标右键打开相应的快捷菜单,选择“合并单元”命令即可。如果选择了多个行或列中的单元,可以按行或按列合并。

⑤按〈Esc〉键可以删除选择。

10.3　编辑图形

10.3.1　选择对象

当执行编辑命令或执行其他某些命令时,系统通常提示:“选择对象”,此时光标改变为一个小方框。

当选择了对象之后,AutoCAD 用虚像显示它们以示醒目。每次选定对象后,“选择对象”提示会重复出现,直至按〈Enter〉键或单击鼠标右键才能结束选择。

1)直接点取方法

这是一种默认选择方式,当提示“选择对象”时,移动光标,当光标压住所选择的对象时,单击鼠标左键,该对象变为虚线时表示被选中,并可以连续选择其他对象。

2)全部方式

当提示“选择对象”时,输入“ALL”后按〈Enter〉键,即选中绘图区中的所有对象。

3)窗口方式

当提示“选择对象”时,在默认状态下,用鼠标指定窗口的一个顶点,然后移动鼠标,再单击鼠标左键,确定一个矩形窗口。如果鼠标从左向右移动来确定矩形,则完全处在窗口内的对象被选中;如果鼠标从右向左移动来确定矩形,则完全处在窗口内的对象和与窗口相交的对象均被选中。

4)不规则窗口方式

当提示“选择对象”时,输入“WP”(Window Polygon)后按〈Enter〉键,然后依次输入第一角点,第二角点…,绘制出一个不规则的多边形窗口,位于该窗口内的对象即被选中。

5)上次方式

当提示“选择对象”时,输入“P”(Previous)后按〈Enter〉键,将选中在当前操作之前的操作中所设定好的对象。

6)最后方式

当提示“选择对象”时,输入“L”(Last)后按〈Enter〉键,将选中最后绘制的对象。

7)取消

在提示“选择对象”时,输入“U”(Undo)后按〈Enter〉键,可以消除最后选择的对象。

10.3.2　删除、复制、移动、旋转图形对象

1)删除对象

该功能可以删除指定的对象

操作格式

命令:(“修改”→“删除”)

选择对象:(选择要删除的对象)

选择对象:(按〈Enter〉键或继续选择对象)

结束删除命令。

2)复制对象

操作格式

命令:“修改”→“复制”

选择对象:(选择要复制的对象)

选择对象:(按〈Enter〉键或继续选择对象)

指定基点或位移,或者[重复(M)]:(指定基点)

指定位移的第二点或〈用第一点作位移〉:(指定位移点)

当在指定基点时输入“M”后,可以重复复制对象,即在指定位移第二点时,多次指定位置即可。

3)移动对象(如图 10-28 所示)

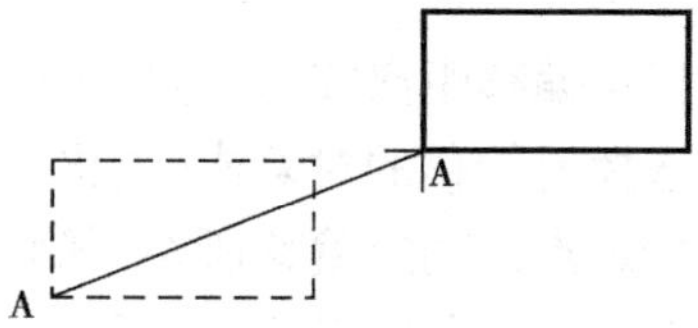

图 10-28　移动对象示例

操作格式

命令:“修改”→“移动”

选择对象:(选择要移动的对象)

选择对象:(按〈Enter〉键或继续选择对象)

指定基点或位移:(指定基点 A 或位移)

选择基点:任选一点作为基点,根据提示指定的第二点,按〈Enter〉键,系统将对象沿两点所确定的位置矢量移动至新位置。

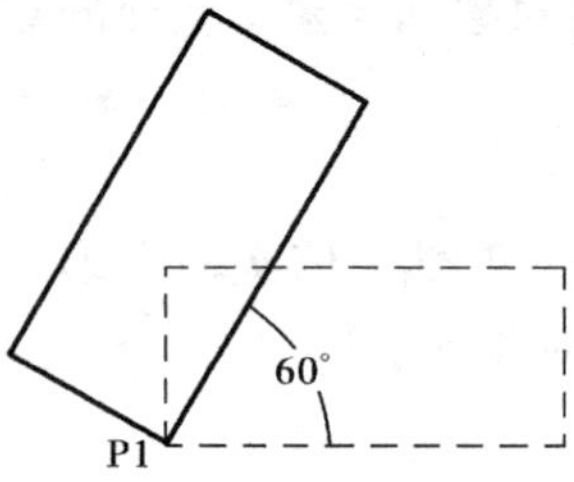

图 10-29　旋转对象示例

4)**旋转对象**(如图 10-29 所示)

操作格式

命令:“修改”→“旋转”

选择对象:(选择要旋转的对象)

选择对象:(按〈Enter〉键或继续选择对象)

指定基点:(指定旋转基点)

指定旋转角度或[参照(R)]:(指定旋转角),(按 < Enter > 键)。

10.3.3　镜像、偏移、阵列图形对象

1)**镜像对象**

操作格式

命令:“修改”→“镜像”

选择对象:(选择要镜像的对象)

选择对象:(按〈Enter〉键或继续选择对象)

指定镜像线的第一点:(指定对称线 y 的任意一点)

指定镜像线的第二点:(指定对称线 y 的另一点)

是否删除原对象? [是(Y)/否(N)]〈n〉:(按〈Enter〉键)

2)**偏移对象**(如图 10-30 所示)

操作格式

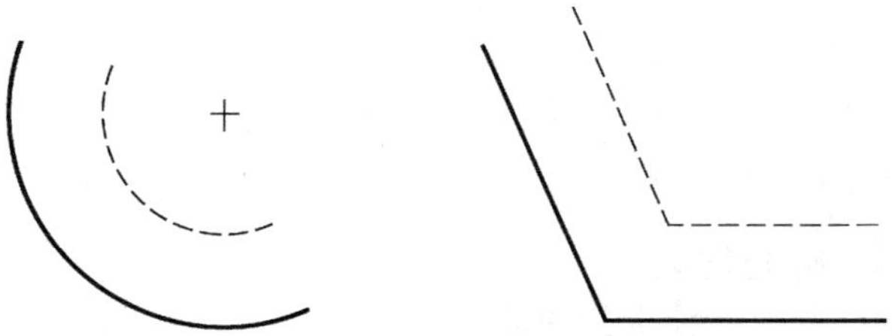

图 10-30　偏移对象示例

命令:“修改”→“偏移”

指定偏移距离或[通过(T)]〈1.00〉:(指定偏移距离)

选择要偏移的对象或〈退出〉:(选择对象)

指定点以确定偏移所在一侧:(指定偏移方位)

选择要偏移的对象或〈退出〉:(继续执行偏移命令或按〈Enter〉键退出)

执行偏移命令。

3)**阵列对象**

操作格式

输入"修改"→"阵列"命令之后,系统打开"阵列"对话框,如图 10-31 所示。

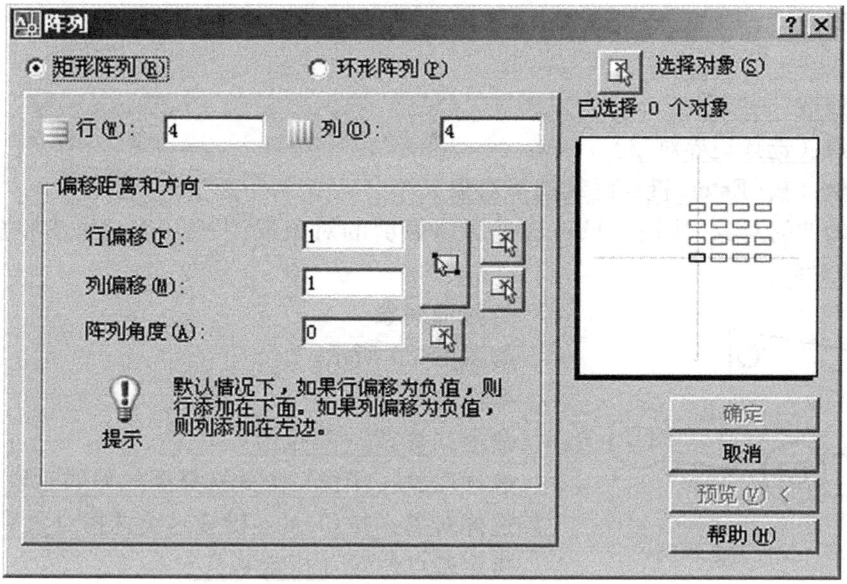

图 10-31　"阵列"对话框

选择"矩形阵列"选项,在对话框中输入矩形阵列的行数、列数、旋转角度。单击"选择对象"按钮。

选择对象:(选择要阵列的对象)

选择对象:(按〈Enter〉键结束对象选择)

选择对象后,按设置完成阵列。

若要创建环形阵列,可以在 "阵列"对话框中选择"环形阵列"选项,确定阵列的中心点、个数和圆心角后完成阵列。

10.3.4　修剪、延伸、拉伸、拉长、缩放图形

1)修剪对象

如图 10-32 所示。

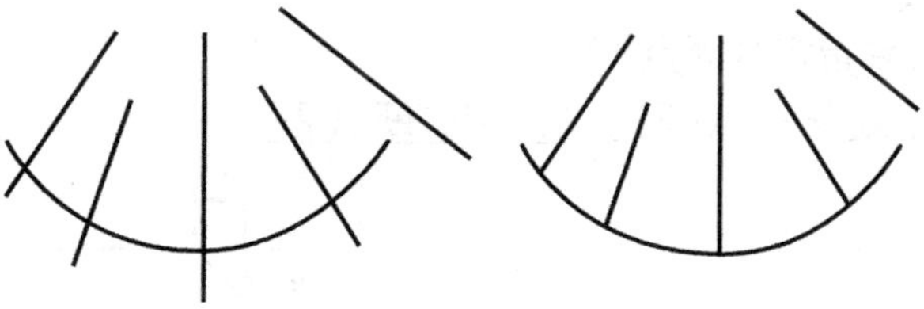

图 10-32　修剪对象示例

操作格式

命令:"修改"→"修剪"

选择对象:(选择边界对象圆弧)

选择对象:(按〈Enter〉键或继续选择对象)

选择要修剪的对象,按住〈Shift〉键选择要延伸的对象,或[投影(P)/边(E)/放弃(U)]:

(选择要修剪对象直线)

2)延伸对象

操作格式

命令:“修改”→“延伸”

选择对象:(选择边界对象)

选择对象:(按〈Enter〉键或继续选择对象)

选择要延伸的对象,按住〈Shift〉键选择要修剪的对象或[投影(P)/边(E)/放弃(U)]:(选择要延伸对象)

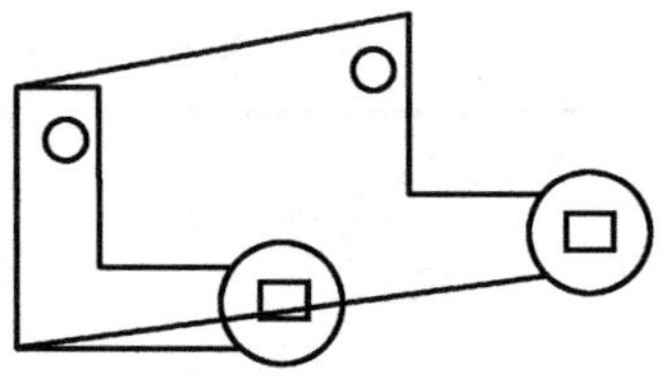

图 10-33　拉伸对象示例

3)拉伸对象

如图 10-33 所示。

操作格式

命令:“修改”→“拉伸”

选择对象:(用窗口方式选择要拉伸的对象)

选择对象:(按〈Enter〉键或继续选择对象)

指定基点位置:(指定基点)

指定第二点:(移动鼠标指引方向并指定第二点)

4)比例缩放对象

操作格式

命令:“修改”→“缩放”

选择对象:(选择要缩放的对象)

选择对象:(按〈Enter〉键或继续选择对象)

确定基点:(指定基点)

指定比例因子或[参照(R)]:(指定比例因子),(按 <Enter> 键)结束命令。

10.3.5　打断、倒角、倒圆角、分解对象

1)打断对象

操作格式

命令:“修改”→“打断”

选择对象:(选择对象指定打断点 1)

指定第二个打断点或[第一点(F)]:(指定打断点 2)

2)倒角

如图 10-34 所示。

操作格式

命令:“修改”→“倒角”

选择第一条直线或[多段线(P)/距离(D)/角度(A)/修剪(T)/方法(M)]:(输入“D”,执行该选项),系统提示:

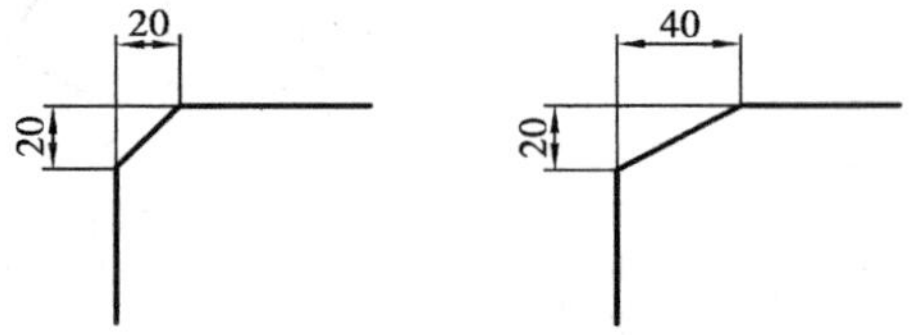

图 10-34　指定距离方式倒角示例

指定第一个倒角距离〈10.00〉:(指定第一个倒角距离)

指定第二个倒角距离〈10.00〉:(指定第二个倒角距离)

选择第一条直线或[多段线(P)/距离(D)/角度(A)/修剪(T)/方法(M)]:(选择 1 条直线)

选择第二条直线:(选择第 2 条直线)

3)**倒圆角**(如图 10-35 所示)

操作格式

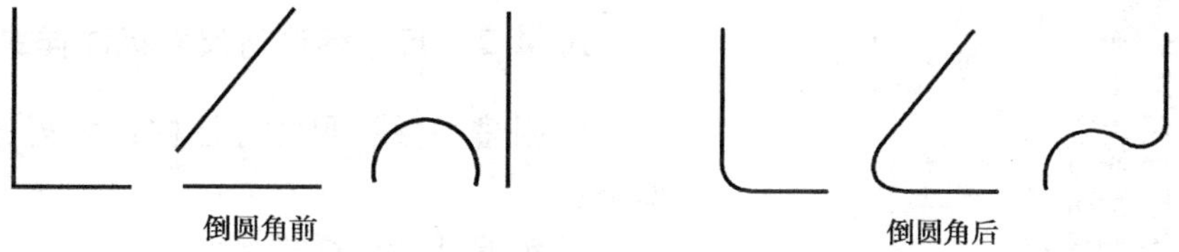

图 10-35　倒圆角示例

命令:"修改"→"圆角"

选择第一个对象或[多段线(P)/半径(R)/修剪(T)]:(选择 1 个对象或选项)

选择第二个对象:(选择第二个对象)

4)**分解对象**(如图 10-36 所示)

操作格式

命令:"修改"→"分解"

选择对象:(选择要分解的对象)

选择对象:(按〈Enter〉键或继续选择对象)

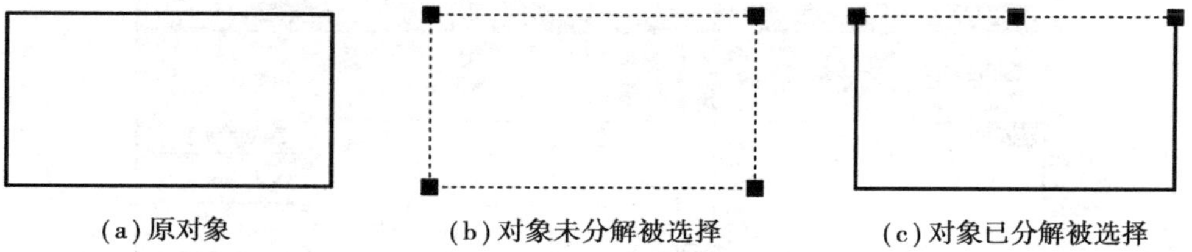

图 10-36　对象分解示例

10.4　尺寸与文字标注

10.4.1　尺寸标注要素与类型

1)尺寸标注的组成

工程图中一个完整的尺寸一般由尺寸线、尺寸界线、尺寸起止符号(箭头)、尺寸数字等四个部分组成。如图 10-37 所示。

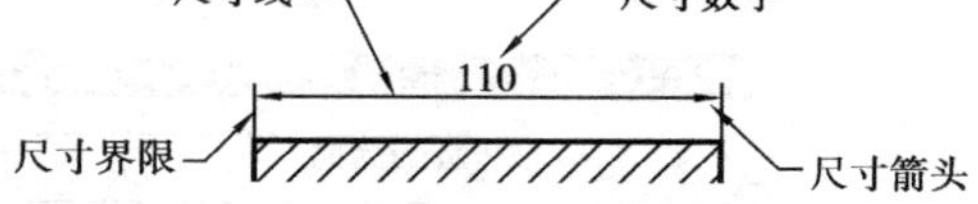

图 10-37　尺寸组成

(1)尺寸线:用于表示尺寸标注的方向。

(2)尺寸界线:用于表示尺寸标注的范围。

(3)尺寸起止符号:用于表示尺寸标注的起始和终止位置。

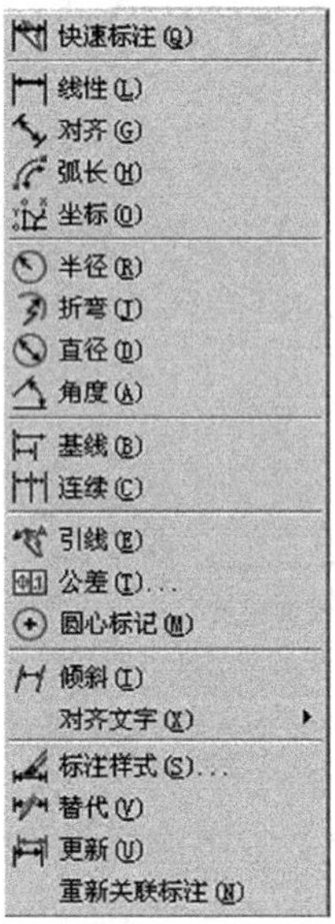

图 10-38　菜单栏中尺寸标注的类型

(4)尺寸数字:用于表示尺寸位置的具体大小。

2)尺寸标注的类型

AutoCAD 2007 在“标注”菜单栏和“标注”工具栏中列出了尺寸标注的类型。如图 10-38、图 10-39 所示。

10.4.2　尺寸标注与尺寸标注样式的设置

以创建“直线”尺寸标注样式为例,其操作步骤如下:

1)创建新标注样式名

(1)在“标注”工具栏选取“标注样式”命令,打开“标注样式管理器”对话框,如图 10-40 所示。单击“新建”按钮,打开“创建新标注样式”对话框。如图 10-41 所示。

图 10-39　“标注”菜单中尺寸标注的类型

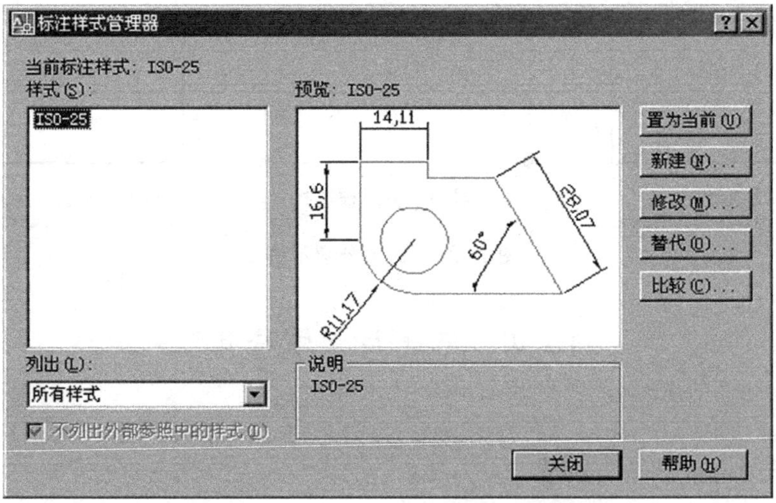

图 10-40　“标注样式管理器”对话框

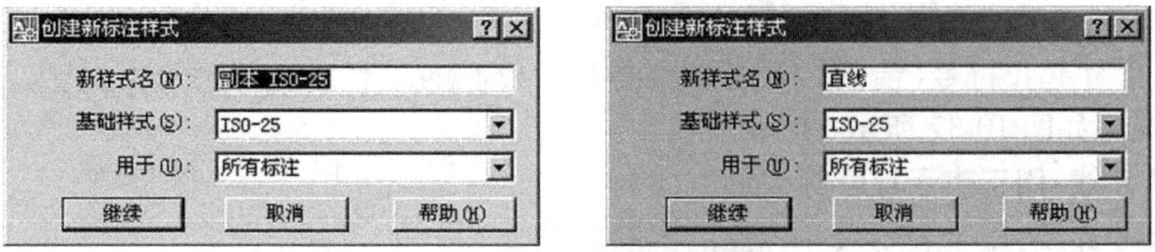

图 10-41　“创建新标注样式”对话框

(2)在“基础样式”下拉列表框中选中“standard”样式。

(3)在“新样式名”文本框中输入“直线”。

(4)单击“继续”按钮,打开“新建标注样式”对话框。如图 10-42 所示。

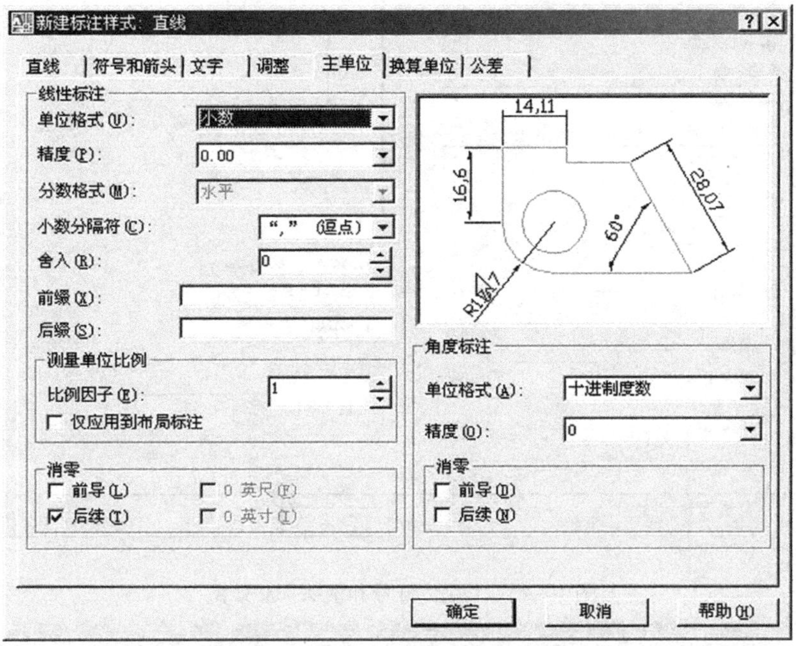

图 10-42　“新建标注样式”对话框

2)设置“直线、符号和箭头”选项卡

(1)在直线选项卡中“尺寸线”设置组设置:“颜色”为“By Block”,“线宽”为“By Block”,“超出标记”设为“0”,“基线间距”输入“7”。

(2)在“尺寸界线”选项组设置,“颜色”为“By Block”,“线宽”为“By Block”,“超出尺寸线”为“2”,“起点偏移量”为“0”。

(3)在“符号和箭头”选项组设置:在“第一项”、“第二个”和“引线”下拉列表框中选择“实心闭合”,“箭头大小”为“4”。如图 10-43 所示。

3)设置“文字”选项卡

(1)在“文字外观”选项组设置:“文字样式”下拉列表框中选择“standard”,“文字颜色”为“随层”,“文字高度”为“3.5”。

(2)在“文字位置”选项组设置,“垂直”下拉列表框选择“上方”,“水平”下拉列表框中选择“置中”,从“尺寸偏移量”输入“1”。

(3)“文字对齐”选择“与尺寸线对齐”。如图 10-44 所示。

4)设置“调整”选项卡

(1)在“调整选项”选项组选择“文字或箭头,取最佳效果”。

(2)在“文字位置”选项组选择“尺寸线旁边”。

(3)在“标注特征比例”选项组中选择“使用全局比例”。

(4)在“调整”选项组选择“始终在尺寸线之间绘制尺寸线”。如图 10-45 所示。

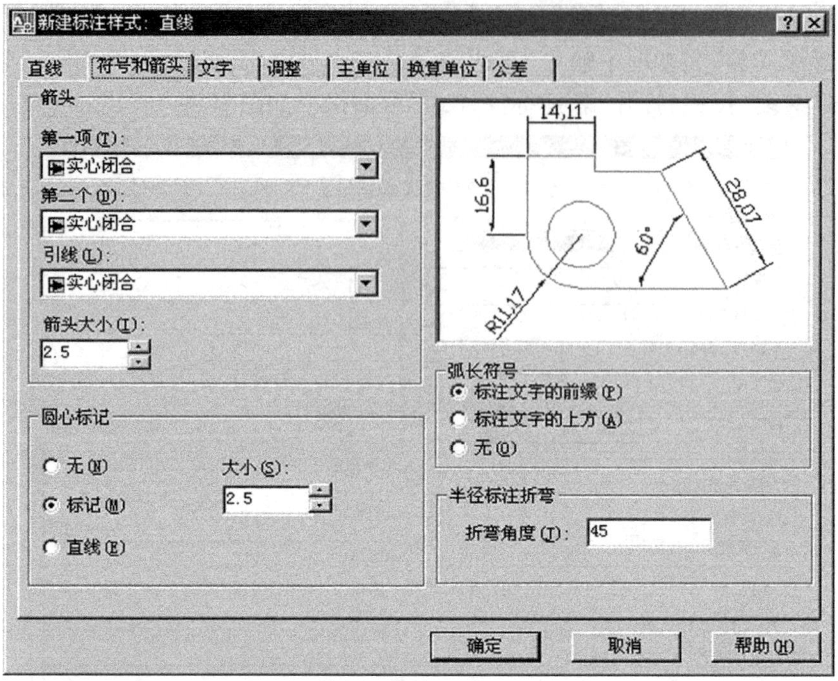

图 10-43　设置“符号和箭头”选项卡

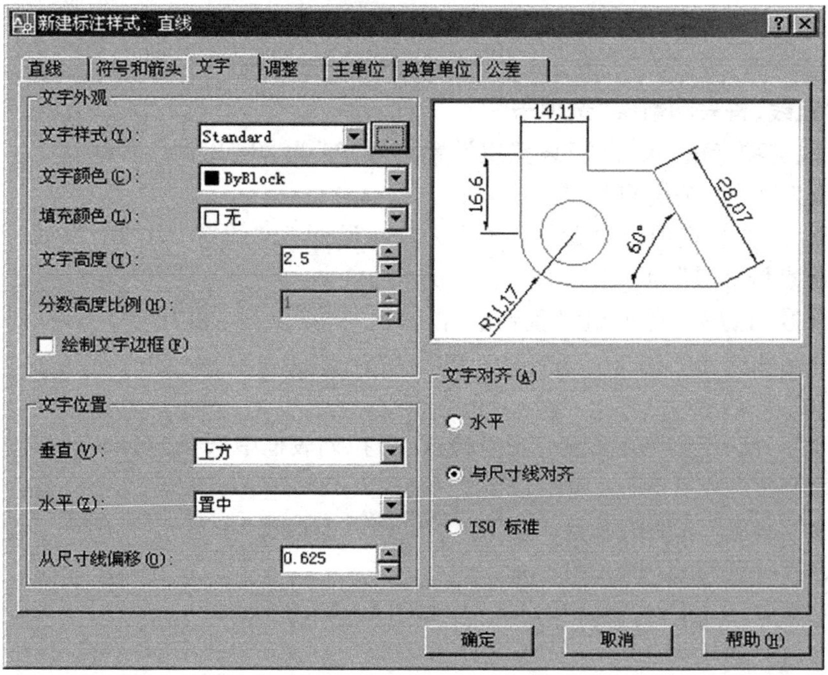

图 10-44　设置“文字”选项卡

5)设置“主单位”选项卡

(1)在“线性标注”选项组设置：“单位格式”选择“小数”，“精确”下拉列表框中选择“0”。

(2)在“角度标注”选项组设置：“单位格式”选择“十进制数”，“精确”下拉列表框选择“0”。

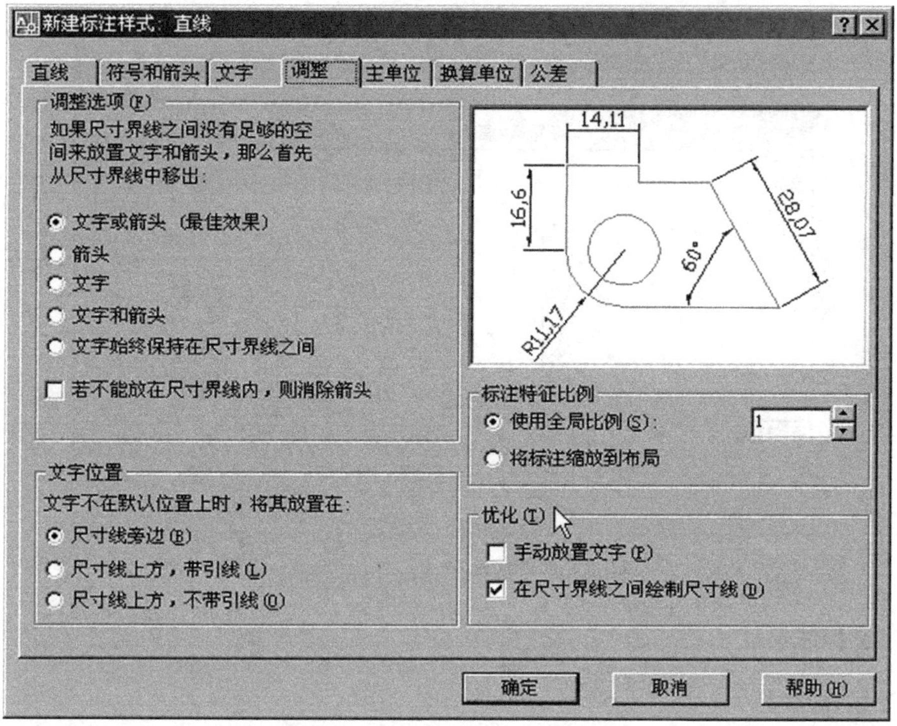

图 10-45　设置"调整"选项卡

其余选项均为默认值。如图 10-46 所示。

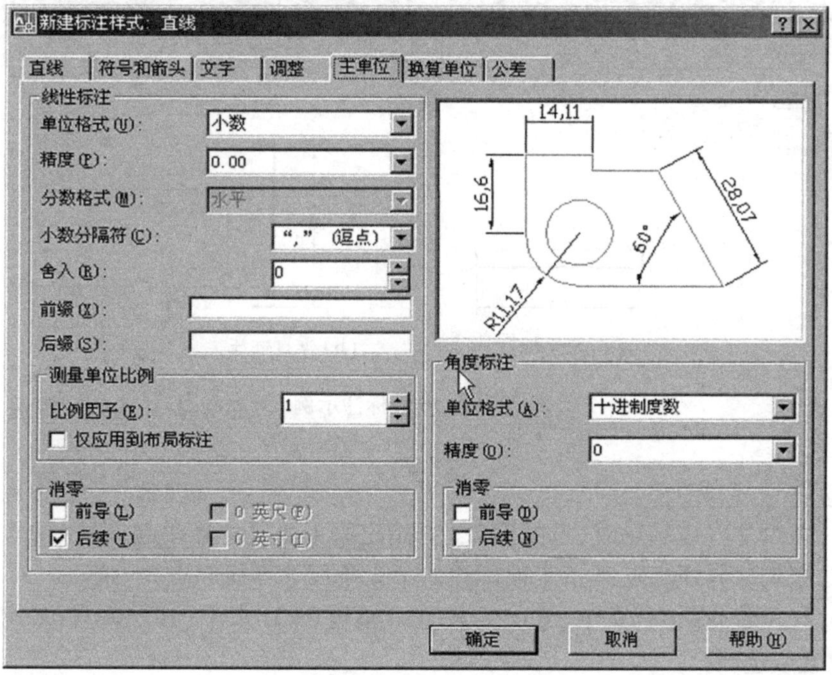

图 10-46　设置"主单位"选项卡

6) 完成设置

设置完成后，单击"确定"按钮，返回"标注样式管理器"对话框，并在"样式"列表框中显示“直线”新尺寸标注样式。如图 10-47 所示。

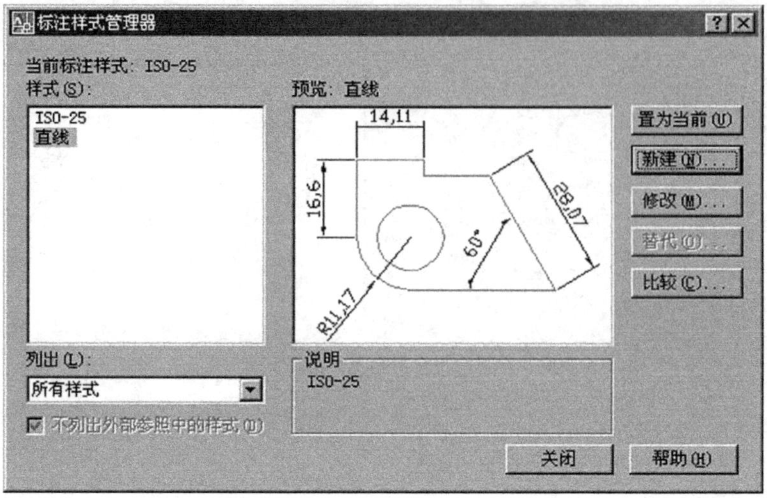

图 10-47 “直线”新尺寸标注样式

10.4.3 标注尺寸

1）标注线性尺寸

如图 10-48 所示。

该功能用于水平、垂直尺寸的标注。

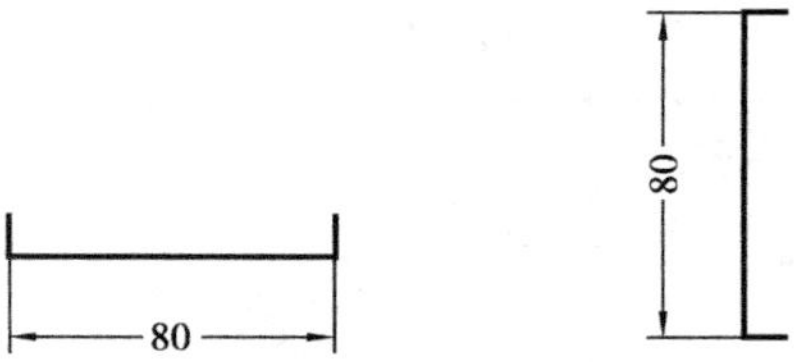

(a) 水平标注　　(b) 垂直标注

图 10-48 线性标注示例

操作格式

命令：“标注”→“线性”

指定第一条尺寸界线起点或〈选择对象〉：(指定第 1 条尺寸界线起点)

指定第二条尺寸界线起点：(指定被标注的第 2 条尺寸界线起点)

指定尺寸线位置或[多行文字(M)/文字(T)/角度(A)/水平(H)/垂直(V)/旋转(R)]：(指定尺寸位置或选项)

2）标注对齐尺寸

如图 10-49 所示。

该功能用于标注倾斜方向的尺寸。

图 10-49　对齐标注示例

操作格式

命令："标注"→"对齐"

指定第 1 条尺寸界线起点或〈选择对象〉：(指定第 1 条尺寸界线起点)

指定第 2 条尺寸界线起点：(指定第 2 条尺寸界线起点)

指定尺寸线位置或［多行文字(M)/文字(T)/角度(A)/水平(H)/垂直(V)/旋转(R)］：(指定尺寸位置或选项)

3)标注基线尺寸

操作格式

命令："标注"→"基线"

选择基准标注：(指定已存在的线性尺寸界线为起点)

指定第二条尺寸界线原点或［放弃(U)/选择(S)］〈选择〉：(指定第一个基线尺寸的第 2 条尺寸界线起点)

指定第二条尺寸界线原点或［放弃(U)/选择(S)］〈选择〉：(指定第二个基线尺寸的第 2 条尺寸界线起点)

指定第二条尺寸界线原点或［放弃(U)/选择(S)］〈选择〉：(指定第三个基线尺寸的第 2 条尺寸界线起点或按〈Enter〉键结束命令)

选择基准标注：(可另选择一个基准尺寸同上操作进行基线尺寸标注或按〈Enter〉键结束命令)

4)标注连续尺寸

如图 10-50 所示。

操作格式

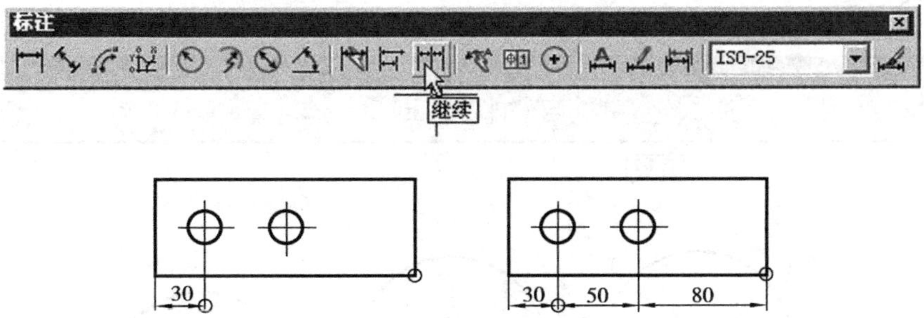

图 10-50　标注连续尺寸示例

命令："标注"→"连续"

选择基准标注：(指定已存在的线性尺寸界线为起点)

指定第二条尺寸界线原点或［放弃(U)/选择(S)］〈选择〉：(指定第一个连续尺寸的第 2 条尺寸界线起点)

指定第二条尺寸界线原点或[放弃(U)/选择(S)]〈选择〉:(指定第二个连续尺寸的第 2 条尺寸界线起点)

指定第二条尺寸界线原点或[放弃(U)/选择(S)]〈选择〉:(指定第三个连续尺寸的第 2 条尺寸界线起点或按〈Enter〉键结束命令)

选择基准标注:(可另选择一个基准尺寸同上操作进行连续尺寸标注或按〈Enter〉键结束命令)

5)标注半径尺寸

如图 10-51 所示。

操作格式

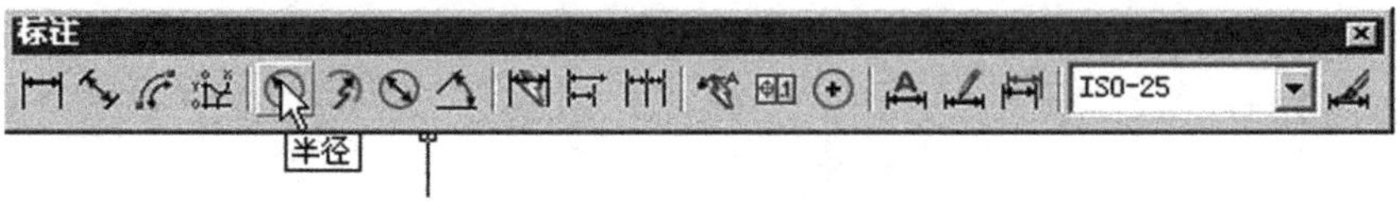

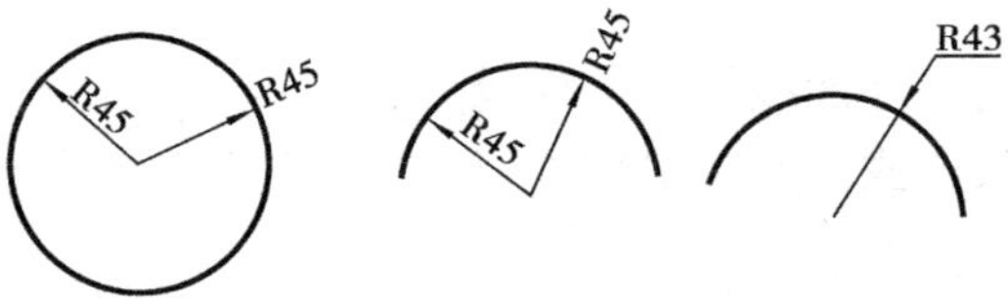

图 10-51　半径标注示例

命令:“标注”→“半径”

选择圆弧或圆:(选取被标注的圆弧或圆)

指定尺寸的位置或[多行文字(M)/文字(T)/角度(A)]:(移动鼠标指定尺寸的位置或选项)

如果直接指定尺寸的位置,将标出圆或圆弧的半径;如果选择选项,将确定标注的尺寸与其倾斜角度。如果将“圆和圆弧引出”标注样式置为当前样式,可以进行引出标注。

6)标注直径尺寸

如图 10-52 所示。

操作格式

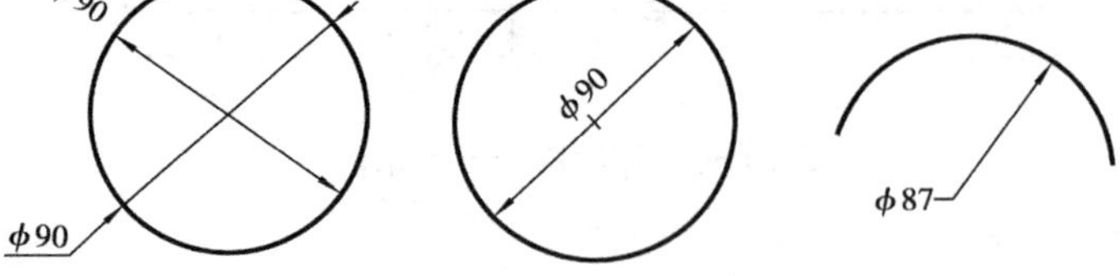

图 10-52　直径标注示例

命令:“标注”→“直径”

选择圆弧或圆:(选择对象)

指定尺寸线的位置或[多行文字(M)/文字(T)/角度(A)]:(指定位置或选项)

7)标注角度尺寸

如图 10-53 所示。

操作格式

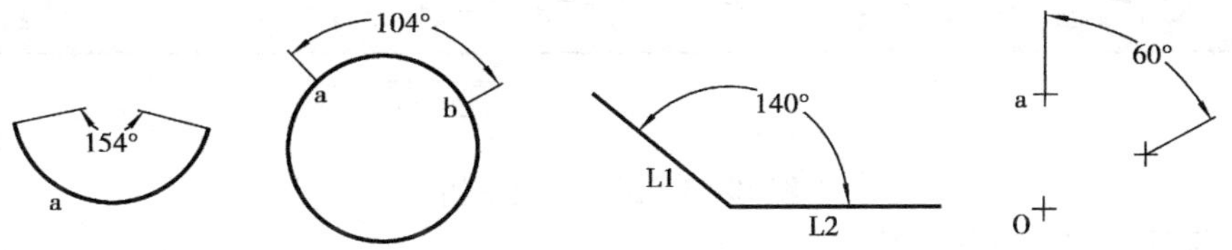

图 10-53　角度标注示例

命令:“标注”→“角度”

选择圆弧、圆、直线或〈指定顶点〉:(选取对象或指定顶点)

选取一条直线后,系统提示:

选择第二条直线:(选取第二条直线)

指定标注弧线位置或[多行文字(M)/文字(T)/角度(A)]:(指定尺寸线位置或选项)

指定尺寸线的位置后,完成二直线间的角度标注。

8)引线标注

操作格式

命令:“标注”→“引线”

指定第一条引线点或[设置(S)]〈设置〉:(指定指引线的起点箭头位置)

指定下一点:(指定引线另一点)

指定文字宽度〈0〉:(输入文字宽度)

输入注释文字的第一行〈多行文字(M)〉:(输入文字)

如果选择“多行文字”选项,输入“M”,则打开“多行文字编辑器”对话框输入文字。

如果在提示“指定第一条引线点”时选择“设置”选项,输入“S”时,则打开“引线设置”对话框。如图 10-54 所示。

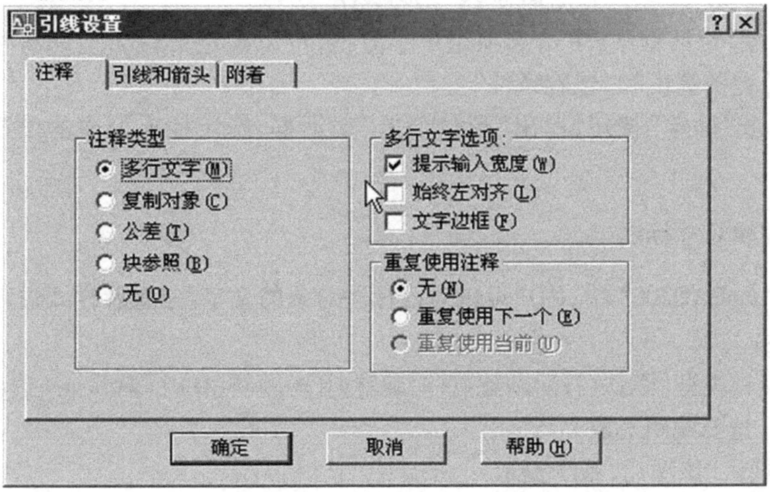

图 10-54　“引线设置”对话框

9）圆心标记

如图 10-55 所示。

操作格式

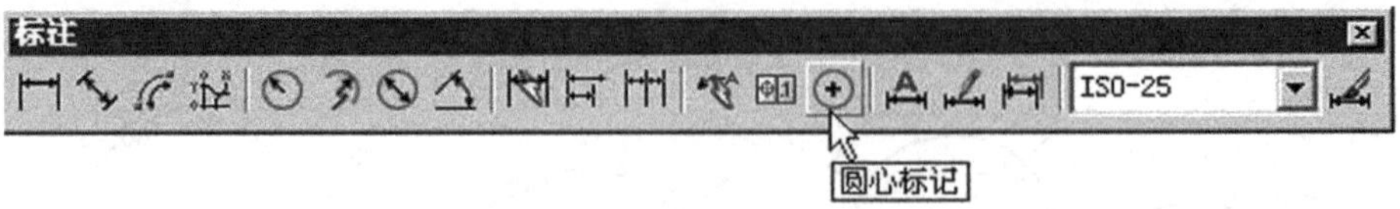

图 10-55　圆心标记示例

命令："标注"→"圆心标记"

选择圆弧或圆：（选择对象）

执行结果与"尺寸标注样式管理器"的"圆心标记"选项设置一致。

10.4.4　标注形位公差

操作格式

命令："标注"→"公差"

打开"形位公差"对话框。如图 10-56 所示。

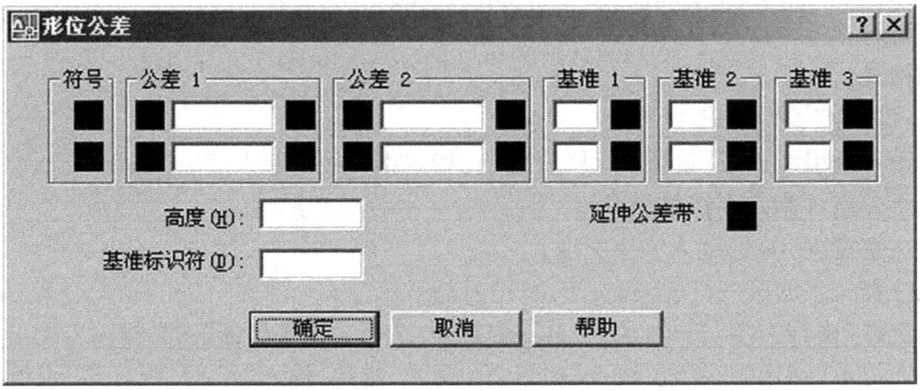

图 10-56　"形位公差"对话框

在"形位公差"对话框中，单击选项组中小方框，可以确定形位公差的符号、直径"φ"符号、基准符号、公差的高度和"包容条件"。

设置后，单击"确定"按钮，退出"形位公差"对话框，指定插入公差的位置，即完成公差标注。

10.4.5　编辑尺寸标注

在中文版 AutoCAD2007 中，用户可以对已标注对象的文字、位置及样式进行修改。

1）编辑标注

输入标注编辑类型[默认(H)/新建(N)/旋转(R)/倾斜(O)]〈默认〉：（选项）

选择对象：（选择编辑对象）

（1）选择"默认"该项后，系统提示：

选择对象：（选择需退回的尺寸）

选择对象:(继续选择或按〈Enter〉键结束命令)

(2)选择"新建"选项输入"N",打开"多行文字编辑器"对话框,键入新的文字,系统提示:

选择对象:(选择需更新的尺寸)

选择对象:(继续选择或按〈Enter〉键结束命令)

(3)选择"旋转"选项输入"R",系统提示:

指定标注文字的角度:(输入尺寸数字的旋转角度)

选择对象:(选择尺寸数字需旋转的尺寸)

选择对象:(继续选择或按〈Enter〉键结束命令)

(4)选择"倾斜"选项 输入"O",系统提示:

选择对象:(选择需倾斜的尺寸)

选择对象:(继续选择或按〈Enter〉键结束选择)

输入倾斜角度(按〈Enter〉键表示无):(输入倾斜角)

结束编辑标注。

2)编辑标注文字的位置

命令:"标注"→"对齐文字"

选择标注:(选择要编辑的标准)

指定标注文字的新位置或[左(L)/右(R)/中心(C)/默认(H)/角度(A)]:(指定位置或选项)

3)替代与更新

(1)替代:选择"替代"命令,可以临时修改尺寸标注的系统变量设置。

(2)更新:选择"更新"命令,可以更新标注,使其采用当前的标注样式。

10.5　CAD的显示及打印命令

10.5.1　模型空间与图纸空间

1)模型空间

模型空间是指用户进行设计绘图的工作空间。在模型空间中,用创建的模型来完成二维或三维物体的造型,标注必要的尺寸和文字说明。系统的默认状态为模型空间。当在绘图过程中,只涉及一个视图时,在模型空间即可以完成图形的绘制、打印等操作。

2)图纸空间

图纸空间(又称为布局)可以看作是由一张图纸构成的平面,且该平面与绘图区平行。图纸空间上的所有图纸均为平面图,不能从其他角度观看图形。利用图纸空间,可以把在模型空间中绘制的三维模型在同一张图纸上以多个视图的形式排列(如主视图、俯视图、剖视图),以便在同一张图纸上输出它们,而且这些视图可以采用不同的比例。而在模型空间则无法实现这一点。

10.5.2 平铺视口与浮动视口

1)平铺视口

视口是指在模型空间中显示图形的某个部分的区域。对较复杂的图形,为了比较清楚地观察图形的不同部分,可以在绘图区域上同时建立多个视口进行平铺,以便显示几个不同的视图。如果创建多视口时的绘图空间不同,所得到的视口形式也不相同,若当前绘图空间是模型空间,创建的视口称为平铺视口,若当前绘图空间是图纸空间,则创建的视口称之为浮动视口。如图 10-57 所示。

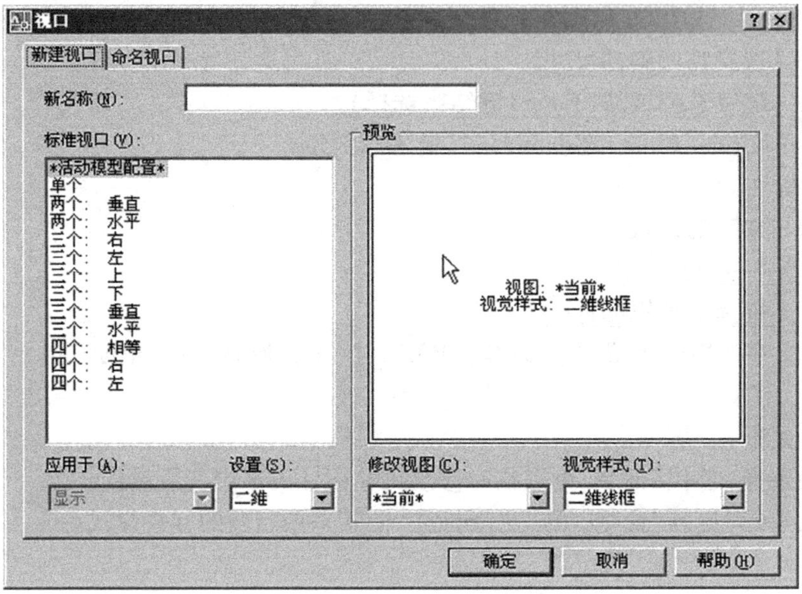

图 10-57 “视口”对话框

平铺视口的特点:

(1)视口是平铺的,他们彼此相邻,大小、位置固定,且不能重叠。

(2)当前视口(激活状态)的边界为粗边框显示,光标呈十字型,在其他视口中呈小箭头状。

(3)只能在当前视口进行各种绘图、编辑操作。

(4)只能将当前视口中的图形打印输出。

(5)可以对视口配置命名保存,以备以后使用。

2)浮动视口

在图纸空间(布局)可以创建多个视口,这些视口称为浮动视口。

浮动视口的特点:

(1)视口是浮动的。各视口可以改变位置,也可以相互重叠。

(2)浮动视口位于当前层时,可以改变视口边界的颜色,但线型总为实线,可以采用冻结视图边界所在图层的方式来显示或不打印视口边界。

(3)可以将视口边界作为编辑对象,进行移动、复制、缩放、删除等编辑操作。

(4)可以在各视口中冻结或解冻不同的图层,以便在指定的视图中显示或隐藏相应的图形,尺寸标注等对象。

(5)可以在图纸空间添加注释等图形对象。

(6)可以创建各种形状的视口。

10.5.3　模型空间输出图形

操作步骤

①输入“打印”命令,系统打开“打印”对话框。

②打印设置。在“打印”对话框中,对其“页面设置”、“打印区域”、“打印偏移”、“图纸尺寸”、“打印份数”各选项进行相应设置。如图 10-58 所示。

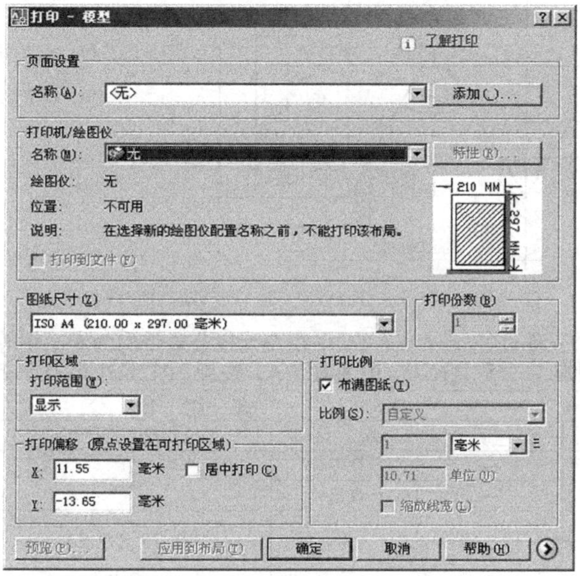

图 10-58　“打印”对话框

③打印预览。打印设置后,应进行打印预览。预览后要退出时,应在该预览画面上单击鼠标右键,在打开的快捷菜单中选取“退出”(Exit)选项,即可返回“打印”对话框,或按〈Esc〉键退回,如预览效果不理想可进行修改设置。

④打印出图。预览满意后,单击“确定”按钮,开始打印出图。

10.5.4　图纸空间输出图形

通过图纸空间(布局)输出图形时可以在布局中规划视图的位置和大小。

在布局中输出图形前,仍然应先对要打印的图形进行页面设置,然后再输出图形。其输出的命令和操作方法与模型空间输出图形相似。

附　录

一、螺纹

附表 1　普通螺纹直径与螺距（摘自 GB/T 196 ~ 197—1981）　　（mm）

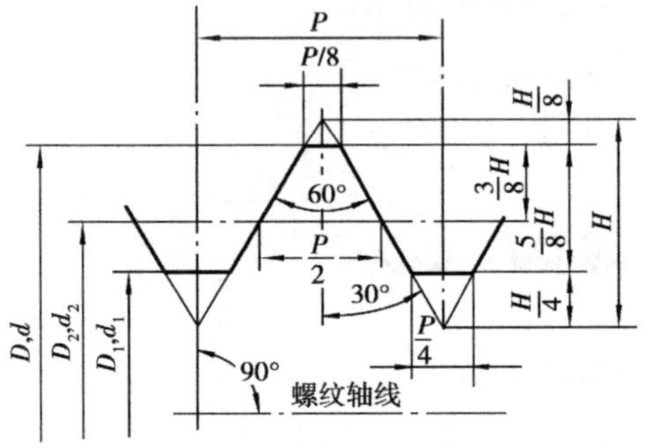

D—内螺纹大径
d—外螺纹大径
D_2—内螺纹中径
d_2—外螺纹中径
D_1—内螺纹小径
d_1—外螺纹小径
P—螺距

标记示例：
M10-6g（粗牙普通外螺纹、公称直径 $d=10$、右旋、中径及大径公差带均为 6 g、中等旋合长度）
M10×1LH-6H（细牙普通内螺纹、公称直径 $D=10$、螺距 $P=1$、左旋、中径及小径公差带均为 6H、中等旋合长度）

公称直径 D,d			螺　距　P		粗牙螺纹小径 D_1,d_1
第一系列	第二系列	第三系列	粗　牙	细　牙	
4	—	—	0.7	0.5	3.242
5	—	—	0.8		4.134
6	—	—	1	0.75,(0.5)	4.917
	—	7			5.917
8	—	—	1.25	1,0.75,(0.5)	6.647
10	—	—	1.5	1.25,1,0.75,(0.5)	8.376
12	—	—	1.75	1.5,1.25,1,(0.75),(0.5)	10.106
—	14	—	2		11.835
—	—	15	—	1.5,(1)	*13.376
16	—	—	2	1.5,1,(0.75),(0.5)	13.835
—	18	—	2.5	2,1.5,1,(0.75),(0.5)	15.294
20	—	—			17.294
—	22	—			19.294
24	—	—	3	2,1.5,1,(0.75)	20.752
—	—	25	—	2,1.5,(1)	*22.835
—	27	—	3	2,1.5,1,(0.75)	23.752
30	—	—	3.5	(3),2,1.5,1,(0.75)	26.211
—	33	—		(3),2,1.5,(1),(0.75)	29.211
—	—	35	—	1.5	*33.376
36	—	—	4	3,2,1.5,(1)	31.670
—	39	—			34.670

注：1. 优先选用第一系列，其次是第二系列，第三系列尽可能不用。
2. 括号内尺寸尽可能不用。
3. M14×1.25 仅用于火花塞；M35×1.5 仅用于滚动轴承锁紧螺母。
4. 带 * 号的为细牙参数，是对应于第一种细牙螺距的小径尺寸。

附表 2　管螺纹

用螺纹密封的管螺纹 （摘自 GB/T 7306—1987）	非螺纹密封的管螺纹 （摘自 GB/T 7307—1987）

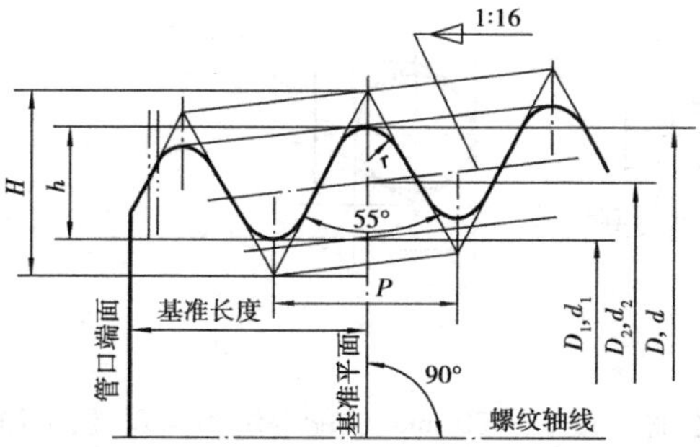

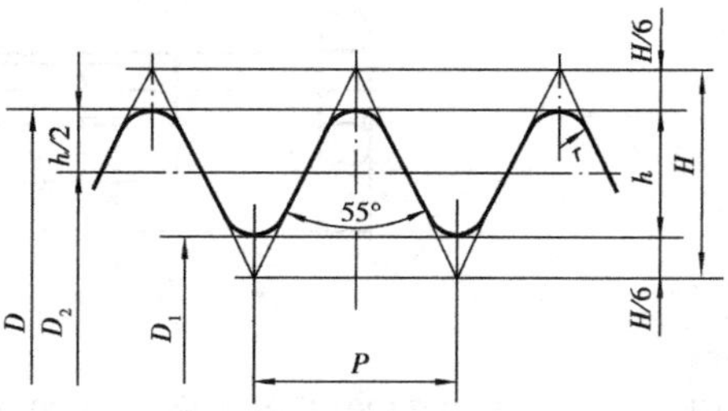

标记示例：
R1/2（尺寸代号 1/2，右旋圆锥外螺纹）
Rc1/2—LH（尺寸代号 1/2，左旋圆锥内螺纹）
Rp1/2（尺寸代号 1/2，右旋圆柱内螺纹）

标记示例：
G1/2—LH（尺寸代号 1/2，左旋内螺纹）
G1/2A（尺寸代号 1/2，A 级右旋外螺纹）
G1/2—LH（尺寸代号 1/2，B 级左旋外螺纹）

尺寸代号	基面上的直径（GB/T 7306）基本直径（GB/T 7307）			螺距 P/mm	牙高 h/mm	圆弧半径 r/mm	每 25.4 mm 内的牙数 n	有效螺纹长度（GB/T 7306）/mm	基准的基本长度（GB/T 7306）/mm
	大径 $d=D$ /mm	中径 $d_2=D_2$ /mm	小径 $d_1=D_1$ /mm						
1/16	7.723	7.142	6.561	0.907	0.581	0.125	28	6.5	4.0
1/8	9.728	9.147	8.566					6.5	4.0
1/4	13.157	12.301	11.445	1.337	0.856	0.184	19	9.7	6.0
3/8	16.662	15.806	14.950					10.1	6.4
1/2	20.955	19.793	18.631	1.814	1.162	0.249	14	13.2	8.2
3/4	26.441	25.279	24.117					14.5	9.5
1	33.249	31.770	30.291	2.309	1.479	0.317	11	16.8	10.4
1¼	41.910	40.431	28.952					19.1	12.7
1½	47.803	46.324	44.845					19.1	12.7
2	59.614	58.135	56.656					23.4	15.9
2½	75.184	73.705	72.226					26.7	17.5
3	87.884	86.405	84.926					29.8	20.6
4	113.030	111.551	110.072					35.8	25.4
5	138.430	136.951	135.472					40.1	28.6
6	163.830	162.351	160.872					40.1	28.6

附表 3　常用的螺纹公差带

螺纹种类	精　度	外螺纹			内螺纹		
		S	N	L	S	N	L
普通螺纹（GB/T 197—1981）	中　等	(5g6g) (5h6h)	[*6g]，*6e *6h，*6f	(7g6g) (7h6h)	*5H (5G)	[*6H] (6G)	*7H (7G)
	粗　糙	—	8g，(8h)	—	—	7H，(7G)	—
梯形螺纹（GB/T 5796.4—1986）	中　等	—	7h，7e	8e	—	7H	8H
	粗　糙	—	8e，8c	8c	—	8H	9H

注：1. 大量生产的精制紧固体螺纹，推荐采用带方框的公差带。

2. 带 * 的公差带优先选用，括号内的公差带尽可能不用。

3. 两种精度选用原则：中等——一般用途；粗糙——对精度要求不高时采用。

二、常用的标准件

附表 4　六角头螺栓　　(mm)

六角头螺栓　C 级(摘自 GB/T 5780—2000)

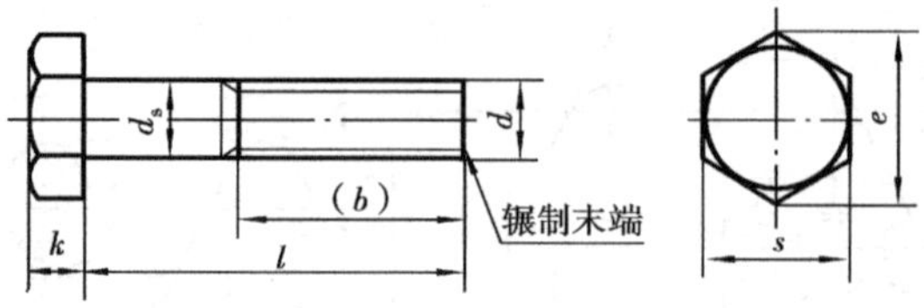

标记示例:
螺栓　GB/T 5780　M20 × 100(螺纹规格 d = M20、公称长度 l = 100 mm、性能等级为 4. 8 级、不经表面处理、杆身半螺纹、产品等级为 C 级的六角头螺栓)

六角头螺栓　全螺纹 C 级(摘自 GB/T 5781—2000)

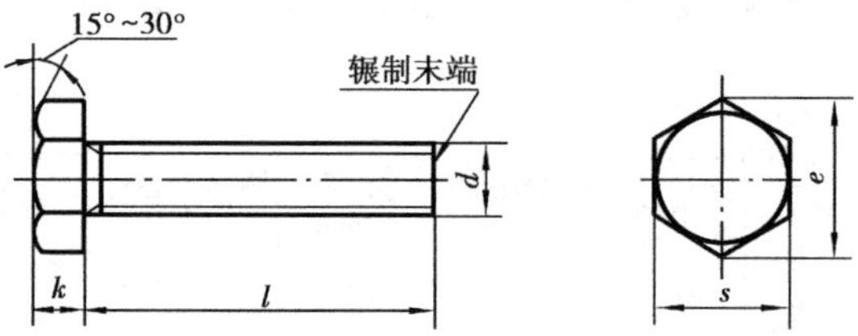

标记示例:
螺栓　GB/T 5781　M12 × 80(螺纹规格 d = M12、公称长度 l = 80 mm、性能等级为 4. 8 级、不经表面处理、全螺纹、产品等级为 C 级的六角头螺栓)

螺纹规格 d		M5	M6	M8	M10	M12	M16	M20	M24	M30	M36	M42	M48
$b_{参考}$	$l_{公称} \leqslant 125$	16	18	22	26	30	38	40	54	66	78	—	—
	$125 < l_{公称} \leqslant 1\ 200$	—	—	28	32	36	44	52	60	72	84	96	108
	$l_{公称} > 200$	—	—	—	—	—	57	65	73	85	97	109	121
$k_{公称}$		3. 5	4. 0	5. 3	6. 4	7. 5	10	12. 5	15	18. 7	22. 5	26	30
s_{max}		8	10	13	16	18	24	30	36	46	55	65	75
e_{max}		8. 63	10. 9	14. 2	17. 6	19. 9	26. 2	33. 0	39. 6	50. 9	60. 8	72. 0	82. 6
d_{smax}		5. 48	6. 48	8. 58	10. 6	12. 7	16. 7	20. 8	24. 8	30. 8	37. 0	45. 0	49. 0
$l_{范围}$	GB/T 5780	25 ~ 50	30 ~ 60	35 ~ 80	40 ~ 100	45 ~ 120	50 ~ 160	65 ~ 200	80 ~ 240	90 ~ 300	110 ~ 300	160 ~ 420	180 ~ 480
	GB/T 5781	10 ~ 40	12 ~ 50	16 ~ 65	20 ~ 80	25 ~ 100	35 ~ 100	40 ~ 100	50 ~ 100	60 ~ 100	70 ~ 100	80 ~ 420	90 ~ 480
$l_{系列}$		10,12,16,20 ~ 50(5 进位),(55),60,(65),70 ~ 160(10 进位),180,220 ~ 500(20 进位)											

注:1. 括号内的规格尽可能不用。末端按 GB/T 2 规定。

2. 螺纹公差:8 g(GB/T 5780);6 g(GB/T 5781);机械性能等级:$d \leqslant 39$ 时,按 3. 6,4. 6,4. 8 级;$d > 39$ 时,按协议。

附表 5　螺柱(摘自 GB/T 897～900—1988)　　(mm)

$b_m=1d$(GB/T 897);$b_m=1.25d$(GB/T 898);$b_m=1.5d$(GB/T 899);$b_m=2d$(GB/T 900)

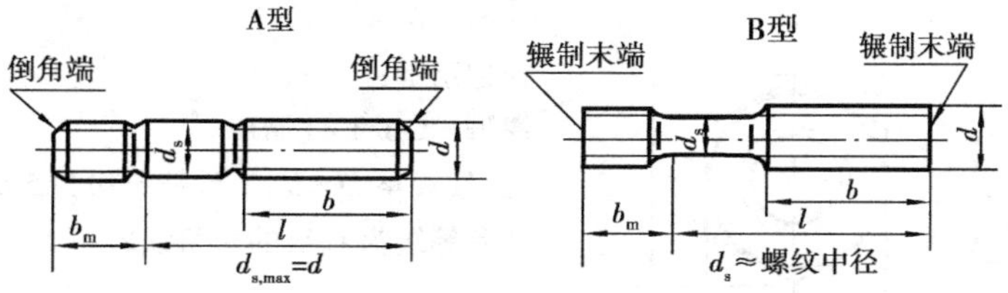

标记示例:

螺柱　GB/T 900　M10×50(两端均为粗牙普通螺纹、$d=10$,$l=50$、性能等级为4.8级、不经表面处理、B型、$b_m=2d$的双头螺柱)

螺柱　GB/T 900　AM10—10×1×50(旋入机体一端为粗牙普通螺纹、旋螺母端为螺距$P=1$的细牙普通螺纹、$d=10$、$l=50$、性能等级为4.8级、不经表面处理、A型、$b_m=2d$的双头螺柱)

螺纹规格 d	b_m(旋入机体端长度)				l(螺柱长度)/b(旋螺母端长度)
	GB/T 897	GB/T 898	GB/T 899	GB/T 900	
M4	—	—	6	8	$\frac{16\sim22}{8}$　$\frac{25\sim40}{14}$
M5	5	6	8	10	$\frac{16\sim22}{10}$　$\frac{25\sim50}{16}$
M6	6	8	10	12	$\frac{20\sim22}{10}$　$\frac{25\sim30}{14}$　$\frac{32\sim75}{18}$
M8	8	10	12	16	$\frac{20\sim22}{12}$　$\frac{25\sim30}{16}$　$\frac{32\sim90}{22}$
M10	10	12	15	20	$\frac{25\sim28}{14}$　$\frac{30\sim38}{16}$　$\frac{40\sim120}{26}$　$\frac{130}{32}$
M12	12	15	18	24	$\frac{25\sim30}{14}$　$\frac{32\sim40}{16}$　$\frac{45\sim120}{26}$　$\frac{130\sim180}{32}$
M16	16	20	24	32	$\frac{30\sim38}{16}$　$\frac{40\sim55}{20}$　$\frac{60\sim120}{30}$　$\frac{130\sim200}{36}$
M20	20	25	30	40	$\frac{35\sim40}{20}$　$\frac{45\sim65}{30}$　$\frac{70\sim120}{38}$　$\frac{130\sim200}{44}$
(M24)	24	30	36	48	$\frac{45\sim50}{25}$　$\frac{55\sim75}{35}$　$\frac{80\sim120}{46}$　$\frac{130\sim200}{52}$
(M30)	30	38	45	60	$\frac{60\sim65}{40}$　$\frac{70\sim90}{50}$　$\frac{95\sim120}{60}$　$\frac{130\sim200}{72}$　$\frac{210\sim250}{85}$
M36	36	45	54	72	$\frac{65\sim75}{45}$　$\frac{80\sim110}{60}$　$\frac{120}{78}$　$\frac{130\sim200}{84}$　$\frac{210\sim300}{97}$
M42	42	52	63	84	$\frac{70\sim80}{50}$　$\frac{85\sim110}{70}$　$\frac{120}{90}$　$\frac{130\sim200}{96}$　$\frac{210\sim300}{109}$
M48	48	60	72	96	$\frac{80\sim90}{60}$　$\frac{95\sim110}{80}$　$\frac{120}{102}$　$\frac{130\sim200}{108}$　$\frac{210\sim300}{121}$
$l_{系列}$	12,(14),16,(18),20,(22),25,(28),30,(32),35,(38),40,45,50,55,60,(65),70,75,80,(85),90,(95),100～260(10进位),280,300				

注:1. 尽可能不采用括号内的规格。末端按 GB/T 2 规定。

2. $b_m=1d$,一般用于钢对钢;$b_m=(1.25\sim1.5)d$,一般用于钢对铸铁;$b_m=2d$,一般用于钢对铝合金。

附表 6　六角螺母　C 级(摘自 GB/T 41—2000) (mm)

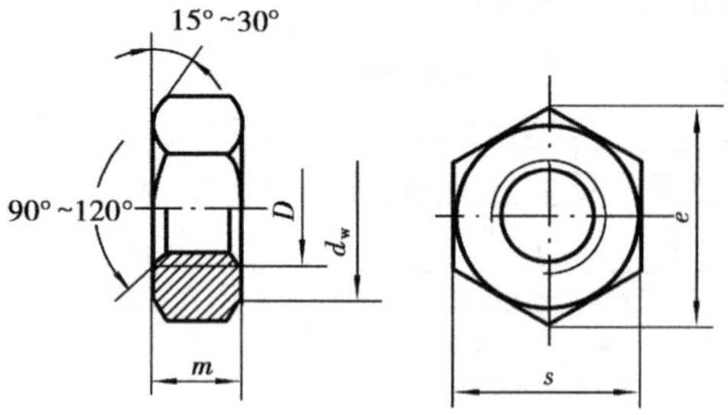

标记示例:

螺母　GB/T 41 M12

(螺纹规格 D = M12、性能等级为 5 级、不经表面处理、产品等级为 C 级的六角螺母)

螺纹规格 D	M4	M5	M6	M8	M10	M12	M16	M20	M24	M30	M36	M42	M48
s_{max}	7	8	10	13	16	18	24	30	36	46	55	65	75
e_{min}	—	8.63	10.9	14.2	17.6	19.9	26.2	33.0	39.6	50.9	60.8	72.0	82.6
m_{max}	—	5.6	6.1	7.9	9.5	12.2	15.9	18.7	22.3	26.4	31.5	34.9	38.9
d_w	—	6.9	8.7	11.5	14.5	16.5	22.0	27.7	33.2	42.7	51.1	60.6	69.4

附表 7　垫　圈 (mm)

平垫圈—A 级(摘自 GB/T 97.1—1985)　　平垫圈—C 级(摘自 GB/T 95—1985)

平垫圈　倒角型—A 级(摘自 GB/T 97.2—1985)　　标准型弹簧垫圈(摘自 GB/T 93—1987)

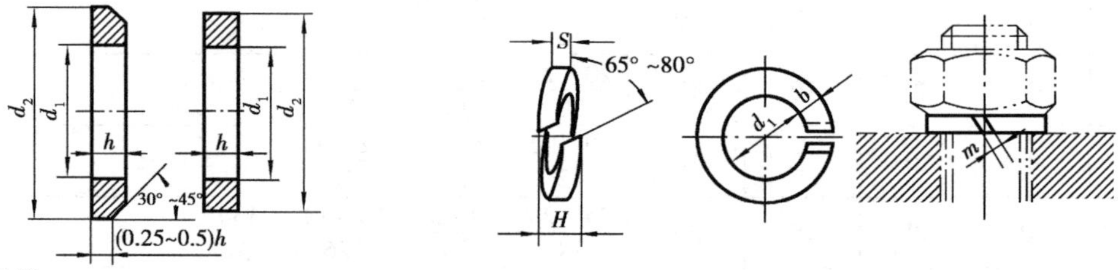

标记示例:

垫圈　GB/T 97.1　8(标准系列、规格 8 mm、性能等级为 140HV 级、不经表面处理、产品等级为 A 级的平垫圈)

垫圈　GB/T 93　10(规格 10 mm、材料 65Mn、表面氧化的标准型弹簧垫圈)

公称尺寸 d (螺纹规格)		4	5	6	8	10	12	14	16	20	24	30	36	42	48
GB/T 97.1 (A 级)	d_1	4.3	5.3	6.4	8.4	10.5	13.0	15	17	21	25	31	37	—	—
	d_2	9	10	12	16	20	24	28	30	37	44	56	66	—	—
	h	0.8	1	1.6	1.6	2	2.5	2.5	3	3	4	4	5	—	—
GB/T 97.2 (A 级)	d_1	—	5.3	6.4	8.4	10.5	13	15	17	21	25	31	37	—	—
	d_2	—	10	12	16	20	24	28	30	37	44	56	66	—	—
	h	—	1	1.6	1.6	2	2.5	2.5	3	3	4	4	5	—	—
GB/T 95 (C 级)	d_1	—	5.5	6.6	9	11	13.5	15.5	17.5	22	26	33	39	45	52
	d_2	—	10	12	16	20	24	28	30	37	44	56	66	78	92
	h	—	1	1.6	1.6	2	2.5	2.5	3	3	4	4	5	8	8
GB/T 93	d_1	4.1	5.1	6.1	8.1	10.2	12.2	—	16.2	20.2	24.5	30.5	36.5	42.5	48.5
	$S=b$	1.1	1.3	1.6	2.1	2.6	3.1	—	4.1	5	6	7.5	9	10.5	12
	H	2.8	3.3	4	5.3	6.5	7.8	—	10.3	12.5	15	18.6	22.5	26.3	30

注:1. A 级适用于精装配系列,C 级适用于中等装配系列。

2. C 级垫圈没有 R_a3.2 和去毛刺的要求。

附表8　平键及键槽各部尺寸(摘自 GB/T 1095～1096—1979)(1990年确认有效)　　(mm)

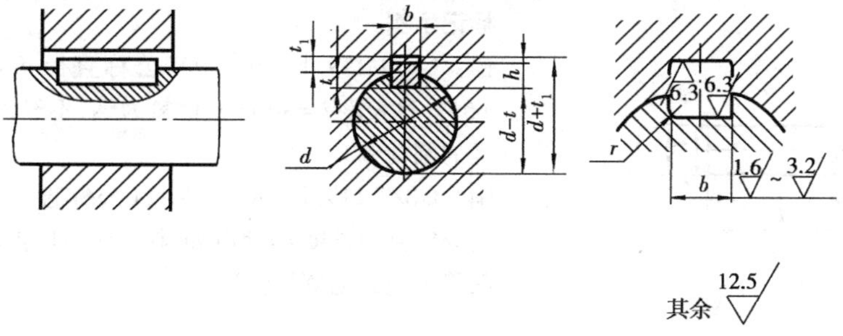

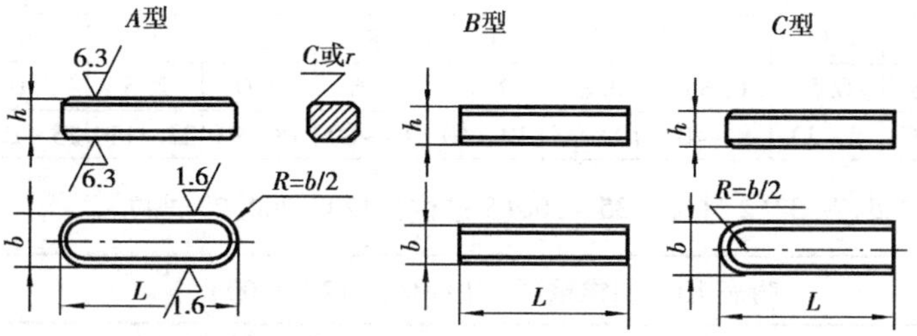

标记示例:

键　16×100　GB/T 1096　(圆头普通平键、$b=16$,$h=10$,$L=100$)

键　B16×100　GB/T 1096　(平头普通平键、$b=16$,$h=10$,$L=100$)

键　C16×100　GB/T 1096　(单圆头普通平键、$b=16$,$h=10$,$L=100$)

轴	键		键槽											
			宽度 b						深度				半径 r	
				极限偏差					轴 t		毂 t_1			
公称直径 d	公称尺寸 b×h	长度 L	公称尺寸 b	较松键连接		一般键连接		较紧键连接	公称	偏差	公称	偏差		
				轴 H9	毂 D10	轴 N9	毂 JS9	轴和毂 P9					最大	最小
>10～12	4×4	8～45	4	+0.030 0	+0.078 +0.030	0 -0.030	±0.015	-0.012 -0.042	2.5	+0.1	1.8	+0.1 0	0.08	0.16
>12～17	5×5	10～56	5						3.0		2.3		0.16	0.25
>17～22	6×6	14～70	6						3.5		2.8			
>22～30	8×7	18～90	8	+0.036 0	+0.098 +0.040	0 -0.036	±0.018	-0.015 -0.051	4.0	+0.2 0	3.3	+0.2 0		
>30～38	10×8	22～110	10						5.0		3.3		0.25	0.40
>38～44	12×8	28～140	12	+0.043 0	+0.120 +0.050	0 -0.043	±0.022	-0.018 -0.061	5.0		3.3			
>44～50	14×9	36～160	14						5.5		3.8			
>50～58	16×10	45～180	16						6.0		4.3			
>58～65	18×11	50～200	18						7.0		4.4			
>65～75	20×12	56～220	20	+0.052 0	+0.149 +0.065	0 -0.052	±0.026	-0.022 -0.074	7.5		4.9		0.40	0.60
>75～85	22×14	63～250	22						9.0		5.4			
>85～95	25×14	70～280	25						9.0		5.4			
>95～110	28×16	80～320	28						10		6.4			
$L_{系列}$	6～22(2进位),25,28,32,36,40,45,50,56,63,70,80,90,100,110,125,140,160,180,200,220,250,280,320,360,400,450,500													

注:1. $(d-t)$和$(d+t_1)$两组组合尺寸的极限偏差按相应的 t 和 t_1 的极限偏差选取,但$(d-t)$极限偏差应取负号(－)。

2. 键 b 的极限偏差为 h9,键 h 的极限偏差为 h11,键长 L 的极限偏差为 h14。

附表 9　圆柱销　不淬硬钢和奥氏体不锈钢（摘自 GB/T 119.1—2000）　　(mm)

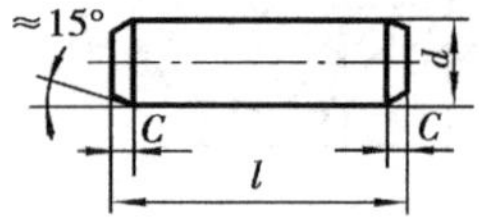

标记示例

销　GB/T 119.1　10 × 90（公称直径 d = 10 mm、公差为 m6、公称长度 l = 90 mm、材料为钢、不经淬火、不经表面处理的圆柱销）

销　GB/T 119.1　10 × 90-A1（公称直径 d = 10 mm、公差为 m6、公称长度 l = 90 mm、材料为 A1 组奥氏体不锈钢、表面简单处理的圆柱销）

$d_{公称}$	2	3	4	5	6	8	10	12	16	20	25
$c \approx$	0.35	0.5	0.63	0.8	1.2	1.6	2.0	2.5	3.0	3.5	4.0
$l_{范围}$	6 ~ 20	8 ~ 30	8 ~ 40	10 ~ 50	12 ~ 60	14 ~ 80	18 ~ 95	22 ~ 140	26 ~ 180	35 ~ 200	50 ~ 200
$l_{系列}$	2,3,4,5,6 ~ 32（2 进位）,35 ~ 100（5 进位）,120 ~ 200（20 进位）										

附表 10　圆锥销（摘自 GB/T 117—2000）　　(mm)

A 型（磨削）

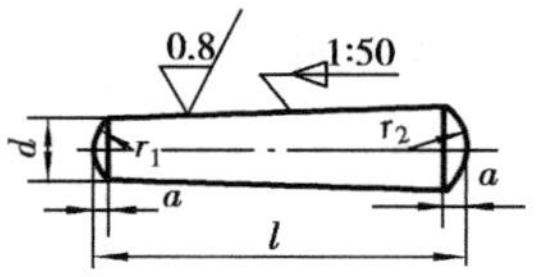

B 型（切削或冷镦）

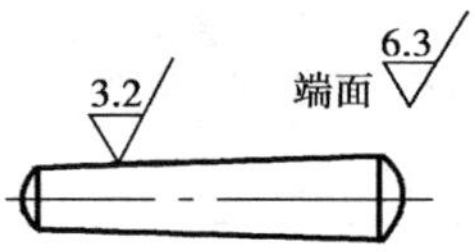

$r_1 \approx d$　　$r_2 \approx \frac{a}{2} + d + \frac{(0.021)^2}{50}$

标记示例

销　GB/T 117　10 × 60（公称直径 d = 10 mm、公称长度 l = 60 mm、材料为 35 钢、热处理硬度 28 ~ 38HRC、表面氧化处理的 A 型圆锥销）

$d_{公称}$	2	2.5	3	4	5	6	8	10	12	16	20	25
$a \approx$	0.25	0.3	0.4	0.5	0.63	0.8	1.0	1.2	1.6	2.0	2.5	3.0
$l_{范围}$	10 ~ 35	10 ~ 35	12 ~ 45	14 ~ 55	18 ~ 60	22 ~ 90	22 ~ 120	26 ~ 160	32 ~ 180	40 ~ 200	45 ~ 200	50 ~ 200
$l_{系列}$	2,3,4,5,6 ~ 32（2 进位）,35 ~ 100（5 进位）,120 ~ 200（20 进位）											

附表 11　滚 动 轴 承

深沟球轴承（摘自 GB/T 276—1994）	圆锥滚子轴承（摘自 GB/T 297—1994）	单向推力球轴承（摘自 GB/T 301—1995）
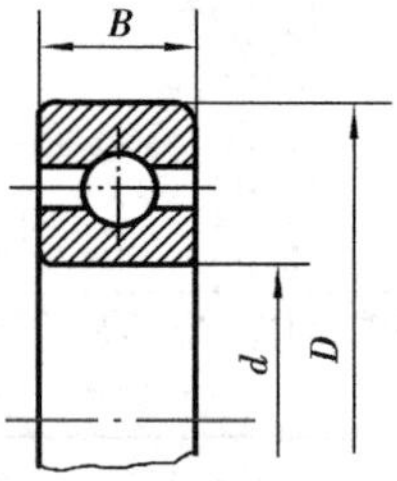	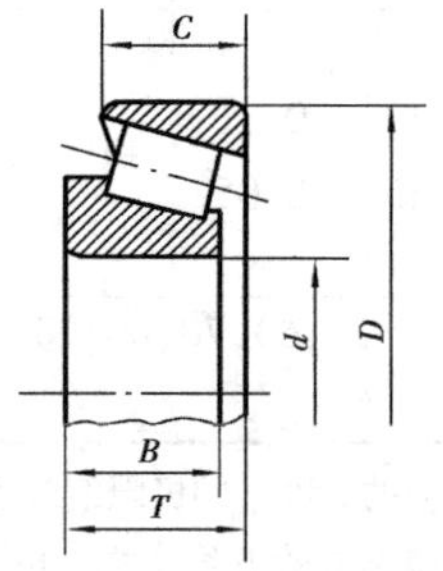	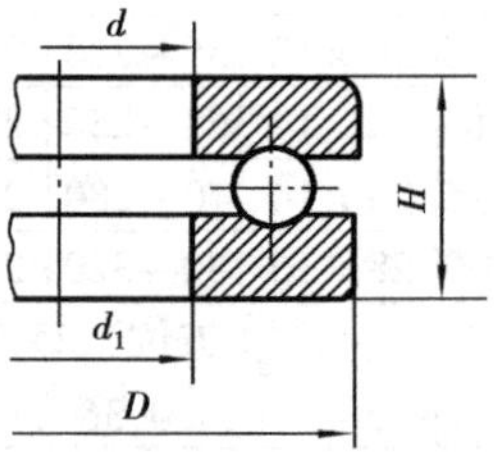

续表

标记示例： 滚动轴承　6310　GB/T 276			
轴承型号	尺寸/mm		
	d	D	B
尺寸系列〔(0)2〕			
6202	15	35	11
6203	17	40	12
6204	20	47	14
6205	25	52	15
6206	30	62	16
6207	35	72	17
6208	40	80	18
6209	45	85	19
6210	50	90	20
6211	55	100	21
6212	60	110	22
尺寸系列〔(0)3〕			
6302	15	42	13
6303	17	47	14
6304	20	52	15
6305	25	62	17
6306	30	72	19
6307	35	80	21
6308	40	90	23
6309	45	100	25
6310	50	110	27
6311	55	120	29
6312	60	130	31
尺寸系列〔(0)4〕			
6403	17	62	17
6404	20	72	19
6405	25	80	21
6406	30	90	23
6407	35	100	25
6408	40	110	27
6409	45	120	29
6410	50	130	31
6411	55	140	33
6412	60	150	37
6413	65	160	37

标记示例： 滚动轴承　30212　GB/T 297					
轴承型号	尺寸/mm				
	d	D	B	C	T
尺寸系列〔02〕					
30203	17	40	12	11	13.25
30204	20	47	14	12	15.25
30205	25	52	15	13	16.25
30206	30	62	16	14	17.25
30207	35	72	17	15	18.25
30208	40	80	18	16	19.75
30209	45	85	19	16	20.75
30210	50	90	20	17	21.75
30211	55	100	21	18	22.75
30212	60	110	22	19	23.75
30213	65	120	23	20	24.75
尺寸系列〔03〕					
30302	15	42	13	11	14.25
30303	17	47	14	12	15.25
30304	20	52	15	13	16.25
30305	25	62	17	15	18.25
30306	30	72	19	16	20.75
30307	35	80	21	18	22.75
30308	40	90	23	20	25.25
30309	45	100	25	22	27.25
30310	50	110	27	23	29.25
30311	55	120	29	25	31.50
30312	60	130	31	26	33.50
尺寸系列〔13〕					
31305	25	62	17	13	18.25
31306	30	72	19	14	20.75
31307	35	80	21	15	22.75
31308	40	90	23	17	25.25
31309	45	100	25	18	27.25
31310	50	110	27	19	29.25
31311	55	120	29	21	31.50
31312	60	130	31	22	33.50
31313	65	140	33	23	36.00
31314	70	150	35	25	38.00
31315	75	160	37	26	40.00

标记示例： 滚动轴承　51305　GB/T 301				
轴承型号	尺寸/mm			
	d	D	T	d_1
尺寸系列〔12〕				
51202	15	32	12	17
51203	17	35	12	19
51204	20	40	14	22
51205	25	47	15	27
51206	30	52	16	32
51207	35	62	18	37
51208	40	68	19	42
51209	45	73	20	47
51210	50	78	22	52
51211	55	90	25	57
51212	60	95	26	62
尺寸系列〔13〕				
51304	20	47	18	22
51305	25	52	18	27
51306	30	60	21	32
51307	35	68	24	37
51308	40	78	26	42
51309	45	85	28	47
51310	50	95	31	52
51311	55	105	35	57
51312	60	110	35	62
51313	65	115	36	67
51314	70	125	40	72
尺寸系列〔14〕				
51405	25	60	24	27
51406	30	70	28	32
51407	35	80	32	37
51408	40	90	36	42
51409	45	100	39	47
51410	50	110	43	52
51411	55	120	48	57
51412	60	130	51	62
51413	65	140	56	68
51414	70	150	60	73
51415	75	160	65	78

注：圆括号中的尺寸系列型号，在轴承代号中省略。

三、极限与配合

附表 12　轴的基本偏差数值(摘自 GB/T 1800.3—1998)　　(μm)

基本尺寸/mm		基本偏差数值																															
		上偏差 es												下偏差 ei																			
		所有标准公差等级												IT5 和 IT6	IT7	IT8	IT4 至 IT7	≤IT3 >IT7	所有标准公差等级														
大于	至	a	b	c	cd	d	e	ef	f	fg	g	h	js	j			k		m	n	p	r	s	t	u	v	x	y	z	za	zb	zc
—	3	-270	-140	-60	-34	-20	-14	-10	-6	-4	-2	0	偏差 = ±(IT*n*)/2，式中 IT*n* 是 IT 值数	-2	-4	-6	0	0	+2	+4	+6	+10	+14	—	+18	—	+20	—	+26	+32	+40	60
3	6	-270	-140	-70	-46	-30	-20	-14	-8	-6	-4	0		-2	-4	—	+1	0	+4	+8	+12	+15	+19	—	+23	—	+28	—	+35	+42	+50	+80
6	10	-280	-150	-80	-56	-40	-25	-18	-13	-8	-5	0		-2	-5	—	+1	0	+6	+10	+15	+19	+23	—	+28	—	+34	—	+42	+52	+67	+97
10	14	-290	-150	-95	—	-50	-32	—	-16	—	-6	0		-3	-6	—	+1	0	+7	12	+18	+23	+28	—	+33	—	+40	—	+50	+64	+90	+130
14	18																									+39	+45	—	+60	+77	+108	+150
18	24	-300	-160	-110	—	-65	-40	—	-20	—	-7	0		-4	-8	—	+2	0	+8	+15	+22	+28	+35	—	+41	+47	+54	+63	+73	+98	+136	+188
24	30																							+41	+48	+55	+64	+75	+88	+118	+160	+218
30	40	-310	-170	-120	—	-80	-50	—	-25	—	-9	0		-5	-10	—	+2	0	+9	+17	+26	+34	+43	+48	+60	+68	+80	+94	+112	+148	+200	+274
40	50	-320	-180	-130																				+54	+70	+81	+97	+114	+136	+180	+242	+325
50	65	-340	-190	-140	—	-100	-60	—	-30	—	-10	0		-7	-12	—	+2	0	+11	+20	+32	+41	+53	+66	+87	+102	+122	+144	+172	+226	+300	+405
65	80	-360	-200	-150																		+43	+59	+75	+102	+120	+146	+174	+210	+274	+360	+480
80	100	-380	-220	-170	—	-120	-72	—	-36	—	-12	0		-9	-15	—	+3	0	+13	+23	+37	+51	+71	+91	+124	+146	+178	+214	+258	+335	+445	+585
100	120	-410	-240	-180																		+54	+79	+104	+144	+172	+210	+254	+310	+400	+525	+690
120	140	-460	-260	-200	—	-145	-85	—	-43	—	-14	0		-11	-18	—	+3	0	+15	+27	+43	+63	+92	+122	+170	+202	+248	+300	+365	+470	+620	+800
140	160	-520	-280	-210																		+65	+100	+134	+190	+228	+280	+340	+415	+535	+700	+900
160	180	-580	-310	-230																		+68	+108	+146	+210	+252	+310	+380	+465	+600	+780	+1000
180	200	-660	-340	-240	—	-170	-100	—	-50	—	-15	0		-13	-21	—	+4	0	+17	+31	+50	+77	+122	+166	+236	+284	+350	+425	+520	+670	+880	+1150
200	225	-740	-380	-260																		+80	+130	+180	+258	+310	+385	+470	+575	+740	+960	+1250
225	250	-820	-420	-280																		+84	+140	+196	+284	+340	+425	+520	+640	+820	+1050	+1350
250	280	-920	-480	-300	—	-190	-110	—	-56	—	-17	0		-16	-26	—	+4	0	+20	+34	+56	+94	+158	+218	+315	+385	+475	+580	+710	+920	+1200	+1550
280	315	-1050	-540	-330																		+98	+170	+240	+350	+425	+525	+650	+790	+1000	+1300	+1700
315	355	-1200	-600	-360	—	-210	-125	—	-62	—	-18	0		-18	-28	—	+4	0	+21	+37	+62	+108	+190	+268	+390	+475	+590	+730	+900	+1150	+1500	+1900
355	400	-1350	-680	-400																		+114	+208	+294	+435	+532	+660	+820	+1000	+1300	+1650	+2100
400	450	-1500	-760	-440	—	-230	-135	—	-68	—	-20	0		-20	-32	—	+5	0	+23	+40	+68	+126	+232	+330	+490	+595	+740	+920	+1100	+1450	+1850	+2400
450	500	-1650	-840	-480																		+132	+252	+360	+540	+660	+820	+1000	+1250	+1600	+2100	+2600

注:1. 基本尺寸小于或等于 1 mm 时,基本偏差 a 和 b 均不采用。

2. 公差带 js7 至 js11,若 IT*n* 值是奇数,则取偏差 = ±(IT*n* - 1)/2。

附表 13　孔的基本偏差数值(摘自 GB/T 1800.3—1998)　　(μm)

基本尺寸/mm		基本偏差数值																																		Δ值					
		下偏差 E I												上偏差 ES																											
		所有标准公差等级												IT6	IT7	IT8	≤IT8	>IT8	≤IT8	>IT8	≤IT8	>IT8	≤IT7	标准公差等级大于 IT7												标准公差等级					
大于	至	A	B	C	CD	D	E	EF	F	FG	G	H	JS	J			K		M		N		P 至 ZC	P	R	S	T	U	V	X	Y	Z	ZA	ZB	ZC	IT3	IT4	IT5	IT6	IT7	IT8
—	3	+270	140	+60	+34	+20	+14	+10	+6	+4	+2	0	偏差 = ±(IT n)/2,式中 IT n 是 IT 值数	+2	+4	+6	0	0	−2	−2	−4	−4	在大于 IT7 的相应数值上增加一个Δ值	−6	−10	−14	—	−18	—	−20	—	−26	−32	−40	−60	0	0	0	0	0	0
3	6	+270	+140	+70	+46	+30	+20	+14	+10	+6	+4	0		+5	+6	+10	−1+Δ	—	−4+Δ	−4	−8+Δ	0		−12	−15	−19	—	−23	—	−28	—	−35	−42	−50	−80	1	1.5	2	3	6	7
6	10	+280	+150	+80	+56	+40	+25	+18	+13	+8	+5	0		+5	+8	+12	−1+Δ	—	−6+Δ	−6	−10+Δ	0		−15	−19	−23	—	−28	—	−34	—	−42	−52	−67	−97	1	1.5	2	3	6	7
10	14	+290	+150	+95	—	+50	+32	—	+16	—	+6	0		+6	+10	+15	−1+Δ	—	−7+Δ	−7	−12+Δ	0		−18	−23	−28	—	−33	—	−40	—	−50	−64	−90	−130	1	2	3	3	7	9
14	18																												—	−45	—	−60	−77	−108	−150						
18	24	+300	+160	+110	—	+65	+40	—	+20	—	+7	0		+8	+12	+20	−2+Δ	—	−8+Δ	−8	−15+Δ	0		−22	−28	−35	—	−41	—	−54	—	−73	−98	−136	−188	1.5	2	3	4	8	12
24	30																										−41	−48	−55	−64	−75	−88	−118	−160	−218						
30	40	+310	+170	+120	—	+80	+50		+25	—	+9	0		+10	+14	+24	−2+Δ	—	−9+Δ	−9	−17+Δ	0		−26	−35	−43	−48	−60	−68	−80	−94	−112	−148	−200	−274	1.5	3	4	5	9	14
40	50	+320	+180	+130																							−54	−71	−81	−97	−114	−136	−180	−242	−325						
50	65	+340	+190	+140	—	+100	+60	—	+30	—	+10	0		+13	+18	+28	−2+Δ	—	−11+Δ	−11	−20+Δ	0		−32	−43	−53	−66	−87	−102	−122	−144	−172	−226	−300	−405	2	3	5	6	11	16
65	80	+360	+200	+150																					−53	−59	−75	−102	−120	−146	−174	−210	−274	−360	−480						
80	100	+380	+220	+170	—	+120	+72	—	+36	—	+12	0		+16	+22	+34	−3+Δ	—	−13+Δ	−13	−23+Δ	0		−37	−59	−71	−91	−124	−146	−178	−214	−258	−335	−445	−585	2	4	5	7	13	19
100	120	+410	+240	+180																					−71	−79	−104	−144	−172	−210	−254	−310	−400	−525	−690						
120	140	+460	+260	+200	—	+145	+85	—	+43	—	+14	0		+18	+26	+41	−3+Δ	—	−15+Δ	−15	−27+Δ	0		−43	−79	−92	−122	−170	−202	−248	−300	−365	−470	−620	−800	3	4	6	7	15	23
140	160	+520	+280	+210																					−92	−100	−134	−190	−228	−280	−340	−415	−535	−700	−900						
160	180	+580	+310	+230																					−100	−108	−146	−210	−252	−310	−380	−465	−600	−780	−1000						
180	200	+660	+340	+240	—	+170	+100	—	+50	—	+15	0		+22	+30	+47	−4+Δ	—	−17+Δ	−17	−31+Δ	0		−50	−122	−122	−166	−236	−284	−350	−425	−620	−670	−880	−1150	3	4	6	9	17	26
200	225	+740	+380	+260																					−130	−130	−180	−258	−310	−385	−470	−575	−740	−960	−1250						
225	250	+820	+420	+280																					−140	−140	−196	−284	−340	−425	−520	−640	−820	−1050	−1350						
250	280	+920	+480	+300	—	+190	+110	—	+56	—	+17	0		+25	+36	+55	−4+Δ	—	−20+Δ	−20	−34+Δ	0		−56	−158	−158	−218	−315	−385	−475	−580	−710	−920	−1200	−1550	4	4	7	9	20	29
280	315	+1 050	+540	+330																					−170	−170	−240	−350	−425	−525	−650	−790	−1000	−1300	−1700						
315	355	+1 200	+600	+360	—	+210	+125	—	+62	—	+18	0		+29	+39	+60	−4+Δ	—	−21+Δ	−21	−37+Δ	0		−62	−190	−190	−268	−390	−475	−590	−730	−900	−1150	−1500	−1900	4	5	7	11	21	32
355	400	+1 350	+680	+400																					−208	−208	−294	−435	−530	−660	−820	−1000	−1300	−1650	−2100						
400	450	+1 500	+760	+440	—	+230	+135	—	+68	—	+20	0		+33	+43	+66	−5+Δ	—	−23+Δ	−23	−40+Δ	0		−68	−232	−232	−330	−490	−595	−740	−920	−1100	−1450	−1850	−2400	5	5	7	13	23	34
450	500	+1 650	+840	+480																					−252	−252	−360	−540	−660	−820	−1000	−1250	−1600	−2100	−2600						

注:1. 基本尺寸小于或等于 1 mm 时,基本偏差 A 和 B 及大于 IT8 的 N 均不采用。

2. 公差带 JS11,若 IT_n 值数是奇数,则取偏差 = ±(IT_n − 1)/2。

3. 对小于或等于 IT8 的 K、M、N 和小于或等于 IT7 的 P 至 ZC,所需 Δ 值从表内右侧选取。例如:18 至 30 mm 段的 K7:Δ = 8 μm,所以 ES = −2 + 8Δ = +6 μm;至 30 mm 段的 S6:Δ = 4 μm,所以 ES = −35 + 4 = −31 μm。

4. 特殊情况:250 mm 至 315 mm 段的 M6,ES = −9 μm(代替 −11 μm)。

附表 14　优先及常用配合轴的极限偏差表(摘自 GB/T 1800.3、1801—1999)

(μm)

代号		a	b	c	d	e	f	g	h								js	k	m	n	p	r	s	t	u	v	x	y	z
基本尺寸/mm		公差等级																											
大于	至	11	11	*11	*9	8	*7	*6	5	*6	*7	8	*9	10	*11	12	6	*6	6	*6	*6	6	*6	6	*6	6	6	6	6
–	3	−270 −330	−140 −200	−60 −120	−20 −45	−14 −28	−6 −16	−2 −8	0 −4	0 −6	0 −10	0 −14	0 −25	0 −40	0 −60	0 −100	±3	+6 0	+8 +2	+10 +4	+12 +6	+16 +10	+20 +14	—	+24 +18	—	+26 +20	—	+32 +26
3	6	−270 −345	−140 −215	−70 −145	−30 −60	−20 −38	−10 −22	−4 −12	0 −5	0 −8	0 −12	0 −18	0 −30	0 −48	0 −75	0 −120	±4	+9 +1	+12 +4	+16 +8	+20 +12	+23 +15	+27 +19	—	+31 +23	—	+36 +28	—	+43 +35
6	10	−280 −338	−150 −240	−80 −170	−40 −76	−25 −47	−13 −28	−5 −14	0 −6	0 −9	0 −15	0 −22	0 −36	0 −58	0 −90	0 −150	±4.5	+10 +1	+15 +6	+19 +10	+24 +15	+28 +19	+32 +23	—	+37 +28	—	+43 +34	—	+51 +42
10	14	−290 −400	−150 −260	−95 −205	−50 −93	−32 −59	−16 −34	−6 −17	0 −8	0 −11	0 −18	0 −27	0 −43	0 −70	0 −110	0 −180	±5.5	+12 +1	+18 +7	+23 +12	+29 +18	+34 +23	+39 +28	—	+44 +33	—	+51 +40	—	+61 +50
14	18																							—		+50 +39	+56 +45	—	+71 +60
18	24	−300 −430	−160 −290	−110 −240	−65 −117	−40 −73	−20 −41	−7 −20	0 −9	0 −13	0 −21	0 −33	0 −52	0 −84	0 −130	0 −210	±6.5	+15 +2	+21 +8	+28 +15	+35 +22	+41 +28	+48 +35	—	+54 +41	+60 +47	+67 +54	+76 +63	+86 +73
24	30																							+54 +41	+61 +48	+68 +55	+77 +64	+88 +75	+101 +88
30	40	−310 −470	−170 −330	−120 −280	−80 −142	−50 −89	−25 −50	−9 −25	0 −11	0 −16	0 −25	0 −39	0 −62	0 −100	0 −160	0 −250	±8	+18 +2	+25 +9	+33 +17	+42 +26	+50 +34	+59 +43	+64 +48	+76 +60	+84 +68	+96 +80	+110 +94	+128 +112
40	50	−320 −480	−180 −340	−130 −290																				+70 +54	+86 +70	+97 +81	+113 +97	+130 +114	+152 +136
50	65	−340 −530	−190 −380	−140 −330	−100 −174	−60 −106	−30 −60	−10 −29	0 −13	0 −19	0 −30	0 −46	0 −74	0 −120	0 −190	0 −300	±9.5	+21 +2	+30 +11	+39 +20	+51 +32	+60 +41	+72 +53	+85 +66	+106 +87	+121 +102	+141 +122	+163 +144	+191 +172
65	80	−360 −550	−200 −390	−150 −340																		+62 +43	+78 +59	+94 +75	+121 +102	+139 +120	+165 +146	+193 +174	+229 +210
80	100	−380 −600	−220 −440	−170 −390	−120 −207	−72 −126	−36 −71	−12 −34	0 −15	0 −22	0 −35	0 −54	0 −87	0 −140	0 −220	0 −350	±11	+25 +3	+35 +13	+45 +23	+59 +37	+73 +51	+93 +71	+113 +91	+146 +124	+168 +146	+200 +178	+236 +214	+280 +258
100	120	−410 −630	−240 −460	−180 −400																		+76 +54	+101 +79	+126 +104	+166 +144	+194 +172	+232 +210	+276 +254	+332 +310
120	140	−460 −710	−260 −510	−200 −450																		+88 +63	+117 +92	+147 +122	+195 +170	+227 +202	+273 +248	+325 +300	+390 +365
140	160	−520 −770	−280 −530	−210 −460	−145 −245	−85 −148	−43 −83	−14 −39	0 −18	0 −25	0 −40	0 −63	0 −100	0 −160	0 −250	0 −400	±12.5	+28 +3	+40 +15	+52 +27	+68 +43	+90 +65	+125 +100	+159 +134	+215 +190	+253 +228	+305 +280	+365 +340	+440 +415
160	180	−580 −830	−310 −560	−230 −480																		+93 +68	+133 +108	+171 +146	+235 +210	+277 +252	+335 +310	+405 +380	+490 +465
180	200	−660 −950	−340 −630	−240 −530																		+106 +77	+151 +122	+195 +166	+265 +236	+313 +284	+379 +350	+454 +425	+549 +520
200	225	−740 −1030	−380 −670	−260 −550	−170 −285	−100 −172	−50 −96	−15 −44	0 −20	0 −29	0 −46	0 −72	0 −115	0 −185	0 −290	0 −460	±14.5	+33 +4	+46 +17	+60 +31	+79 +50	+109 +80	+159 +130	+209 +180	+287 +258	+339 +310	+414 +385	+499 +470	+604 +575
225	250	−820 −1110	−420 −710	−280 −570																		+113 +84	+169 +140	+225 +196	+313 +284	+369 +340	+454 +425	+549 +520	+669 +640

续表

代号		a	b	c	d	e	f	g	h								js	k	m	n	p	r	s	t	u	v	x	y	z
基本尺寸/mm		公差等级																											
大于	至	11	11	*11	*9	8	*7	*6	5	*6	*7	8	*9	10	*11	12	6	*6	6	*6	*6	6	*6	6	*6	6	6	6	6
250	280	−920 −1240	−480 −800	−300 −620	−190 −320	−110 −191	−56 −108	−17 −49	0 −23	0 −32	0 −52	0 −81	0 −130	0 −210	0 −320	0 −520	±16	+36 +4	+52 +20	+66 +34	+88 +56	+126 +94	+190 +158	+250 +218	+347 +315	+417 +385	+507 +475	+612 +580	+742 +710
280	315	−1050 −1370	−540 −860	−330 −650																		+130 +98	+202 +170	+272 +240	+382 +350	+457 +425	+557 +525	+682 +650	+822 +790
315	355	−1200 −1560	−600 −960	−360 −720	−210 −350	−125 −214	−62 −119	−18 −54	0 −25	0 −36	0 −57	0 −89	0 −140	0 −230	0 −360	0 −570	±18	+40 +4	+57 +21	+73 +37	+98 +62	+144 +108	+226 +190	+304 +268	+426 +390	+511 +475	+626 +590	+766 +730	+936 +900
355	400	−1350 −1710	−680 −1040	−400 −760																		+150 +114	+244 +208	+330 +294	+471 +435	+566 +530	+696 +660	+856 +820	+1036 +1000
400	450	−1500 −1900	−760 −1160	−440 −840	−230 −385	−135 −232	−68 −131	−20 −60	0 −27	0 −40	0 −63	0 −97	0 −155	0 −250	0 −400	0 −630	±20	+45 +5	+63 +23	+80 +40	+108 +68	+166 +126	+272 +232	+370 +330	+530 +490	+635 +595	+780 +740	+960 +920	+1140 +1100
450	500	−1650 −2050	−840 −1240	−480 −880																		+172 +132	+292 +252	+400 +360	+580 +540	+700 +660	+860 +820	+1040 +1000	+1290 +1250

注:带 * 者为优先选用的,其他为常用的。

附表 15　优先及常用配合孔的极限偏差表(摘自 GB/T 1800.3—1999)

(μm)

代号		A	B	C	D	E	F	G	H							JS		K			M	N		P		R	S	T	U
基本尺寸/mm		公差等级																											
大于	至	11	11	*11	*9	8	*8	*7	6	*7	*8	*9	10	*11	12	6	7	6	*7	8	7	6	7	6	*7	7	*7	7	*7
—	3	+330 +270	+120 +140	+120 +60	+45 +20	+28 +14	+20 +6	+12 +2	+6 0	+10 0	+14 0	+25 0	40 0	+60 0	+100 0	±3	±5	0 -6	0 -10	0 -14	-2 -12	-4 -10	-4 -14	-6 -12	-6 -16	-10 -20	-14 -24	—	-18 -28
3	6	+345 +270	+215 +140	+145 +70	+60 +30	+38 +20	+28 +10	+16 +4	+8 0	+12 0	+18 0	+30 0	+48 0	+75 0	+120 0	±4	±6	+2 -6	+3 -9	+5 -13	0 -12	-5 -13	-4 -16	-9 -17	-8 -20	-11 -23	-15 -27	—	-19 -31
6	10	+370 +280	+240 +150	+170 +80	+76 +40	+47 +25	+35 +13	+20 +5	+9 0	+15 0	+22 0	+36 0	+58 0	+90 0	+150 0	±4.5	±7	+2 -7	+5 -10	+6 -16	0 -15	-7 -16	-4 -19	-12 -21	-9 -24	-13 -28	-17 -32	—	-22 -37
10	14	+400 +290	+260 +150	+205 +95	+93 +50	+59 +32	+43 +16	+24 +6	+11 0	+18 0	+27 0	+43 0	+70 0	+110 0	+180 0	±5.5	±9	+2 -9	+6 -12	+8 -19	0 -18	-9 -20	-5 -23	-15 -26	-11 -29	-16 -34	-21 -39	—	-26 -44
14	18																												
18	24	+430 +300	+290 +160	+240 +110	+117 +65	+73 +40	+53 +20	+28 +7	+13 0	+21 0	+33 0	+52 0	+84 0	+130 0	+210 0	±6.5	±10	+2 -11	+6 -15	+10 -23	0 -21	-11 -24	-7 -28	-18 -31	-14 -35	-20 -41	-27 -48	—	-33 -54
24	30																											-33 -54	-40 -61
30	40	+470 +310	+330 +170	+280 +120	+142 +80	+89 +50	+64 +25	+34 +9	+16 0	+25 0	+39 0	+62 0	+100 0	+160 0	+250 0	±8	±12	+3 -13	+7 -18	+12 -27	0 -25	-12 -28	-8 -33	-21 -37	-17 -42	-25 -50	-34 -59	-39 -64	-51 -76
40	50	+480 +320	+340 +180	+290 +130																								-45 -70	-61 -86
50	65	+530 +340	+380 +190	+330 +140	+174 +100	+106 +60	+76 +30	+40 +10	+19 0	+30 0	+46 0	+74 0	+120 0	+190 0	+300 0	±9.5	±15	+4 -15	+9 -21	+14 -32	0 -30	-14 -33	-9 -39	-26 -45	-21 -51	-30 -60	-42 -72	-55 -85	-76 -106
65	80	+550 +360	+390 +200	+340 +150																						-32 -62	-48 -78	-64 -94	-91 -121
80	100	+600 +380	+440 +220	+390 +170	+207 +120	+126 +72	+90 +36	+47 +12	+22 0	+35 0	+54 0	+87 0	+140 0	+220 0	+350 0	±11	±17	+4 -18	+10 -25	+16 -38	0 -35	-16 -38	-10 -45	-30 -52	-24 -59	-38 -73	-58 -93	-78 -113	-111 -146
100	120	+630 +410	+460 +240	+400 +180																						-41 -76	-66 -101	-91 -126	-131 -166
120	140	+710 +460	+510 +260	+450 +200	+245 +145	+148 +85	+106 +43	+54 +14	+25 0	+40 0	+63 0	+100 0	+160 0	+250 0	+400 0	±12.5	±20	+4 -21	+12 -28	+20 -43	0 -40	-20 -45	-12 -52	-36 -61	-28 -68	-48 -88	-77 -117	-107 -147	-155 -195
140	160	+770 +520	+530 +280	+460 +210																						-50 -90	-85 -125	-119 -159	-175 -215
160	180	+830 +580	+560 +310	+480 +230																						-53 -93	-93 -133	-131 -171	-195 -235
180	200	+950 +660	+630 +340	+530 +240	+285 +170	+172 +100	+122 +50	+61 +15	+29 0	+46 0	+72 0	+115 0	+185 0	+290 0	+460 0	±14.5	±23	+5 -24	+13 -33	+22 -50	0 -46	-22 -51	-14 -60	-41 -70	-33 -79	-60 -106	-105 -151	-149 -195	-219 -265
200	225	+1030 +740	+670 +380	+550 +260																						-63 -109	-113 -159	-163 -209	-241 -287
225	250	+1110 +820	+710 +420	+570 +280																						-67 -113	-123 -169	-179 -225	-267 -313

续表

代号		A	B	C	D	E	F	G	H							JS		K			M	N		P		R	S	T	U
基本尺寸/mm		公差等级																											
大于	至	11	11	*11	*9	8	*8	*7	6	*7	*8	*9	10	*11	12	6	7	6	*7	8	7	6	7	6	*7	7	*7	7	*7
250	280	+1240 +920	+800 +480	+620 +300	+320 +190	+191 +110	+137 +56	+69 +17	+32 0	+52 0	+81 0	+130 0	+210 0	+320 0	+520 0	±16	±26	+5 -27	+16 -36	+25 -56	0 -52	-25 -57	-14 -66	-47 -79	-36 -88	-74 -126	-138 -190	-198 -250	-295 -347
280	315	+1370 +1050	+860 +540	+650 +330																						-78 -130	-150 -202	-220 -272	-330 -382
315	355	+1560 +1200	+960 +600	+720 +360	+350 +210	+214 +125	+151 +62	+75 +18	+36 0	+57 0	+89 0	+140 0	+230 0	+360 0	+570 0	±18	±28	+7 -29	+17 -40	+28 -61	0 -57	-26 -62	-16 -73	-51 -87	-41 -98	-87 -144	-169 -226	-247 -304	-369 -426
355	400	+1710 +1350	+1040 +680	+760 +400																						-93 -150	-187 -244	-273 -330	-414 -471
400	450	+1900 +1500	+1160 +760	+840 +440	+385 +230	+232 +135	+165 +68	+83 +20	+40 0	+63 0	+97 0	+155 0	+250 0	+400 0	+630 0	±20	±31	+8 -32	+18 -45	+29 -68	0 -63	-27 -67	-17 -80	-55 -95	-45 -108	-103 -166	-209 -272	-307 -370	-467 -530
450	500	+2050 +1650	+1240 +840	+880 +480																						-109 -172	-229 -292	-337 -400	-517 -580

注:带“*”者为优先选用的,其他为常用的。

附表 16　标准公差数值(摘自 GB/T 1800.3—1998)

基本尺寸/mm		标准公差等级																	
		IT1	IT2	IT3	IT4	IT5	IT6	IT7	IT8	IT9	IT10	IT11	IT12	IT13	IT14	IT15	IT16	IT17	IT18
大于	至	μm											mm						
—	3	0.8	1.2	2	3	4	6	10	14	25	40	60	0.1	0.14	0.25	0.4	0.6	1	1.4
3	6	1	1.5	2.5	4	5	8	12	18	30	48	75	0.12	0.18	0.3	0.45	0.75	1.2	1.8
6	10	1	1.5	2.5	4	6	9	15	22	36	58	90	0.15	0.22	0.36	0.58	0.9	1.5	2.2
10	18	1.2	2	3	5	8	11	18	27	43	70	110	0.18	0.27	0.43	0.7	1.1	1.8	2.7
18	30	1.5	2.5	4	6	9	13	21	33	52	84	130	0.21	0.33	0.52	0.84	1.3	2.1	3.3
30	50	1.5	2.5	4	7	11	16	25	39	62	100	160	0.25	0.39	0.62	1	1.6	2.5	3.9
50	80	2	3	5	8	13	19	30	46	74	120	190	0.3	0.46	0.74	1.2	1.9	3	4.6
80	120	2.5	4	6	10	15	22	35	54	87	140	220	0.35	0.54	0.87	1.4	2.2	3.5	5.4
120	180	3.5	5	8	12	18	25	40	63	100	160	250	0.4	0.63	1	1.6	2.5	4	6.3
180	250	4.5	7	10	14	20	29	46	72	115	185	290	0.46	0.72	1.15	1.85	2.6	4.6	7.2
250	315	6	8	12	16	23	32	52	81	130	210	320	0.52	0.81	1.3	2.1	3.2	5.2	8.1
315	400	7	9	13	18	25	36	57	89	140	230	360	0.57	0.89	1.4	2.3	3.6	5.7	8.9
400	500	8	10	15	20	27	40	63	97	155	250	400	0.63	0.97	1.55	2.5	4	6.3	9.7
500	630	9	11	16	22	32	44	70	110	175	280	440	0.7	1.1	1.75	2.8	4.4	7	11
630	800	10	13	18	25	36	50	80	125	200	320	500	0.8	1.25	2	3.2	5	8	12.5
800	1 000	11	15	21	28	40	56	90	140	230	360	560	0.9	1.4	2.3	3.6	5.6	9	14
1 000	1 250	13	18	24	33	47	66	105	165	260	420	660	1.05	1.65	2.6	4.2	6.6	10.5	16.5
1 250	1 600	15	21	29	39	55	78	125	195	310	500	780	1.25	1.95	3.1	5	7.8	12.5	19.5
1 600	2 000	18	25	35	46	65	92	150	230	370	600	920	1.5	2.3	3.7	6	9.2	15	23
2 000	2 500	22	30	41	55	78	110	175	280	440	700	1 100	1.75	2.8	4.4	7	11	17.5	28
2 500	3 150	26	36	50	68	96	135	210	330	540	860	1 350	2.1	3.3	5.4	8.6	13.5	21	33

注:1. 基本尺寸大于 500 mm 的 IT1 至 IT5 的标准公差数值为试行的。

2. 基本尺寸小于或等于 1 mm 时,无 IT14 至 IT18。

参考文献

[1] 国家技术监督局. 技术制图与机械制图[M]. 北京:中国标准出版社,1996.
[2] [徐炳松]. 画法几何及机械制图[M]. 2 版. 北京:高等教育出版社,1999.
[3] 朱洒芳. 工程制图[M]. 3 版. 北京:高等教育出版社,1999.
[4] 金大鹰. 机械制图[M]. 5 版. 北京:机械工业出版社,2000.
[5] 胡建生. 化工制图[M]. 北京:高等教育出版社,2000.
[6] 冯秋官. 机械制图[M]. 北京:高等教育出版社. 2000.
[7] 冯秋官. 机械制图与计算机绘图[M]. 3 版. 北京:机械工业出版社. 2005